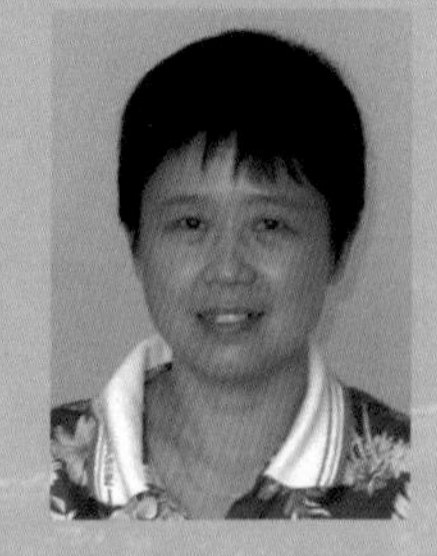

作 者 简 介

李力，湖南汨罗人，现任三峡大学机械与材料学院教授。1985年毕业于葛洲坝水电工程学院工程机械专业，获工学学士学位；1990年毕业于西安交通大学机械制造专业，获工学硕士学位；2004年毕业于西安交通大学机械制造及自动化专业，获工学博士学位。主要从事机械状态监测、控制与诊断，动态信号处理理论与应用和无损检测技术及应用等方面的研究工作，主持和参与完成十多项国家省部级科研项目。著有《机械信号处理及其应用》、《智能检测技术及应用》等，在相关领域中发表论文50多篇，其中被三大检索收录20余篇。

高等学校机械设计制造及其自动化国家特色专业规划教材

机械测试技术及其应用

JIXIE CESHI JISHU JIQI YINGYONG

主　编　李　力
副主编　曾祥亮
　　　　陈从平
　　　　赵美云

华中科技大学出版社
http://www.hustp.com
中国·武汉

内 容 简 介

本书系统阐述了机械测试技术理论、信号分析和处理基础及测试技术应用方法。

本书内容大致可分为基础和应用两大部分。基础内容按测试技术中涉及的基本环节，如传感器、中间调理器、记录显示处理等展开；应用内容主要包括应力应变、振动等测试技术在机械工程中的应用，测试技术实验指导和信号处理编程实验等。本书在内容编排上力求使理论与实践有机结合，更多赋予测试技术知识以工程实际意义和内涵。同时配合章节内容，提供了测试技术实验指导、信号处理Matlab编程实验及适量的复习题，以加深读者对知识的理解，达到锻炼和培养动手解决问题能力的目的。本书融入作者在长期教学和科研工作中的经验与成果，阐述问题深入浅出、循序渐进。

本书可作为高等学校本科机械类各专业"测试技术"课程教材，也可作为高等职业学校机械类专业"测试技术"课程教材；同时，还可供机械工程相关领域的工程技术人员使用和参考，或作为继续教育培训的参考教材。

图书在版编目(CIP)数据

机械测试技术及其应用/李 力 主编. —武汉：华中科技大学出版社，2011.8（2022.7重印）
ISBN 978-7-5609-7076-9

Ⅰ. 机… Ⅱ. 李… Ⅲ. 机械工程-测试技术 Ⅳ. TG806

中国版本图书馆CIP数据核字(2011)第091018号

机械测试技术及其应用 李 力 主编

策划编辑：徐正达
责任编辑：姚 幸
封面设计：潘 群
责任校对：祝 菲
责任监印：张正林
出版发行：华中科技大学出版社(中国·武汉) 电话：(027)81321913
武汉市东湖新技术开发区华工科技园 邮编：430223
录 排：武汉佳年华科技有限公司
印 刷：广东虎彩云印刷有限公司
开 本：710mm×1000mm 1/16
印 张：16.5 插页：2
字 数：350千字
版 次：2022年7月第1版第11次印刷
定 价：35.80元

序　言

当前，我国机械专业人才培养面临社会需求旺盛的良好机遇和办学质量亟待提高的重大挑战。抓住机遇，迎接挑战，不断提高办学水平，形成鲜明的办学特色，获得社会认同，这是我们义不容辞的责任。

三峡大学机械设计制造及其自动化专业作为国家特色专业建设点，以培养高素质、强能力、应用型的高级工程技术人才为目标，经过长期建设和探索，已形成了具有水电特色、服务行业和地方经济的办学模式。在前期课程体系和教学内容改革的基础上，推进教材建设，编写出一套适合于该专业的系列特色教材，是非常及时的，也是完全必要的。

系列教材注重教学内容的科学性与工程性结合，在选材上融入了大量工程应用实例，充分体现与专业相关产业和领域的新发展和新技术，促进高等学校人才培养工作与社会需求的紧密联系。系列教材形成的主要特点，可用“三性”来表达。一是“特殊性”，这个“特殊性”与其他系列教材的不同在于其突出了水电行业特色，其不仅涉及测试技术、控制工程、制造技术基础、机械创新设计等通用基础课程教材，还结合水电行业需求设置了起重机械、金属结构设计、专业英语等专业特色课程教材，为面向行业经济和地方经济培养人才奠定了基础。二是“科学性”，体现在两个方面：其一体现在课程体系层次，适应削减课内学时的教学改革要求，简化推导精练内容；其二体现在学科内容层次，重视学术研究向教育教学的转化，教材的应用部分多选自近十年来的科研成果。三是“工程性”，凸显工程人才培养的功能，一些课程结合专业增加了实验、实践内容，以强化学生实践动手能力的培养；还根据现代工程技术发展现状，突出了计算机和信息技术与本专业的结合。

我相信，通过该系列教材的教学实践，可使本专业的学生较为充分地掌握专业基础理论和专业知识，掌握机械工程领域的新技术并了解其发展趋势，在工程应用和计算机应用能力培养方面形成优势，有利于培养学生的综合素质和创新能力。

当然，任何事情不能一蹴而就。该系列教材也有待于在教学实践中不断锤炼和修改。良好的开端等于成功的一半。我祝愿在作者与读者的共同努力下，该系列教材在特色专业建设工程中能体现专业教学改革的进展，从而得到不断的完善和提高，对机械专业人才培养质量的提高起到积极的促进作用。

谨此为序。

教育部高等学校机械学科教学指导委员会委员、
机械基础教学指导分委员会副主任
全国工程认证专家委员会机械类
专业认证分委员会副秘书长
第二届国家级教学名师奖获得者
华中科技大学机械学院教授，博士生导师
吴昌林
2011-7-21

前　言

随着机电一体化技术的应用，测试技术和信号处理技术迅猛发展，并在机械工程领域得到广泛应用，已成为机械类及相关专业学生必须掌握的理论基础之一。由于机械设备零部件之间的相互运动，大多数机械信号为动态信号，加之安装环境及自身制造等因素，使得机械测试和信号处理具有自身特点。为此，本书针对机械工程测试与信号的特点，侧重于讲解基础知识及其工程应用，使读者能够很好地掌握机械工程相关信号的测试、分析和处理方面的知识，并能应用所学知识解决实际问题，为进一步学习和研究奠定必要的基础。

本书着重介绍常用传感器原理、信号调理方法、信号分析和处理基础及机械测试技术应用等。为保证教学质量，设计了测试技术实验、信号分析和处理的基本软件编程实验等章节，以培养学生的实践能力。此外，为体现测试技术的发展，在相关章节还介绍了一些近年来在机械工程中的先进测试技术。全书共分九章：第1章为绪论；第2章介绍常用传感器原理；第3章介绍信号的描述方法；第4章介绍测试系统的特性；第5章介绍信号的调理方法；第6章介绍机信号分析与处理基础；第7章介绍机械测试技术应用；第8章介绍信号分析与处理编程实验；第9章为机械测试技术及应用实验方面的内容。

本书内容大致可分为基础和应用两大部分。基础内容按测试技术中涉及的基本环节，如传感器、中间调理器、记录显示处理等展开，循序渐进。应用内容主要包括应力应变、振动等测试技术在机械工程中的应用，测试技术实验指导和信号处理编程实验等。内容编排上力求使理论与实践有机结合，更多赋予测试技术知识以工程实际意义和内涵。

本书融入了编者长期从事机械测试与信号处理方面的教学经验和科研成果，同时，参考并汲取了国内外测试与信号处理类教材和相关书籍的精华，在此表示深切谢意。

本书的第1、6、7、8章由李力编写，第2、4章由陈从平编写，第3、5章由曾祥亮编写，第9章由赵美云编写。部分文字录入、修改、格式整理、校对等工作由硕士研究生王红梅、余新亮、李骥、张全林等完成。在本书编写和出版过程中，还得到了三峡大学国家特色专业建设项目的资助，在此一并表示衷心的感谢！

由于编者水平有限，书中存在一些不妥之处在所难免，恳请各位专家和读者批评指正。联系信箱：li7466@ctgu.edu.cn。

作　者
2011年7月

目　录

第1章　绪　　论

在进入信息时代的今天，信息的获取、传输和交换已经成为人类的基本活动。信息是反映一个系统的状态或特性的参数，是人类对外界事物的感知。信息是多种多样、丰富多彩的，其具体物理形态也千差万别，如视觉信息和声音信息等。人类要正确地获取和传输信息，是不能通过信息本身完成的，必须借助一定的载体——信号。例如，视觉信息表现为亮度或色彩变化等，声音信息表现为声压。古人利用点燃烽火台而产生的滚滚狼烟，向远方军队传递敌人入侵的消息，人们观察到的光信号，反映的是“敌人来了”（信息）；当我们说话时，声波传到他人的耳朵，使他人了解我们的意图（信息），这属于声信号；遨游太空的各种无线电波、四通八达的电话网中的电流等，都可以用来向远方表达各种信息，这属于电信号。人们通过对光、声、电等信号的接收，可以知道对方要表达的信息。

因此，信息本身是不具有传输、交换功能的，只有通过信号才能实现这种功能。而信号与测试技术密切相关，测试技术是从被测对象的测试信号中提取所需特征信息的技术手段。在工程实际中，无论是工程研究、产品开发，还是质量监控、性能试验等，都离不开测试技术。测试技术是人类认识客观世界的技术，是科学研究的基本手段。

1.1　测试技术的内容

测试是具有试验性质的测量，它包含测量和试验两方面内容。测试的基本任务是获取信息，而信息又蕴涵在某些随时间或空间变化的物理量中，即信号之中。因此，测试技术主要研究各种物理量的测量原理、测量方法、测量系统及测量信号处理方法。

测量原理指实现测量所依据的物理、化学、生物等现象及有关定律。例如，用压电晶体测振动加速度时所依据的是压电效应，用电涡流位移传感器测静态位移和振动位移时所依据的是电磁效应，用热电偶测量温度时所依据的是热电效应等。

测量方法是指在测量原理确定后，根据对测量任务的具体要求和现场实际情况，需要采用的不同测量手段等，如直接测量法、间接测量法、电测法、光测法、模拟量测量法、数字量测量法，等等。机械工程中常将各种机械量（一般为非电物理量）转换为电信号，以便传输、存储和处理。

测量系统是指在确定了被测量的测量原理和测量方法以后，设计或选用各种测量装置组成的测试系统。要获得有用的信号，必须对被测物理量进行转换、分析和处理，这就需要借助一定的测试系统。

利用测试系统测得的信号常常含有许多噪声，必须对测试得到的信号进行转换、分析和处理，提取出所需要的信息，这样才能获得正确的结果。

1.2 测试技术在机械工程中的作用

测试技术与科学研究、工程实践密切相关，科学技术的发展历程表明，许多新的发现和突破都是以测试为基础的。同时，科学技术的发展和进步又为测试提供了新的方法和装备，促进了测试技术的发展。在机械工程领域，测试技术得到了广泛应用，已成为一项重要基础技术。下面列举它在几个方面的应用。

1. 在机械振动和结构设计中的应用

在工业生产领域里，机械结构的振动分析是一个重要的研究课题。通常在工作状态或人工输入激励下，采用各种振动传感器获取各种机械振动测试信号，再对这些信号进行分析和处理，提取各种振动特征参数，从而得到机械结构的各种有价值信息，尤其是通过对机械振动信号的频谱分析、机械结构模态分析和参数识别等，分析振动性质及产生原因，找出消振、减振的方法，进一步改进机械结构的设计，提高产品质量。

2. 在自动化生产中的应用

在工业自动化生产中，通过对工艺参数的测试和数据采集，实现工艺流程、产品质量和设备运行状态的监测和控制。图 1-1 所示为自动轧钢系统，其中测力传感器实时测量轧钢的轧制力大小，测厚传感器实时测量钢板的厚度，这些测量信号反馈到控制系统后，控制系统根据轧制力和板材厚度信息来调整轧辊的位置，保证了板材的轧制尺寸和质量。

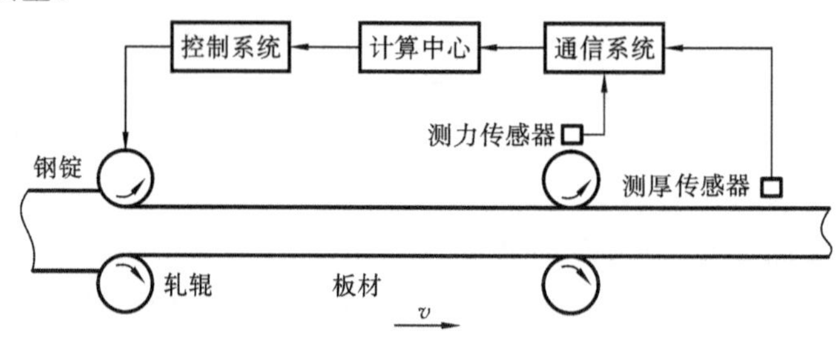

图 1-1 自动轧钢系统

3. 在产品质量和控制中的应用

在汽车、机床设备和电机、发动机等部件出厂时，必须对其性能进行测量和出厂检验。例如在汽车出厂检验中，测量参数包括润滑油温度、冷却水温度、燃油压力及发动机转速等。通过对汽车的抽样测试，工程师可以了解汽车的质量。

在各种自动控制系统中，测试环节是重要的组成部分，起着控制系统感官的作用，最典型的就是各种传感器的使用。图1-2所示为汽车制造生产线上的焊接机器人，其上的激光测距传感器、机器人转动/移动位置传感器及力传感器等协调工作，从而控制汽车车身的焊缝尺寸和焊接强度。

图1-2 汽车制造生产线上的焊接机器人

4. 在机械监测和故障诊断中的应用

在电力、冶金、石油、化工等众多行业中，某些关键设备，如汽轮机、燃气轮机、水轮机、发电机、电动机、压缩机、风机、泵、变速箱等的工作状态关系到整个生产的正常运行。对这些关键设备运行状态实施24 h实时动态监测，可以及时、准确地掌握它的变化趋势，为工程技术人员提供详细、全面的机组信息，是实现设备事后维修或定期维修向预测维修转变的基础。

图1-3所示为对水电站大型金属结构的应力检测，应变片直接粘贴在结构上进行测量。图1-4所示为管道腐蚀无损检测系统，它利用漏磁原理来检验管道的内部腐蚀，具有操作简单、高效、便携的特点。图1-5所示为一个数字化加工厂的测试系统，系统含切削力传感器、加工噪声传感器、超声波测距传感器、红外接近开关传感器等，传感器将信号传输到中心控制室进行分析和处理，作为设备监测和诊断的依据。

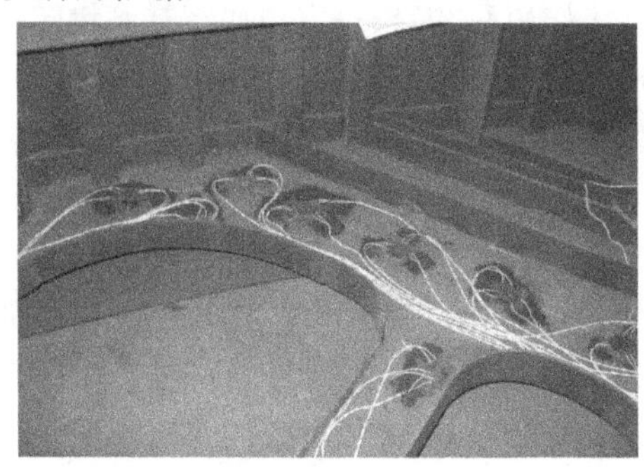

图1-3 金属结构应力检测

图1-4 管道腐蚀无损检测系统

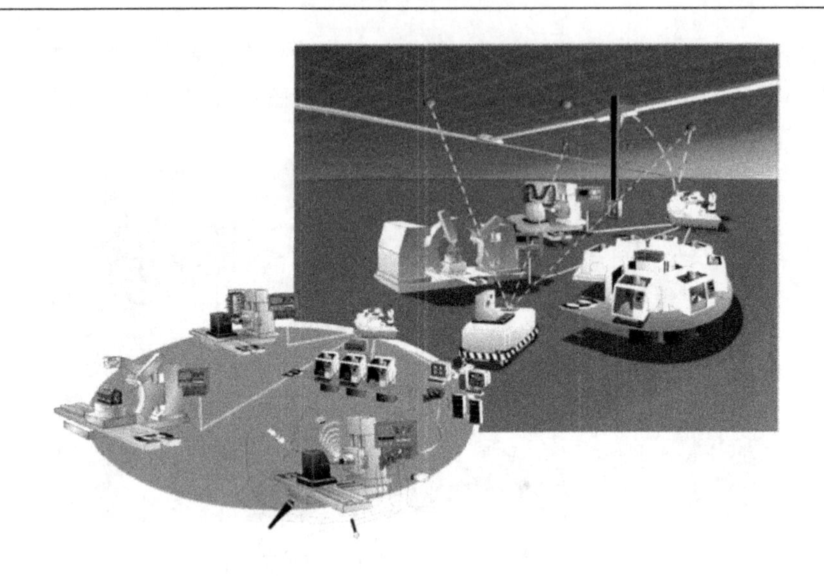

图 1-5 数字化加工厂的测试系统

1.3 测试系统的组成

测试系统的基本组成如图 1-6 表示。一般来说，测试系统包括传感器、信号调理、信号分析及处理和信号的显示与记录。有时测试工作所希望获取的信息并没有直接蕴涵在可检测的信号中，这时测试系统就需要选用合适的方式激励被测对象，使其响应并产生既能充分表征其有关信息，又便于检测的信号。

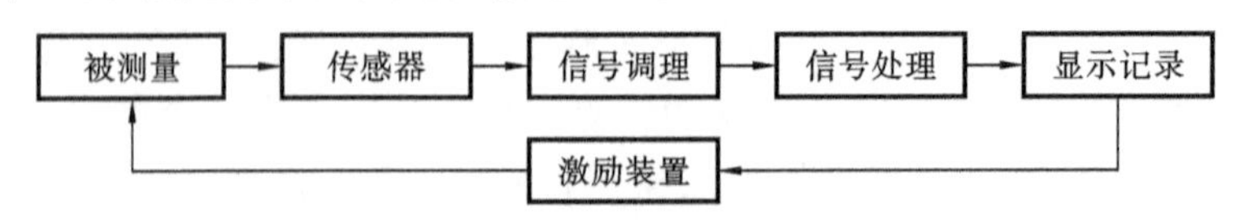

图 1-6 测试系统基本组成框图

在测试系统中，当传感器受到被测量的直接作用后，能按一定规律将被测量转换成同一量纲或不同量纲的量值输出，其输出通常是电参数信号。如金属电阻应变片是将机械应变值的变化转换成电阻值的变化，电容式传感器测量位置时是将位移量的变化转换成电容量的变化等。

传感器输出的电参数信号种类很多，输出功率又太小，一般不能将这种信号直接输入到后续的信号处理电路。信号调理环节的主要作用就是对信号进行转换和放大，即把来自传感器的信号转换成更适合进一步传输和处理的信号。信号转换在多数情况下是电参数信号之间的转换，将各种电参数信号转换为电压、电流、频率等几种便于测量的电参数信号（简称电信号）。

信号处理环节的输入是来自信号调理环节的信号，并进行各种运算、滤波、分析，将结果输出至显示、记录或控制系统。例如，扭矩传感器可以测出转轴的转速 n 和它的扭矩 M，信号处理环节对 n 和 M 进行乘法运算可以得到此转轴传输的功率 $P=nM$，然后将其输出到显示与记录设备上。

信号显示记录环节以观察者易于识别的形式来显示测量结果，或将测量结果存储，以供需要时使用。

图 1-6 所示为一个完整的工程测试系统，在某些情况下，有些环节可以简化或省略，如测试系统构成自动控制系统的一个组成单元时，可能显示、记录设备就不需要了，但传感器环节是任何测试系统都必不可少的。

1.4 测试技术的发展趋势

测试技术随着现代科学技术的发展而迅速发展，特别是计算机、软件、网络、通信等技术的发展使测试技术日新月异。测试技术的发展可归纳为以下几方面。

1. 传感器向新型、微型、智能化方向发展

传感器的作用是获取信号，是测试系统的首要环节。现代测试系统以计算机为核心，信号处理、转换、存储和显示等都与计算机直接相关，属于共性技术，唯独传感器是千变万化、多种多样的，所以测试系统的功能更多地体现在传感器方面。

新的物理、化学、生物效应应用于物性型传感器是传感器技术的重要发展方向之一。每有一种新的物理效应应用，都会出现一种新型敏感元件，或者某种新的参数能够被测量。例如一些声敏、湿敏、色敏、味敏、化学敏、射线敏等新材料与新元件的应用，有力地推动了传感器的发展。由于物性型传感器的敏感元件依赖于敏感功能材料，因此，敏感功能材料(如半导体、高分子合成材料、磁性材料、超导材料、液晶、生物功能材料、稀土金属等)的开发也推动着传感器的发展。

快变参数和动态测量是机械工程测试和控制系统中的重要环节，其主要支柱是微电子与计算机技术。传感器与微计算机结合，产生了智能传感器，也是传感器技术发展的新动向。智能传感器能自动选择测量量程和增益，自动校准与实时校准，进行非线性校正、漂移等误差补偿和复杂的计算处理，完成自动故障监控和过载保护。通过引入先进技术，智能传感器可以利用微处理技术提高传感器精度和线性度，修正温度漂移和时间漂移。

近年来，传感器向多维发展，如把几个传感器制造在同一基体上，把同类传感器配置成传感器阵列等。因此，传感器必须微细化、小型化，这样才可能实现多维测量。

2. 测试仪器向高精度和多功能方向发展

仪器与计算机技术的结合产生了全新的仪器结构，即虚拟仪器。虚拟仪器采用计算机开放体系结构来取代传统的单机测量仪器，将传统测量仪器的公共部分(如电源、操作面板、显示屏、通信总线和 CPU)集中起来，通过计算机仪器扩展板和应用软件在计算机上实现多种物理仪器，实现多功能集成。

一方面，随着微处理器速度的加快，一些实时性要求提高，原来要由硬件完成的功能，可以通过软件来实现，即硬件功能软件化。另一方面，在测试仪器中广泛使用高速数字处理器，极大地增强了仪器的信号处理能力和性能，仪器精度也获得了大大提高。

3. 测试与信号处理向自动化方向发展

越来越多的测试系统采用了以计算机为核心的多通道自动测试系统，这样的系统既能实现动态参数的在线实时测量，又能快速地进行信号实时分析与处理。随着信号处理芯片的出现和发展，对简化信号处理系统结构，提高运算速度，提高信号处理的实时能力，起到了很大的推动作用。

1.5 本课程的学习要求

测试技术涉及传感技术、计算机技术、信号处理技术、控制技术等多学科技术知识，是集机、电于一体，硬件、软件相结合的一门综合性技术，目前，测试与信号处理技术正在迅猛发展，并在机械工程领域得到了广泛应用，已成为机械类专业学生必须掌握的理论基础之一。同时，测试技术又具有很强的实践性，因此，学生在学习中必须注意将理论学习与实践训练密切结合，才能系统地掌握课程知识，获得相应能力。

本书内容分为测试技术基本理论知识、机械测试技术及其应用、测试技术实验和信号处理编程实验等。学生学完本课程应获得以下知识和能力。

(1) 掌握测试技术的基本理论，包括常用传感器原理、信号调理方法、信号分析与处理基本方法等。

(2) 熟悉机械工程中常见物理量所用的测试系统、测试方法和计算机辅助测试技术。

(3) 具备测试技术基本实验技能和数据处理能力。

习　题

1.1 什么是测试技术？测试技术的研究对象有哪些？

1.2 测试系统的基本组成环节有哪些？并说明各环节的作用。

1.3 试举自己身边的测试技术应用例子，说明测试技术的重要作用。

1.4 简要概括测试技术的发展。

1.5 如何学习本课程？本课程的学习要求有哪些？

第 2 章　常用传感器原理

传感器是测试系统的首要环节，是获取测试系统信号的重要器件。机械运行状态可以通过很多类型的信号检测和分析获得，如应力、振动、噪声等，这些机械信号需要通过传感器获得定量描述。传感器是指直接感受被测信号，并将被测信号按一定的规律转换为与另外一种（或同种）有确定对应关系的、便于传输和应用的物理量（或信号）的输出器件或装置。在机械测试中，传感器常将被测机械量（如力、位移、振动等）转换为容易测量的电信号（如电阻、电压等），以便使用中间变换电路进行处理。本章将介绍机械测试常用传感器的工作原理、结构、特性及其应用等。

2.1　传感器的分类

传感器的种类繁多，其工作原理和应用场合也各不相同，只有正确选择传感器，才能满足测试系统的各种要求，真实、准确地获取要测量的信号。在机械测试中，往往一种被测量可用多种类型的传感器来测量。为了便于传感器的选择和应用，有必要对其进行合理科学的分类。目前传感器的分类方法很多，机械测试中主要有下面几种分类方法。

1. 按传感器的被测量分类

根据传感器的被测量，可分为力传感器、位移传感器、速度传感器、温度传感器等。这种分类方法便于实际选用传感器。

2. 按传感器工作的物理原理分类

根据传感器工作的物理原理，可分为机械式传感器、电磁及电子式传感器、辐射式传感器、流体式传感器等。

3. 按传感器的信号变换特征分类

根据传感器信号的变换特征，可分为物性型传感器与结构型传感器两大类。

物性型传感器是利用敏感元件材料本身的物理化学性质变化实现信号的测量。例如，水银温度计测温是利用了水银热胀冷缩的原理。结构型传感器则是通过传感器本身结构参数的变化来实现信号转换的。例如，电容式传感器通过极板间距离变化引起电容量的变化来实现测量。

4. 按传感器的能量转换分类

根据传感器的能量转换情况，可分为能量控制型传感器和能量转换型传感器。

在信号变换中，能量控制型传感器的能量需要辅助电源供给，如电阻式、电感式、电容式等传感器都属于这一类。对能量转换型传感器来说，被测量输入的能量便能使其工作,不需要外电源,如基于压电效应的传感器等。

机械工程中常用的传感器基本类型归纳如表 2-1 所示。

表 2-1　机械工程中常用的传感器

传感器类型	名　称	被测量	变换量	应用举例
机械式	弹性转换元件	力、压力、温度	位移	弹簧秤、压力表、温度计
电磁及电子式	电阻式传感器	位移	电阻	直线电位计
	电阻丝应变片	力、位移、应变	电阻	应变仪
	半导体应变片	力、加速度	电阻	应变仪
	电感式传感器	力、位移	自感	电感测微仪
	电涡流传感器	位移、测厚	自感	涡流式测振仪
	差动变压器	力、位移	互感	电感比较仪
	电容式传感器	力、位移	电容	电容测微仪
	压电元件	力、加速度	电荷	测力计、加速度计
	磁电传感器	速度	电势	磁电式速度计
	霍尔元件	位移	电势	位移传感器
	压磁元件	力、扭矩	磁导率	测力计
	光电元件	转速、位移	电压	光电转速计

2.2　电阻式传感器

电阻式传感器种类繁多,应用广泛,常用来测量力、位移、应变、扭矩、加速度等,其基本原理是将被测信号的变化转换成传感元件电阻值的变化,再经过转换电路将电阻值的变化变换成电压信号输出。下面介绍电位器式、电阻应变式和压阻式三种常用的电阻式传感器。

2.2.1　电位器式传感器

1. 电位器式传感器的结构

电位器式传感器的工作原理如图 2-1 所示。它由电阻元件及电刷(活动触点)两个基本部分组成。电刷相对于电阻元件的运动可以是直线运动,也可以是转动和螺旋运动,因而可以将直线位移或角位移转换为与其成一定函数关系的电阻或电压输出。利用电位器作为传感元件可制成各种电位器式传感器,除可以测量线位移或角位移外,还可以测量一切可以转换为位移的其他物理量参数,如压力、加速度等。

2. 电位器式传感器的工作原理与特点

当电阻元件的导线材质与其截面积一定时,其阻值随导线长度增加而线性增加。电位器式传感器就是根据这种原理制成的。

图 2-1(a)所示为直线位移型电位器式传感器,当被测位移变化时,触点 C 沿电

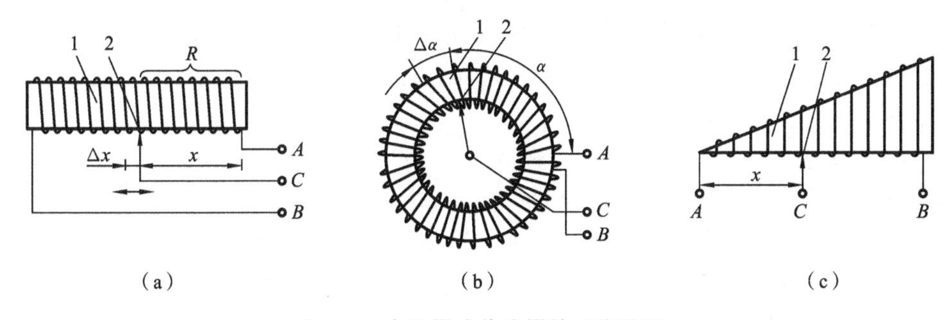

图 2-1　电位器式传感器的工作原理

(a) 直线型　(b) 角位移型　(c) 非线性型

1—电阻元件;2—电刷

位器移动。假设移动距离为 x,则 C 点与 A 点之间的电阻为

$$R_{AC}=K_L x \tag{2-1}$$

式中,K_L 为导线单位长度的电阻,当导线材质分布均匀时,K_L 为常数。

可见,这种传感器的输出与输入呈线性关系。传感器的灵敏度为

$$S=\frac{\mathrm{d}R_{AC}}{\mathrm{d}x}=K_L \tag{2-2}$$

图 2-1(b)所示为回转型电位器式传感器,其电阻值随转角变化而变化,故称为角位移型传感器。这种传感器的灵敏度可表示为

$$S=\frac{\mathrm{d}R_{AC}}{\mathrm{d}\alpha}=K_\alpha \tag{2-3}$$

式中,K_α 为单位弧度对应的电阻值,当导线材质分布均匀时,K_α 为常数;α 为转角。

图 2-1(c)所示为一种非线性电位器式传感器,其输出电阻与滑动触头位移之间呈非线性函数关系。它可以实现指数函数、三角函数、对数函数等各种特定函数关系,也可以实现其他任意函数输出。电位器骨架形状由所要求的输出电阻来决定。例如,若输入量为 $f(x)=Kx^2$,其中 x 为输入位移,为了使输出的电阻值 R_x 与输入量 $f(x)$ 呈线性关系,电位器骨架应做成直角三角形的。若输入量 $f(x)=Kx^3$,则应采用抛物线型骨架。

电位器式传感器的优点是结构简单、性能稳定、使用方便,缺点是分辨率不高、有较大的噪声。电位器式传感器常用于线位移、角位移的测量等。

2.2.2　电阻应变式传感器

电阻应变式传感器可以用于测量应变、力、位移、扭矩等参数。这种传感器具有体积小、动态响应快、测量精度高、使用方便等优点,在航空、船舶、机械、建筑等行业获得了广泛应用。

电阻应变式传感器的核心元件是电阻应变片。当被测试件或弹性敏感元件受到

被测量作用时，将产生位移、应力和应变，粘贴在被测试件或弹性敏感元件上的电阻应变片就会将应变转换成电阻的变化。这样，通过测量电阻应变片的电阻值变化，从而测得被测量的大小。

1. 电阻应变式传感器的结构与分类

图 2-2 所示为一种电阻应变片的结构，电阻应变片是用直径为 0.025 mm、具有高电阻率的电阻丝制成的。为了获得高的阻值，将电阻丝排列成栅状，称为敏感栅，并粘在绝缘基片上。敏感栅上面粘贴具有保护作用的覆盖层。电阻丝的两端焊接引线。

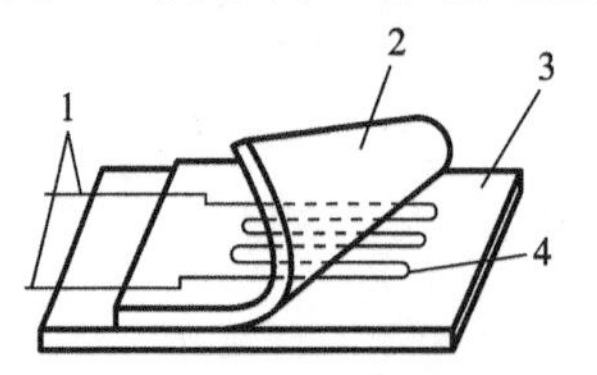

图 2-2　电阻丝应变片的基本结构

1—引线；2—覆盖层；3—基片；4—电阻丝

根据电阻应变片敏感栅的材料和制造工艺的不同，它的结构形式有丝式、箔式和膜式三种，如图 2-3 所示。

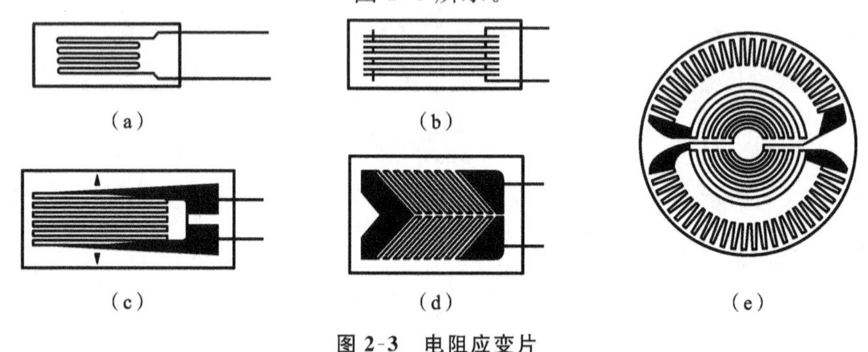

图 2-3　电阻应变片

(a) 回线丝式　(b) 短接丝式　(c) 箔式　(d) 箔式　(e) 箔式

2. 电阻应变式传感器的工作原理

金属导体在外力作用下产生机械变形(伸长或缩短)时，其电阻值会随着变形而发生变化，这种现象称为金属的电阻应变效应。以金属丝应变片为例，若金属丝的长度为 l，横截面积为 A，电阻率为 ρ，其未受力时的电阻为 R，根据欧姆定律，有

$$R=\rho\frac{l}{A} \tag{2-4}$$

当金属丝发生变形时，其长度 l、截面积 A 及电阻率 ρ 均会发生变化，导致金属丝电阻 R 变化。当各参数以增量 $\mathrm{d}l$、$\mathrm{d}A$ 和 $\mathrm{d}\rho$ 变化时，则所引起的电阻增量为

$$\mathrm{d}R=\frac{\partial R}{\partial l}\mathrm{d}l+\frac{\partial R}{\partial A}\mathrm{d}A+\frac{\partial R}{\partial \rho}\mathrm{d}\rho \tag{2-5}$$

式中，$A=\pi r^2$，r 为金属丝半径。

将 $A=\pi r^2$ 代入式(2-5)，有

$$\frac{\mathrm{d}R}{R}=\frac{\mathrm{d}l}{l}-2\frac{\mathrm{d}r}{r}+\frac{\mathrm{d}\rho}{\rho} \tag{2-6}$$

式中，$\frac{dl}{l}=\varepsilon$ 为金属丝的轴向应变；$\frac{dr}{r}$ 为金属丝的径向应变。

由材料力学知识可知

$$\frac{dr}{r}=-\mu\frac{dl}{l}=-\mu\varepsilon \tag{2-7}$$

式中，μ 为金属丝材料的泊松比。

将式(2-7)代入式(2-6)，整理得

$$\frac{dR}{R}=(1+2\mu)\varepsilon+\frac{d\rho}{\rho} \tag{2-8}$$

令

$$S_0=\frac{dR/R}{\varepsilon}=(1+2\mu)+\frac{d\rho/\rho}{\varepsilon} \tag{2-9}$$

式中，S_0 称为金属丝的灵敏度，其物理意义是单位应变所引起的电阻相对变化。

由式(2-9)可以看出，金属材料的灵敏度受两方面影响：一个是受力后材料的几何尺寸变化所引起的，即 $1+2\mu$ 项；另一个是受力后材料的电阻率变化所引起的，即 $(d\rho/\rho)/\varepsilon$ 项。对于金属材料，$(d\rho/\rho)/\varepsilon$ 项比 $1+2\mu$ 项小得多。大量实验表明，在金属丝拉伸极限范围内，电阻的相对变化与其所受的轴向应变是成正比的，即 S_0 为常数。于是式(2-8)可以写成

$$\frac{dR}{R}=S_0\varepsilon \tag{2-10}$$

通常金属电阻丝的灵敏度 S_0 在 1.7～3.6 之间。

2.2.3 压阻式传感器

金属丝和箔式电阻应变片的性能稳定、精度较高，至今仍在不断的改进和发展中，并在一些高精度应变式传感器中得到了广泛应用。这类传感器的主要缺点是电阻丝的灵敏度小。为了避免这一不足，在 20 世纪 50 年代末出现了半导体应变片和扩散型半导体应变片。应用半导体应变片制成的传感器称为固态压阻式传感器。它的突出优点是灵敏度高，尺寸小，横向效应小，滞后和蠕变也小，因此适用于动态测量。其主要缺点是温度稳定性差，需要在温度补偿或恒温条件下使用。

1. 压阻式传感器的工作原理

半导体材料受到应力作用时，其电阻率会发生显著变化，这种现象称为压阻效应。实际上，任何材料都不同程度地呈现压阻效应，而半导体材料的这种效应特别强。电阻应变效应的分析公式适用于半导体电阻材料，故仍可用式(2-8)来描述。对于金属材料，$d\rho/\rho$ 比较小，但对于半导体材料，$d\rho/\rho\gg(1+2\mu)\varepsilon$，即因机械变形引起的电阻变化可以忽略，电阻的变化率主要是由 $d\rho/\rho$ 引起的，即

$$\frac{dR}{R}=(1+2\mu)\varepsilon+\frac{d\rho}{\rho}\approx\frac{d\rho}{\rho} \tag{2-11}$$

而

$$\frac{d\rho}{\rho}=\pi_L\sigma=\pi_L E\varepsilon \tag{2-12}$$

式中，π_L 为沿某晶向 L 的压阻系数；σ 为沿某晶向 L 的应力；E 为半导体材料的弹性模量。因此，半导体材料的灵敏度 S_0 为

$$S_0=\frac{\mathrm{d}R/R}{\varepsilon}=\pi_L E \tag{2-13}$$

对于半导体硅，$\pi_L=(40\sim80)\times10^{-11}\ \mathrm{m^2/N}$，$E=1.67\times10^{11}\ \mathrm{Pa}$，则 $S_0=\pi_L E=50\sim100$。显然半导体材料的灵敏度比金属丝的要高得多。

2. 压阻式传感器的应用

利用半导体材料的特性，压阻式传感器可分为半导体应变式和固态压阻式两类。半导体应变式传感器的结构如图 2-4 所示，它的使用与电阻应变片类似。固态压阻式传感器主要用于压力和加速度的测量等。图 2-5 所示为固态压阻式压力传感器，其核心部分是一周边固定支承的圆形 N 型硅膜片，其上扩散有 4 个阻值相等的 P 型电阻。硅膜片周边用硅杯固定，两侧有两个压力腔，一个是和被测压力相连的高压腔，另一个是和大气相通的低压腔。在被测压力的作用下，硅膜片产生应力和应变，利用 P 型电阻的产生的压阻效应来测定压力。

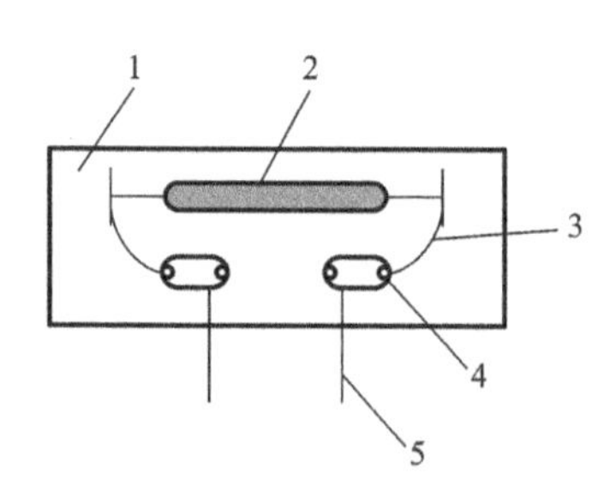

图 2-4　半导体应变式传感器

1—基片；2—半导体材料片；3—内引线；4—焊接板；5—外引线

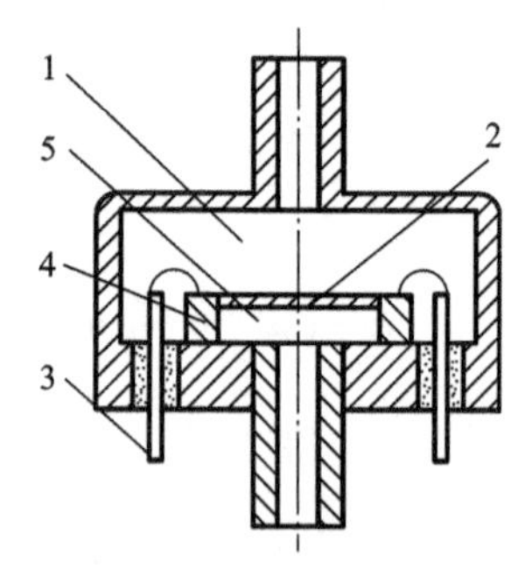

图 2-5　固态压阻式压力传感器

1—低压腔；2—N 型硅膜片；3—引线；4—硅杯；5—高压腔

2.3　电感式传感器

电感式传感器是指基于电磁感应原理，将被测非电量（如位移、压力、振动等）转换为电感量变化的一种装置。按照转换方式的不同，可分为自感型传感器（包括变磁阻式与涡流式）和互感型传感器（差动变压器式）。

2.3.1　变磁阻式电感传感器

图 2-6 所示为变磁阻式电感传感器的结构。它由线圈、铁芯和衔铁三部分组成。铁芯和衔铁由导磁材料制成，在铁芯和衔铁之间有气隙 δ，传感器的运动部分与衔铁相连。由电工学知识可知，线圈自感量 L 为

$$L=\frac{W^2}{R_\mathrm{m}} \tag{2-14}$$

式中，W 为线圈匝数；R_m 为磁路总磁阻。

若不考虑磁路的铁损，且气隙 δ 较小时，则磁路总磁阻为

$$R_m=\frac{l}{\mu A}+\frac{2\delta}{\mu_0 A_0} \tag{2-15}$$

式中，l 为铁芯的导磁长度；μ 为铁芯的磁导率；A 为铁芯的导磁截面积；δ 为气隙长度；μ_0 为空气磁导率；A_0 为气隙导磁横截面积。

因为 $\mu \gg \mu_0$，故

$$R_m \approx \frac{2\delta}{\mu_0 A_0} \tag{2-16}$$

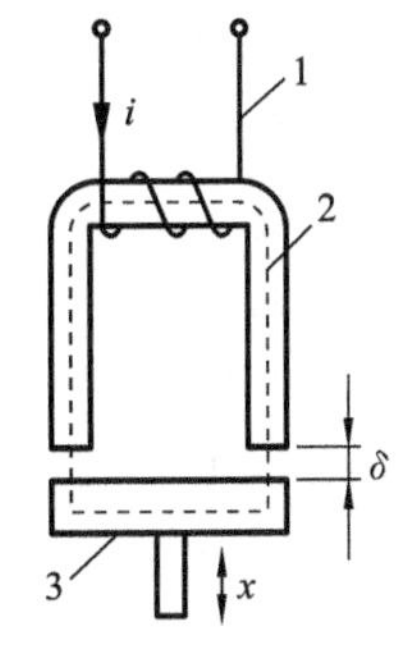

图 2-6　变磁阻式电感传感器结构

1—线圈；2—铁芯；3—衔铁

因此，自感 L 可写为

$$L=\frac{W^2\mu_0 A_0}{2\delta} \tag{2-17}$$

式(2-17)表明，当线圈匝数 W 为常数时，改变 δ 或 A_0 均可导致电感变化；只要能测出电感量的变化，就可确定被测量的变化。由此，变磁阻式传感器可分为变气隙型和变气隙导磁面积型。

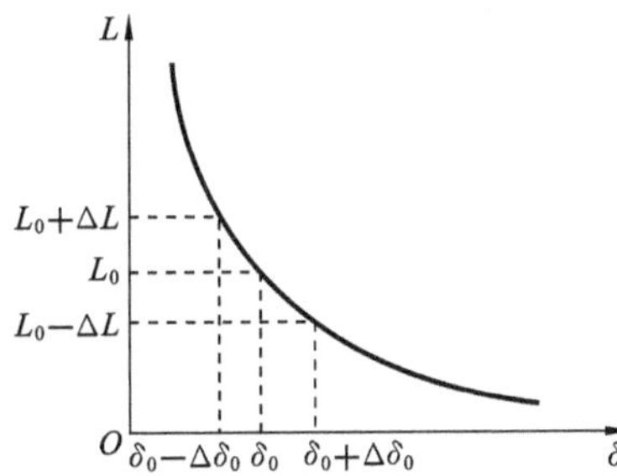

图 2-7　变气隙型电感传感器输出特性

固定气隙导磁横截面积 A_0 不变，改变气隙长度 δ 可构成变气隙型电感传感器。L 与 δ 呈非线性关系，其输出特性曲线如图 2-7 所示。此时传感器的灵敏度为

$$S=\frac{\mathrm{d}L}{\mathrm{d}\delta}=-\frac{W^2\mu_0 A_0}{2\delta^2} \tag{2-18}$$

同样，保持气隙 δ 不变，变化气隙导磁横截面积 A_0 可构成变气隙导磁面积型传感器。自感 L 与 A_0 呈线性关系，如图 2-8 所示。

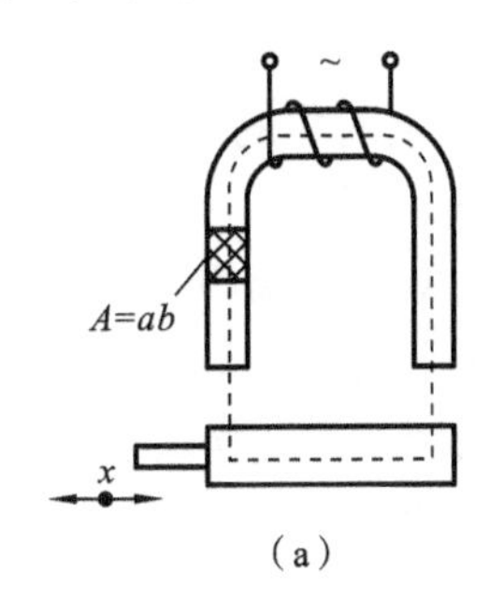

(a)

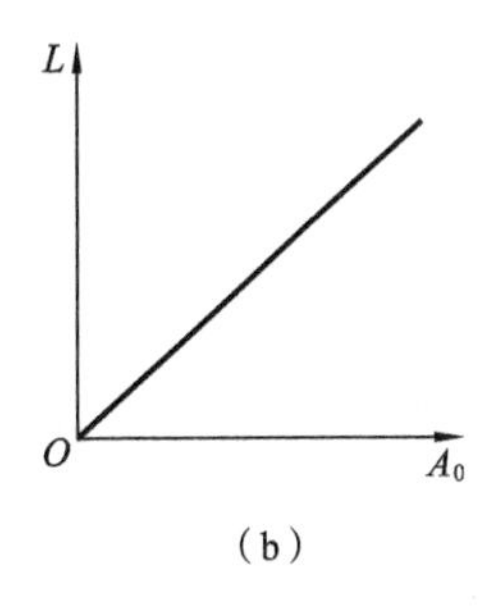

(b)

图2-8　变气隙导磁面积型传感器结构及 L-A_0 曲线

(a) 结构　(b) L-A_0 曲线

图 2-9 列出了几种常用变磁阻式传感器的典型结构。图 2-9(a)所示为可变导磁面积型变磁阻式传感器，其自感 L 与 A_0 呈线性关系。这种传感器灵敏度较低。图 2-9(b)所示为差动型变磁阻式传感器，衔铁有位移时，两个线圈的间隙可以按 $(\delta_0+\Delta\delta)$ 和 $(\delta_0-\Delta\delta)$ 变化。一个线圈自感增加，另一个线圈自感减少。图 2-9(c)所示为单螺管线圈型，当铁芯在线圈中运动时，将改变磁阻，使线圈自感发生变化。这种传感器结构简单、制造容易，但灵敏度较低，适合大位移测量。图 2-9(d)所示为双螺管线圈差动型变磁阻式传感器，较之单螺管线圈，其灵敏度更高，常用于电感测微计上。

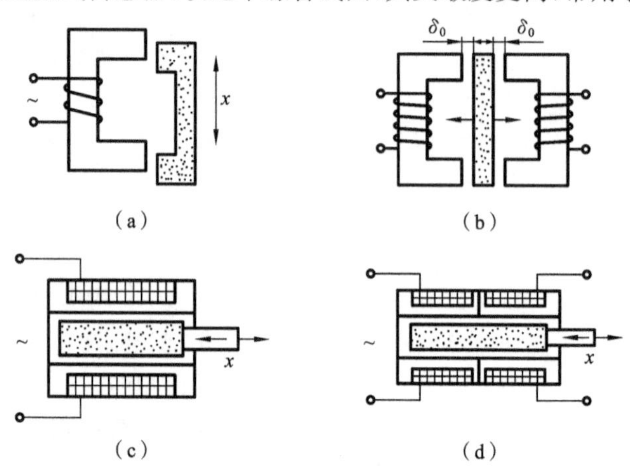

图 2-9 变磁阻式传感器典型结构

(a) 可变导磁面积型 (b) 差动型 (c) 单螺管线圈型 (d) 双螺管线圈差动型

2.3.2 涡流传感器

根据电磁感应原理，金属导体置于变化的磁场中或在磁场中作切割磁力线运动时，导体内将产生呈闭合涡旋状的感应电流，此现象称为涡流效应。根据涡流效应制成的传感器称为涡流传感器。按照涡流在金属导体内的贯穿形式，涡流传感器常分为高频反射式和低频透射式两类，但二者的工作原理基本上相似。

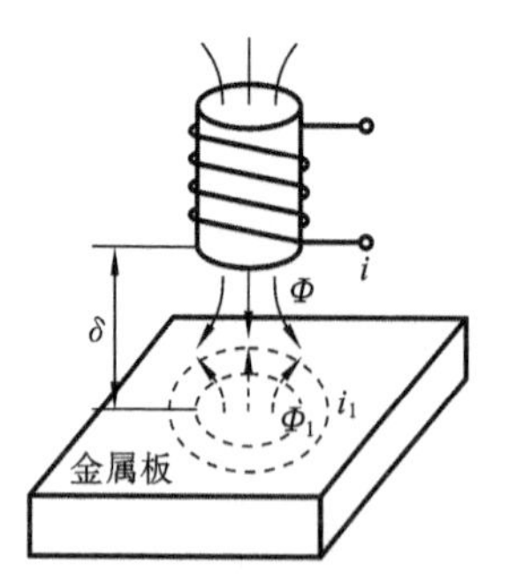

图 2-10 高频反射式涡流传感器

1. 高频反射式涡流传感器

图 2-10 所示为高频反射式涡流传感器工作原理。金属板置于线圈附近，相互间距为 δ。当线圈中通一高频交变电流 i，产生的高频电磁场作用于金属板的板面。在金属板表面薄层内产生涡流 i_1，涡流 i_1 又产生新的交变磁场。根据楞次定律，涡流的交变电磁场将抵抗线圈磁场的变化，导致原线圈的等效阻抗 Z 发生变化，变化程度与距离 δ 有关。分析表明，影响高频线圈阻抗 Z 的参数除了线圈与

金属板的间距 δ 以外，还有金属板的电阻率 ρ、磁导率 μ 及线圈激振圆频率 ω 等。当改变其中某一参数时，可实现不同的测量目的。如改变 δ，可用于位移、振动的测量；如改变 ρ 或 μ，可用于材质鉴别或探伤等。

2. 低频透射式涡流传感器

图 2-11 所示为低频透射式涡流传感器理工作原理。发射线圈 L_1 和接收线圈 L_2 分别放在被测金属板的上面和下面。当在线圈 L_1 两端上加上低频电压 u_1 后，L_1 将产生交变磁场 Φ_1，若两线圈间无金属板，交变磁场的作用使线圈 L_2 产生感应电压 u_2。如果将被测金属板放入两线圈之间，则线圈 L_1 产生的磁场将导致金属板中产生涡流。此时磁场能量受到损耗，到达 L_2 的磁场将减弱为 Φ_1'，从而使 L_2 产生的感应电压 u_2 下降。实验与理论证明，金属板越厚，涡流损失就越大，u_2 电压就越小，因此，可根据电压 u_2 的大小得到被测金属板的厚度。透射式涡流厚度传感器检测范围可达 1～100 mm，分辨率为 0.1 μm。

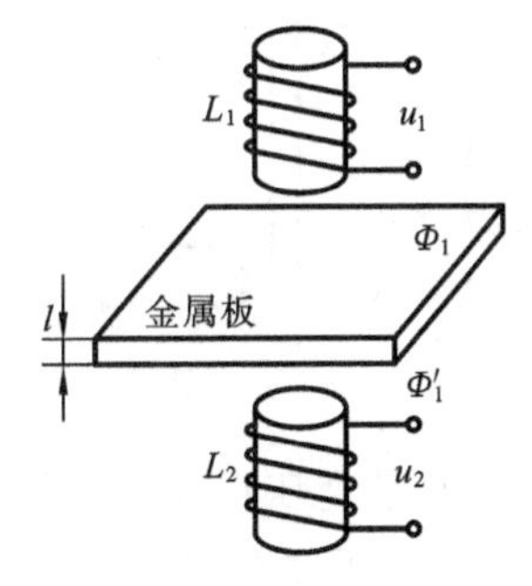

图 2-11　低频透射式涡流传感器

3. 涡流传感器的应用

图 2-12 所示为涡流传感器的工程应用实例。涡流传感器最大的特点是能对位移、厚度、表面温度、速度、应力、材料损伤等进行非接触式连续测量，此外还具有体积小、灵敏度高、频率响应范围宽等优点。因此，近几年来涡流位移和振动测量仪、测厚

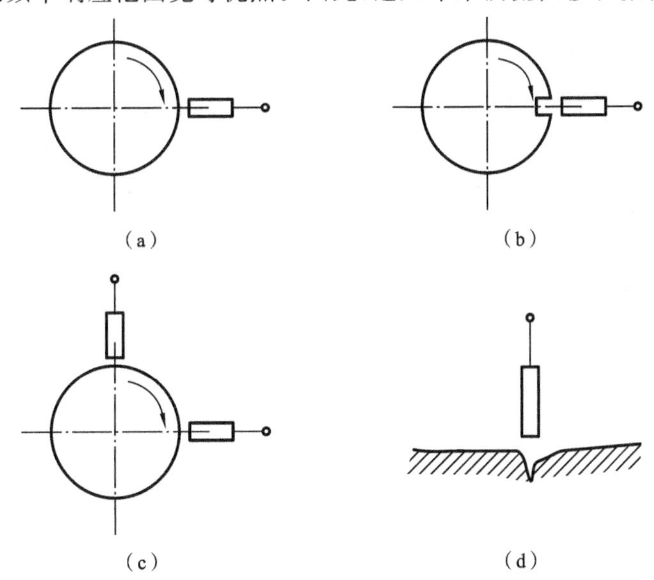

图 2-12　涡流传感器的工程应用实例

(a) 径向振动测量　(b) 转速测量　(c) 轴心轨迹测量　(d) 表面裂纹测量

仪和无损探伤仪在机械、冶金领域应用广泛。实际上，这种传感器在径向振动、转速、轴心轨迹及表面裂纹和缺陷测量中等都可应用。

2.3.3　差动变压器式传感器

1. 互感现象

在电磁感应中，互感现象十分常见。如图 2-13 所示，当线圈 L_1 输入交流电流 i_1 时，线圈 L_2 产生感应电动势 e_{12}，其大小与电流 i_1 的变化率成正比，即

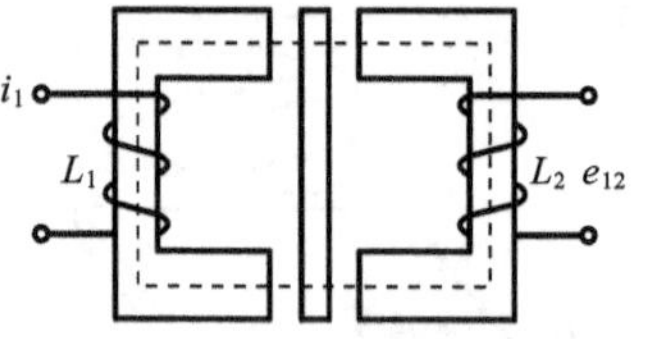

图 2-13　互感现象

$$e_{12}=-M\frac{\mathrm{d}i_1}{\mathrm{d}t} \tag{2-19}$$

式中，M 为比例系数，称为互感，其大小与线圈相对位置及周围介质的导磁能力等因素有关。

2. 差动变压器式传感器的结构与工作原理

差动变压器式传感器利用互感原理，将被测位移量转换成线圈感应电动势的变化。图 2-14(a)、图 2-14(b)所示分别为差动变压器式传感器的结构及工作原理。该传感器主要由线圈、铁芯和活动衔铁三部分组成。线圈实质上是一个变压器结构，由一个初级线圈和两个次级线圈组成。当初级线圈接入稳定交流电源后，两个次级线圈产生感应电动势 e_1 和 e_2，实际中常采用两个参数相同的次级线圈组成差动式结构，因此传感器的输出电压为二者之差，即 $e_0=e_1-e_2$，其大小与活动衔铁的位置有关。当活动衔铁处于中心位置时，$e_1=e_2$，输出电压 $e_0=0$；当活动衔铁向上移时，即 $e_1>e_2$，$e_0>0$；向下移时，$e_1<e_2$，$e_0<0$。随着活动衔铁偏离中心位置，输出电压 e_0 将逐渐增大，其输出特性如图 2-14(c)所示。

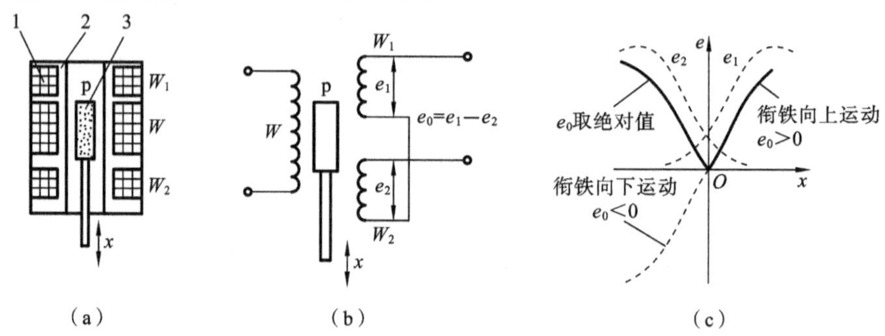

图 2-14　差动变压器式传感器

(a) 结构　(b) 工作原理　(c) 输出特性

1—线圈；2—铁芯；3—活动衔铁

差动变压器式传感器具有精度高(0.1 μm 数量级)、稳定性好、使用方便等优点，多用于直线位移的测量。借助弹性元件，可以将压力、重量等物理量转换成位移的变

化，故这类传感器也可用于压力、重量等物理量的测量。

2.4　电容式传感器

电容式传感器是将被测量的变化转换为电容量变化的一种传感器。它结构简单、体积小、分辨率高，可非接触测量，并能在高温、辐射和强烈振动等恶劣条件下工作，常用于压力、液位、振动、位移等物理量的测量。

电容式传感器是基于电容量及其结构参数之间的关系而构成的。如图2-15所示为最简单的平板电容器，由物理学知识可知，当不考虑边缘电场影响时，其电容量C为

$$C=\frac{\varepsilon A}{\delta} \tag{2-20}$$

图2-15　平行板电容器

式中，ε为介质的介电常数；A为极板的面积；δ为两平行极板间的距离。

式(2-20)表明，当被测量使δ、A或ε发生变化时，都会引起电容量C变化。如果保持其中两个参数不变，而仅改变另一个参数，就可把该参数的变化转换为电容量的变化。根据电容器变化的参数，可分为变极距型、变面积型、变介电常数型三类。在实际中，变极距型与变面积型电容式传感器的应用较为广泛。

2.4.1　变极距型电容传感器

根据式(2-20)，如果两极板的面积及极间介质不变，则电容量C与极距δ呈非线性关系，如图2-16所示。当极距有一微小变化量$\mathrm{d}\delta$时，引起的电容变化量$\mathrm{d}C$为

$$\mathrm{d}C=-\frac{\varepsilon A}{\delta^2}\mathrm{d}\delta \tag{2-21}$$

由此可以得到传感器的灵敏度为

$$S=\frac{\mathrm{d}C}{\mathrm{d}\delta}=-\frac{\varepsilon A}{\delta^2}=-\frac{C}{\delta} \tag{2-22}$$

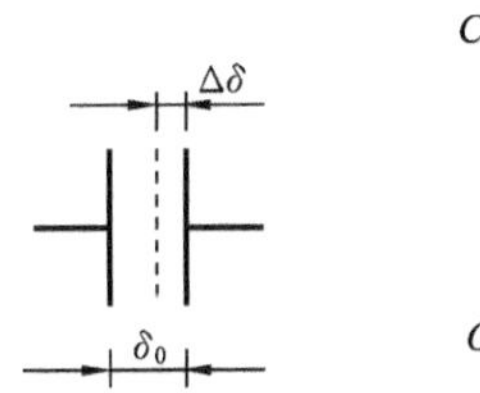

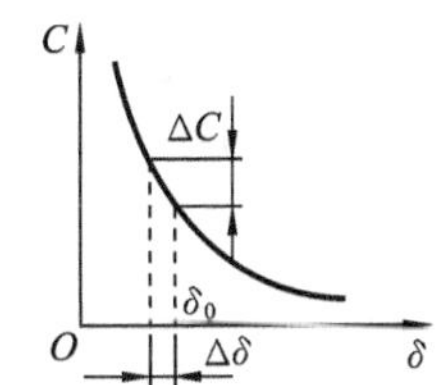

图2-16　变极距型电容传感器

可以看出，灵敏度S与极距的平方成反比，极距越小，灵敏度越高。显然，由于电容量C与极距δ呈非线性关系，必将引起非线性误差。为了减少这一误差，通常规定在较小的极距变化范围内工作，一般取极距变化范围约为$\Delta\delta/\delta_0\approx0.1$，此时传感器的灵敏度近似为常数，输出$C$与$\delta$呈近似线性关系。实际应用中，为了提高传感器的灵敏度、工作范围及克服外界条件(如电源电压、环境温度等)变化对测量精度的影响，常常采用差动式电容传感器。

2.4.2　变面积型电容式传感器

变面积型电容式传感器是在被测参数的作用下变化极板的有效面积，从而达到

测量目的的传感器。常用的有角位移型和线位移型两种，如图 2-17 所示。

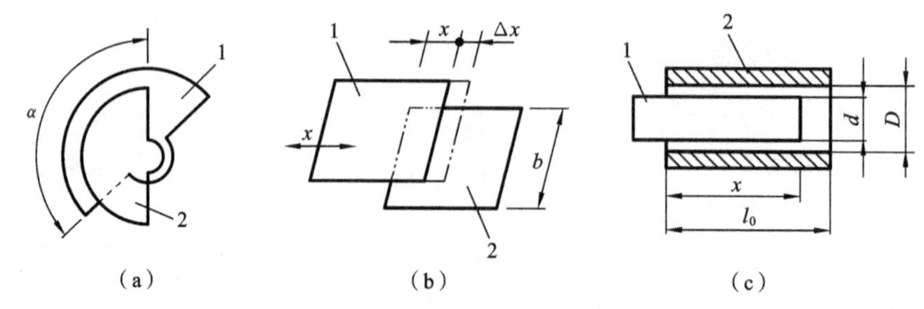

图 2-17　变面积型电容传感器

(a) 角位移型　(b) 平面线位移型　(c) 圆柱体线位移型

1—动板；2—定板

图 2-17(a)所示为角位移型电容传感器。当动板有一转角时，与定板之间相互覆盖面积发生改变，从而导致电容量变化。覆盖面积 A 为

$$A=\frac{\alpha r^2}{2} \tag{2-23}$$

式中，α 为覆盖面积对应的中心角；r 为极板半径。

电容量为

$$C=\frac{\varepsilon\alpha r^2}{2\delta} \tag{2-24}$$

灵敏度为

$$S=\frac{\mathrm{d}C}{\mathrm{d}\alpha}=\frac{\varepsilon r^2}{2\delta}=\text{常数} \tag{2-25}$$

输出与输入呈线性关系。

图 2-17(b)所示为平面线位移型传感器。当动板沿 x 方向移动时，覆盖面积发生变化，电容量也随之变化。电容量 C 为

$$C=\frac{\varepsilon bx}{\delta} \tag{2-26}$$

式中，b 为极板宽度。

灵敏度为

$$S=\frac{\mathrm{d}C}{\mathrm{d}x}=\frac{\varepsilon b}{\delta}=\text{常数} \tag{2-27}$$

图 2-17(c)所示为圆柱体线位移型电容传感器。动板(内圆柱)与定板(外圆筒)相互覆盖，当覆盖长度为 x 时，电容量为

$$C=\frac{2\pi\varepsilon x}{\ln(D/d)} \tag{2-28}$$

式中，D 为外圆筒的直径；d 为内圆柱的直径。

灵敏度为

$$S=\frac{dC}{dx}=\frac{2\pi\varepsilon}{\ln(D/d)}=常数 \tag{2-29}$$

变面积型电容传感器的优点是输出与输入呈线性关系，但与变极距型相比，灵敏度较低，适用于较大角位移或直线位移的测量。

2.4.3　变介质型电容式传感器

变介质型电容式传感器是利用介质介电常数的变化将被测量转换成电量变化的传感器，可用来测量电介质的厚度（见图 2-18(a)）、位移（见图 2-18(b)）和液位（见图 2-18(c)），还可根据极板间介质介电常数随温度、湿度等而发生改变的特性来测量温度、湿度等（见图 2-18(d)）。

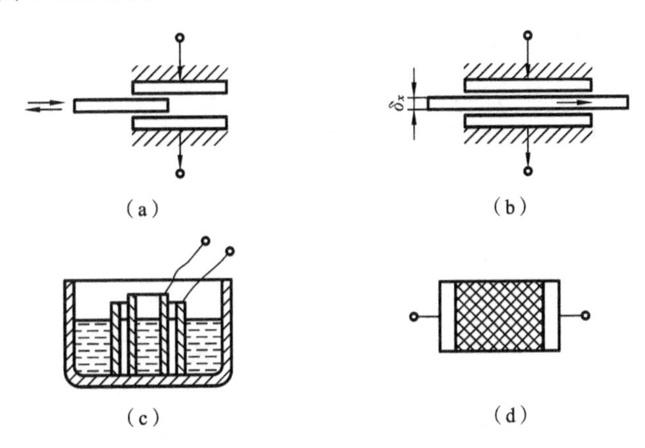

图 2-18　变介质型电容传感器

(a) 测量厚度　(b) 测量位移　(c) 测量液位　(d) 测量温度、湿度等

2.4.4　电容式传感器的应用

图 2-19 所示为电容转速传感器的工作原理。图中，齿轮外沿为电容传感器的定极板。当电容器定极板与齿顶相对时，电容量最大，而与齿根相对时，电容量最小。当齿轮转动时，电容量发生周期性变化，通过测量电路转换成脉冲信号，则频率计显示的频率代表转速大小。设齿数为 z，频率为 f，则转速 n 为

$$n=\frac{60f}{z}$$

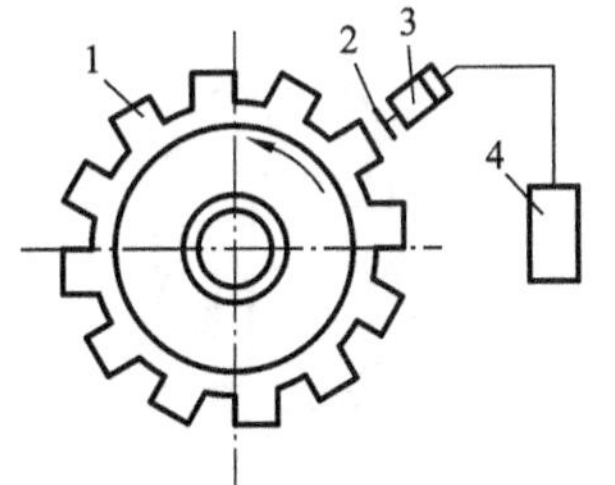

图 2-19　电容式转速传感器的工作原理

1—齿轮；2—定极板；3—电容传感器；4—频率计

图 2-20 所示为测量金属带材在轧制过程中厚度的电容式测厚仪的工作原理。工作极板与带材之间形成两个电容 C_1、C_2，总电容量为二者之和，即 $C=$

C_1+C_2。当金属带材在轧制过程中厚度发生变化时,将引起电容量的变化。通过检测电路,转换并显示出带材的厚度。

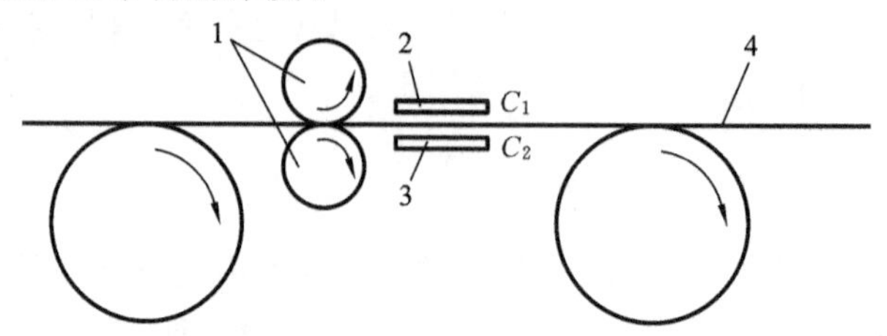

图 2-20 电容式测厚仪的工作原理

1—轧辊;2—工作极板 C_1;3—工作极板 C_2;4—被测带材

2.5 压电式传感器

压电式传感器是一种可逆转换器,既可以将机械能转换为电能,又可以将电能转换为机械能。它是基于某些物质的压电效应而工作的。压电传感器体积小、质量小、结构简单、工作可靠,适用于动态信号的测量。目前压电传感器多用于加速度和动态力或压力的测量。

2.5.1 压电效应及压电材料

某些物质有这么一种特性:当沿着一定方向对其加力而使其变形时,在特定表面上将产生电荷;当外力去掉后,又重新回到不带电的状态。这种现象称为压电效应。相反,如果在这些物质的极化方向施加电场,这些物质就在一定方向上产生机械变形或机械应力,当外电场撤去以后,这些变形或应力也随之消失。这种现象称为逆压电效应。

具有压电效应的材料称为压电材料,石英是常用的一种压电材料。石英晶体结晶形状为六角形晶柱,如图 2-21(a)所示。它的两端为一对称的棱锥,六棱柱是它的

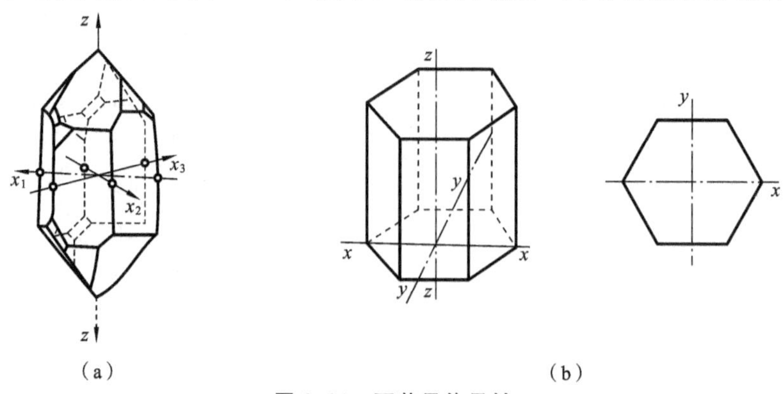

图 2-21 石英晶体晶轴

(a) 石英晶体 (b) 石英晶轴

基本组织。纵轴 $z-z$ 称为光轴，通过六角棱线而垂直于光轴的 $x-x$ 轴称为电轴，垂直于棱面的 $y-y$ 轴称为机械轴，如图 2-21(b)所示。

如果从晶体中切下一个平行六面体，并使晶面分别平行于 $z-z$ 轴、$x-x$ 轴、$y-y$ 轴，这个晶片在正常状态下不呈现电性。当施加外力时，将沿 $x-x$ 方向形成电场，其电荷分布在垂直于 $x-x$ 轴的平面上，如图 2-22 所示。沿 $x-x$ 轴方向加力产生纵向压电效应，沿 $y-y$ 轴加力产生横向压电效应，沿相对两平面加力产生切向压电效应。

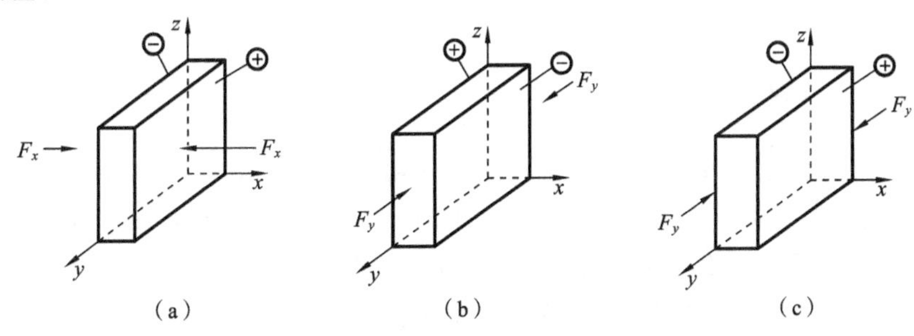

图 2-22 压电效应模型

(a) 纵向压电效应 (b) 横向压电效应 (c) 切向压电效应

2.5.2 压电式传感器的结构

在压电晶片的两个工作面上进行金属蒸镀后，形成金属膜，构成两个电极，如图 2-23(a)所示。当晶片受到外力的作用时，在两个极板上积聚数量相等、极性相反的电荷，形成电场。因此，压电式传感器可以看做是电荷发生器，又可以看成一个电容器。其电容量仍适用式(2-20)。

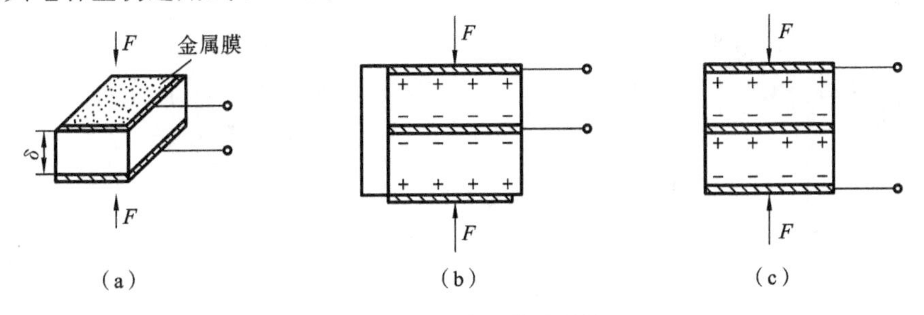

图 2-23 压电晶片及连接

(a) 压电晶片 (b) 并联 (c) 串联

如果施加在晶片上的外力不变，积聚在极板上的电荷无内部泄漏，若外电路负载无穷大，那么在外力作用过程中，电荷量将始终保持不变，直到外力作用终止，电荷才随之消失。若负载不是无穷大，电路将会放电，极板上的电荷无法保持不变，从而造成测量误差。因此，利用压电式传感器测量静态或准静态量时，必须采用极高阻抗的负载，以降低电荷的泄漏。在动态测量时，电荷可以得到补充，漏电荷量相对较小，故压电式传感器适宜进行动态测量。

在实际压电传感器中，往往用两个或两个以上的晶片进行并联或串联。图 2-23(b)所示晶片采用的是并联方式，两压电晶片的负极集中在中间极板上，两侧的正极并联在一起，此时电容量大，输出电荷量大，适用于测量缓变信号，适宜以电荷量为输出的场合。图 2-23(c)所示晶片采用的是串联方式，正电荷集中在上极板，负电荷集中在下极板，中间两晶片的正负极相连，此时传感器电容小，输出电压大，适用于以电压为输出信号的场合。

2.5.3　压电式传感器的应用

图 2-24 所示为压电式加速度传感器的结构。它主要由基座、压电晶片、质量块及弹簧组成。基座固定在被测物体上，基座的振动使质量块产生与振动加速度方向相反的惯性力，惯性力作用在压电晶片上，使压电晶片的表面产生交变电压输出，这个输出电压与加速度成正比，经测量电路处理后，即可知加速度的大小。

图 2-25 所示为压缩式振动传感器结构，主要由压电晶片、质量块、弹簧组成。质量块通过弹簧压在压电晶片上，当机器处于正常状态工作时，质量块振动使压电晶片有一个正常状态的电荷输出。当机器超载运行时，则会引起异常振动或由其他噪声引起的振动，从而导致质量块的异常振动，经测量系统就可获得异常振动的电信号。

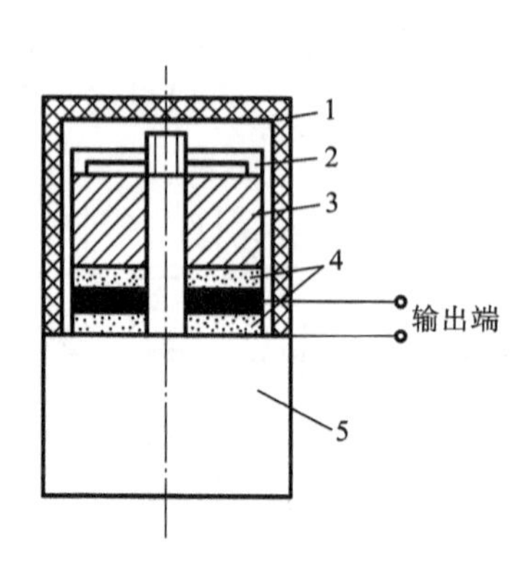

图 2-24　压电式加速度传感器结构

1—壳体；2—弹簧；3—质量块；4—压电晶片；5—基座

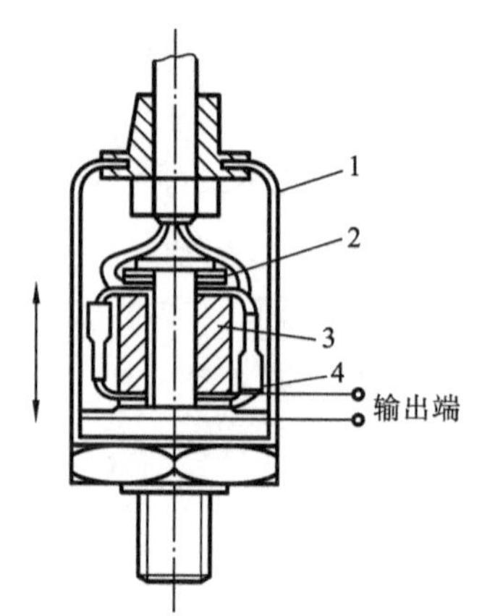

图 2-25　压缩式振动传感器结构

1—壳体；2—弹簧；3—质量块；4—压电晶片

2.6　磁电式传感器

磁电式传感器的基本工作原理是通过磁电作用将被测物理量的变化转换为感应电动势的变化。磁电式传感器包括磁电感应传感器、霍尔传感器等。

2.6.1　磁电感应传感器

磁电感应传感器又称感应传感器，是一种机—电能量转换型传感器，不需要外部电源供电，电路简单，性能稳定，输出阻抗小，具有一定的频率响应范围，适用于振动、转速、扭矩等测量，但这种传感器的尺寸和质量都较大。

根据法拉第电磁感应定律，W 匝数的线圈在磁场中运动切割磁力线或线圈所在磁场的磁通量变化时，线圈中所产生的感应电动势 e 的大小取决于穿过线圈磁通量 Φ 的变化率，即

$$e=-W\frac{\mathrm{d}\Phi}{\mathrm{d}t} \tag{2-30}$$

磁通量变化率与磁场强度、磁路电阻、线圈的运动速度有关，故若改变其中一个因素，都会改变线圈的感应电动势。根据工作原理的不同，磁电感应传感器可分为动线圈式与磁阻式两种。

1. 动线圈式磁电感应传感器

动线圈式磁电感应传感器又可分为线速度型和角速度型两种。图 2-26(a)所示为线速度型感应传感器的工作原理。在永磁铁产生的直流磁场中放置一个可动线圈，当线圈在磁场中作直线运动时，它所产生的感应电动势 e 为

$$e=WBlv\sin\theta \tag{2-31}$$

式中，B 为磁场的磁感应强度；l 为单匝线圈的有效长度；W 为线圈的匝数；v 为线圈相对磁场的运动速度；θ 为线圈运动方向与磁场方向的夹角。

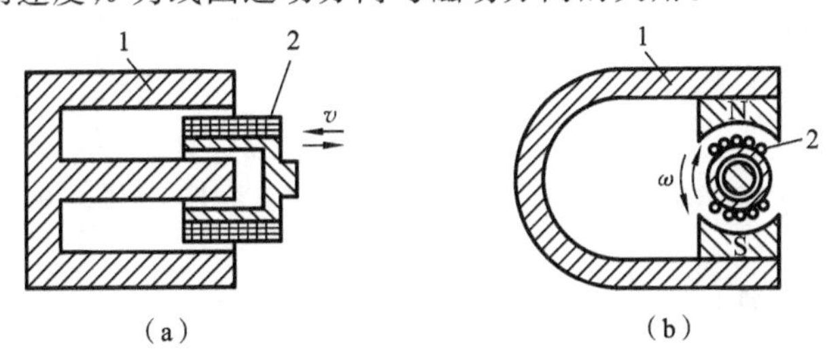

图 2-26　动线圈式磁电传感器的工作原理

(a) 线速度型　(b) 角速度型

1—磁铁；2—线圈

图 2-26(b)所示为角速度型感应传感器的工作原理。线圈在磁场中转动时产生的感应电动势 e 为

$$e=kWBA\omega \tag{2-32}$$

式中，k 为传感器的结构系数；A 为单匝线圈的平均截面积；ω 为角速度。

在传感器中，当结构参数确定后，B、l、W、A 均为定值，感应电动势 e 与线圈相对磁场的运动速度(v 或 ω)成正比，所以这类传感器的基本形式是速度传感器，能直接

测量线速度或角速度。如果测量电路中接入积分或微分电路，那么还可用来测量位移或加速度。显然，磁电感应传感器只适用于动态测量。

2. 磁阻式传感器

磁阻式传感器的线圈与磁铁彼此无相对运动，由运动的物体(导磁材料)来改变电路的磁阻，引起磁力线增强或减弱，使线圈产生感应电动势。这种传感器由永久磁铁及缠绕其上的线圈组成。图 2-27(a)所示为传感器测量旋转体的频数。当旋转体旋转时，齿的凸凹引起磁阻变化，使磁通量变化，线圈中感应交流电动势的频率等于测量的齿数与转速的乘积。磁阻式传感器使用简便，结构简单，在不同场合还可用来测量转速(见图 2-27(b))、偏心量(见图 2-27(c))、振动(见图 2-27(d))等。

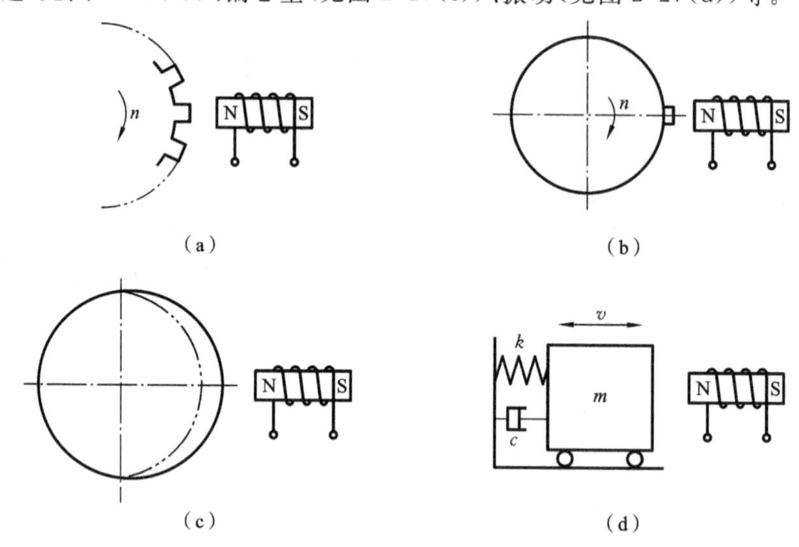

图 2-27 磁阻式传感器的应用实例

(a) 测量频数 (b) 测量转速 (c) 测量偏心量 (d) 测量振动

2.6.2 霍尔传感器

霍尔传感器是一种基于霍尔效应的磁电传感器。用半导体材料制成的霍尔传感器具有对磁场敏感度高、结构简单、使用方便等特点，广泛应用于测量直线位移、角位移与压力等物理量。

1. 霍尔效应与霍尔元件

霍尔元件是一种半导体磁电转换元件，一般由锗(Ge)、锑化铟(InSb)、砷化铟(InAs)等半导体材料制成。它是利用霍尔效应进行工作的。如图 2-28(a)所示，将霍尔元件置于磁场 B 中，如果在引线 a、b 端通以电流 I，那么在 c、d 端就会出现电位差 e_H，这种现象称为霍尔效应。

霍尔效应的产生是运动电荷受磁场力作用的结果。如图 2-28(b)所示，假设薄

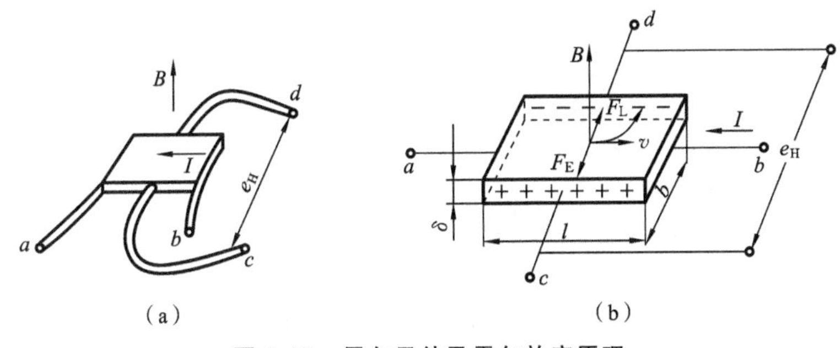

图 2-28　霍尔元件及霍尔效应原理

(a) 结构　(b) 霍尔效应原理

片为 N 型半导体，磁感应强度为 B 的磁场方向垂直于薄片，在薄片左、右两端通以控制电流 I，那么半导体中的载流子（电子）将沿着与电流 I 相反的方向运动。由于外磁场 B 的作用，使电子受到磁场力 F_L（洛伦磁力）而发生偏转，结果在半导体的后端面上电子积累带负电，而前端面缺少电子带正电，前、后端面间形成电场。该电场产生的电场力 F_E 阻止电子继续偏转。当 F_E 与 F_L 相等时，电子积累达到动态平衡。这时在半导体前、后两端面间（即垂直于电流和磁场方向）的电场称为霍尔电场，相应的电动势称为霍尔电动势 e_H，表示为

$$e_H = K_H IB\sin\alpha \tag{2-33}$$

式中，K_H 为霍尔常数，与载流材料的物理性质和几何尺寸有关，表示在单位磁感应强度和单位控制电流下霍尔电动势的大小；α 为电流与磁场方向的夹角。

可见，如果改变 B 或 I，或者二者同时改变，就可改变霍尔电动势的大小。运用这一特性，可将被测量转换为电压量的变化。

2. 霍尔传感器的应用

图 2-29 所示为一种霍尔效应位移传感器的工作原理。将霍尔元件置于磁场中，左半部分磁场方向向上，右半部磁场方向向下，从 a 端通入电流 I，根据霍尔效应，左半部分产生霍尔电动势 e_{H1}，右半部分产生相反方向的霍尔电动势 e_{H2}。因此，c、d 两端电动势为 $e_{H1}-e_{H2}$。如果霍尔元件在初始位置，$e_{H1}=e_{H2}$，则输出为零。当改变磁极系统与霍尔元件的相对位置时，可由输出的电压的变化反映出位移量。

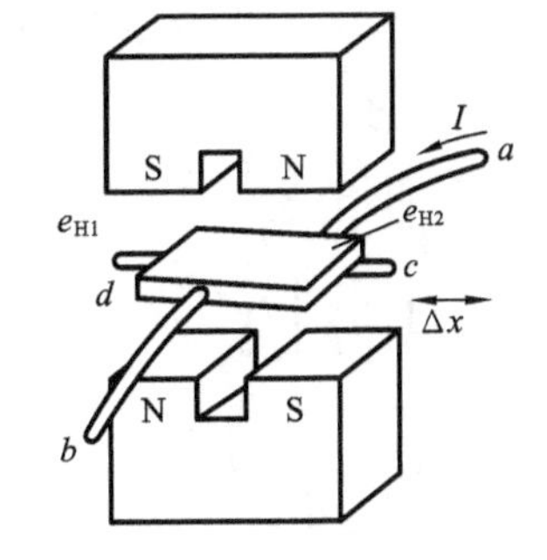

图 2-29　霍尔效应位移传感器的工作原理

图 2-30 所示为一种利用霍尔元件检测钢丝绳断丝的工作原理。图中，永久磁铁使钢丝绳局部磁化，当钢丝绳中有断丝时，断口处出现漏磁场，霍尔元件通过此磁场时将获得一个脉动电压信号。此信号经放大、滤波、A/D 转换后，经计算机分析并识别出断丝根数和端口位置。目前，这项技术成果已成

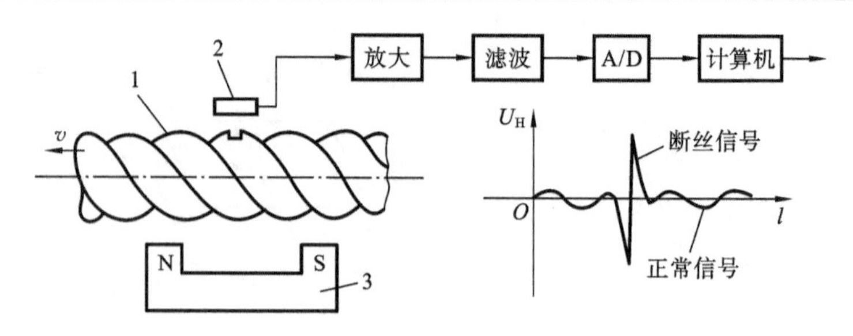

图 2-30　钢丝绳断丝检测原理

1—钢丝绳；2—霍尔元件；3—永久磁铁

功用于矿井提升钢丝绳断丝检测，获得了良好的效益。

2.7　光电式传感器

光电式传感器是以光电效应为基础，将光信号转换成电信号的传感器。光电式传感器反应速度快，能实现非接触测量，而且精度好、分辨率高、可靠性高，是一种应用广泛的敏感器件。

2.7.1　光电效应及光敏元件

光电效应是指光照射到某些物质，使该物质的电特性发生变化的一种物理现象，可分为外光电效应、光电导效应和光生伏特效应三类。根据这些效应可制成不同的光电转换器件，统称为光敏元件。

1. 外光电效应

光照射在某些物质(金属或半导体)上，使电子从这些物质表面逸出的现象称为外光电效应。根据外光电效应制成的光电元件类型有很多，最典型的是真空光电管。如图 2-31 所示，在一个真空的玻璃泡内装有两个电极，即光电阴极和光电阳极。光电阴极通常采用光敏材料(如铯)。光线照射到光敏材料上便有电子逸出，这些电子被具有正电位的阳极所吸引，在光电管内形成空间电子流，在外电路中就产生电流。若外电路串入一定阻值的电阻，则在该电阻上的电压随光照强弱而变化，从而实现将

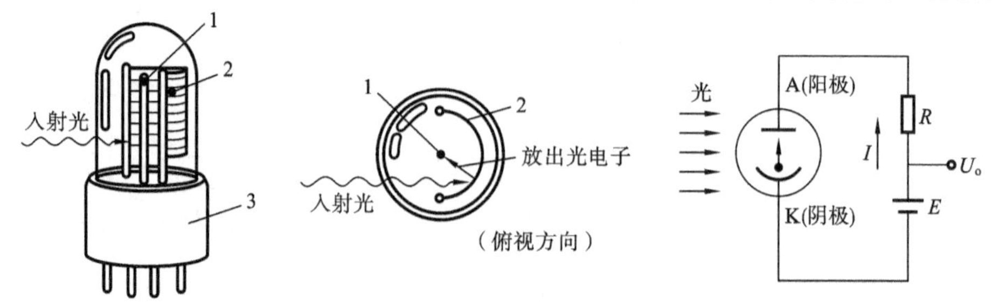

图 2-31　真空光电管的结构与工作原理

1—光电阳极；2—光电阴极；3—插头

光信号转换为电信号的目的。

2. 光电导效应

半导体材料受光照射后，其内部的原子释放出电子，但这些电子并不逸出物体表面，而仍留在内部，使物体电阻率发生变化的现象称为光电导效应，光敏电阻就是基于这种效应工作的。光敏电阻是一种电阻器件，使用时要对它加一定偏压，当无光照射时，其阻值很大，电路中电流很小；受到光照时，其阻值下降，电路电流迅速增加。如图2-32所示，当光敏电阻受到光照射时，由于光量子的作用，光敏电阻吸收能量，内部释放出电子，使载流子密度或迁移率增加，从而导致电导率增加，电阻下降。

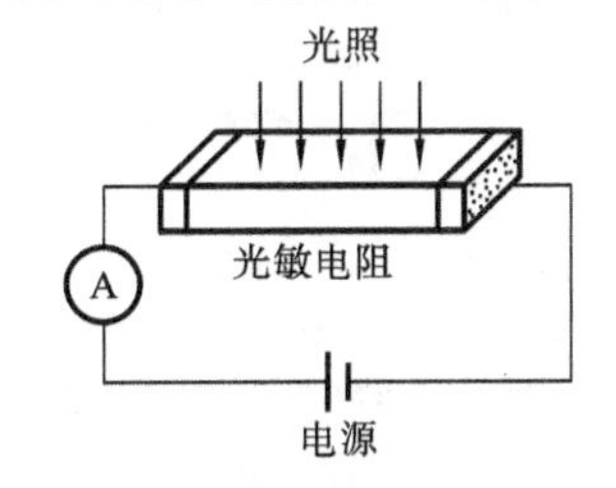

图2-32　光敏电阻的工作原理

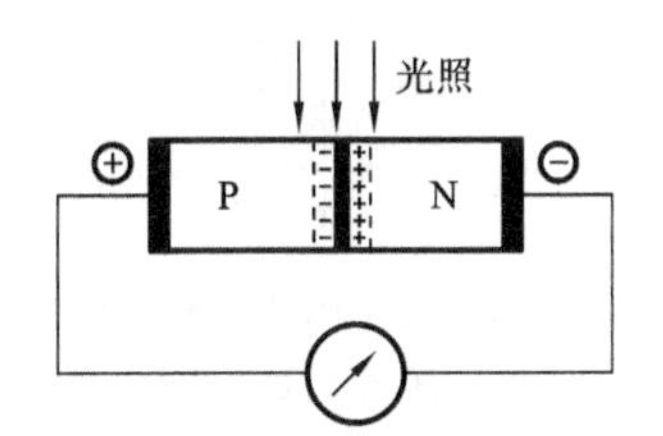

图2-33　光电池的工作原理

3. 光生伏特效应

光生伏特效应是指光照作用后半导体材料产生一定方向电动势的现象。半导体光电池是常用的光生伏特型元件，它能直接将光能转换为电能，受到光照时，直接输出电势，实际相当于一个电源。图2-33所示为具有PN结的光电池的工作原理。当光照射时，PN结附近由于吸收了光子能量而产生电子和空穴。它们在PN结电场作用下产生漂移运动，电子被推向N区，而空穴被拉进P区，结果将在P区积累大量过剩空穴，在N区积聚大量过剩的电子，使P区带正电，而N区带负电，二者之间产生电位差，用导线连接后电路中就有电流通过。一般常用的光电池有硒、硅、碲化镉、硫化镉等光电池，其中使用最广的是硅光电池。其简单轻便，不会产生气体或热污染，易适应环境，尤其适用于为宇宙飞行器的各种仪表提供电源。

2.7.2　光电式传感器的应用

光电式传感器在机械工程领域应用很广，下面列举部分实例，说明光电传感器的具体应用。

图2-34所示为用光电式传感器检测工件表面缺陷时，激光管1发出的光束经过透镜2、3变为平行光束，再由透镜4把平行光束聚焦在工件7的表面上，形成宽约0.1 mm的细长光带。光阑5用于控制光通量。如果工件表面有缺陷（如非圆、粗糙、裂纹等），则会引起光束偏转或散射，这些光被光电池6接收，即可转换为电信号输出。

图2-35所示为光电式转速计的工作原理。在电动机的旋转轴上涂上黑、白两种颜色，当电动机转动时，反射光与非反射光交替出现，光电元件相应间断接收光的反

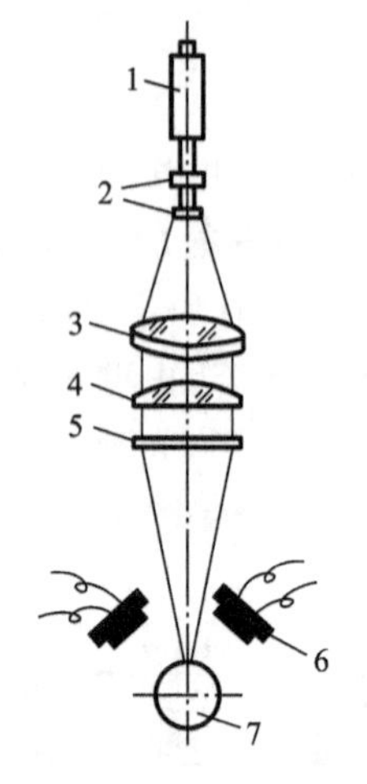

图 2-34　用光电式传感器检测工件表面缺陷

1—激光管；2、3、4—透镜；5—光阑；6—光电池；7—工件

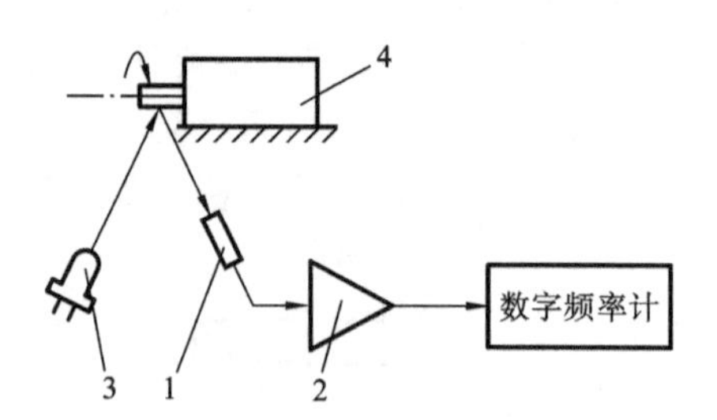

图 2-35　光电式转速计的工作原理

1—光电元件；2—放大整形电路；3—光源；4—电动机

射信号，并输出间断的电信号，再经过放大整形电路输出方波信号，最后由数字频率计测出电动机的转速。

2.8　其他类型传感器

近年来，传感器技术迅速发展，传感器的新品种、新结构和新应用不断涌现，如无线传感器、智能传感器、生物传感器等。有兴趣的读者可进一步阅读传感器相关资料。本节仅介绍超声波传感器和图像传感器。

2.8.1　超声波传感器

1. 超声波探头

超声波在工业和医疗领域中应用广泛，如超声波清洗、超声波焊接、超声波加工（包括超声钻孔、切削、研磨、抛光等）、超声波处理（包括淬火、电镀、净化水质等）、超声波治疗诊断（包括体外碎石、B 超等）和超声波检测（超声波测厚、检漏、测距、成像等）等。超声波传感器又称超声波探头，是一种能将电信号转换成机械振动而向介质中发射超声波，或将超声场中的机械振动转换成相应的电信号的装置。超声波探头按其工作原理可分为压电式、磁致伸缩式、电磁式探头等；按其结构可分为直探头、斜探头、双晶探头、液浸探头和聚焦探头等。最常用的是压电式超声波探头。

压电式超声波探头是利用压电材料的压电效应来工作的。逆压电效应将高频电振动转换成高频机械振动，从而产生超声波，作为发射探头；正压电效应将超声波振动波转换成电信号，接收超声波，作为接收探头。图 2-36 所示为最常用的压电式超声波直探头。它由压电晶片、阻尼块、吸声材料、电缆线、接头、保护膜和外壳组成。压电晶片是以压电效应发射和接收超声波的元件，是探头中最重要的元件。压电晶片的性能决定着探头的性能。阻尼块对压电晶片的振动起阻尼作用，吸收晶片背面发射的超声波，降低杂乱信号干扰。保护膜用硬度很高的耐磨材料制成，以防止压电晶片磨损。直探头的探测深度较大，检测灵敏度高。

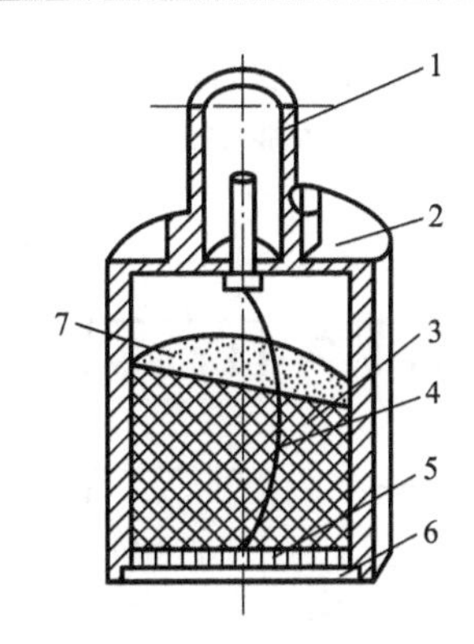

图 2-36　压电式超声波直探头

1—接头；2—外壳；3—阻尼块；4—电缆线；5—压电晶片；6—保护膜；7—吸声材料

2. 超声波传感器的应用

图 2-37 所示为超声波测厚仪的工作原理。超声波探头与被测试件表面接触。主控制器产生一定频率的脉冲信号送往发射电路，激励压电式超声波探头，产生重复的超声波脉冲(输入信号)，脉冲波传到被测试件另一面被反射回来(回波，输出信号)，被同一探头接收。从示波器荧光屏上可以直接观察发射和回波反射脉冲，求出其时间间隔 t。假设超声波在工件中的声速 c 已知，那么试件厚度 $\delta=ct/2$。这种测量方法称为超声波脉冲反射测厚。凡能使超声波以一恒定速度在其内部传播的材料均可采用此原理测量。按此原理设计的测厚仪可对各种板材和各种加工零件作精确测量，也可以监测生产设备中各种管道和压力容器在使用过程中受蚀后壁面的减薄程度，广泛应用于石油、化工、冶金、造船、航空、航天等各个领域。图 2-38 所示为使用超声波测厚仪测量钢材厚度。

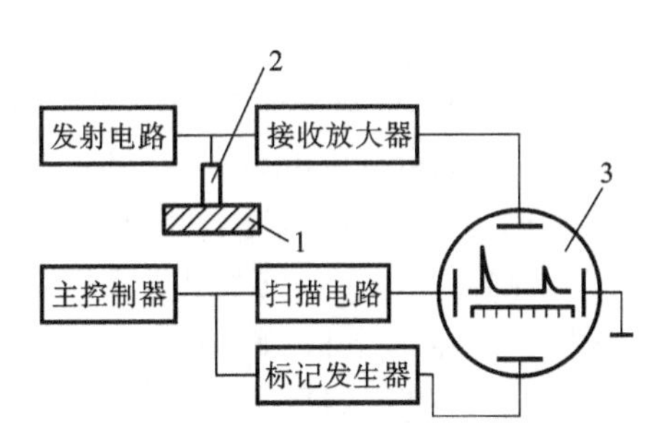

图 2-37　超声波测厚仪工作原理

1—试件；2—超声波探头；3—示波器

图 2-38　超声波测厚仪测钢材厚度

图 2-39 所示为超声波探伤仪的工作原理。发射电路产生高频窄脉冲加至探头，激励压电晶片振动而产生超声波，并入射到试件内部。试件内无缺陷时，超声波遇到零件表面和底面发生反射，在显示器上分别显示出始波 T 和底波 B；零件内有缺陷时，除了显示始波、底波外，还在始波和底波之间出现缺陷波 F，通过缺陷波 F 到底波

的距离和波幅高度，即可判断缺陷在零件中位置和大小。图 2-40 所示为用超声波探伤仪检测材料的缺陷。

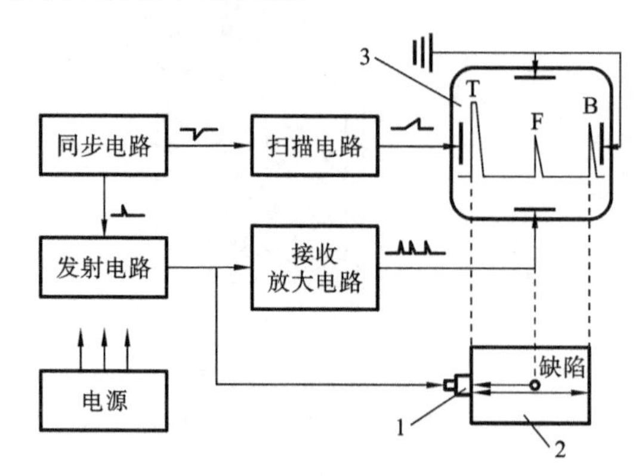

图 2-39　超声波探伤仪工作原理

1—超声波探头；2—试件；3—显示器

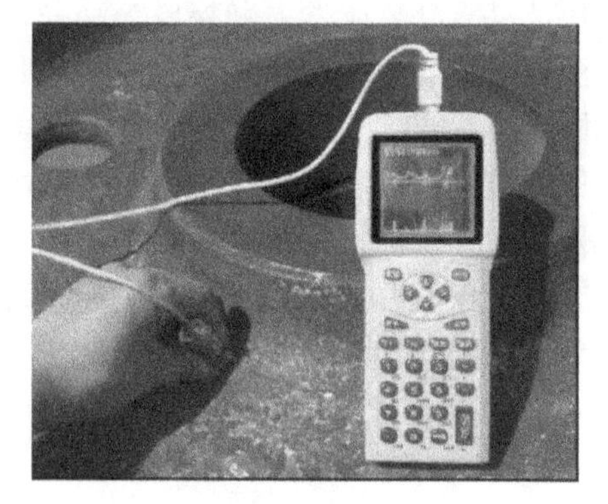

图 2-40　超声波探伤仪的应用

2.8.2　图像传感器

图像传感器是一种小型的固态集成光电器件。这种器件能够将图像信号经过光媒介转换成电信号，是一种光信息处理装置。这种传感器具有体积小、质量小、响应快、灵敏度高、稳定性好及非接触等特点，近年来在自动控制、自动检测应用中越来越显示出它的优越性。同时，在传真、文字识别、图像识别等技术领域中，它也获得了良好应用。图像传感器常采用电荷耦合器件(charge coupled device，CCD)，因此也称 CCD 图像传感器。

1. CCD 的结构

CCD 是一种半导体器件，由若干个基本单元组成。CCD 最基本的单元是金属-氧化物-半导体(metal oxide semiconductor，MOS)电容器，如图 2-41 所示。用 P 型(或 N 型)半导体硅做衬底，上面覆盖一层厚度约为 120 nm 的氧化物(SiO_2)，并紧接在其表面沉积一层金属电极(也称栅极)，构成 MOS 电容器，若干个 MOS 电容器可构成 MOS 阵列。MOS 阵列与输入、输出电路便构成了 CCD 器件。

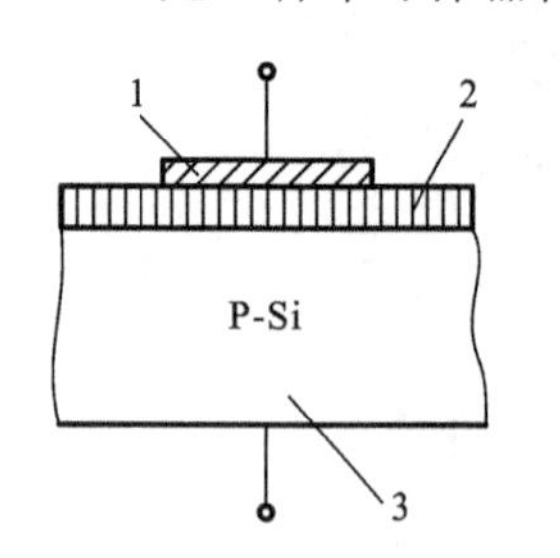

图 2-41　MOS 电容器结构

1—金属电极；2—氧化物；3—衬底

2. CCD 的工作原理

CCD 是以电荷作为信号工作的，工作过程包括电荷注入、存储、传输和检测。

1) 电荷存储

若 MOS 电容为 P 型硅(P-Si)衬底，当栅极上施加正向电压 U_G 时，P 型硅中的多数载流子(空穴)受到金属中的正电荷排斥，离开 SiO_2 表面，少数载流子(电子)被吸引到半导体表面形成带负电荷的耗尽层，又称表面势阱。耗尽层可以吸收电子，栅极电压 U_G 越高，势阱越深，势阱容纳的少数载流子就越多。存储信号电荷的势阱称为电荷包，如图 2-42 所示。

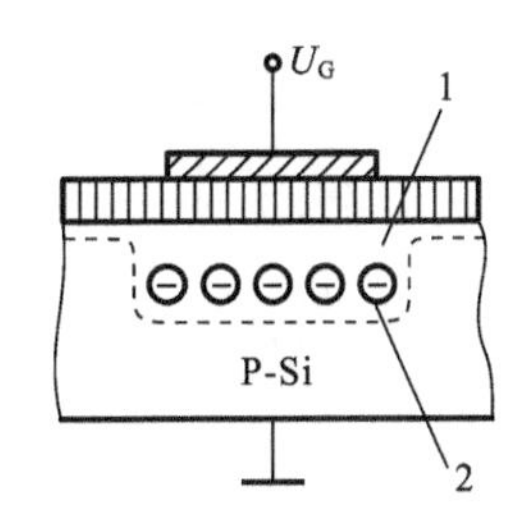

图 2-42　存储信号电荷的势阱

1—势阱；2—信号电荷

2）电荷注入

电荷注入即信号电荷的产生，CCD 中的信号电荷可通过光注入和电注入两种方式得到。当 CCD 用作固态图像处理时，接收的是光信号，电荷由光产生，即光注入。当光照射半导体时，若光子的能量大于半导体禁带宽度（电子被束缚能量），就会被半导体吸收，产生光生电荷（电子-空穴对），在栅极电压 U_G 作用下，电子被势阱吸收，势阱内吸收的光生电子数与入射光强成正比，实现光信号与电信号的转换。当 CCD 用作信息存储或处理时，采用电注入方式。电注入 CCD 就是输入电路将信号电压或电流转换为信号电荷。

3）电荷传输

CCD 的 MOS 电容阵列排列很密，相邻 MOS 电容的势阱可以互相耦合。通过控制相邻 MOS 电容栅极电压的大小，可以调节势阱的深浅，信号电荷就会从势阱浅处流向势阱深处，即电荷传输。MOS 电容栅极在一定规律的脉冲控制下，势阱中的信号电荷将沿特定方向转移，实现信号电荷的定向传输。

4）电荷检测

电荷检测是指通过输出电路将信号电荷转换为电流或电压输出。

3. CCD 图像传感器的应用

CCD 图像传感器是利用 CCD 基本工作原理工作的。当一定波长的入射光照射到输入电路上的光敏元件时，会产生光电荷，电子被吸收并存储在势阱中，在有规律的脉冲控制下，将 CCD 的每一位下的光生电荷依次传输出来，分别从同一输出电路上检测出，就可以得到幅度与各光生电荷包成正比的电脉冲序列，从而将照射到 CCD 上的光学图像转换成电信号“图像”。根据不同的结构和用途，CCD 图像传感器可分为线阵 CCD 和面阵 CCD 两大类。线阵 CCD 用于获取一维光信息，面阵 CCD 能检测出二维图像信息。

图 2-43 所示为线阵 CCD 在扫描仪中的应用。扫描不透明的材料如照片、标牌、面板、印制板、打印文本等实物时，材料上黑的区域反射较少的光线，亮的区域反射较多的光线。当光源发出光经扫描对象反射后，通过透镜在线阵 CCD 上成像，CCD 即可检测出图像上不同光线反射回来不同强度的光，并输出反映扫描对象亮度信息的电信号，这些电信号经放大、A/D 转换和编码转换成为数字信息，用“0”和“1”组合表示，最后由控制扫描仪操作的扫描仪软件读入这些数据，并重组为计算机图像文件。

图 2-44 所示为物体轮廓尺寸检测系统结构。光源发出的光经过透镜变成平行

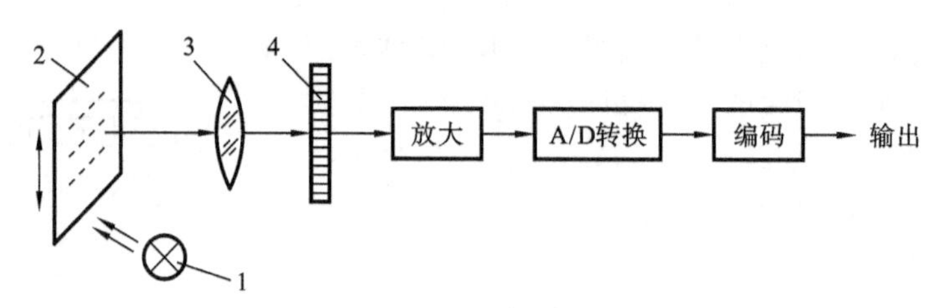

图 2-43　扫描仪原理图

1—光源；2—扫描对象；3—透镜；4—线阵 CCD

光照射在被测物体上，将物体的轮廓投影到 CCD 器件上，并对输出的信号进行处理，这样就可获得被测物体的形状和尺寸。用于轮廓检测的 CCD 器件可以是线阵 CCD，也可以是面阵 CCD。采用线阵 CCD 就必须类似扫描仪那样，一行一行地扫描，当被测物体完全通过后才可以得到一幅完整的图像输出。而采用面阵 CCD，只需要一次“曝光”就可以得到被测物体的图像。因此，采用面阵 CCD 器件可提高检测效率。

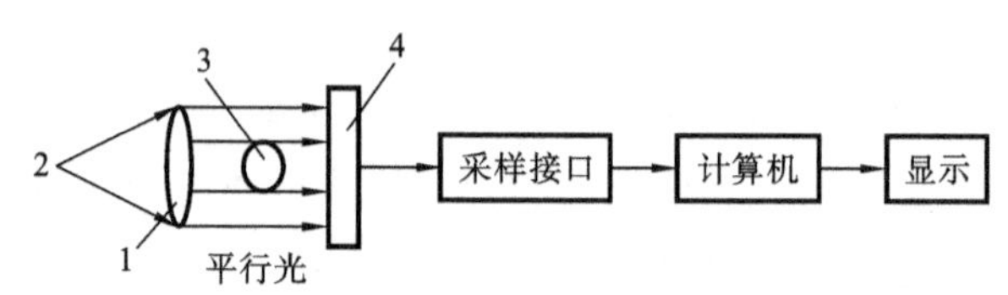

图 2-44　物体轮廓尺寸检测系统结构

1—透镜；2—光源；3—被测物体；4—CCD

CCD 图像传感器在摄像、光学识别、检测、军事等领域应用及其广泛。最常见有 CCD 数码照相机、摄像机、工业照相机等。此外，在医学疾病诊断和显微手术中也大量采用 CCD 图像传感器及相关设备，在此不再介绍。

2.9　传感器的选用原则

在实际机械测试中，经常会遇到这样的问题，即如何根据测试目的和实际条件合理地选用传感器。因此，本节在前述传感器的初步知识基础上，介绍传感器的一些基本选用原则。

1. 灵敏度

通常情况下，传感器的灵敏度越高越好，这样被测量即使只有一微小的变化，传感器也能够有较大的输出。但是也应该考虑到，当灵敏度高时，与被测信号无关的干扰信号也较容易混入且会被放大系统放大，因此在选择传感器时，就必须考虑既要保证较高的灵敏度，本身又要噪声小且不易受外界的干扰，即要求传感器具有较高的信噪比。

传感器的灵敏度和其测量范围密切相关。在测量时，除非有精确的非线性校正方法，否则输入量不应使传感器进入非线性区，更不能进入其饱和区。而在实际的测量中，输入量不仅包括被测信号，还包括了干扰信号，因此如果灵敏度选择过高的话，就会影响传感器的测量范围。

2. 响应特性

实际的传感器总会有一定的时间延迟，一般希望时间延迟越小越好。

一般来讲，利用光电效应、压电效应等物性型传感器的响应较快，可工作频率范围宽。结构型传感器，如电感、电容、磁电式传感器等，由于受到机械系统惯性的限制，其固有频率低，可工作频率也较低。

在动态测量中，传感器的响应特性对测量结果有直接影响，所以应根据传感器的响应特性和被测信号的类型（如稳态、瞬态或随机信号等）来合理选择传感器。

3. 线性测量范围

传感器有一定的线性范围，在线性范围内输出与输入呈比例关系。线性范围越宽，表明传感器的测量范围越大。

传感器工作在线性范围内是保证精确测量的基本条件。如机械式传感器中的测力弹性元件，其材料的弹性极限是决定测力量程的基本因素。当超过弹性极限时，将产生线性误差。

然而任何传感器都很难保证其绝对线性，在允许误差范围内，它可以在其近似线性区域内应用。例如变间隙型的电容、电感传感器，均在初始间隙附近的近似线性区内工作。因此选用时，必须考虑被测信号的变化范围，以使它的非线性误差在允许范围以内。

4. 稳定性

传感器还应该具有在经过长时间的使用之后，保持其原有输出特性不发生变化的性能，即高稳定性。为了保证传感器应用中具有较高的稳定性，事前须选用设计、制造良好和使用条件适宜的传感器，同时在使用过程中，应严格保持规定的使用条件，尽量降低使用条件的不良影响。

如电位器式传感器表面有尘埃会引入噪声。又如变间隙型的电容传感器，环境湿度变化或浸入间隙油剂会改变介质的介电常数。磁电式传感器和霍尔元件在电场、磁场工作时，会有测量误差。光电传感器的感光表面有尘埃或水汽时，会改变光通量、光谱成分等。

在机械工程中，有些机械系统或自动化加工过程要求传感器能够长期使用，不需要经常更换或校准。例如，自适应磨削过程的测力系统或零件尺寸的自动检测装置等。在这种情况下就应该充分考虑传感器的稳定性。

5. 精确度

传感器的精确度反映了传感器的输出与被测信号的一致程度。传感器处于测试系统的输入端，因此，传感器能否真实地反映被测量信号，对整个测试系统具有直接的影响。

然而,也并非要求传感器的精确度愈高愈好,还应考虑到经济性。传感器的精确度越高,价格也就越昂贵。因此,应结合测试系统的性价比,具体情况具体分析,根据测量的要求进行选择。当进行定性测量或比较性研究而无需要求测量绝对量值时,对传感器的精确度要求可以适当降低;而当要对信号进行定量分析时,就要求传感器具有足够高的精确度。

6. 测量方式

选择传感器时还需要考虑的另外一个重要因素,就是它在实际应用中的工作方式,如接触式测量与非接触式测量、在线测量与非在线测量等。传感器工作方式不同,对传感器的要求也不同,所以选择时也应该充分加以考虑。

7. 其他

除了以上应充分考虑的因素以外,还应当兼顾结构简单、体积小、质量小、性价比高、易于维修和更换等条件。

习　题

2.1 简述传感器的定义和分类。

2.2 什么是金属的电阻应变效应?金属应变片灵敏度的物理意义是什么?有何特点?

2.3 什么是半导体的压阻效应?半导体应变片灵敏度有何特点?

2.4 说明涡流传感器的基本工作原理和优点。

2.5 简述电容式传感器的工作原理与分类。

2.6 某电容式传感器(平行极板电容器)的圆形极板半径 $R=4$ mm,工作初始极板间距离 $\delta_0=0.3$ mm,介质为空气,空气中介电常数 $\varepsilon=8.854\times10^{-2}$ F/m。试求:

(1) 如果极板距离变化量 $\Delta\delta=\pm1$ μm,电容的变化量 ΔC 是多少?

(2) 如果测量电路的灵敏度 $S_1=100$ mV/pF,读数仪表的灵敏度 $S_2=5$ 格/mV,在 $\Delta\delta=\pm1$ μm时,读数仪表的变化量是多少?

2.7 什么是压电效应?为什么压电式传感器通常用来测量动态信号?

2.8 说明磁电式传感器的基本工作原理及结构形式。

2.9 何谓霍尔效应?其物理本质是什么?用霍尔元件可测量哪些物理量?请举出三个例子加以说明。

2.10 什么是光电效应?有哪几类?与之对应的光电元件有哪些?

2.11 简述超声波直探头与CCD图像传感器的工作原理,并举例说明各自的应用。

2.12 试按接触式和非接触式区分传感器,列出它们的名称、变换原理。这两类传感器分别用在何处?

2.13 有一批涡轮机叶片需要检测是否有裂纹,请举出两种以上检测方法,并阐述所用传感器的原理。

2.14 选用传感器的基本原则是什么?在应用中应如何考虑运用这些原则?试举例说明。

第3章　信号的描述方法

在工程和科学研究中，为了获取有关研究对象状态与运动等特征方面的信息，经常要对许多客观存在的物体或物理过程进行观测。被研究对象的信息量往往是非常丰富的，测试工作是按一定的目的和要求，获取信号中感兴趣的、有限的某些特定信息，而不是全部信息。为了达到测试目的，需要研究信号的各种描述方式，本章介绍信号基本的时域和频域描述方法。

3.1　信号的分类

信号按数学关系、取值特征、能量功率、处理分析方法等，可以分为确定性信号和非确定性信号、连续信号和离散信号、能量信号和功率信号、时域信号与频域信号等。

3.1.1　确定性信号和随机信号

1. 确定性信号

确定性信号可划分为周期信号和非周期信号两类。周期信号又可以分为正弦周期信号和复杂周期信号，非周期信号又可以分为准周期信号和瞬态信号。确定性信号的分类如图3-1所示。

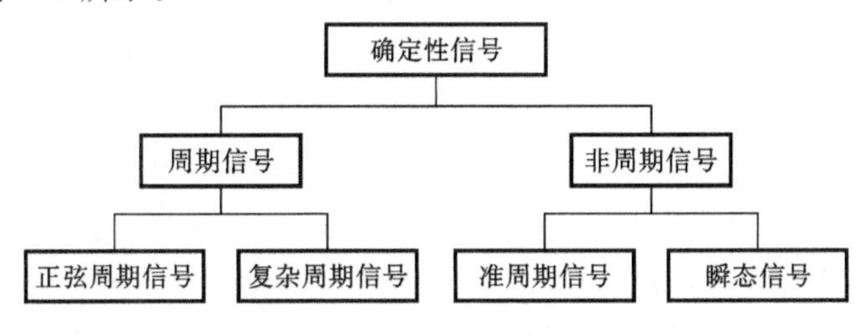

图3-1　确定性信号的分类

1）周期信号

经过一段时间间隔重复出现的信号称为周期信号，其中最基本的周期信号是正弦信号，可表示为

$$x(t)=A\sin(2\pi ft+\theta_0) \tag{3-1}$$

式中，A为振幅；f为振动频率；θ_0为初相位。

复杂周期信号由不同频率的正弦信号叠加构成，并且其频率之比为有理数。若设周期信号中的基频为f，则各构成正弦信号的频率f_n为基频的整数倍，即$f_n=nf$（$n=1,2,\cdots$）。在机械系统中，回转体不平衡引起的振动往往是一种周期性运动。

图 3-2(b)所示为在某减速机上测得的振动信号(测点 3),可近似视为周期复杂信号。

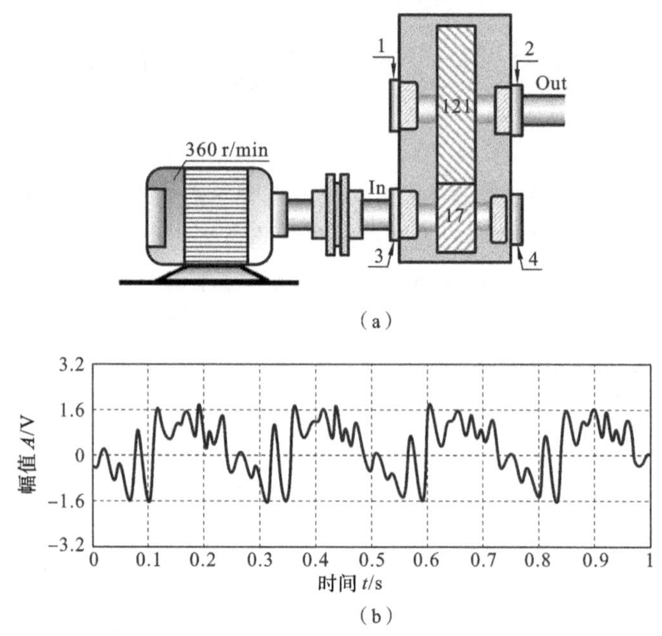

图 3-2 某减速机测点位置和测点 3 振动信号

(a) 某减速机测点位置 (b) 测点 3 振动信号

2) 非周期信号

能用明确的数学关系进行描述,但又不具有周期重复性的信号称为非周期信号。它分为准周期信号和瞬态信号两类。准周期信号是由两个以上不同频率的正弦信号叠加而成的,但其频率比不全是有理数。在实际的机械中,当几个不同的周期性振动源混合作用时,常会产生准周期信号,例如几台电动机不同步振动造成的机床振动,其信号测量的结果为准周期信号。再如 $x(t)=\sin t+\sin\sqrt{2}t$ 是两个正弦信号的合成,但频率比不是有理数,为准周期信号,其信号波形如图 3-3 所示,从波形图上看不出是周期信号。准周期信号往往出现在机械转子振动分析、齿轮噪声分析、语音分析等场合。

除准周期信号外的非周期信号为瞬态信号,它在某一时刻出现而到某个时刻消

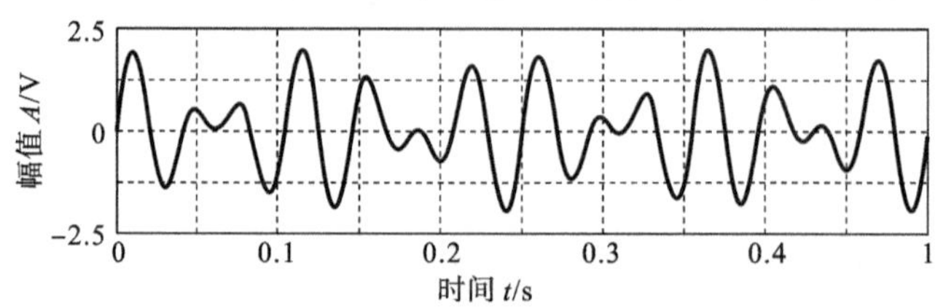

图 3-3 准周期信号

失。产生瞬态信号的因素很多，例如阻尼振荡系统在解除激振力后的自由振荡等。图 3-4 所示为单自由度振动模型在脉冲力作用下的响应，它就是一个瞬态信号。

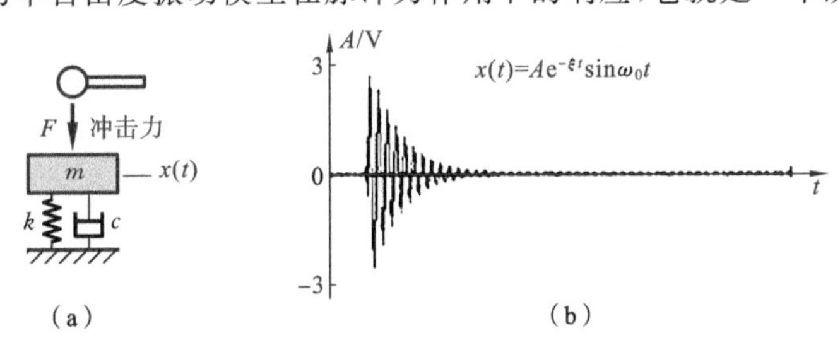

图 3-4 单自由度振动模型脉冲响应信号

(a) 单自由度振动模型 (b) 脉冲响应信号

2. 随机信号

不能准确预测信号未来瞬时值，也无法用准确数学关系式来描述的信号称为随机信号，也称非确定性信号。如图 3-5 所示为加工过程中车床主轴受环境影响的振动信号，显然无法准确预见此信号的某一瞬时幅值，但这种信号却有一定统计特征，当实验次数很多或信号取得很长时，其幅值的平均值就可能趋向某一确定的极限值。

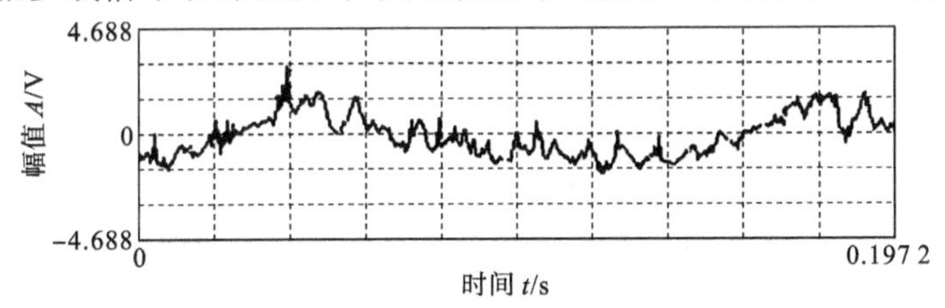

图 3-5 加工过程中车床主轴受环境影响的振动信号

3.1.2 连续信号和离散信号

若信号数学表达式中的独立变量取值是连续的，则该信号称为连续信号，如图 3-6(a)所示。若独立变量取离散值，则称为离散信号。图 3-6(b)所示的是将连续信号等时距采样后的结果，它就是离散信号。离散信号可用离散图形表示，或用数字序

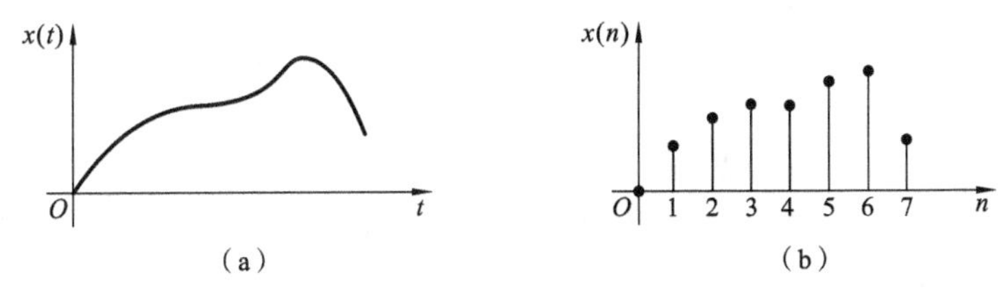

图 3-6 连续信号和离散信号

(a) 连续信号 (b) 离散信号

列表示。信号的幅值也分为连续的和离散的两种。若信号的幅值和独立变量均连续，则称为模拟信号；若信号幅值和独立变量均离散，则称为数字信号。目前，数字计算机所使用的信号都是数字信号。

3.1.3　能量信号和功率信号

在非电量测量中，常将被测信号转换为电压或电流信号来处理。显然，电压信号 $x(t)$ 加到电阻 R 上，其瞬时功率 $P(t)=x^2(t)/R$。当 $R=1$ 时，$P(t)=x^2(t)$。瞬时功率对时间积分就是信号在该时间内的能量。通常人们不考虑信号实际的量纲，而把信号 $x(t)$ 的平方 $x^2(t)$ 及其对时间的积分分别称为信号的功率和能量。当 $x(t)$ 满足

$$\int_{-\infty}^{+\infty} x^2(t)\mathrm{d}t < +\infty \tag{3-2}$$

时，则认为信号的能量是有限的，并称之为能量有限信号，简称为能量信号，如矩形脉冲信号、衰减指数信号等。

若信号在区间 $(-\infty, +\infty)$ 的能量是无限的，即

$$\int_{-\infty}^{+\infty} x^2(t)\mathrm{d}t \to +\infty \tag{3-3}$$

但它在有限区间 (t_1, t_2) 的平均功率是有限的，即

$$\frac{1}{t_2 - t_1}\int_{t_1}^{t_2} x^2(t)\mathrm{d}t < +\infty \tag{3-4}$$

这种信号称为功率有限信号或功率信号，如各种周期信号、阶跃信号等。

必须注意的是，信号的功率和能量未必具有真实功率和能量的量纲。

3.2　信号的时域描述

直接检测或记录到的信号一般是随时间变化的物理量，称为信号的时域波形。为了从时域波形了解信号的性质，可以从不同的角度将复杂信号分解为若干简单信号，或者直接通过时域统计特征参数获得对被测对象的评价。

3.2.1　时域信号的合成与分解

1. 稳态分量与交变分量

信号 $x(t)$ 可以分解为稳态分量 $x_d(t)$ 与交变分量 $x_a(t)$ 之和，如图 3-7 所示，即

$$x(t) = x_d(t) + x_a(t) \tag{3-5}$$

稳态分量是一种有规律变化的量，有时称为趋势量。而交变分量可能包含了所研究物理过程的幅值、频率、相位信息，也可能是随机干扰噪声。

2. 偶分量与奇分量

信号 $x(t)$ 可以分解为偶分量 $x_e(t)$ 与奇分量 $x_o(t)$ 之和，如图 3-8 所示，即

$$x(t) = x_e(t) + x_o(t) \tag{3-6}$$

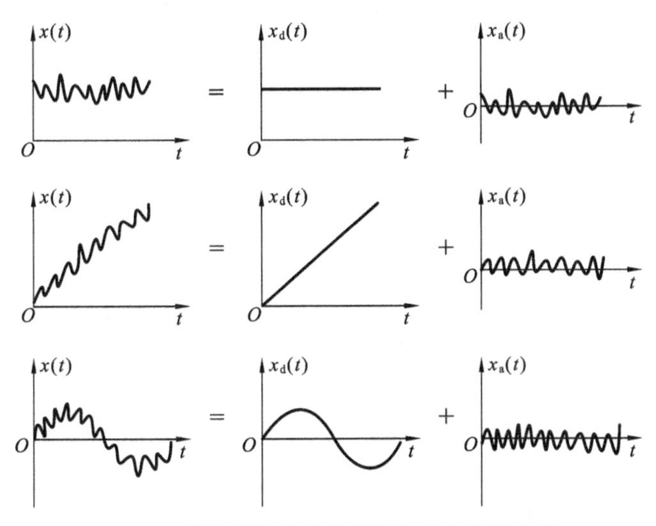

图 3-7　信号分解为稳态分量和交变分量之和

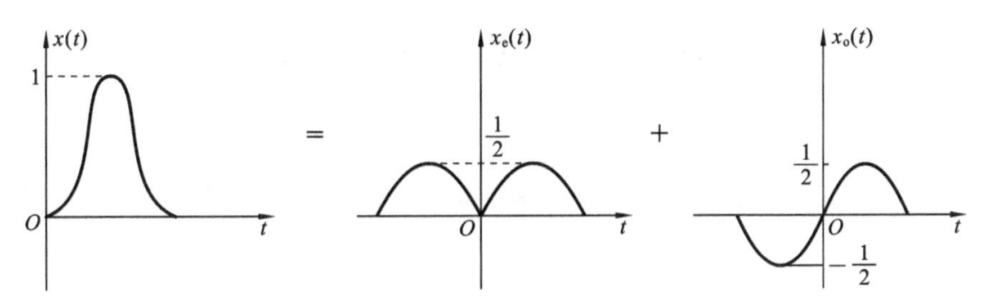

图 3-8　信号分解为奇、偶分量之和

偶分量关于纵轴对称，奇分量关于原点对称。

3. 实部分量与虚部分量

对于瞬时值为复数的信号 $x(t)$，它可分解为实、虚两部分之和，即

$$x(t)=x_{\mathrm{R}}(t)+\mathrm{j}x_{\mathrm{I}}(t) \tag{3-7}$$

实际产生的信号多为实信号，但在信号分析中，常借助复信号来研究某些实信号问题，因为用这种分析方法可以建立某些有意义的概念和简化运算。例如，关于轴回转精度的测量与信号处理，将回转轴沿半径方向上的误差运动看做点在平面上的周期运动，它可以用一个时间为自变量的复数 $x(t)$ 来表示，实部 $x_{\mathrm{R}}(t)$ 与虚部 $x_{\mathrm{I}}(t)$ 则可用相互垂直的径向测量装置测量，所得信号为 $x(t)$ 即为二者之和。

4. 正交函数分量

信号 $x(t)$ 可以用正交函数集来表示，即

$$x(t)\approx c_1x_1(t)+c_2x_2(t)+\cdots+c_nx_n(t) \tag{3-8}$$

各分量正交的条件为

$$\int_{t_1}^{t_2}x_i(t)x_j(t)\mathrm{d}t=\begin{cases}0, & i\neq j\\ k, & i=j\end{cases} \tag{3-9}$$

即不同分量在区间(t_1,t_2)内乘积的积分为零，同一分量在区间(t_1,t_2)内的能量有限。式(3-8)中各分量的系数c_i是在满足最小均方差的条件下由

$$c_i = \frac{\int_{t_1}^{t_2} x(t)x_i(t)\,\mathrm{d}t}{\int_{t_1}^{t_2} x_i^2(t)\,\mathrm{d}t} \tag{3-10}$$

求得。

满足正交条件的函数集有三角函数、复指数函数等。例如，用三角函数集描述信号时，可以把信号$x(t)$分解为许多正(余)弦三角函数之和。

3.2.2　信号的统计特征参数

直接通过时域波形可以得到的一些统计特征参数，它们常被用于对机械系统状态进行快速的评价或诊断。

1. 均值

均值是指随机信号的样本函数$x(t)$在整个时间坐标上的平均值，即

$$\mu_x = \lim_{T\to\infty}\frac{1}{T}\int_0^T x(t)\,\mathrm{d}t \tag{3-11}$$

在实际处理时，由于无限长时间的采样是不可能的，所以只能取有限长的样本作估计，即

$$\hat{\mu}_x = \frac{1}{T}\int_0^T x(t)\,\mathrm{d}t \tag{3-12}$$

均值的物理意义表示了信号中直流分量的大小，描述了信号的静态分量。

2. 均方值

均方值是指信号平方值的均值，或称平均功率，其表达式为

$$\psi_x^2 = \lim_{T\to\infty}\frac{1}{T}\int_0^T x^2(t)\,\mathrm{d}t \tag{3-13}$$

均方值的估计为

$$\hat{\psi}_x^2 = \frac{1}{T}\int_0^T x^2(t)\,\mathrm{d}t \tag{3-14}$$

其物理意义表示了信号的强度或功率。

均方值的正平方根称为均方根值$\hat{x}_{\mathrm{rms}}$，又称为有效值，其表达式为

$$\hat{x}_{\mathrm{rms}} = \sqrt{\hat{\psi}_x^2} = \sqrt{\frac{1}{T}\int_0^T x^2(t)\,\mathrm{d}t} \tag{3-15}$$

它是信号平均能量(或功率)的另一种表达。

3. 方差

信号$x(t)$的方差描述的是随机信号幅值的波动程度，其定义为

$$\sigma_x^2 = \lim_{T\to\infty}\frac{1}{T}\int_0^T [x(t)-\mu_x]^2 \mathrm{d}t \tag{3-16}$$

方差的平方根 σ_x 描述了信号的动态分量。

均值 μ_x、均方值 ψ_x^2 和方差 σ_x^2 三者之间关系为

$$\psi_x^2 = \mu_x^2 + \sigma_x^2 \tag{3-17}$$

3.2.3　统计特征参数的应用

1. 均方根值诊断法

利用机械系统上某些特征点振动响应的均方根值作为判断故障的依据，这是最简单、最常用的一种方法。例如，我国汽轮发电机组曾规定轴承座上垂直方向振动位移振幅不得超过 0.05 mm，如果超过，就应该停机检修。

均方根值诊断法适用于作简谐振动或作周期振动的设备，也可用于作随机振动的设备。测量的参数：低频（几十赫兹）时宜测量位移；中频（1 000 Hz 左右）时宜测量速度；高频时宜测量加速度。国际标准组织颁布的 ISO 2372、ISO 2373 标准对回转机械允许的振动级别规定如表 3-1 所示。

表 3-1　回转机械允许的振动级别　　单位：mm/s

限　　值	正常限	偏高限	警告限	停车限
小型机械	0.28～0.71	1.80	4.50	7.10～71.0
中型机械	0.28～1.12	2.80	7.10	11.2～71.0
大型机械	0.28～1.80	4.50	11.2	18.0～71.0
特大型机械	0.28～2.80	7.10	18.0	28.0～71.0

2. 振幅-时间图诊断法

均方根值诊断法多适用于机器稳态振动的情况。如果机器振动不平稳，振动参量随时间变化时，可用振幅-时间图诊断法。

振幅-时间图诊断法多是测量和记录机器在开机和停机过程中振幅随时间的变化情况，根据振幅-时间曲线判断机器故障。以离心式空气压缩机或其他旋转机械的开机过程为例，记录到的振幅 A 随时间 t 变化的几种情况如图 3-9 所示。

图 3-9(a)表明振幅不随开机过程而变化，这可能是别的设备及地基振动传递到被测设备而引起的，也可能是流体压力脉动或阀门振动引起的。

图 3-9(b)表明振幅随开机过程增大，这可能是转子动平衡不好，也可能是轴承座和基础刚度小，另外也可能是推力轴承损坏等引起的。

图 3-9(c)表明在开机过程中振幅出现峰值，这多半是共振引起的，包括轴系临界转速低于工作转速的所谓柔性转子的情况，也包括箱体、支座、基础共振的情况。

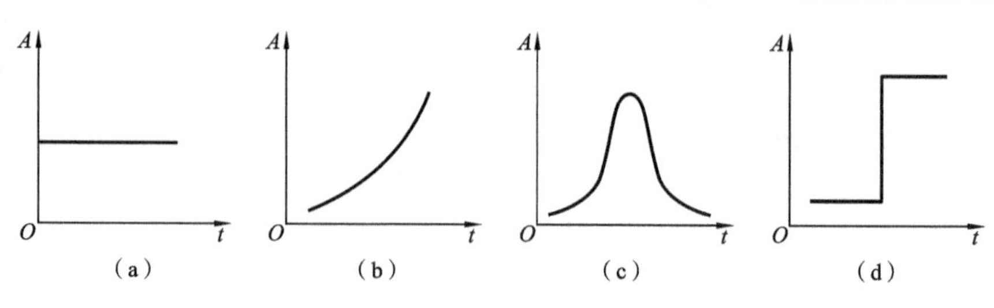

图 3-9 开机过程的振幅时间图

(a) 振幅不随时间变化 (b) 振幅随时间变化增大
(c) 振幅随时间出现振动 (d) 振幅在某一时刻突然增大

图 3-9(d)表明振幅在开机过程中某时刻突然增大，这可能是油膜振动引起的，也可能是间隙过小或过盈不足引起的。

需要说明：大型旋转机械常采用动压轴承支承转子，该轴承靠油膜实现动、静部件的配合。当油膜的厚度、压力、粘度、温度等参数一定时，转子达到某一转速后振动可能突然增大，当转速再上升时，振幅也不下降，这就是油膜振动。若间隙过小，当温度或离心力等引起的变形达到一定值时则会引起碰撞，使振幅突然增大。又如，若叶片机械的叶轮和转轴外套过盈不足，则离心力达到某一值时会引起松动，也会使振幅突然增大。

3.3 信号的频域描述

信号的时域描述以时间作为独立变量，反映了信号幅值随时间变化的关系。实际中的信号比较复杂，经时域分析不能够完全提取出所有信息。因此，为了更加全面深入地研究信号，从中获得更多有用的信息，常把时域描述的信号变换为信号的频域描述，即以频率作为独立变量来表示信号。信号的时、频域描述是可以相互转换的，而且包含有同样的信息量。本节将对周期信号、非周期信号的时域和频域两个方面进行描述和分析。

3.3.1 周期信号的描述

谐波信号是最简单的周期信号，只有一种频率成分。一般周期信号可以利用傅里叶级数展开成为多个乃至无穷多个不同频率的谐波信号的线性叠加。

1. 周期信号的三角函数展开式

如果周期信号 $x(t)$满足狄里赫利条件，即在周期$\left(-\frac{T_0}{2},\frac{T_0}{2}\right)$区间上连续或只有有限个第一类间断点，且只有有限个极值点，则 $x(t)$可展开成

$$x(t) = a_0 + \sum_{n=1}^{+\infty}(a_n\cos n\omega_0 t + b_n\sin n\omega_0 t) \tag{3-18}$$

式中，常值分量 a_0、余弦分量幅值 a_n、正弦分量幅值 b_n 分别为

$$\begin{cases} a_0 = \dfrac{1}{T_0}\displaystyle\int_{-\frac{T_0}{2}}^{\frac{T_0}{2}} x(t)\,\mathrm{d}t \\ a_n = \dfrac{2}{T_0}\displaystyle\int_{-\frac{T_0}{2}}^{\frac{T_0}{2}} x(t)\cos n\omega_0 t\,\mathrm{d}t \\ b_n = \dfrac{2}{T_0}\displaystyle\int_{-\frac{T_0}{2}}^{\frac{T_0}{2}} x(t)\sin n\omega_0 t\,\mathrm{d}t \\ \omega_0 = \dfrac{2\pi}{T_0} \end{cases} \tag{3-19}$$

式中，a_0、a_n、b_n 为傅里叶系数；T_0 为信号周期；ω_0 为基波角频率；$n\omega_0$ 为 n 次谐频。

由三角函数变换，式(3-19)可改写为

$$x(t) = A_0 + \sum_{n=1}^{+\infty} A_n \sin(n\omega_0 t + \varphi_n) \tag{3-20}$$

式中，常值分量 A_0，各谐波分量的幅值 A_n、各谐波分量的初相角 φ_n 分别为

$$\begin{cases} A_0 = a_0 \\ A_n = \sqrt{a_n^2 + b_n^2} \\ \varphi_n = \arctan \dfrac{a_n}{b_n} \end{cases} \tag{3-21}$$

式(3-20)表明：满足狄里赫利条件的任何周期信号都可分解成一个常值分量和多个不同谐波信号分量，且这些谐波信号分量角频率是基波角频率的整数倍。以频率 $\omega(n\omega_0)$ 为横坐标，分别以幅值 A_n 和相位 φ_n 为纵坐标，那么 A_n—ω 称为信号的幅频谱图，φ_n—ω 称为信号的相频谱图，二者统称为信号的频谱。从频谱图可清楚直观地看出周期信号的频率分量、各分量幅值及相位的大小。

例 3-1　求图 3-10 中周期方波的傅里叶级数。

解　$x(t)$ 在一个周期 $\left[-\dfrac{T_0}{2}, \dfrac{T_0}{2}\right]$ 的表达式为

$$x(t) = \begin{cases} A, & 0 \leqslant t < \dfrac{T_0}{2} \\ -A, & -\dfrac{T_0}{2} < t \leqslant 0 \end{cases}$$

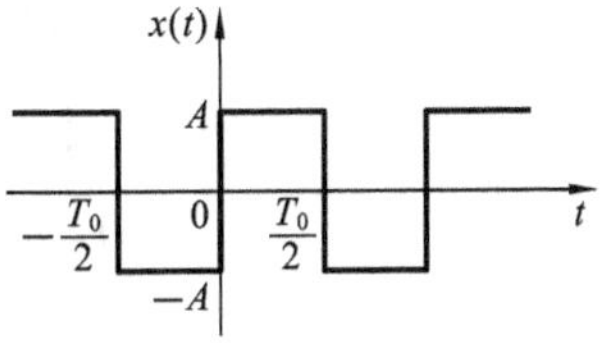

图 3-10　周期方波

因 $x(t)$ 是奇函数，而奇函数在一个周期内的积分值为零，所以

$$a_0 = \frac{1}{T_0}\int_{-\frac{T_0}{2}}^{\frac{T_0}{2}} x(t)\,\mathrm{d}t = 0, \quad a_n = 0$$

$$b_n = \frac{2}{T_0}\int_{-\frac{T_0}{2}}^{\frac{T_0}{2}} x(t)\sin n\omega_0 t\,\mathrm{d}t = \frac{2}{T_0}\left(\int_{-\frac{T_0}{2}}^{0} (-A)\sin n\omega_0 t\,\mathrm{d}t + \int_{0}^{\frac{T_0}{2}} A\sin n\omega_0 t\,\mathrm{d}t\right)$$

$$= \frac{2A}{T_0}\left(\left[\frac{\cos n\omega_0 t}{n\omega_0}\right]_{-\frac{T_0}{2}}^{0} + \left[-\frac{\cos n\omega_0 t}{n\omega_0}\right]_{0}^{\frac{T_0}{2}}\right)$$

$$= \frac{2A}{n\omega_0 T}\left[1 - \cos\left(-\frac{n\omega_0 T_0}{2}\right) - \cos\left(\frac{n\omega_0 T_0}{2}\right) + 1\right]$$

$$= \frac{4A}{n\omega_0 T}\left[1 - \cos\left(\frac{n\omega_0 T_0}{2}\right)\right] = \begin{cases} \frac{4A}{n\pi}, & n = 1,3,5,\cdots \\ 0, & n = 2,4,6,\cdots \end{cases}$$

因此，有

$$x(t) = \frac{4A}{\pi}\left(\sin\omega_0 t + \frac{1}{3}\sin 3\omega_0 t + \frac{1}{5}\sin 5\omega_0 t + \cdots\right)$$

根据上式，幅频谱和相频谱分别如图 3-11(a)和 3-11(b)所示。幅频谱只包含基波和奇次谐波的频率分量，相频谱中各次谐波分量的初相位 φ_n 均为零。

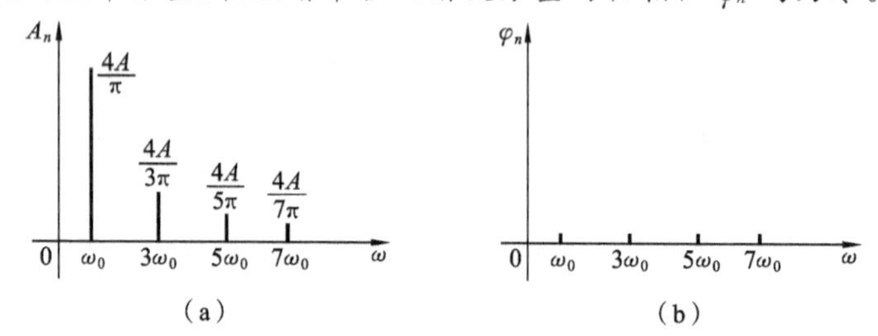

图 3-11　周期方波的幅频谱和相频谱图

(a) 幅频谱图　(b) 相频谱图

图 3-12 所示为周期方波的时域、频谱关系图，图中采用波形分解方式形象地说明了周期方波的时域描述(波形)、频域描述(频谱)及其相互关系。

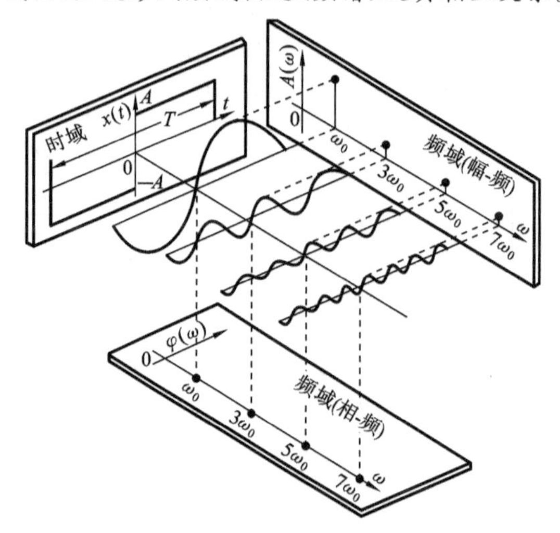

图 3-12　周期方波的时、频域描述

2. 周期信号的复指数展开式

利用欧拉公式

$$e^{\pm jn\omega_0 t}=\cos n\omega_0 t\pm j\sin n\omega_0 t \tag{3-22}$$

得

$$\cos n\omega_0 t=\frac{1}{2}(e^{-jn\omega_0 t}+e^{jn\omega_0 t}) \tag{3-23}$$

$$\sin n\omega_0 t=\frac{j}{2}(e^{-jn\omega_0 t}-e^{jn\omega_0 t}) \tag{3-24}$$

式中,$j=\sqrt{-1}$。将式(3-18)改写为

$$x(t)=a_0+\sum_{n=1}^{+\infty}\left[\frac{1}{2}(a_n+jb_n)e^{-jn\omega_0 t}+\frac{1}{2}(a_n-jb_n)e^{jn\omega_0 t}\right] \tag{3-25}$$

令

$$C_0=a_0$$

$$C_{-n}=\frac{1}{2}(a_n+jb_n)$$

$$C_n=\frac{1}{2}(a_n-jb_n)$$

则

$$x(t)=C_0+\sum_{n=1}^{+\infty}(C_{-n}e^{-jn\omega_0 t}+C_n e^{jn\omega_0 t}) \tag{3-26}$$

即

$$x(t)=\sum_{n=-\infty}^{+\infty}C_n e^{jn\omega_0 t},\quad n=0,\pm 1,\pm 2,\cdots \tag{3-27}$$

式中

$$C_n=\frac{1}{T_0}\int_{-\frac{T_0}{2}}^{\frac{T_0}{2}}x(t)e^{-jn\omega_0 t}dt,\quad n=0,\pm 1,\pm 2,\cdots \tag{3-28}$$

一般情况下 C_n 是复数,可以写成

$$C_n=\mathrm{Re}C_n+j\mathrm{Im}C_n=|C_n|e^{j\varphi_n} \tag{3-29}$$

式中,$\mathrm{Re}C_n$、$\mathrm{Im}C_n$ 分别称为实频谱、虚频谱;$|C_n|$、φ_n 分别称为幅频谱、相频谱。两种形式的关系为

$$|C_n|=\sqrt{(\mathrm{Re}C_n)^2+(\mathrm{Im}C_n)^2} \tag{3-30}$$

$$\varphi_n=\arctan\frac{\mathrm{Im}C_n}{\mathrm{Re}C_n} \tag{3-31}$$

例 3-2 试求图 3-10 所示周期方波的复指数展开式,并作频谱图。

解 $C_n=\frac{1}{T_0}\int_{-\frac{T_0}{2}}^{\frac{T_0}{2}}x(t)e^{-jn\omega_0 t}dt=\frac{1}{T_0}\int_{-\frac{T_0}{2}}^{\frac{T_0}{2}}x(t)(\cos n\omega_0 t-j\sin n\omega_0 t)dt$

$$
=\begin{cases}-\mathrm{j}\dfrac{2A}{n\pi}, & n=\pm 1,\pm 3,\pm 5,\cdots \\ 0, & n=0,\pm 2,\pm 4,\pm 6,\cdots\end{cases}
$$

则
$$
x(t)=\sum_{n=-\infty}^{+\infty}C_n\mathrm{e}^{\mathrm{j}n\omega_0 t}=-\mathrm{j}\frac{2A}{\pi}\sum_{n=-\infty}^{+\infty}\frac{1}{n}\mathrm{e}^{\mathrm{j}n\omega_0 t},\quad n=\pm 1,\pm 3,\pm 5,\cdots
$$

幅频谱
$$
|C_n|=\begin{cases}\left|\dfrac{2A}{n\pi}\right|, & n\pm 1,\pm 3,\pm 5,\cdots \\ 0, & n=0,\pm 2,\pm 4,\pm 6,\cdots\end{cases}
$$

相频谱
$$
\varphi_n=\arctan\frac{-\dfrac{2A}{\pi n}}{0}=\begin{cases}-\dfrac{\pi}{2}, & n>0 \\ \dfrac{\pi}{2}, & n<0\end{cases}
$$

实、虚频谱为

$$
\begin{cases}\mathrm{Re}C_n=0 \\ \mathrm{Im}C_n=-\dfrac{2A}{n\pi}\end{cases}
$$

其实、虚频谱和幅、相频谱如图 3-13 所示。

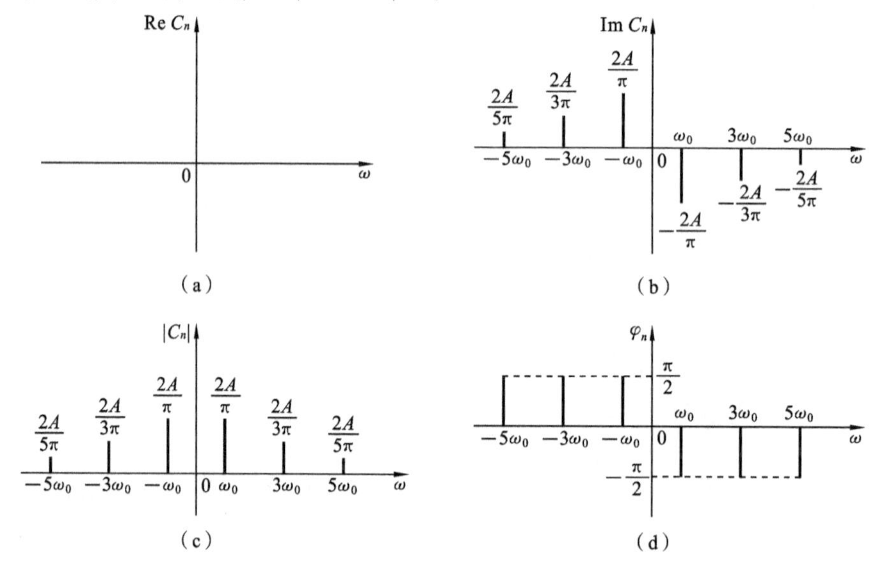

图 3-13 周期方波的实频谱、虚频谱和幅频谱、相频谱

(a) 实频谱 (b) 虚频谱 (c) 幅频谱 (d) 相频谱

比较图 3-11 与图 3-13：图 3-11 中每一条谱线代表一个分量的幅度，而图 3-13 中把每个分量的幅度一分为二，在正、负频率相对应的位置上各占一半，只有把正、负频率上相对应的两条谱线矢量相加，才能得到一个分量的幅度。需要说明的是，负频率项的出现完全是数学计算的结果，并没有任何物理意义。

从上述分析可知，无论是三角函数展开式还是复指数展开式，周期信号频谱的特点如下。

（1）离散性　周期信号的频谱是离散谱，每一条谱线表示一个正弦分量。

（2）谐波性　周期信号的频率是由基波频率的整数倍组成的。

（3）收敛性　满足狄里赫利条件的周期信号，其谐波幅值总的趋势是随谐波频率的增大而减小。

由于周期信号的收敛性，在工程测量中没有必要取次数过高的谐波分量。

3.3.2　非周期信号的描述

从信号合成的角度看，频率之比为有理数的多个谐波分量，由于有公共周期，其叠加后为周期信号。当信号中各个频率比不是有理数时，如 $x(t)=\cos\omega_0 t+\cos\sqrt{3}\omega_0 t$，其频率比为$1/\sqrt{3}$，不是有理数，合成后没有频率的公约数，也就没有公共周期。由于这类信号频谱仍具有离散性（在 ω_0 与$\sqrt{3}\omega_0$处分别有两条谱线），故称之为准周期信号。在工程实践中，准周期信号还是十分常见的，如两个或多个彼此无关联的振源激励同一个被测对象时的振动响应就属于此类信号。除此之外，一般非周期信号多指瞬变信号。图3-14所示为瞬变信号的一个例子，其特点是函数沿独立变量时间 t 衰减，因而积分存在有限值，属于能量有限信号。

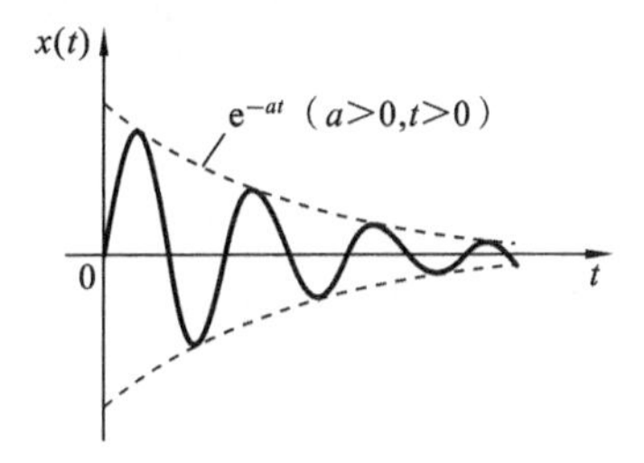

图 3-14　瞬变信号

1. 傅里叶变换

非周期信号可以看成是周期 T_0 趋于无穷大的周期信号转化而来的。当周期 T_0 增大时，区间$\left(-\frac{T_0}{2},\frac{T_0}{2}\right)$趋于$(-\infty,+\infty)$，频谱的频率间隔 $\Delta\omega=\omega_0=\frac{2\pi}{T_0}\rightarrow \mathrm{d}\omega$，离散的 $n\omega_0$ 变为连续的 ω，展开式的叠加关系变为积分关系，则式(3-27)可以改写为

$$
\begin{aligned}
\lim_{T_0\to\infty} x(t) &= \lim_{T_0\to\infty}\sum_{n=-\infty}^{+\infty} C_n \mathrm{e}^{\mathrm{j}n\omega_0} = \lim_{T_0\to\infty}\frac{1}{T_0}\sum_{n=-\infty}^{+\infty}\left[\int_{-\frac{T_0}{2}}^{\frac{T_0}{2}} x(t)\mathrm{e}^{-\mathrm{j}n\omega_0 t}\mathrm{d}t\right]\mathrm{e}^{\mathrm{j}n\omega_0 t} \\
&= \int_{-\infty}^{+\infty}\frac{\mathrm{d}\omega}{2\pi}\left[\int_{-\infty}^{+\infty} x(t)\mathrm{e}^{-\mathrm{j}\omega t}\mathrm{d}t\right]\mathrm{e}^{\mathrm{j}\omega t} = \frac{1}{2\pi}\int_{-\infty}^{+\infty}\left[\int_{-\infty}^{+\infty} x(t)\mathrm{e}^{-\mathrm{j}\omega t}\mathrm{d}t\right]\mathrm{e}^{\mathrm{j}\omega t}\mathrm{d}\omega
\end{aligned}
\tag{3-32}
$$

在数学上，式(3-32)称为傅里叶积分。严格地说，非周期信号 $x(t)$ 傅里叶积分存在的条件是 $x(t)$ 在有限区间上满足狄里赫利条件，且绝对可积。

式(3-32)括号内的项对时间 t 积分后，仅是角频率 ω 的函数，记作 $X(\omega)$，有

$$
X(\omega)=\int_{-\infty}^{+\infty} x(t)\mathrm{e}^{-\mathrm{j}\omega t}\mathrm{d}t \tag{3-33}
$$

$$x(t) = \frac{1}{2\pi}\int_{-\infty}^{+\infty} X(\omega)\mathrm{e}^{\mathrm{j}\omega t}\,\mathrm{d}\omega \tag{3-34}$$

式(3-33)表达的 $X(\omega)$ 称为 $x(t)$ 的傅里叶变换(Fourier transform,FT),式(3-34)中的 $x(t)$ 称为 $X(\omega)$ 的傅里叶逆变换(inverse Fourier transform,IFT),二者互为傅里叶变换对。

将 $\omega=2\pi f$ 代入式(3-33)和式(3-34)后,两式分别可写为

$$X(f) = \int_{-\infty}^{+\infty} x(t)\mathrm{e}^{-\mathrm{j}2\pi ft}\,\mathrm{d}t \tag{3-35}$$

$$x(t) = \int_{-\infty}^{+\infty} X(f)\mathrm{e}^{\mathrm{j}2\pi ft}\,\mathrm{d}f \tag{3-36}$$

这样可以避免在傅里叶变换中出现常数因子 $\frac{1}{2\pi}$,使公式形式简化,其关系是

$$X(f)=2\pi X(\omega) \tag{3-37}$$

一般 $X(f)$ 是频率 f 的复函数,可以写成

$$X(f)=|X(f)|\mathrm{e}^{\mathrm{j}\varphi(f)} \tag{3-38}$$

式中,$|X(f)|$ 为信号 $x(t)$ 的连续幅值谱,$\varphi(f)$ 为信号 $x(t)$ 的连续相位谱。

需要指出,尽管非周期信号的幅频谱 $|X(f)|$ 和周期信号的幅频谱 $|C_n|$ 很相似,但是二者是有差别的。其差别突出表现在 $|C_n|$ 的量纲与信号幅值的量纲一样,而 $|X(f)|$ 的量纲则与信号幅值的量纲不一样,它是信号单位频宽上的幅值。所以确切地说,$X(f)$ 是频谱密度函数。工程测试中为方便起见,仍称 $X(f)$ 为频谱。一般非周期信号的频谱具有连续性和衰减性等特性。

例 3-3　求图 3-15 所示的矩形窗函数的频谱。

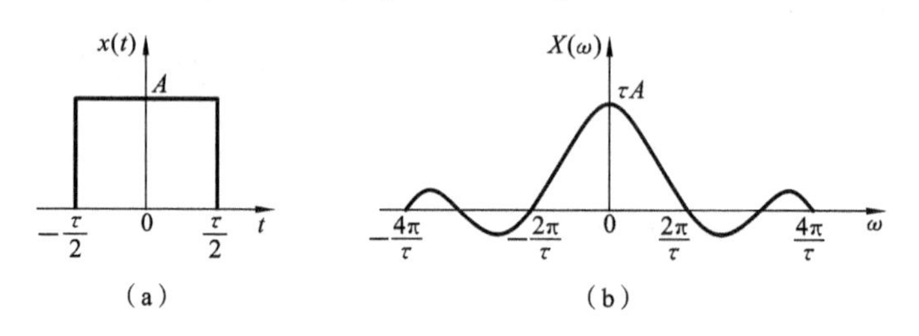

图 3-15　矩形窗函数及其频谱

(a) 矩形窗函数　(b) 频谱

解　矩形窗函数的时域定义为

$$x(t)=\begin{cases}A, & |t|\leqslant\tau/2\\ 0, & |t|>\tau/2\end{cases}$$

根据傅里叶变换的定义,其频谱为

$$X(\omega) = \int_{-\infty}^{+\infty} x(t)\mathrm{e}^{-\mathrm{j}\omega t}\,\mathrm{d}t = \int_{-\frac{\tau}{2}}^{\frac{\tau}{2}} A\mathrm{e}^{-\mathrm{j}\omega t}\,\mathrm{d}t = \frac{A}{-\mathrm{j}\omega}(\mathrm{e}^{-\mathrm{j}\omega\frac{\tau}{2}} - \mathrm{e}^{\mathrm{j}\omega\frac{\tau}{2}})$$

$$= A\tau \frac{\sin\left(\omega \frac{\tau}{2}\right)}{\omega \frac{\tau}{2}} = A\tau \operatorname{sinc}\left(\frac{\omega\tau}{2}\right)$$

这里定义森克函数

$$\operatorname{sinc}(x) = \frac{\sin x}{x} \tag{3-39}$$

该函数是以 2π 为周期，并随 x 增加而衰减的振荡，函数在 $x = n\pi(n = \pm 1, \pm 2, \cdots)$ 时幅值为零，如图 3-15(b)所示。

2. 傅里叶变换的性质

在信号分析与处理中，傅里叶变换是时域与频域之间转换的基本数学工具。掌握傅里叶变换的主要性质，有助于了解信号在某一域中变化时，在另一域中相应的变化规律，从而使复杂信号的计算分析得以简化。表 3-2 中列出了傅里叶变换的主要性质，这些性质均可用定义公式推导证明，详见附录 A。在此只叙述几个常用的性质。

表 3-2 傅里叶变换的主要性质

性质名称	时域	频域
线性叠加	$ax(t)+by(t)$	$aX(f)+bY(f)$
对称性	$x(\pm t)$	$X(\mp f)$
尺度变换	$x(kt)$	$\frac{1}{k}X\left(\frac{f}{k}\right)$
时移特性	$x(t \pm t_0)$	$X(f)e^{\pm j2\pi f t_0}$
频移特性	$x(t)e^{\mp j2\pi f_0 t}$	$X(f \pm f_0)$
微分特性	$\frac{d^n x(t)}{dt^n}$	$(j2\pi f)^n X(f)$
积分特性	$\int_{-\infty}^{t} x(t)dt$	$\frac{1}{j2\pi f}X(f)$
时域卷积	$x(t) * y(t)$	$X(f)Y(f)$
频域卷积	$x(t)y(t)$	$X(f) * Y(f)$

1）线性叠加性质

若 $X(\omega) = F[x(t)]$，$Y(\omega) = F[y(t)]$ 且 a、b 是常数，则

$$F[ax(t)+by(t)] = aX(\omega)+bY(\omega)$$

该性质表明，傅里叶变换适用于线性系统的分析，时域上的叠加对应于频域上的叠加。

2）尺度改变性质

若 $X(f) = F[x(t)]$，且 k 为大于零的常数，则有

$$F[x(kt)]=\frac{1}{k}X\left(\frac{f}{k}\right)$$

如图 3-16 所示的时间尺度特性表明，信号在时域中展宽（$k<1$）时，对应的频域尺度压缩且幅值增加；信号在时域中压缩（$k>1$）时，对应的频域尺度展宽且幅值减小。

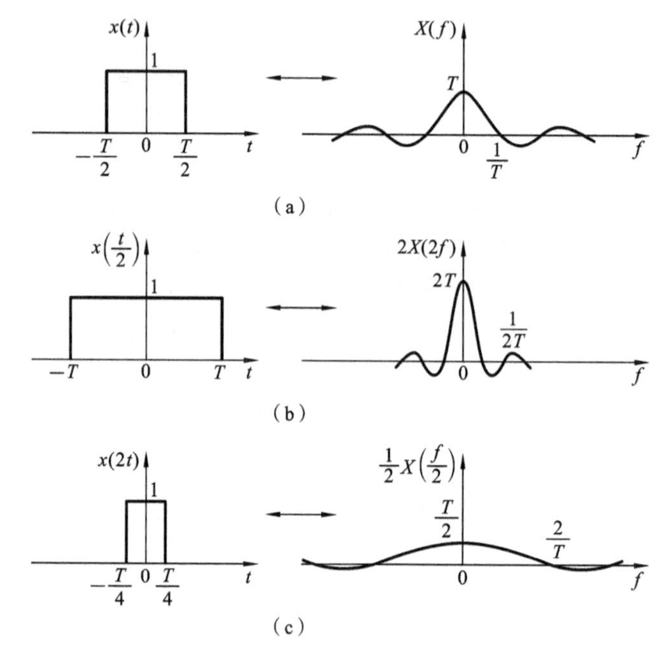

图 3-16　尺度改变性质图示

(a) $k=1$　(b) $=0.5$　(c) $k=2$

3）时移性质

若 t_0 为常数，则

$$F[x(t\pm t_0)]=X(f)\mathrm{e}^{\pm \mathrm{j}2\pi f t_0}$$

此性质表明，在时域中信号沿时间轴平移一个常值 t_0 时，频谱函数将乘上因子 $\mathrm{e}^{\pm \mathrm{j}2\pi f t_0}$，即只改变相频谱，不会改变幅频谱，如图 3-17 所示。

4）卷积性质

$$x_1(t)*x_2(t)\Leftrightarrow X_1(f)X_2(f)$$

同理

$$x_1(t)x_2(t)\Leftrightarrow X_1(f)*X_2(f)$$

该性质表明：时域卷积对应频域乘积，时域乘积对应频域卷积。通常卷积的积分计算比较困难，但是利用卷积性质，可以使信号分析大为简化，因此卷积性质（又称卷积定理）在信号分析以及经典控制理论中，都占有重要位置。

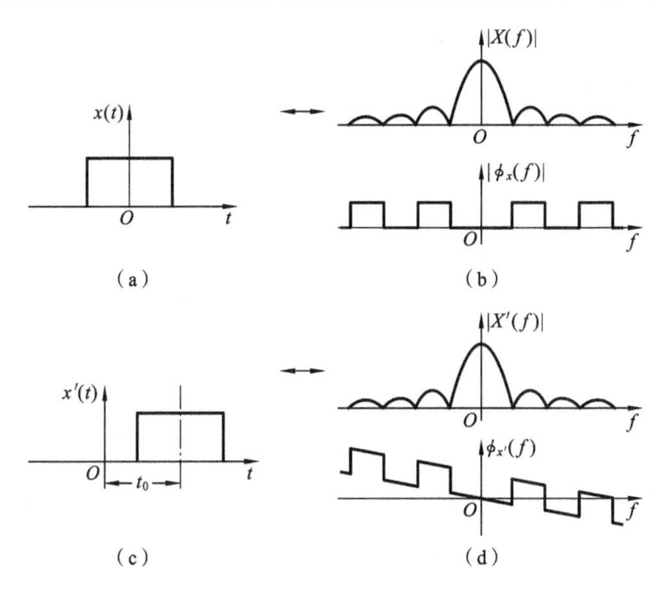

图 3-17　时移性质举例

(a) 时域矩形窗　(b) 图(a)对应的幅值谱和相位谱

(c) 时移 t_0 的时域矩形窗　(d) 图(c)对应的幅值谱和相位谱

3.3.3　常用典型信号的频谱

1. 单位脉冲函数(δ 函数)的频谱

1) δ 函数的定义

图 3-18 所示的矩形脉冲 $G(t)$，宽为 τ，高为 $1/\tau$，其面积为 1。保持脉冲面积不变，逐渐减小 τ，则脉冲幅度逐渐增大，当 $\tau\to 0$ 时，矩形脉冲的极限称为 δ 函数，记为 $\delta(t)$。δ 函数也称为单位脉冲函数。$\delta(t)$ 的特点如下。

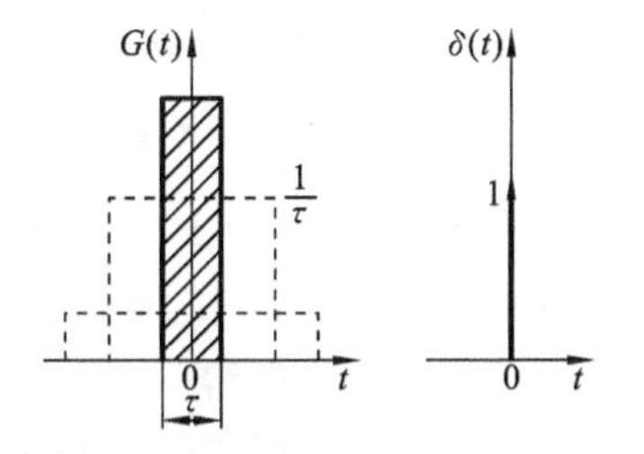

图 3-18　矩形脉冲与 δ 函数

从函数值极限的角度看

$$\delta(t)=\begin{cases}\infty, & t=0\\ 0, & t\neq 0\end{cases} \tag{3-40}$$

从面积(通常也称为 δ 函数的强度)的角度来看，有

$$\int_{-\infty}^{+\infty}\delta(t)\,\mathrm{d}t=\lim_{\tau\to 0}\int_{-\infty}^{+\infty}G(t)\,\mathrm{d}t=1 \tag{3-41}$$

δ 函数是对某些出现过程极短而能量很大的具有冲击性的物理现象的抽象描述，如电网线路中的短时冲击干扰，数字电路中的采样脉冲，力学的瞬间作用力，材料的突然断裂及撞击、爆炸等，这些现象在信号处理中都是通过 δ 函数分析的，只是函数面积(能量或强度)不一定为 1，而是某一常数。由于引入 δ 函数，运用广义函数理

论，傅里叶变换就可以推广到并不满足绝对可积条件的功率有限信号范畴。

2）δ 函数的性质

（1）乘积（抽样）特性　若函数 $x(t)$ 在 $t=t_0$ 处连续，则有

$$x(t)\delta(t)=x(0)\delta(t) \tag{3-42}$$

$$x(t)\delta(t\pm t_0)=x(\mp t_0)\delta(t\pm t_0) \tag{3-43}$$

（2）筛选特性　当单位脉冲函数 $\delta(t)$ 与一个在 $t=0$ 处连续且有界的信号 $x(t)$ 相乘时，其积的积分只有在 $t=0$ 处得到 $x(0)$，其余各点之乘积及积分均为零，从而有

$$\int_{-\infty}^{+\infty}x(t)\delta(t)\mathrm{d}t=\int_{-\infty}^{+\infty}x(0)\delta(t)\mathrm{d}t=x(0)\int_{-\infty}^{+\infty}\delta(t)\mathrm{d}t=x(0) \tag{3-44}$$

类似地，有

$$\int_{-\infty}^{+\infty}\delta(t-t_0)x(t)\mathrm{d}t=\int_{-\infty}^{+\infty}x(t_0)\delta(t-t_0)\mathrm{d}t=x(t_0)\int_{-\infty}^{+\infty}\delta(t-t_0)\mathrm{d}t=x(t_0) \tag{3-45}$$

式(3-44)、式(3-45)表明，当连续时间函数 $x(t)$ 与单位脉冲信号 $\delta(t)$ 或 $\delta(t-t_0)$ 相乘，并在 $(-\infty,+\infty)$ 区间内积分，可得到 $x(t)$ 在 $t=0$ 点的函数值 $x(0)$ 或 $t=t_0$ 点的函数值 $x(t_0)$，即筛选出 $x(0)$ 或 $x(t_0)$。

（3）卷积特性　任何连续信号 $x(t)$ 和 $\delta(t)$ 的卷积是一种最简单的卷积积分，结果就是该连续信号 $x(t)$，即

$$x(t)*\delta(t)=\int_{-\infty}^{+\infty}x(\tau)\delta(t-\tau)\mathrm{d}\tau=x(t) \tag{3-46}$$

同理，对于时延单位脉冲 $\delta(t\pm t_0)$，有

$$x(t)*\delta(t\pm t_0)=\int_{-\infty}^{+\infty}x(\tau)\delta(t\pm t_0-\tau)\mathrm{d}\tau=x(t\pm t_0) \tag{3-47}$$

连续信号与 $\delta(t\pm t_0)$ 函数卷积结果的图形如图 3-19 所示。由图可见，信号 $x(t)$ 和 $\delta(t\pm t_0)$ 函数卷积的几何意义，就是使信号 $x(t)$ 延迟 $\pm t_0$ 脉冲时间。

3）δ 函数的频谱

对 δ 函数进行傅里叶变换，有

$$\delta(f)=\int_{-\infty}^{+\infty}\delta(t)\mathrm{e}^{-\mathrm{j}2\pi ft}\mathrm{d}t=\mathrm{e}^{-\mathrm{j}2\pi f\times 0}=1 \tag{3-48}$$

其逆变换为

$$\delta(t)=\int_{-\infty}^{+\infty}1\cdot\mathrm{e}^{\mathrm{j}2\pi ft}\mathrm{d}f \tag{3-49}$$

由式(3-48)可知，δ 函数的频谱为常数，说明信号包含了 $(-\infty,+\infty)$ 所有频率成分，且任一频率的频谱密度函数都相等，如图 3-20 所示。这种频谱常称为均匀谱或白噪声。

δ 函数是偶函数，即 $\delta(t)=\delta(-t)$、$\delta(f)=\delta(-f)$，利用傅里叶变换的对称、时

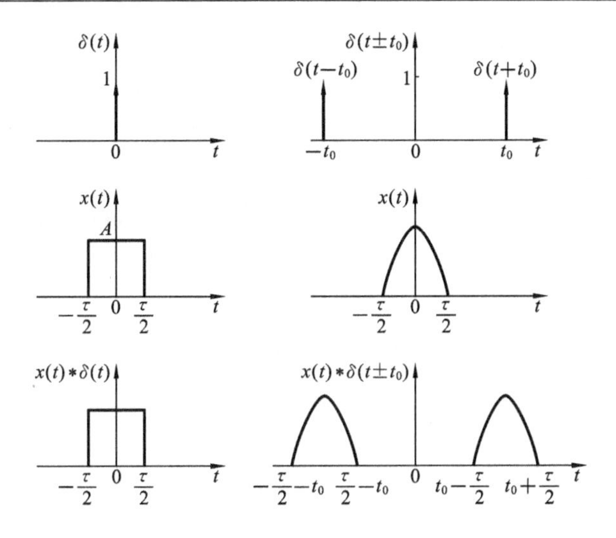

图 3-19　连续信号与 δ 函数的卷积

移、频移性质，可以得到如下常用的傅里叶变换对：

$$\delta(t \pm t_0) \Leftrightarrow e^{\pm j2\pi f t_0} \tag{3-50}$$

$$e^{\pm j2\pi f_0 t} \Leftrightarrow \delta(f \mp f_0) \tag{3-51}$$

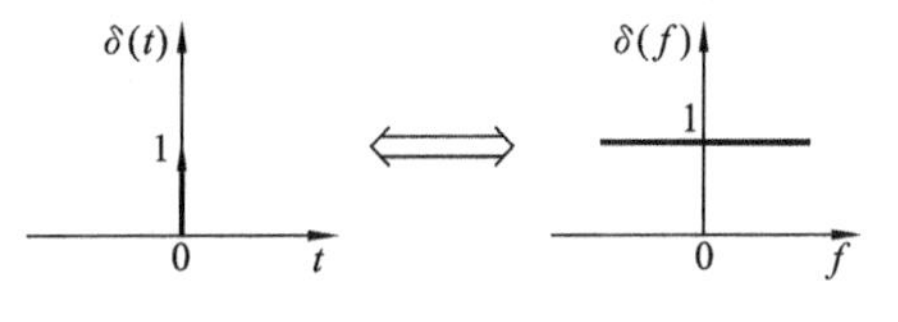

图 3-20　δ 函数及其频谱

2. 矩形窗函数和常值函数的频谱

1）矩形窗函数的频谱

在例 3-3 中已经求出了矩形窗函数的频谱，并用其说明傅里叶变换的主要性质。需要强调的是，矩形窗函数在时域中有限区间取值，但频域中频谱在频率轴上连续且无限延伸。由于实际工程测试总是在时域中截取有限长度（窗宽范围）的信号，其本质是被测信号与矩形窗函数在时域中相乘，因而所得到的频谱必然是被测信号频谱与矩形窗函数频谱在频域中的卷积，所以实际工程测试得到的频谱也将在频率轴上连续且无限延伸。

2）常值函数的频谱

根据式（3-51）可知，幅值为 1 的常值函数（又称直流分量）的频谱为 $f=0$ 处的 δ 函数。实际上，利用傅里叶变换时间尺度改变性质，也可以得出同样的结论：当矩形窗函数的窗宽 $T\to\infty$ 时，矩形窗函数就成为常值函数，其对应的频域森克函数→δ 函数。

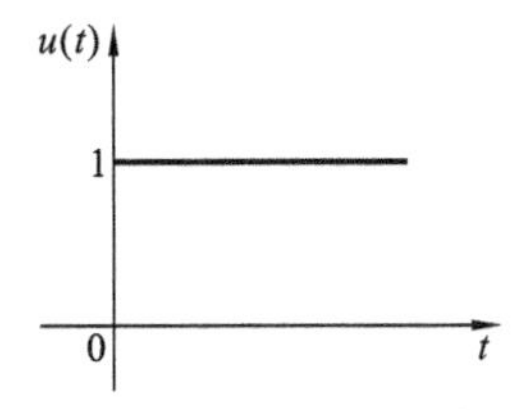

图 3-21　单位阶跃信号

3. 单位阶跃信号及其频谱

如图 3-21 所示，单位阶跃信号 $u(t)$ 可表示

$$u(t)=\begin{cases}1, & t\geqslant 0\\ 0, & t<0\end{cases} \tag{3-52}$$

利用单位阶跃信号可方便地表达各种单边信号，如单

边正弦信号为 $u(t)\sin t$、单边指数衰减振荡信号 $u(t)Ae^{-|a|t}\sin 2\pi\omega_0 t$ 等。此外，它还能表示单边矩形脉冲信号

$$g(t)=u(t)-u(t-T)$$

式中，T 为矩形脉冲持续时间。

由于单位阶跃信号不满足绝对可积条件，不能直接求傅里叶变换获得其频谱。把它看成当 $\alpha\to 0$ 时的指数信号 $e^{-\alpha t}$ 在时域上的极限，则其频谱为 $e^{-\alpha t}$ 的频谱在 $\alpha\to 0$ 时的极限，即

$$u(t)=\begin{cases}1, & t\geqslant 0\\ 0, & t<0\end{cases}=\begin{cases}\lim\limits_{a\to 0}e^{-at}, & a>0,t\geqslant 0\\ 0, & t<0\end{cases}$$

令

$$x(t)=\begin{cases}\lim\limits_{a\to 0}e^{-at}, & a>0,t\geqslant 0\\ 0, & t<0\end{cases}$$

$$\begin{aligned}X(f)&=\lim_{a\to 0}\int_0^{+\infty}e^{-at}\cdot e^{-j2\pi ft}dt=\lim_{a\to 0}\frac{1}{a+j2\pi f}\\&=\lim_{a\to 0}\frac{a}{a^2+(2\pi f)^2}-j\frac{2\pi f}{a^2+(2\pi f)^2}\end{aligned}$$

当 $f\neq 0$ 时，有

$$X(f)=-j\frac{1}{2\pi f}$$

当 $f=0$ 时，有

$$X(f)=\lim_{a\to 0}\frac{a}{a^2+(2\pi f)^2}-j\frac{2\pi f}{a^2+(2\pi f)^2}=\lim_{a\to 0}\frac{1}{a}\to\infty$$

说明在频率 $f=0$ 处存在冲击，其强度为

$$\begin{aligned}\lim_{a\to 0}\int_{-\infty}^{+\infty}X(f)df&=\lim_{a\to 0}\int_{-\infty}^{+\infty}\frac{a}{a^2+(2\pi f)^2}df=\frac{1}{2\pi}\lim_{a\to 0}\int_{-\infty}^{+\infty}\frac{1}{1+\left(\frac{2\pi f}{a}\right)^2}d\frac{2\pi f}{a}\\&=\frac{1}{2\pi}\lim_{a\to 0}\left[\arctan\frac{2\pi f}{a}\right]_{-\infty}^{+\infty}=\frac{1}{2}\end{aligned}$$

由 δ 函数的定义及频谱，可知此时函数的频谱为

$$X(f)=\frac{1}{2}\delta(f)$$

因此，单位阶跃信号的频谱为

$$X(f)=\frac{1}{2}\delta(f)-j\frac{1}{2\pi f}\tag{3-53}$$

其频谱如图 3-22 所示。由于阶跃信号中含有直流分量，所以阶跃信号的频谱在 $f=0$ 处存在脉冲，而且它在 $t=0$ 处突变，因而频谱中还有高频分量。

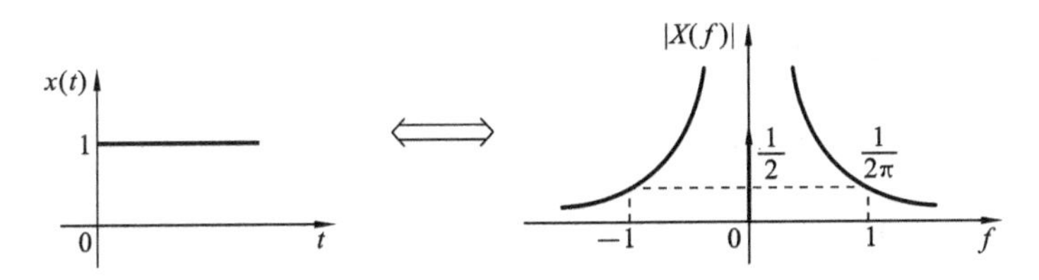

图 3-22　单位阶跃信号及其频谱

4. 谐波函数的频谱

(1) 余弦函数的频谱　利用欧拉公式,余弦函数可以表达为

$$x(t)=\cos 2\pi f_0 t=\frac{1}{2}(\mathrm{e}^{-\mathrm{j}2\pi f_0 t}+\mathrm{e}^{\mathrm{j}2\pi f_0 t}) \tag{3-54}$$

其傅里叶变换为

$$X(f)=\frac{1}{2}[\delta(f+f_0)+\delta(f-f_0)] \tag{3-55}$$

(2) 正弦函数的频谱　同样,利用欧拉公式及其傅里叶变换,有

$$x(t)=\sin 2\pi f_0 t=\frac{\mathrm{j}}{2}(\mathrm{e}^{-\mathrm{j}2\pi f_0 t}-\mathrm{e}^{\mathrm{j}2\pi f_0 t}) \tag{3-56}$$

$$X(f)=\frac{\mathrm{j}}{2}[\delta(f+f_0)-\delta(f-f_0)] \tag{3-57}$$

根据傅里叶变换的奇偶虚实性质,余弦函数在时域中为实偶函数,在频域中也为实偶函数;正弦函数在时域中为实奇函数,在频域中为虚奇函数,如图 3-23 所示。

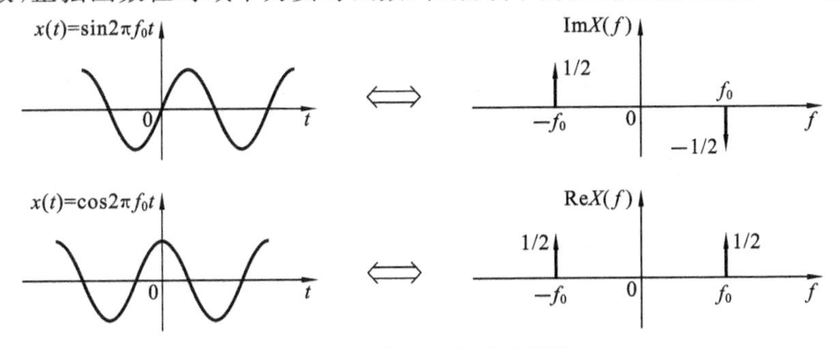

图 3-23　谐波函数及其频谱

5. 周期单位脉冲序列的频谱

等间隔的周期单位脉冲序列常称为梳状函数,用 $\mathrm{comb}(t,T_s)$表示,即

$$\mathrm{comb}(t,T_s)=\sum_{n=-\infty}^{+\infty}\delta(t-nT_s) \tag{3-58}$$

式中,T_s 为周期;n 为整数,$n=\pm1,\pm2,\cdots$。

因为该函数为周期函数,所以可以把它表示为傅里叶级数的复指数展开式,即

$$\mathrm{comb}(t,T_s)=\sum_{k=-\infty}^{+\infty}c_k\mathrm{e}^{\mathrm{j}2\pi k f_s t} \tag{3-59}$$

式中，$f_S=1/T_s$，系数 c_k 为

$$c_k = \frac{1}{T_s}\int_{-\frac{T_s}{2}}^{\frac{T_s}{2}} \mathrm{comb}(t, T_s)\mathrm{e}^{-\mathrm{j}2\pi f_s t}\mathrm{d}t$$

因为在$\left(-\frac{T_s}{2},\frac{T_s}{2}\right)$区间内只有一个 δ 函数，而当 $t=0$ 时，$\mathrm{e}^{-\mathrm{j}2\pi f_s t}=\mathrm{e}^0=1$，所以

$$c_k = \frac{1}{T_s}\int_{-\frac{T_s}{2}}^{\frac{T_s}{2}} \delta(t)\mathrm{e}^{-\mathrm{j}2\pi f_s t}\mathrm{d}t = \frac{1}{T_s}$$

因此

$$\mathrm{comb}(t, T_s) = \frac{1}{T_s}\sum_{k=-\infty}^{+\infty}\mathrm{e}^{\mathrm{j}2\pi k f_s t}$$

而根据式(3-51)

$$\mathrm{e}^{\mathrm{j}2\pi k f_s t} \Leftrightarrow \delta(f-kf_s)$$

可得 $\mathrm{comb}(t,T_s)$的频谱 $\mathrm{comb}(f,f_s)$，如图 3-24 所示，它也是梳状函数，即

$$\mathrm{comb}(f, f_s) = \frac{1}{T_s}\sum_{k=-\infty}^{+\infty}\delta(f-kf_s) = \frac{1}{T_s}\sum_{k=-\infty}^{+\infty}\delta\left(f-\frac{k}{T_s}\right) \tag{3-60}$$

由图 3-24 可见，时域周期单位脉冲序列的频谱也是周期脉冲序列。

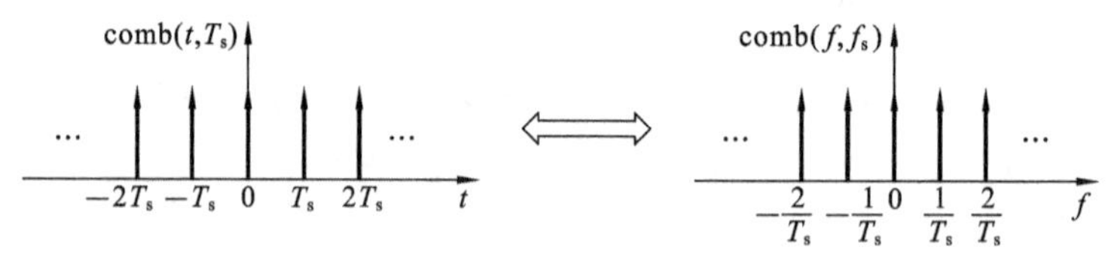

图 3-24 周期单位脉冲序列及其频谱

3.4 随机信号的描述

随机信号是机械工程中经常遇到的一种信号，其特点如下。

(1) 时间函数不能用精确的数学关系式来描述。

(2) 不能预测它未来任何时刻的准确值。

(3) 对这种信号的每次观测结果都不同，但通过大量重复试验，可以看到它具有统计规律性，因而可用概率统计方法来描述和研究。

在工程实际中，随机信号随处可见，如气温的变化、机器振动的变化等，即使同一工人用同一机床加工同一种零件，其尺寸也不尽相同。图 3-25 所示为汽车在水平柏油路上行驶时，车架主梁上一点的应变时间历程，可以看到在工况(包括车速、路面、驾驶条件等)完全相同的情况下，各时间历程的样本记录是完全不同的。这种信号就是随机信号。

产生随机信号的物理现象称为随机现象。表示随机信号的单个时间历程 $x_i(t)$

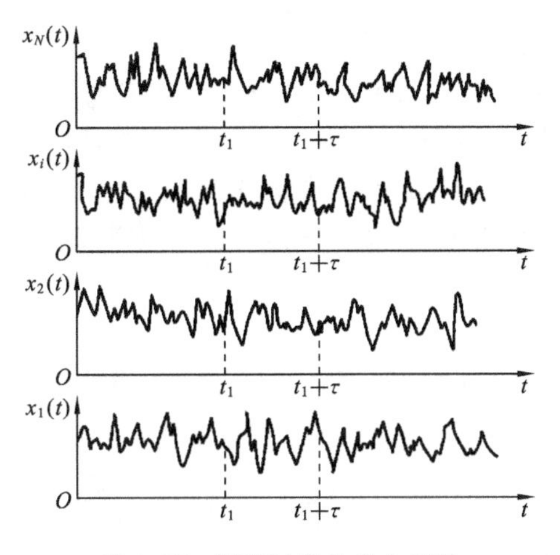

图 3-25　随机过程的样本函数

称为样本函数。某随机现象可能产生的全部样本函数的集合$\{x(t)\}=\{x_1(t), x_2(t),\cdots,x_i(t),\cdots x_N(t)\}$(也称总体)称为随机过程。

随机过程在任何时刻 t_k 的各统计特性需要采用集合平均方法来描述。所谓集合平均是指将全部样本函数在某时刻之值的 $x_i(t)$相加后再除以样本函数的总数。例如求图 3-25 中时 t_1 的均值就是将全部样本函数在 t_1 时的值$\{x(t_1)\}$加起来后除以样本数目 N,即

$$\mu_x(t_1)=\lim_{N\to\infty}\frac{1}{N}\sum_{k=1}^{N}x_k(t_1) \tag{3-61}$$

随机过程在 t_1 和 $t_1+\tau$ 两不同时刻的相关性可用相关函数表示为

$$R_x(t_1,t_1+\tau)=\lim_{N\to\infty}\frac{1}{N}\sum_{k=1}^{N}x_k(t_1)x_k(t_1+\tau) \tag{3-62}$$

一般情况下,$\mu_x(t_1)$和 $R_x(t_1,t_1+\tau)$都随时间变化而变化,这种随机过程为非平稳随机过程。若随机过程的统计特征参数不随时间变化,则称之为平稳随机过程。如果平稳随机过程的任何一个样本函数的时间平均统计特征均相同,且等于总体统计特征,则该过程称为各态历经过程,如图 3-25 中第 i 个样本的时间平均为

$$\mu_x(i)=\lim_{T\to\infty}\frac{1}{T}\int_0^T x_i(t)\mathrm{d}t=\mu_x \tag{3-63}$$

$$R_x(\tau,i)=\lim_{T\to\infty}\frac{1}{T}\int_0^T x_i(t)x_i(t+\tau)\mathrm{d}t=R_x(\tau) \tag{3-64}$$

在工程中所遇到的多数随机信号都具有各态历经性,有的虽不是严格的各态历经过程,但亦可当作各态历经随机过程来处理。从理论上说,求随机过程的统计参量需要无限多个样本,这是难以办到的。实际测试工作常把随机信号按各态历经过程来处理,以测得的有限个函数的时间平均值来估计整个随机过程的集合平均值。严

格地说，只有平稳随机过程才能是各态历经的，只有证明随机过程是各态历经的，才能用样本函数时间平均统计量代替随机过程集合平均统计量。

通常用于描述各态历经随机信号的主要统计参数有均值、均方值、方差、概率密度函数、相关函数等。均值、均方值、方差分别见式(3-11)、(3-13)、(3-16)。下面仅介绍概率密度函数，如何利用相关函数等进行信号处理将在第6章介绍。

3.4.1　概率密度函数

如图3-26所示为一随机信号 $x(t)$ 的时间历程，幅值落在 x 和 $x+\Delta x$ 范围内的概率可表示为

$$P[x \leqslant x(t) < x+\Delta x] = \lim_{T \to \infty} \frac{\Delta t}{T} \tag{3-65}$$

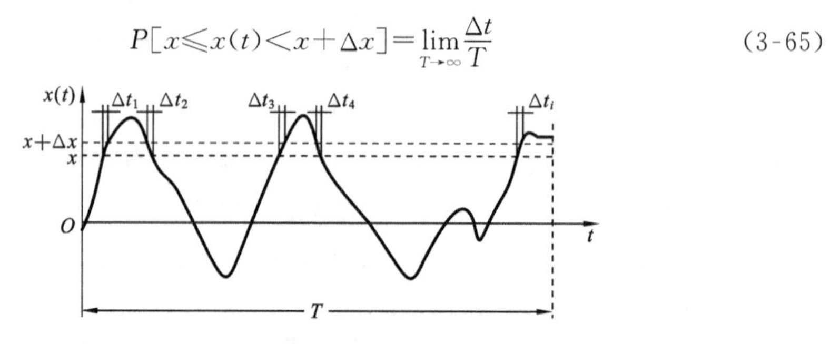

图3-26　概率密度函数的计算

换句话说，$x(t)$ 落在 $(x, x+\Delta x)$ 内的概率，可由 $\Delta t/T$ 比例的极限来确定。式中，$\Delta t = \sum_{i=1}^{n} \Delta t_i$ 为 $x(t)$ 落在区间 $(x, x+\Delta x)$ 内的总时间；T 为总的观察时间。

参照图3-27(a)，对于各态历经的随机信号，$x(t)$ 的值小于或等于振幅 ξ 的概率为

$$P(x) = P[x(t) \leqslant \xi] = \lim_{T \to \infty} \frac{\Delta t[x(t) \leqslant \xi]}{T} \tag{3-66}$$

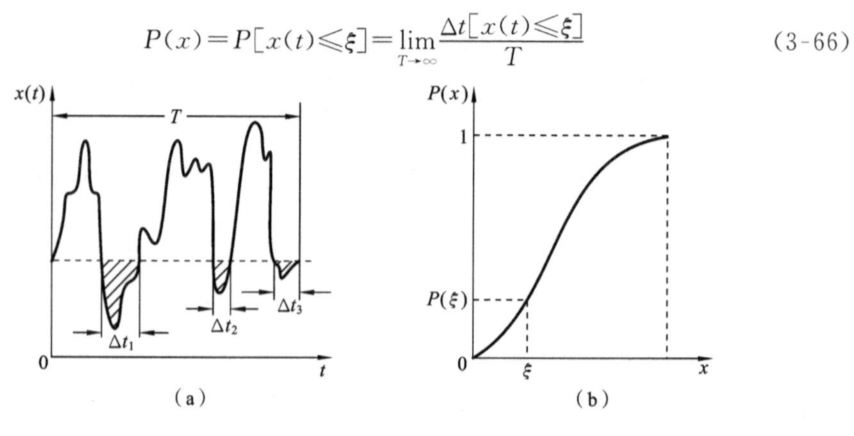

图3-27　概率分布函数

(a) 各态历经的随机信号　(b) 概率分布函数曲线

式(3-66)称为概率分布函数。

由于ξ必定有某个下限(可以是负无穷大)，使$x(t)$总是大于它，因此，在ξ变得越来越小时，概率分布函数$P(x)$的值总会达到零。同样，由于ξ值必然有一个上限，使$x(t)$总是不能超过它，因此，在ξ变得越来越大时，$P(x)$的值总会达到1。所以，概率分布函数曲线在0～1之间变化，如图3-27(b)所示。

概率分布函数变化曲线虽然限制在0～1之间变化，但可用不同的形状代表不同概率结构的数据或信号。一般用分布函数的斜率来描述其概率结构数据的不同，即

$$p(x)=\frac{\mathrm{d}P(x)}{\mathrm{d}x} \tag{3-67}$$

这样得到的函数称为概率密度函数。其变化曲线如图3-28所示，式(3-67)亦可写成如下的关系，即

$$p(x)=\lim_{\Delta x\to 0}\frac{P(x+\Delta x)-P(x)}{\Delta x} \tag{3-68}$$

式中，$P(x)$为$x(t)$瞬时值小于x水平的概率分布函数；$P(x+\Delta x)$为$x(t)$瞬时值小于$(x+\Delta x)$水平的概率分布函数。

依概率表达式(3-65)可知

$$P[x\leqslant x(t)<x+\Delta x]=P(x+\Delta x)-P(x)=\lim_{T\to\infty}\frac{\Delta t}{T}$$

因此，概率密度函数或概率密度曲线$p(x)$可写为

$$p(x)=\lim_{\Delta x\to 0}\frac{1}{\Delta x}\lim_{T\to\infty}\frac{\Delta t}{T} \tag{3-69}$$

概率密度函数可全面描述随机过程瞬时值的分布情况，由图3-28知，$p(x)$曲线下的面积$p(x)\mathrm{d}x$便是瞬时幅值落在$(x,x+\Delta x)$内的概率。$p(x)$不受所取幅值间隔大小的影响，即概率密度函数表示了概率相对幅值的变化率，或者说是单位幅值的概率，故有密度的概念，其量纲是$1/\Delta x$，还可由$p(x)$曲线求概率分布函数，即

$$P(x)=\int_{-\infty}^{x}p(x)\mathrm{d}x \tag{3-70}$$

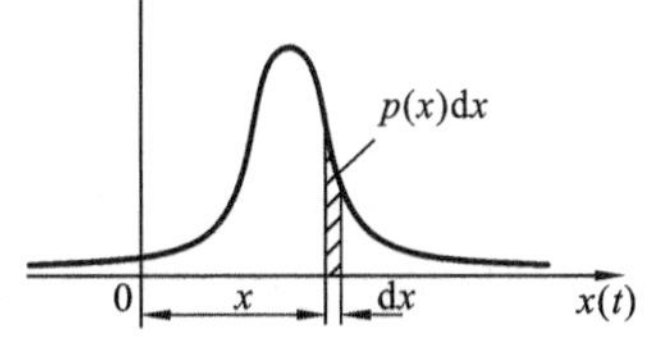

图3-28　概率密度函数曲线

3.4.2　典型信号的概率密度函数

与实际物理现象相联系的概率密度函数在数量上是无穷无尽的，但只要掌握如下的三类典型信号概率密度函数就可以完全近似地反映大部分感兴趣的数据。这三类概率密度函数是：正态(高斯)噪声的概率密度函数，正弦波的概率密度函数，噪声加正弦波的概率密度函数。

1. 正态(高斯)噪声

描述实际中许多随机物理现象的数据，差不多都可以用如下的概率密度函数进行精确的近似，即

$$p(x)=\frac{1}{\sqrt{2\pi}\sigma_x}\exp\left[-\frac{(x-\mu_x)^2}{2\sigma_x^2}\right] \tag{3-71}$$

式中，μ_x、σ_x 分别为数据的均值和标准差。

式(3-71)称为正态或高斯概率密度函数。高斯概率密度曲线和概率分布曲线如图 3-29 所示，其特点如下。

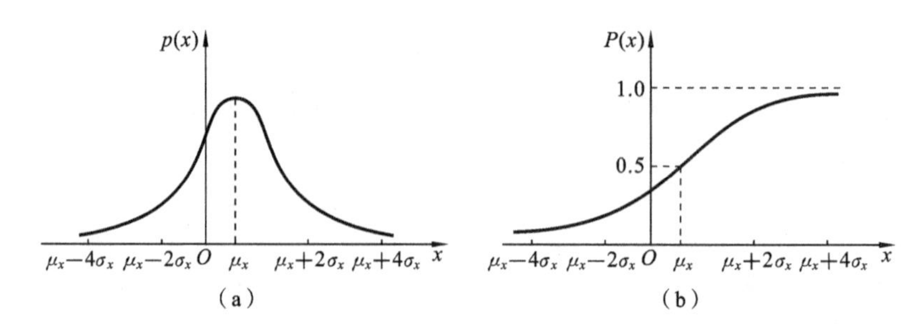

图 3-29 高斯信号的概率密度曲线和概率分布曲线

(a) 高斯概率密度曲线 (b) 概率分布曲线

(1) 单峰，峰 $x=\mu_x$ 处，曲线以 x 轴为渐近线。当 $x\to\pm\infty$时，$p(x)\to 0$。

(2) 曲线以 $x=\mu_x$ 为对称轴。

(3) $x=\mu_x\pm\sigma_x$ 为曲线的拐点。

(4) x 值落在离 μ_x 为 $\pm\sigma_x$、$\pm 2\sigma_x$、$\pm 3\sigma_x$ 区间的概率分别为 0.68、0.95、0.997，即

$$P[\mu_x-\sigma_x\leqslant x(t)<\mu_x+\sigma_x]\approx 0.68$$
$$P[\mu_x-2\sigma_x\leqslant x(t)<\mu_x+2\sigma_x]\approx 0.95$$
$$P[\mu_x-3\sigma_x\leqslant x(t)<\mu_x+3\sigma_x]\approx 0.997$$

正态分布的重要性来自统计学中的中心极限定理。这个定理可以叙述为：如果一个随机变量 $x(t)$实际上纯粹是 N 个统计独立随机变量 $x_1,x_2,\cdots,x_N$ 的线性和，则不管这些变量的概率密度函数如何，$x=x_1+x_2+\cdots+x_N$ 的概率密度在 N 趋于无穷时都将趋于正态形式。由于大多数物理现象是许多随机事件之和，因此正态公式可为随机数据的概率密度函数提供一个合理的近似。

2. 正弦信号

对于一个正弦信号，由于任何未来瞬间的精确振幅都可用 $x(t)=A\sin(2\pi ft+\varphi)$ 完全确定，因此，理论上没必要研究它的概率分布问题。但是，如果假定相位 φ 是一个在$\pm\pi$ 区间服从均匀分布的随机变量，则可把正弦函数看做一个随机过程。假定均值为零，则可以证明正弦随机过程的概率密度函数为

$$p(x)=\begin{cases}\dfrac{1}{\pi}\sqrt{(2\sigma_x^2-x^2)^{-1}}, & |x|<A \\ 0, & |x|\geqslant A\end{cases} \tag{3-72}$$

式中，$\sigma_x=A/\sqrt{2}$，是正弦信号的标准差。

当 $\sigma_x=1$ 时，正弦信号的标准化概率密度函数如图 3-30 所示。由前述已知，概率密度可以看做 $x(t)$ 落在 Δx 内的概率极限运算得到的结果，也就是 $x(t)$ 落在 Δx 内的时间所占的比例。从图 3-30 可见，对任意给定的 Δx 来说，每个周期上的正弦信号在峰值 $\pm A$ 处占有的时间最多，而在均值 $\mu_x=0$ 处占有时间最少。

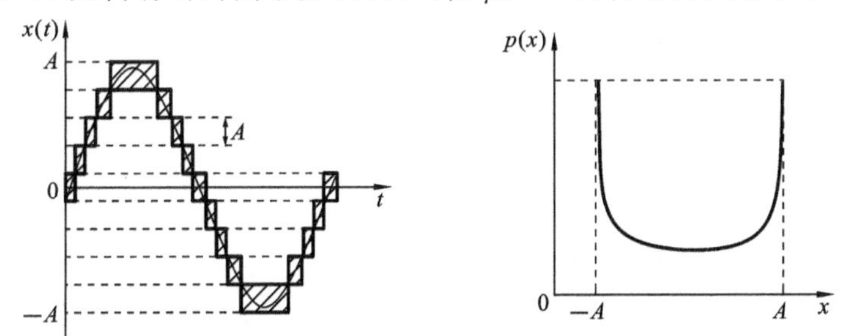

图 3-30 正弦波的概率密度函数

与高斯随机噪声相类似，正弦信号的概率密度函数也完全由均值和标准差确定。但是与高斯噪声不同的是，正弦信号的概率密度在均值处的值最小而高斯噪声则最大。

例 3-4 已知正弦信号 $x(t)=A\sin(\omega_0 t+\varphi)$，试求其概率密度函数 $p(x)$、概率分布函数 $P(x)$、均值 μ_x、均方值 ψ_x、方差 σ_x^2。

解
$$x(t)=A\sin(\omega_0 t+\varphi)$$

$$(\omega_0 t+\varphi)=\arcsin\frac{x}{A}$$

$$\frac{\mathrm{d}t}{\mathrm{d}x}=\frac{1}{\omega_0}\frac{1/A}{\sqrt{1-(x/A)^2}}=\frac{1}{\omega_0\sqrt{A^2-x^2}}$$

现在研究一个周期 $T\left(T=\dfrac{2\pi}{\omega_0}\right)$ 内的情况，如图 3-31 所示。

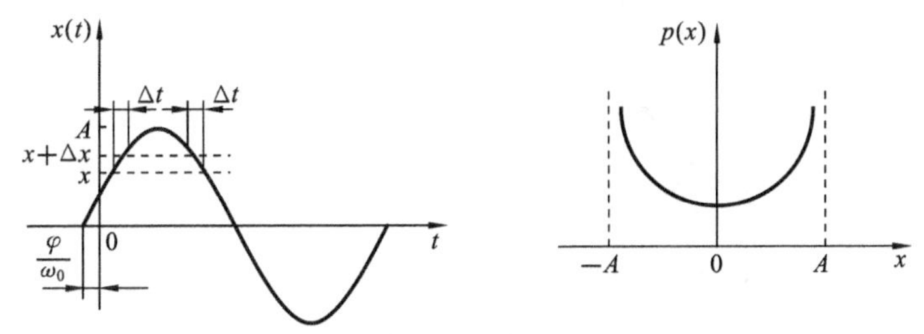

图 3-31 正弦信号及概率密度函数计算

$$p(x)=\lim_{\Delta x\to 0}\frac{1}{\Delta x}\lim_{T\to\infty}\frac{\Delta t}{T}=\frac{1}{\mathrm{d}x}\frac{2\mathrm{d}t}{T}=\frac{1}{\mathrm{d}x}\frac{2\mathrm{d}x}{\omega_0 T\sqrt{A^2-x^2}}=\frac{1}{\pi\sqrt{A^2-x^2}}$$

$$P(x)=\int_{-\infty}^{+\infty}p(x)\mathrm{d}x=\int_{-A}^{A}\frac{1}{\pi\sqrt{A^2-x^2}}\mathrm{d}x=\left[\arcsin\frac{x}{A}\right]_{-A}^{A}=1$$

$$\mu_x=\int_{-\infty}^{+\infty}xp(x)\mathrm{d}x=\int_{-A}^{A}\frac{x}{\pi\sqrt{A^2-x^2}}\mathrm{d}x=\left[-\frac{\sqrt{A^2-x^2}}{\pi}\right]_{-A}^{A}=0$$

$$\begin{aligned}\psi_x^2&=\int_{-\infty}^{+\infty}x^2p(x)\mathrm{d}x=\int_{-A}^{A}\frac{x^2}{\pi\sqrt{A^2-x^2}}\mathrm{d}x\\&=\frac{1}{\pi}\left[x\sqrt{A^2-x^2}+\frac{x}{2}\sqrt{A^2-x^2}+\frac{A^2}{2}\arcsin\frac{x}{A}\right]_{-A}^{A}\\&=\frac{1}{\pi}\cdot\frac{\pi A^2}{2}=\frac{A^2}{2}\end{aligned}$$

$$\sigma_x^2=\psi_x^2-\mu_x^2=A^2/2$$

3. 混有高斯噪声的正弦信号

包含有正弦信号 $s(t)=S\sin(2\pi ft+\theta)$ 的随机信号 $x(t)$ 的表达式为

$$x(t)=n(t)+s(t)$$

式中，$n(t)$ 为零均值的高斯随机噪声，其标准差为 σ_n；$s(t)$ 的标准差为 σ_s。

概率密度表达式为

$$p(x)=\frac{1}{\sigma_n\pi\sqrt{2\pi}}\int_0^{\pi}\exp\left[-\left(\frac{x-S\cos\theta}{4\sigma_n}\right)\right]^2\mathrm{d}\theta \tag{3-73}$$

图 3-32 所示为含有正弦波随机信号的概率密度函数图形，图中 $R=(\sigma_s/\sigma_n)^2$。对于不同的 R 值，$p(x)$ 有不同的图形。对于纯高斯噪声，$R=0$；对于正弦波，$R=+\infty$；对于含有正弦波的高斯噪声，$0<R<+\infty$。图 3-32 为鉴别随机信号中是否存在正弦信号，以及从幅值统计意义上看各占多大比重，提供了图形上的依据。

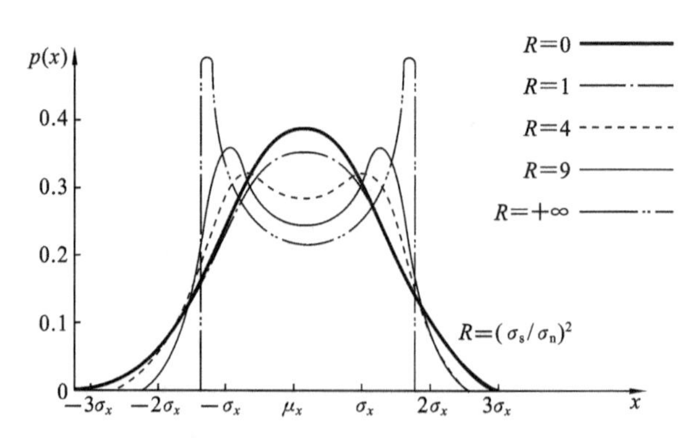

图 3-32 混有高斯噪声的正弦信号的概率密度函数

典型信号的概率密度函数及其分布函数如图 3-33 所示。

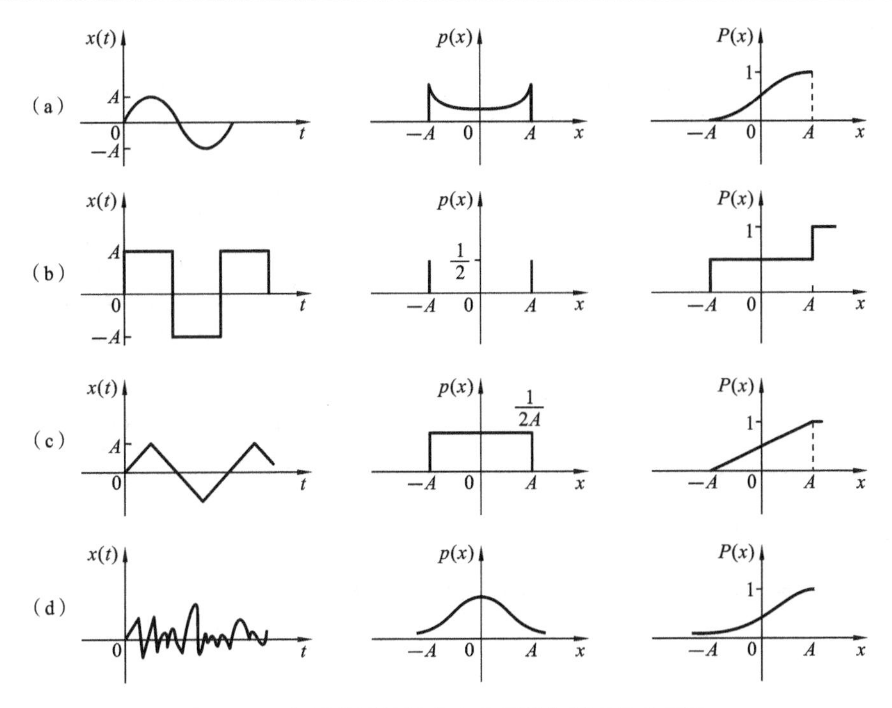

图 3-33　典型信号的概率密度函数与概率分布函数

(a) 正弦信号　(b) 方波　(c) 三角波　(d) 白噪声

习　　题

3.1　简述信号的几种描述方法。

3.2　简述信号的统计特征几个常用参数及其在机械故障诊断中的应用。

3.3　写出周期信号两种展开式的数学表达式，并说明系数的物理意义。

3.4　周期信号和非周期信号的频谱图各有什么特点？它们的物理意义有何异同？

3.5　求正弦信号 $x(t)=x_0\sin\omega t$ 的均值 μ_x 和均方根值 $x_{\rm rms}$。

3.6　用傅里叶级数的三角函数展开式和复指数展开式，求图 3-34 所示周期三角波的频谱，并作频谱图。

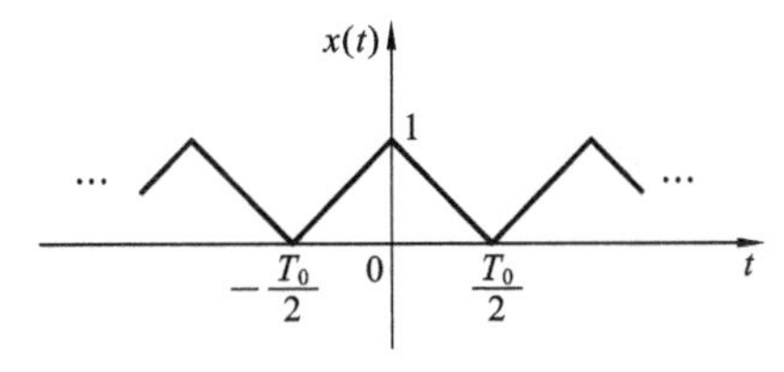

图 3-34　题 3.6 图

3.7　求指数衰减函数 $x(t)=\mathrm{e}^{-at}\cos\omega_0 t$ 的频谱函数 $X(f)$（$a>0$，$t\geqslant 0$），并画出信号及其频

谱图。

3.8 已知某信号 $f(t)$ 的频谱如图 3-35 所示，求函数 $x(t)=f(t)\cos\omega_0 t$（$\omega_0>\omega_m$，ω_m 为 $f(t)$ 中最高频率分量的角频率），试画出 $x(t)$ 的频谱图。当 $\omega_0<\omega_m$ 时，函数 $x(t)$ 的频谱图会出现什么情况？

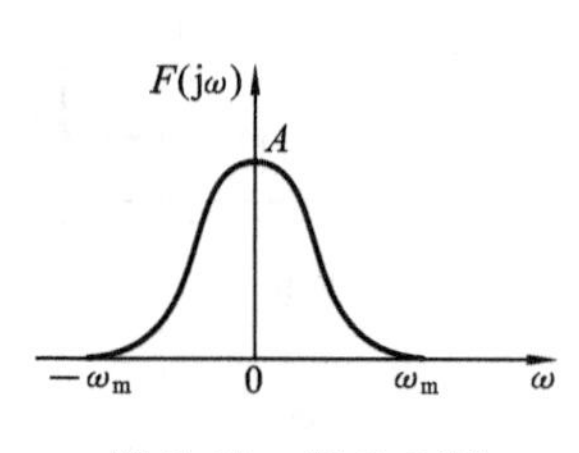

图 3-35　题 3.8 图

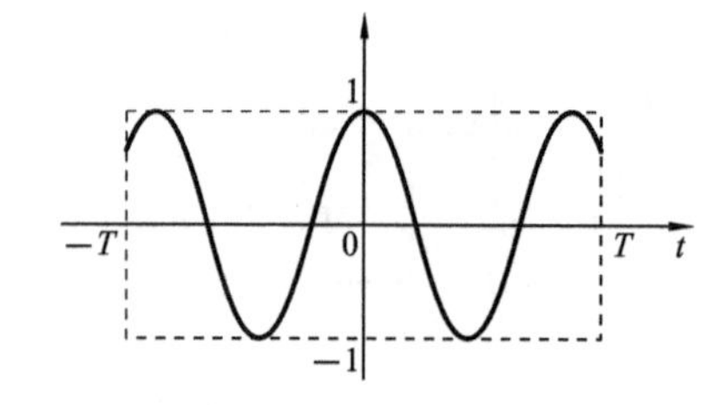

图 3-36　题 3.9 图

3.9 求被截断的余弦函数（见图 3-36）的频谱，并作频谱图。

$$x(t)=\begin{cases}\cos\omega_0 t, & |t|<T\\ 0, & |t|\geqslant T\end{cases}$$

3.10 简要描述典型信号概率密度函数及其分布函数的特点。

第 4 章　测试系统的特性

一般测试系统由传感器、中间变换装置和显示记录装置三部分组成。在测试过程中，传感器将反映被测对象特性的物理量（如压力、加速度、温度等）检出并转换为电信号，然后传输给中间变换装置；中间变换装置对电信号用硬件电路进行处理或经A/D 转换变成数字量，再将结果以电信号或数字信号的方式传输给显示记录装置；最后由显示记录装置将测量结果显示出来，提供给观察者或其他自动控制装置。测试系统如图 4-1 所示。

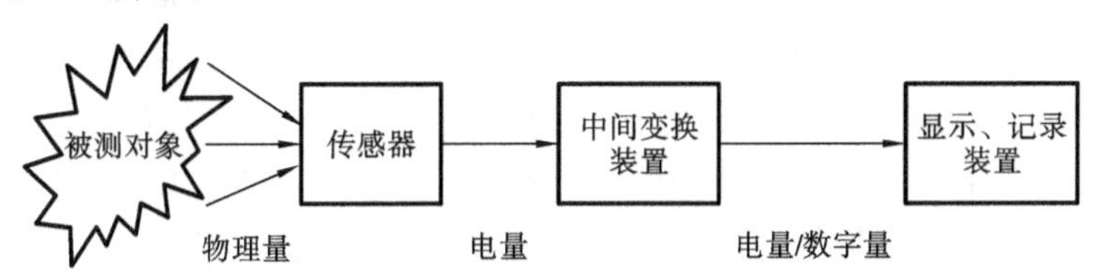

图 4-1　测试系统简图

根据测试任务复杂程度的不同，测试系统中每个环节又可由多个模块组成。例如，图 4-2 所示的机床轴承故障监测系统中的中间变换装置就由带通滤波器、A/D转换器和快速傅里叶变换（fast Fourier transform，FFT）分析软件三部分组成。测试系统中的传感器为振动加速度计，它将机床轴承振动信号转换为电信号；带通滤波器用于滤除传感器测量信号中的高、低频干扰信号和对信号进行放大；A/D 转换器用于对放大后的测量信号进行采样，并将其转换为数字量；FFT 分析软件则对转换后的数字信号进行快速傅里叶变换，计算信号的频谱；最后由计算机显示器对频谱进行显示。

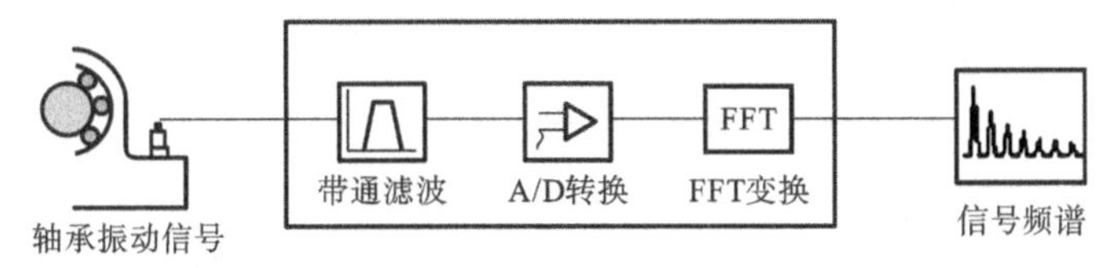

图 4-2　轴承振动信号的测试系统

要进行测试，一个测试系统必须可靠、不失真。因此，本章将讨论测试系统及其输入、输出的关系，以及测试系统不失真的条件。

4.1　线性系统及其基本性质

机械测试的实质是研究被测机械的信号 $x(t)$（激励）、测试系统的特性 $h(t)$ 和测试结果 $y(t)$（响应）三者之间的关系，可用图 4-3 表示。

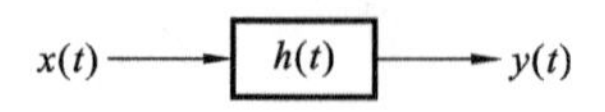

图 4-3　测试系统与输入和输出的关系

它有以下三个方面的含义。

(1) 如果输入 $x(t)$和输出 $y(t)$可测,则可以推断测试系统的特性 $h(t)$。

(2) 如果测试系统特性 $h(t)$已知,输出 $y(t)$可测,则可以推导出相应的输入$x(t)$。

(3) 如果输入 $x(t)$和系统特性 $h(t)$已知,则可以推断或估计系统的输出 $y(t)$。

这里所说的测试系统,广义上是指从设备的某一激励输入(输入环节)到检测输出量的那个环节(输出环节)之间的整个系统,一般包括被测设备和测量装置两部分。所以只有首先确知测量装置的特性,才能从测量结果中正确评价被测设备的特性或运行状态。

理想的测试装置应具有单值和确定的输入/输出关系,并且最好为线性关系。由于在静态测量中校正和补偿技术易于实现,这种线性关系不是必须的(但是是希望的)。而在动态测量中,测试装置则应力求是线性系统,原因主要有两方面:一是目前对线性系统的数学处理和分析方法比较完善;二是动态测量中的非线性校正比较困难。但对许多实际的机械信号测试装置而言,不可能在很大的工作范围内全部保持线性,只能在一定的工作范围和误差允许范围内当作线性系统来处理。

线性系统输入 $x(t)$和输出 $y(t)$之间的关系可以用式(4-1)来描述,即

$$a_n\frac{\mathrm{d}^n y(t)}{\mathrm{d}t^n}+a_{n-1}\frac{\mathrm{d}^{n-1} y(t)}{\mathrm{d}t^{n-1}}+\cdots+a_1\frac{\mathrm{d}y(t)}{\mathrm{d}t}+a_0 y(t)$$
$$=b_m\frac{\mathrm{d}^m x(t)}{\mathrm{d}t^m}+b_{m-1}\frac{\mathrm{d}^{m-1} x(t)}{\mathrm{d}t^{m-1}}+\cdots+b_1\frac{\mathrm{d}x(t)}{\mathrm{d}t}+b_0 x(t) \tag{4-1}$$

当 $a_n,a_{n-1},\cdots,a_0$ 和 $b_m,b_{m-1},\cdots,b_0$ 均为常数时,式(4-1)描述的就是线性系统,也称为时不变线性系统,它有以下主要基本性质。

1. 叠加性

若 $x_1(t)\rightarrow y_1(t)$,$x_2(t)\rightarrow y_2(t)$,则有

$$[x_1(t)\pm x_2(t)]\rightarrow[y_1(t)\pm y_2(t)] \tag{4-2}$$

2. 比例性

若 $x(t)\rightarrow y(t)$,则对任意常数 c 有

$$cx(t)\rightarrow cy(t) \tag{4-3}$$

3. 微分性

若 $x(t)\rightarrow y(t)$,则有

$$\frac{\mathrm{d}x(t)}{\mathrm{d}t}\rightarrow\frac{\mathrm{d}y(t)}{\mathrm{d}t} \tag{4-4}$$

4. 积分性

若系统的初始状态为零,$x(t)\rightarrow y(t)$,则有

$$\int_0^t x(t)\mathrm{d}t \rightarrow \int_0^t y(t)\mathrm{d}t \tag{4-5}$$

5. 频率保持性

当系统输入为某一频率的正弦信号时,系统稳态输出将只有同一频率的信号。

设系统输入为正弦信号 $x(t)=x_0 \mathrm{e}^{\mathrm{j}\omega_0 t}$,则系统的稳态输出为

$$y(t)=y_0 \mathrm{e}^{\mathrm{j}(\omega_0 t+\varphi)} \tag{4-6}$$

上述线性系统的特征,特别是频率保持性在测试工作中具有非常重要的作用。因为在实际测试中,测得的信号常常会受到其他信号或噪声的干扰,这时依据频率保持特性可以认定测得信号中只有与输入信号相同频率的成分才是真正由输入引起的输出。同样,在机械故障诊断中,根据测试信号的主要频率成分,在排除干扰的基础上,依据频率保持特性推出输入信号也应包含该频率成分,通过寻找产生该频率成分的原因,就可以找出故障的原因。

4.2 测试系统的静态特性

测试系统的静态特性是指在静态量测量情况下描述实际测试系统与理想线性时不变系统的接近程度。静态量测量时,装置表现出的响应特性称为静态响应特性,常用来描述静态响应特性的参数主要有灵敏度、非线性度和回程误差等。

4.2.1 灵敏度

当测试系统的输入 $x(t)$ 在某一时刻 t 有一个增量 Δx 时,输出 y 到达新的稳态时产生一个相应的变化 Δy,则称

$$S=\frac{\Delta y}{\Delta x} \tag{4-7}$$

为该测量系统的绝对灵敏度,如图 4-4(a)所示。

如果不考虑系统的过渡过程,由线性系统的性质可知,线性系统的灵敏度可以表示为

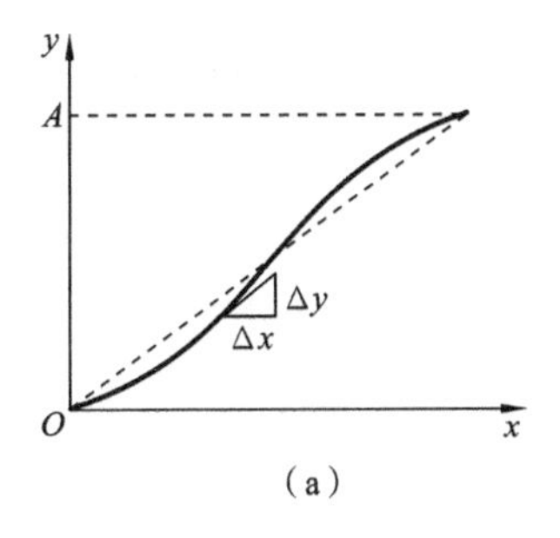

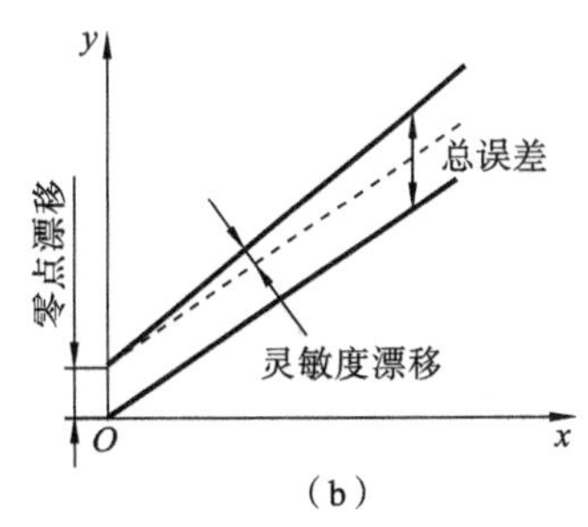

图 4-4　绝对灵敏度及其漂移

(a) 绝对灵敏度　(b) 灵敏度漂移

$$S=\frac{b_0}{a_0}=C \tag{4-8}$$

式中，a_0、b_0 分别为常数；C 表示一比例常数。

可见，线性系统的静态特征曲线为一条直线。例如，某位移测量系统在位移变化 1 μm 时输出的电压变化有 5 mV，则其灵敏度 $S=5$ V/mm，对输入、输出量纲相同的测量系统，其灵敏度无量纲，常称为放大倍数。

由于外界环境条件等因素的变化，可能造成测试系统输出特性的变化，例如由环境温度的变化而引起的测量和放大电路特性的变化等，最终反映为灵敏度发生变化，由此引起的灵敏度变化称为灵敏度漂移，如图 4-4(b)所示。

在设计测试系统的灵敏度时，应该根据测量要求合理选择。一般而言，测试系统的灵敏度越高，测量的范围就越窄，稳定性往往也越差。

4.2.2 非线性度

非线性度是指测试系统的输入、输出之间能否像理想线性系统那样保持线性关系的一种度量。通常采用静态测量实验的办法求出测试系统的输入-输出关系曲线（即实验曲线或标定曲线），该曲线偏离其拟合直线的程度即为非线性度。可以定义非线性度 F 为测量系统在全程测量范围内，实验曲线和拟合直线偏差 B 的最大值与输出范围（量程）A 之比（见图 4-5），即

$$F=\frac{B_{\max}}{A}\times 100\% \tag{4-9}$$

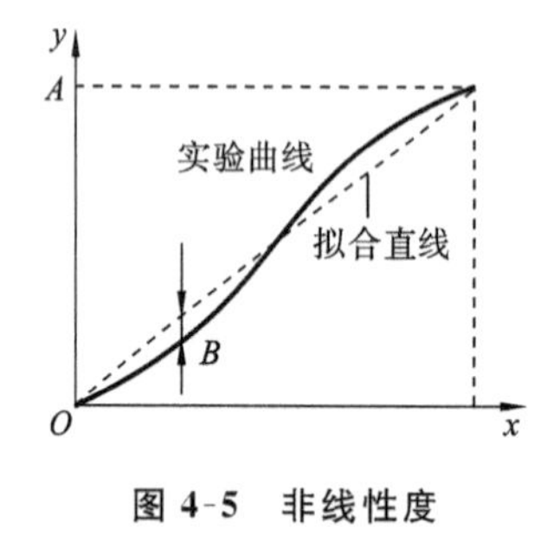

图 4-5 非线性度

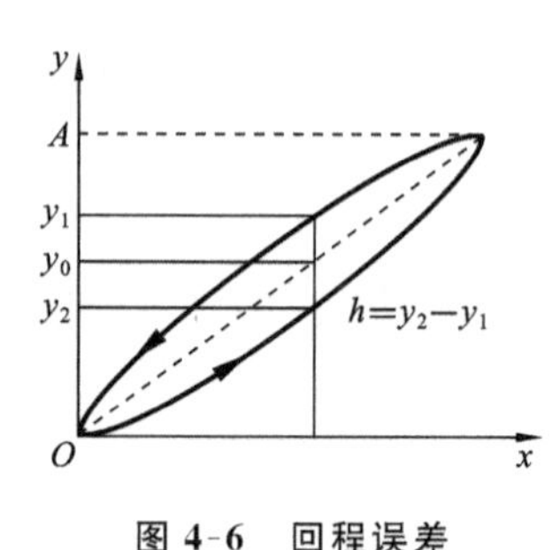

图 4-6 回程误差

4.2.3 回程误差

引起回程误差的原因一般是由于测试系统中有滞后环节或工作死区，它也是表征测试系统非线性特征的一个指标，可以反映同一输入量对应多个不同输出量的情况，通常也由静态测量求得，如图 4-6 所示。其定义为在同样的测量条件下，在全程测量范围内，当输入量由小增大或由大减小时，对于同一个输入量所得到的两个数值不同的输出量之间差值的最大值与全程输出范围的比值，记为

$$H=\frac{h_{\max}}{A}\times 100\% \tag{4-10}$$

回程误差可以由摩擦、间隙、材料的受力变形或磁滞等因素引起，也可能反映仪器的不工作区（又称死区）的存在，所谓不工作区是指输入变化对输出无影响的范围。

4.3 测试系统的动态特性

测试系统的动态特性是指输入量随时间变化时，其输出随输入而变化的关系。一般在所考虑的测量范围内，测试系统都可以认为是线性系统，因此就可以用式(4-1)这一时不变线性系统微分方程来描述测试系统与输入-输出之间的关系，但使用时有许多不便。因此，常通过拉普拉斯变换建立其响应的传递函数，通过傅里叶变换建立其相应的频率响应函数，以便更简便地描述测试系统的特性。

4.3.1 传递函数

对运行机械进行测量时，得到的测量结果不仅受设备静态特性的影响，也会受到测试系统动态特性的影响，因此，需要对测试系统的动态特性有清楚的了解。式(4-1)描述了测试系统中输入-输出间的关系，对于线性系统，若系统的初始条件为零，即在考察时刻 t 以前($t\to 0^-$)，其输入、输出信号及其各阶导数均为零，则对式(4-1)作拉普拉斯变换，可得

$$\begin{aligned}&(a_n s^n+a_{n-1}s^{n-1}+\cdots+a_1 s+a_0)Y(s)\\&=(b_m s^m+b_{m-1}s^{m-1}+\cdots+b_1 s+b_0)X(s)\end{aligned} \tag{4-11}$$

定义输出信号和输入信号的拉普拉斯变换之比为传递函数，即

$$H(s)=\frac{Y(s)}{X(s)}=\frac{b_m s^m+b_{m-1}s^{m-1}+\cdots+b_1 s+b_0}{a_n s^n+a_{n-1}s^{n-1}+\cdots+a_1 s+a_0} \tag{4-12}$$

式中，s 为拉普拉斯算子，$s=\beta+\mathrm{j}\omega$；$a_n, a_{n-1}, \cdots, a_1, a_0$ 和 $b_n, b_{n-1}, \cdots, b_1, b_0$ 是由测试系统的物理参数决定的常系数。

由式(4-12)可知，传递函数以代数式的形式表征了系统对输入信号的传输、转换特性，它包含了瞬态 $s=\beta$ 和稳态 $s=\mathrm{j}\omega$ 响应的全部信息。式(4-1)则是以微分方程的形式表征系统输入与输出信号的关系。在运算上，传递函数比解微分方程要简便。传递函数具有如下主要特点。

(1) $H(s)$描述了系统本身的固有动态特性，而与输入 $x(t)$及系统的初始状态无关。

(2) $H(s)$是对物理系统特性的一种数学描述，而与系统的具体物理结构无关。$H(s)$是通过将实际的物理系统抽象为数学模型，再经过拉普拉斯变换后所得出的，所以同一形式的传递函数可表征具有相同传输特性的不同物理系统。

(3) $H(s)$的分母取决于系统的结构，而分子则表示系统同外界的关系，如输入

点的位置、输入方式、被测量及测点布置情况等。分母中的 s 的幂次 n 代表系统微分方程的阶数，如当 $n=1$ 或 $n=2$ 时，分别称为一阶系统或二阶系统。

一般测试系统都是稳定系统，其分母中的 s 的幂次总是高于分子中 s 的幂次（$n>m$）。

4.3.2 频率响应函数

传递函数 $H(s)$ 是在复数域中描述和考察系统的特性的，与时域中用微分方程来描述和考察系统的特性相比有许多优点。频率响应函数是在频域中描述和考察系统特性，与传递函数相比，频率响应函数易通过实验来建立，且其物理概念清晰。

在系统传递函数 $H(s)$ 已知的情况下，令 $H(s)$ 中 s 的实部为零，即 $s=\mathrm{j}\omega$ 便可以求得频率响应函数 $H(\omega)$。对于时不变线性系统，频率响应函数 $H(\omega)$ 可表示为

$$H(\omega)=\frac{b_m(\mathrm{j}\omega)^m+b_{m-1}(\mathrm{j}\omega)^{m-1}+\cdots+b_1(\mathrm{j}\omega)+b_0}{a_n(\mathrm{j}\omega)^n+a_{n-1}(\mathrm{j}\omega)^{n-1}+\cdots+a_1(\mathrm{j}\omega)+a_0} \tag{4-13}$$

式中，$\mathrm{j}=\sqrt{-1}$。

若在 $t=0$ 时刻将输入信号接入时不变线性系统，将 $s=\mathrm{j}\omega$ 代入拉普拉斯变换中，实际上是将拉普拉斯变换变成傅里叶变换。又由于系统的初始条件为零，因此，系统的频率响应函数 $H(\omega)$ 就成为输出 $y(t)$、输入 $x(t)$ 的傅里叶变换 $Y(\omega)$、$X(\omega)$ 之比，即

$$H(\omega)=\frac{Y(\omega)}{X(\omega)} \tag{4-14}$$

由式(4-14)，在测得输出 $y(t)$ 和输入 $x(t)$ 后，由其傅里叶变换 $Y(\omega)$ 和 $X(\omega)$ 即可求得频率响应函数 $H(\omega)=\dfrac{Y(\omega)}{X(\omega)}$。频率响应函数是描述系统的简谐输入和其稳态输出的关系，在测量系统频率响应函数时，必须在系统响应达到稳态阶段时才测量。

频率响应函数是复数，因此，可以写成复指数形式，即

$$H(\omega)=A(\omega)\mathrm{e}^{\mathrm{j}\varphi(\omega)} \tag{4-15}$$

式中，$A(\omega)$ 称为系统的幅频特性；$\varphi(\omega)$ 称为系统的相频特性。可见，系统的频率响应函数 $H(\omega)$ 或其幅频特性 $A(\omega)$、相频特性 $\varphi(\omega)$ 都是简谐输入频率 ω 的函数。

为研究问题方便，有时常用曲线来描述系统的传输特性。$A(\omega)$-ω 曲线和 $\varphi(\omega)$-ω 曲线分别称为系统的幅频特性曲线和相频特性曲线。在实际作图时，常对自变量取对数标尺，幅值坐标取分贝数，即作 $20\lg A(\omega)$-$\lg(\omega)$ 和 $\varphi(\omega)$-$\lg(\omega)$ 曲线，两者分别称为对数幅频曲线和对数相频曲线，总称为伯德图（Bode 图）。

如果将 $H(\omega)$ 写成实部和虚部形式，有

$$H(\omega)=P(\omega)+\mathrm{j}Q(\omega)$$

式中，$P(\omega)$ 和 $Q(\omega)$ 都是 ω 的实函数，曲线 $P(\omega)$-ω 和 $Q(\omega)$-ω 分别称为系统的实频

特性曲线和虚频特性曲线。如果将 $H(\omega)$的实部和虚部分别作为纵、横坐标，则曲线 $Q(\omega)$-$P(\omega)$称为奈奎斯特图(Nyquist 图)，显然

$$A(\omega)=\sqrt{P^2(\omega)+Q^2(\omega)} \tag{4-16}$$

$$\varphi(\omega)=\arctan\frac{Q(\omega)}{P(\omega)} \tag{4-17}$$

4.3.3　脉冲响应函数

若测试系统输入为单位脉冲函数，即 $x(t)=\delta(t)$时，$X(s)=1$。因此有

$$H(s)=\frac{Y(s)}{X(s)}=Y(s)$$

对上式进行拉普拉斯逆变换，有

$$y(t)=h(t)$$

称 $h(t)$为系统的脉冲响应函数。脉冲响应函数为测试系统特性的时域描述。

至此，测试系统动态特性在时域可以用 $h(t)$来描述，在频域可以用 $H(\omega)$来描述，在复数域可以用 $H(s)$来描述。三者的关系是一一对应的。

4.3.4　测试环节的串联和并联

实际的测试系统，通常都是由若干个环节组成，测试系统的传递函数与各个环节的传递函数之间的关系取决于各环节的连接形式。若系统由多个环节串联而成，如图 4-7 所示，且后面的环节对前一环节没有影响，各环节自身的传递函数为 $H_i(s)$，则测试系统的总传递函数为

$$H(s)=\prod_{i=1}^{n}H_i(s) \tag{4-18}$$

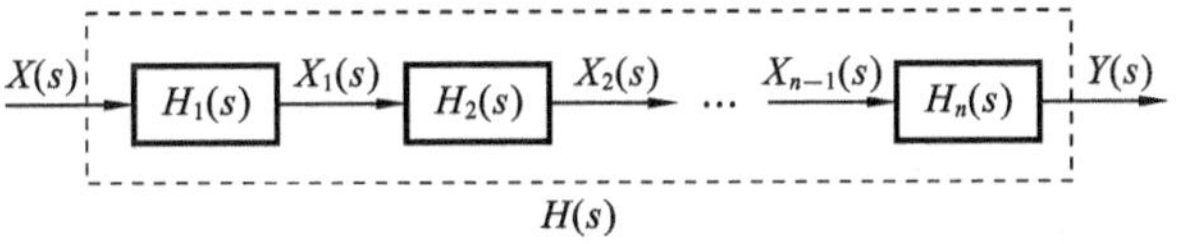

$X(s)$ → $H_1(s)$ → $X_1(s)$ → $H_2(s)$ → $X_2(s)$ … $X_{n-1}(s)$ → $H_n(s)$ → $Y(s)$

$H(s)$

图 4-7　系统串联

相应系统的频率响应函数为

$$H(\omega)=\prod_{i=1}^{n}H_i(\omega) \tag{4-19}$$

其幅频、相频特性为

$$\begin{cases}A(\omega)=\prod\limits_{i=1}^{n}A_i(\omega)\\ \varphi(\omega)=\sum\limits_{i=1}^{n}\varphi_i(\omega)\end{cases} \tag{4-20}$$

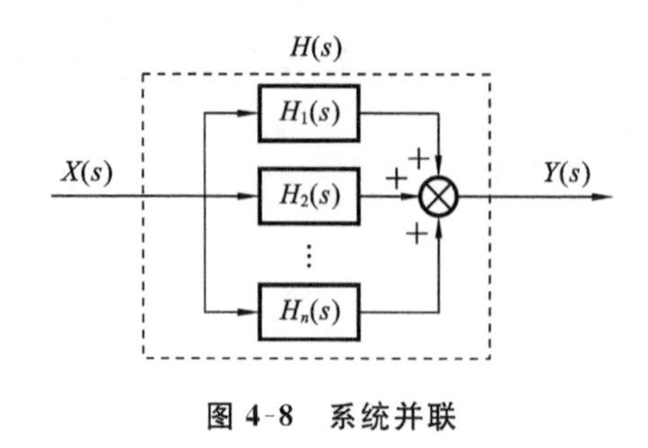

图 4-8　系统并联

若系统由多个环节并联而成，如图 4-8 所示，则测试系统的总传递函数为

$$H(s)=\sum_{i=1}^{n}H_i(s) \tag{4-21}$$

相应系统的频率响应函数为

$$H(\omega)=\sum_{i=1}^{n}H_i(\omega) \tag{4-22}$$

需要注意：当系统的传递函数分母中 s 的幂次 n 值大于 2 时，系统称为高阶系统。由于一般的测试系统总是稳定的，高阶系统传递函数的分母总可以分解成为 s 的一次和二次实系数因式，即

$$a_n s^n+a_{n-1}s^{n-1}+\cdots+a_1 s+a_0=a_n\prod_{i=1}^{r}(s+p_i)\prod_{i=1}^{(n-r)/2}(s^2+2\zeta_i\omega_{ni}s+\omega_{ni}^2) \tag{4-23}$$

式中，p_i、ζ_i、ω_{ni} 为实常数，其中 $\zeta_i<1$。故式(4-12)可改写为

$$H(s)=\sum_{i=1}^{r}\frac{q_i}{s+p_i}+\sum_{i=1}^{(n-r)/2}\frac{\alpha_i s+\beta_i}{s^2+2\zeta_i\omega_{ni}s+\omega_{ni}^2} \tag{4-24}$$

式中，α_i、β_i、q_i 为实常数。

式(4-24)表明：任何一个高阶系统，总可以把它看成是由若干个一阶、二阶系统串、并联而成的。所以，研究一阶和二阶系统的动态特性具有非常普遍的意义。

4.4　不失真测试条件

由于受测试系统的影响，测量时总会产生某种程度的失真。所谓测试系统不失真，是指测试系统的响应和激励的波形相比，只有幅值大小和出现的时刻有所不同，不存在形状上的变化。若测试系统的输入和输出分别为 $x(t)$ 和 $y(t)$，则不失真测试的含义可以表示为

$$y(t)=Kx(t-t_0) \tag{4-25}$$

式中，K 为常量；t_0 为滞后时间。

对式(4-25)进行傅里叶变换，可求得系统频响函数为

$$H(\omega)=A(\omega)\mathrm{e}^{-\mathrm{j}\omega t_0} \tag{4-26}$$

若要不失真，就必须满足

$$\begin{cases}A(\omega)=K\\ \varphi(\omega)=-t_0\omega\end{cases} \tag{4-27}$$

式中，K 和 t_0 均为常量。

理想不失真测试系统的幅频和相频特性曲线如图 4-9 所示。可见，测试系统在频域内实现不失真测试的条件是幅频特性曲线是一条平行于 ω 轴的直线，相频特性曲线是斜率为 $-t_0$ 的直线。

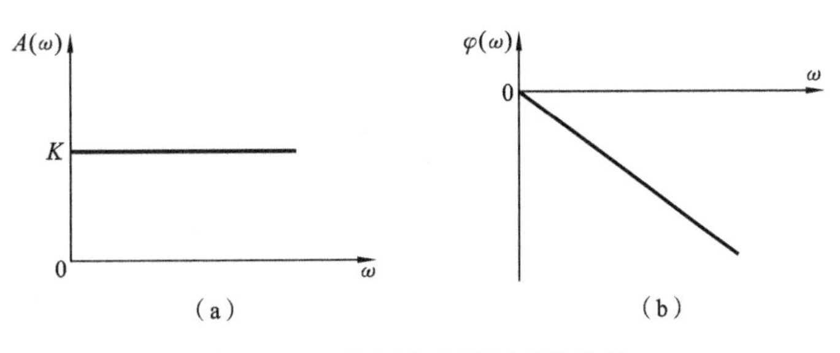

图 4-9 理想不失真测量系统特性

(a) 幅频特性 (b) 相频特性

实际上，许多线性测试系统的响应与激励波形并不一致，信号经过测试系统后大都会产生失真。这种失真或是由于系统对各频率分量的幅度产生了不同程度的衰减或放大($A(\omega)$不为常量)，从而使得响应中各频率分量的幅度相对比例发生了变化；或是由于系统对各频率分量的相移与频率不成比例($\varphi(\omega)$与 ω 为非线性关系)，结果使响应中各频率分量间的相对位置发生了变化；或是以上两种失真的综合。由$A(\omega)$不为常量引起的失真称为幅值失真，而由 $\varphi(\omega)$与 ω 为非线性关系引起的失真称为相位失真。

需要说明的是，若测量目的是为了精确获取信号波形，那么式(4-27)表示的不失真条件完全满足要求。但是获取信号用作反馈控制，则上述条件并不全面，因为时间滞后可能会破坏控制系统的稳定性，这时还需要 $\varphi(\omega)=0$，这才是理想条件。

要使测试系统精确可靠，测试系统的定标不仅应该精确，还应当定期地进行校准。定标和校准的实质就是对测试系统本身特性参数的测试。目前最为常用的机械信号测试系统动态特性的定标和校准方法有两种，即频率响应法和阶跃响应法。频率响应法是通过对测试系统进行稳态正弦激励实验，以测得其动态特性，即对测试系统输入频率可调的正弦信号，在每一个频率点，当输出达到稳定后分别测其输入-输出的幅值比和相位差，就可以得到该系统的幅频和相频曲线；阶跃响应法是对测试系统输入一个阶跃信号，并通过测得的输出信号来估计系统动态特性参数。

4.5 一阶和二阶系统的特性

从 4.3 节可知，一阶系统和二阶系统是分析和研究高阶系统的基础。因此，本节将详细介绍一阶和二阶系统的特性及其在典型信号输入下的响应。

4.5.1 一阶系统特性

首先看一个具体的例子。图 4-10 所示为一个液柱式温度计，如以 $T_i(t)$表示温度计的输入信号即被测温度，以 $T_o(t)$表示温度计的输出信号即示值温度，则输入与输出间的关系为

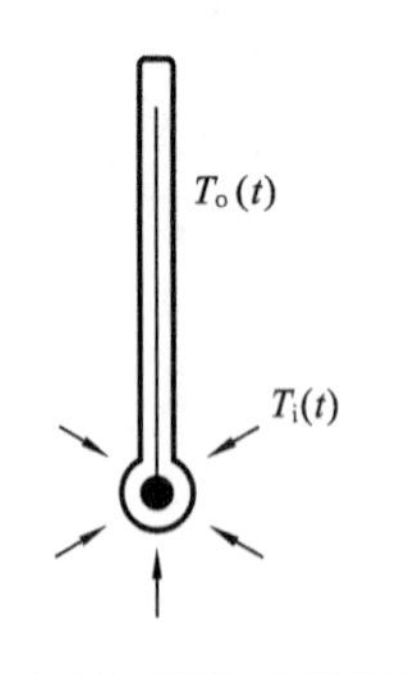

图 4-10 液柱式温度计

$$\frac{T_i(t)-T_o(t)}{R}=C\frac{\mathrm{d}T_o(t)}{\mathrm{d}t} \tag{4-28}$$

$$RC\frac{\mathrm{d}T_o(t)}{\mathrm{d}t}+T_o(t)=T_i(t) \tag{4-29}$$

式中，R 为传导介质的热阻；C 为温度计的热容量。

式(4-29)表明，液柱式温度计系统的微分方程是一阶微分方程，可认为该温度计是一个一阶测试系统。对其作拉普拉斯变换，并令 $\tau=RC$（τ 为温度计时间常数），则有

$$\tau sT_o(s)+T_o(s)=T_i(s) \tag{4-30}$$

因此，传递函数为

$$H(s)=\frac{T_o(s)}{T_i(s)}=\frac{1}{1+\tau s} \tag{4-31}$$

相应温度计系统的频率响应函数为

$$H(\omega)=\frac{1}{1+\mathrm{j}\omega\tau} \tag{4-32}$$

可见，液柱式温度计的传递特性具有一阶系统特性。

下面从一般意义上分析一阶系统的频率响应特性。一阶系统微分方程的通式为

$$a_1\frac{\mathrm{d}y(t)}{\mathrm{d}t}+a_0y(t)=b_0x(t) \tag{4-33}$$

用 a_0 除方程各项，有

$$\frac{a_1}{a_0}\frac{\mathrm{d}y(t)}{\mathrm{d}t}+y(t)=\frac{b_0}{a_0}x(t) \tag{4-34}$$

式中，$\frac{a_1}{a_0}$具有时间量纲，称为时间常数，常用符号 τ 来表示；$\frac{b_0}{a_0}$则是系统的静态灵敏度，用 S 表示。

在线性系统中，S 为常数。由于 S 值的大小仅表示输出与输入之间（输入为静态量时）放大的比例关系，并不影响对系统动态特性的研究，因此，为讨论问题方便起见，可以令 $S=\frac{b_0}{a_0}=1$，这种处理称为灵敏度归一处理。在作了上述处理之后，一阶系统的微分方程可改写为

$$\tau\frac{\mathrm{d}y(t)}{\mathrm{d}t}+y(t)=x(t) \tag{4-35}$$

对式(4-35)进行拉普拉斯变换，有

$$\tau sY(s)+Y(s)=X(s) \tag{4-36}$$

则一阶系统的传递函数为

$$H(s)=\frac{Y(s)}{X(s)}=\frac{1}{\tau s+1} \tag{4-37}$$

其频率响应为

$$\begin{cases} H(\omega)=\dfrac{1}{\mathrm{j}\omega\tau+1}=\dfrac{1}{1+(\omega\tau)^2}-\mathrm{j}\,\dfrac{\omega\tau}{1+(\omega\tau)^2} \\ A(\omega)=\sqrt{[\mathrm{Re}(\omega)]^2+[\mathrm{Im}(\omega)]^2}=\dfrac{1}{\sqrt{1+(\omega\tau)^2}} \\ \varphi(\omega)=\arctan\dfrac{\mathrm{Im}(\omega)}{\mathrm{Re}(\omega)}=-\arctan(\omega\tau) \end{cases} \tag{4-38}$$

$\varphi(\omega)$为负值表示系统输出信号的相位滞后于输入信号的相位。一阶系统的幅频和相频特性曲线如图 4-11 所示。

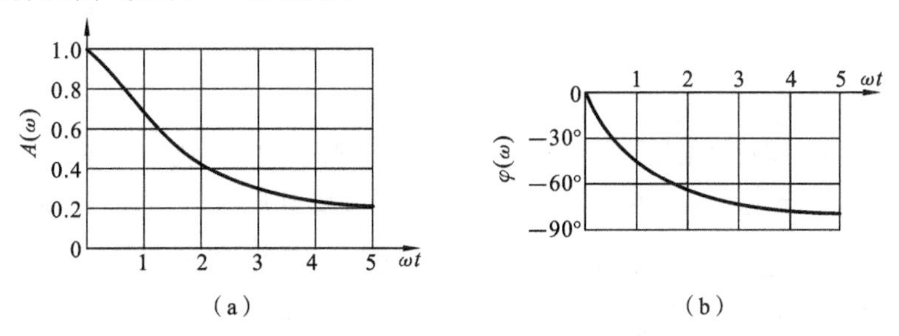

图 4-11　一阶系统的幅频与相频特性

(a) 幅频曲线　(b) 相频曲线

从一阶系统的幅频曲线来看，与动态测试不失真的条件相对照，显然它不满足$A(\omega)$为水平直线的要求。对于实际的测试系统，要完全满足理论上的动态测试不失真条件几乎是不可能的，只能要求在接近不失真的测试条件的某一频段范围内，幅值误差不超过某一限度。一般在没有特别指明精度要求的情况下，系统只要是在幅值误差不超过 5%（即在系统灵敏度归一处理后，$A(\omega)$值不大于 1.05 或不小于 0.95）的频段范围内工作，就认为可以满足动态测试要求。一阶系统当 $\omega=1/\tau$ 时，$A(\omega)$值为 0.707（−3 dB），相位滞后 45°，通常称 $\omega=1/\tau$ 为一阶系统的转折频率。只有当 ω 远小于 $1/\tau$ 时幅频特性才接近于 1，才可以不同程度地满足动态测试要求。在幅值误差一定的情况下，τ 越小，则系统的工作频率范围越大；或者说，在被测信号的最高频率成分一定的情况下，τ 越小，则系统输出的幅值误差越小。

从一阶系统的相频曲线来看，同样也只有在 ω 远小于 $1/\tau$ 时，相频曲线接近于一条过零点的斜直线，可以不同程度地满足动态测试不失真条件，而且也同样是 τ 越小，则系统的工作频率范围越大。

综合上述分析，可以得出结论：反映一阶系统的动态性能的指标参数是时间常数 τ，原则上是 τ 越小越好。

在常见的测量装置中，弹簧阻尼系统及简单的 RC 低通滤波器等都属于一阶系统，如图 4-12 所示。

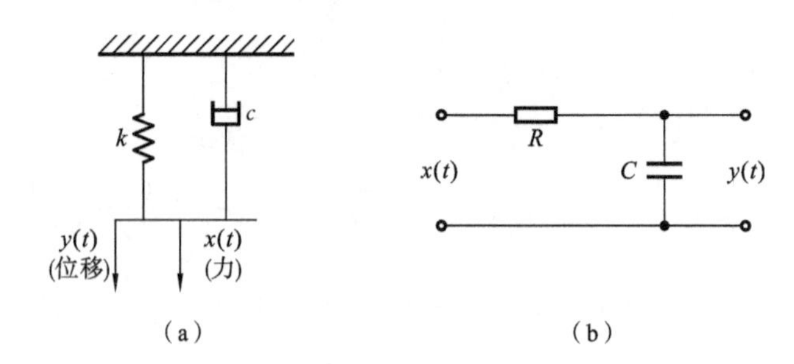

图 4-12　一阶系统

(a) 一阶机械系统　(b) 一阶电气系统

4.5.2　二阶系统特性

图 4-13 所示的动圈式显示仪振子是一个典型的二阶系统。在笔式记录仪和光线示波器等动圈式振子中，通电线圈在永久磁场中受到电磁转矩 $k_i i(t)$ 的作用，产生指针偏转运动，偏转的转动惯量会受到扭转阻尼转矩 $c\dfrac{\mathrm{d}\theta(t)}{\mathrm{d}t}$ 和弹性恢复转矩 $k_\theta\theta(t)$ 的作用，根据牛顿第二定律，这个系统的输入与输出关系可以用二阶微分方程描述，即

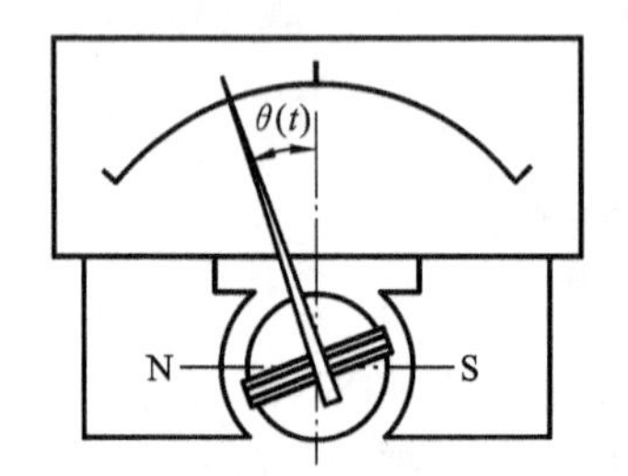

图 4-13　动圈式仪表振子的工作原理

$$J\frac{\mathrm{d}^2\theta(t)}{\mathrm{d}t^2}+c\frac{\mathrm{d}\theta(t)}{\mathrm{d}t}+k_\theta\theta(t)=k_i i(t) \tag{4-39}$$

式中，$i(t)$ 为输入动圈的电流信号；$\theta(t)$ 为振子(动圈)的角位移输出信号；J 为振子转动部分的转动惯量；c 为阻尼系数，包括空气阻尼、电磁阻尼、油阻尼等；k_θ 为游丝的扭转刚度；k_i 为电磁转矩系数，与动圈绕组在气隙中的有效面积、匝数和磁感应强度等有关。

对式(4-39)进行拉普拉斯变换后，得振子系统的传递函数为

$$H(s)=\frac{\theta(s)}{I(s)}=\frac{\dfrac{k_i}{J}}{s^2+\dfrac{c}{J}s+\dfrac{k_\theta}{J}}=S\frac{\omega_n^2}{s^2+2\xi\omega_n s+\omega_n^2} \tag{4-40}$$

式中，$\omega_n=\sqrt{k_\theta/J}$ 为系统的固有频率；$\xi=c/(2\sqrt{k_\theta J})$ 为系统的阻尼率；$S=\dfrac{k_i}{k_\theta}$ 为系统的灵敏度。

下面分析典型的二阶系统的频率响应特性。一般二阶系统的微分方程的通式为

$$a_2\frac{\mathrm{d}^2y(t)}{\mathrm{d}t^2}+a_1\frac{\mathrm{d}y(t)}{\mathrm{d}t}+a_0y(t)=b_0x(t) \tag{4-41}$$

进行灵敏度归一处理后，可写成

$$\frac{a_2}{a_0}\frac{\mathrm{d}^2 y(t)}{\mathrm{d}t^2}+\frac{a_1}{a_0}\frac{\mathrm{d}y(t)}{\mathrm{d}t}+y(t)=x(t) \tag{4-42}$$

令 $\omega_n=\sqrt{\frac{a_0}{a_2}}$（系统固有频率），$\xi=\frac{a_1}{2\sqrt{a_0a_2}}$（系统的阻尼率），则有

$$\frac{a_2}{a_0}=\frac{1}{\omega_n^2}$$

$$\frac{a_1}{a_0}=\frac{2\xi}{\omega_n}$$

于是，式(4-42)经灵敏度归一处理后可进一步改写为

$$\frac{1}{\omega_n^2}\frac{\mathrm{d}^2 y(t)}{\mathrm{d}t^2}+\frac{2\xi}{\omega_n}\frac{\mathrm{d}y(t)}{\mathrm{d}t}+y(t)=x(t) \tag{4-43}$$

拉普拉斯变换后为

$$\frac{1}{\omega_n^2}s^2Y(s)+\frac{2\xi}{\omega_n}sY(s)+Y(s)=X(s) \tag{4-44}$$

因此，二阶系统的传递函数为

$$H(s)=\frac{1}{\frac{1}{\omega_n^2}s^2+\frac{2\xi}{\omega_n}s+1}=\frac{\omega_n^2}{s^2+2\xi\omega_n s+\omega_n^2} \tag{4-45}$$

二阶系统的频率响应为

$$\begin{cases} H(\omega)=\dfrac{1}{1-\left(\dfrac{\omega}{\omega_n}\right)^2+\mathrm{j}2\xi\dfrac{\omega}{\omega_n}} \\ A(\omega)=\dfrac{1}{\sqrt{\left[1-\left(\dfrac{\omega}{\omega_n}\right)^2\right]^2+4\xi^2\left(\dfrac{\omega}{\omega_n}\right)^2}} \\ \varphi(\omega)=-\arctan\dfrac{2\xi\dfrac{\omega}{\omega_n}}{1-\left(\dfrac{\omega}{\omega_n}\right)^2} \end{cases} \tag{4-46}$$

二阶系统幅频曲线和相频曲线如图 4-14 所示。需要注意的是，这是经灵敏度归一后所作的曲线。从二阶系统的幅频曲线和相频曲线来看，影响系统特性的主要参数是频率比$\frac{\omega}{\omega_n}$和阻尼率 ξ。只有在$\frac{\omega}{\omega_n}<1$ 并靠近坐标原点的一段，$A(\omega)$比较接近水平直线，$\varphi(\omega)$也近似与 ω 呈线性关系，可以作动态不失真测试。若测试系统的固有频率 ω_n 较高，相应的 $A(\omega)$的水平直线段也较长一些，系统的工作频率范围便大一些。另外，当系统的阻尼率 ξ 在 0.7 左右时，$A(\omega)$的水平直线段也会相应的长一些，$\varphi(\omega)$与 ω 之间也在较宽频率范围内更接近线性。当 $\xi=0.6\sim0.8$ 时，可获得较合适的综合特性。分析表明，当 $\xi=0.7$ 时，在$\frac{\omega}{\omega_n}=0\sim0.58$ 的范围内，$A(\omega)$的变化不超过

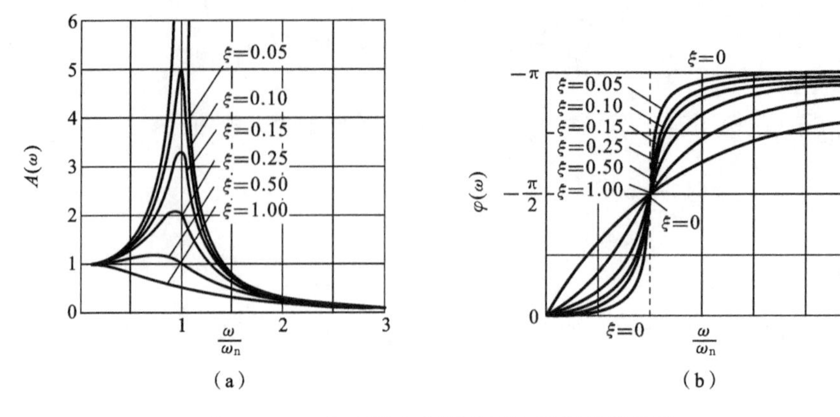

图 4-14 二阶系统的幅频曲线和相频特性曲线

(a) 幅频特性曲线 (b) 相频特性曲线

5%,同时 $\varphi(\omega)$ 也接近于过坐标原点的斜直线。可见,二阶系统的主要动态性能指标参数是系统的固有频率 ω_n 和阻尼率 ξ 两个参数。

注意,对于二阶系统,当 $\frac{\omega}{\omega_n}=1$ 时,$A(\omega)=\frac{1}{2\xi}$,若系统的阻尼率很小,则输出幅值将急剧增大,故 $\frac{\omega}{\omega_n}=1$ 时,系统发生共振。共振时,振幅增大的情况和阻尼率 ξ 成反比,且不管其阻尼率为多大,系统输出的相位总是滞后输入 90°。另外,当 $\frac{\omega}{\omega_n}>2.5$ 以后,$\varphi(\omega)$ 接近于 180°,$A(\omega)$ 也接近一条水平直线段,但输出比输入小很多。

质量-弹簧-阻尼系统及 RLC 电路等都属于二阶系统,如图 4-15、图4-16所示。

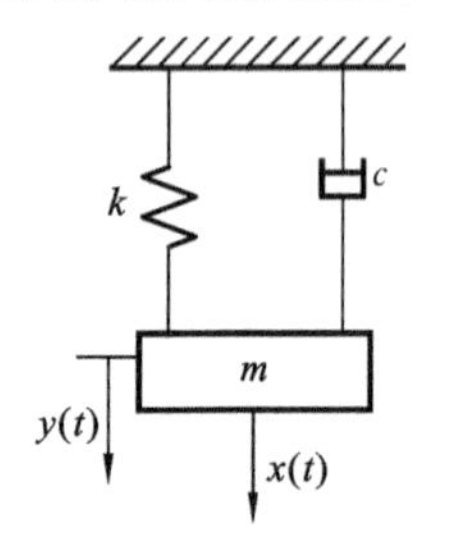

图 4-15 质量-弹簧-阻尼系统

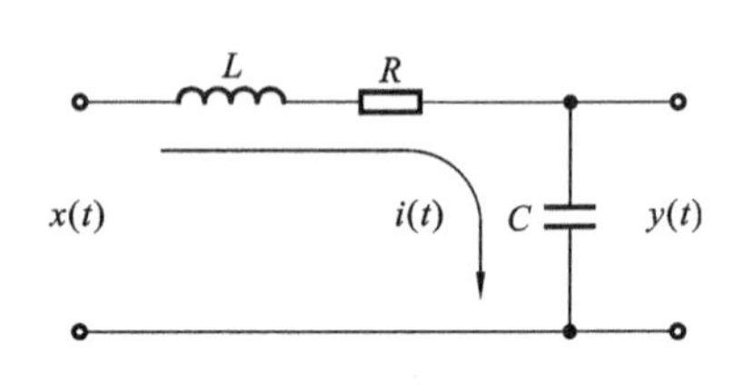

图 4-16 RLC 电路

4.5.3 一阶和二阶系统在单位阶跃输入下的响应

如图 4-17 所示的单位阶跃信号

$$x(t)=\begin{cases}1, & t\geqslant 0\\ 0, & t<0\end{cases}$$

其拉普拉斯变换为

$$X(s)=\frac{1}{s}$$

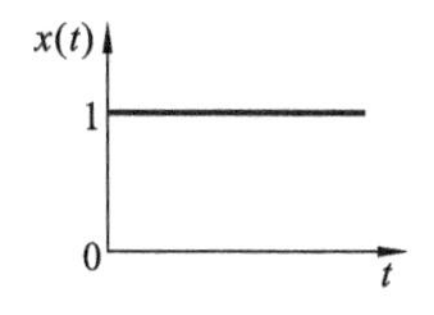

图 4-17　单位阶跃输入

一阶系统的单位阶跃响应如图 4-18 所示。

$$y(t)=1-\mathrm{e}^{-t/\tau} \tag{4-47}$$

二阶系统的单位阶跃响应如图 4-19 所示。

$$y(t)=1-\frac{\mathrm{e}^{-\xi\omega_n t}}{\sqrt{1-\xi^2}}\sin(\omega_d t+\varphi) \tag{4-48}$$

式中，$\omega_d=\omega_n\sqrt{1-\xi^2}$；$\varphi=\arctan\frac{\sqrt{1-\xi^2}}{\xi}(\xi<1)$。

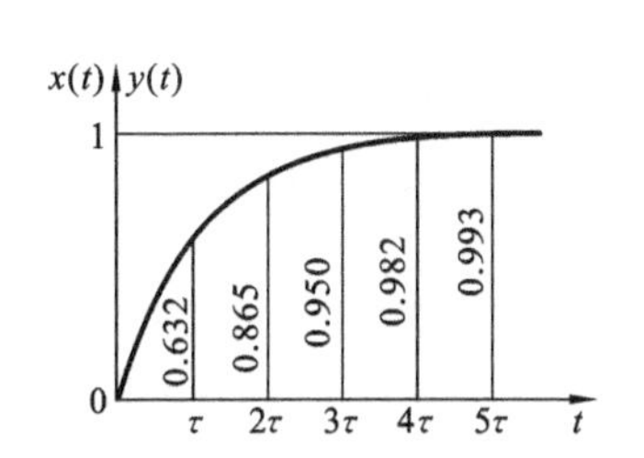

图 4-18　一阶系统的单位阶跃响应

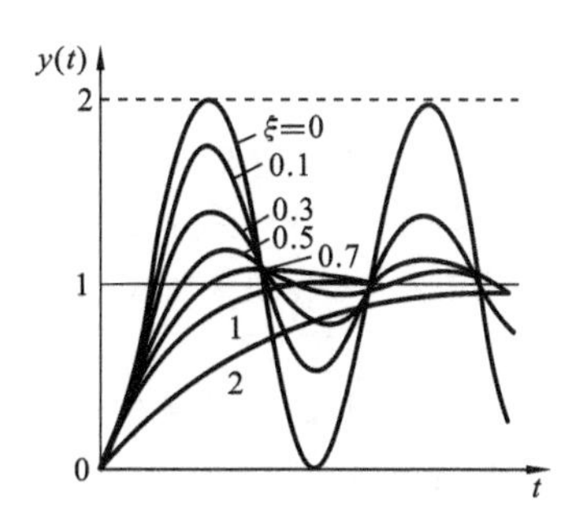

图 4-19　二阶系统的单位阶跃响应

由图 4-18 可知，一阶系统在单位阶跃激励下的稳态输出误差为零，进入稳态的时间 $t\to\infty$。但是，当 $t=4\tau$ 时，$y(4\tau)=0.982$，误差小于 2%；当 $t=5\tau$ 时，$y(5\tau)=0.993$，误差小于 1%；所以对于一阶系统来说，时间常数 τ 越小，响应越快。

二阶系统在单位阶跃激励下的稳态输出误差也为零。进入稳态的时间取决于系统的固有频率 ω_n 和阻尼比 ξ。ω_n 越高，系统响应越快。阻尼比主要影响超调量和振荡次数。当 $\xi=0$ 时，超调量为 100%，且持续振荡；当 $\xi\geqslant 1$ 时，系统实质上由两个一阶系统串联而成，虽无振荡，但达到稳态的时间较长；通常 $\xi=0.6\sim0.8$，此时最大超调量不超过 10%，达到稳态的时间最短，为 $(5\sim7)/\omega_n$，稳态误差在 2%～5%的范围内。因此，二阶测试系统的阻尼比通常选择为 $\xi=0.6\sim0.8$。

在工程中，对系统的突然加载或突然卸载都可视为对系统施加一个阶跃输入。由于施加这种输入既简单易行，又可以充分反映出系统的动态特性，因此常被用于系统的动态标定。

习　题

4.1　说明线性系统频率保持性在测量中的作用。

4.2　在使用灵敏度为 80 nC/MPa 的压电式力传感器进行压力测量时，首先将它与增益为 5 mV/nC的电荷放大器相连，电荷放大器接到灵敏度为 25 mm/V 的笔式记录仪上，试求该压力测试系统的灵敏度。当记录仪的输出变化 30 mm 时，压力变化为多少？

4.3 把灵敏度为 4.04×10^{-2} pC/Pa 的压电式力传感器与一台灵敏度调到 0.266 mV/pC 的电荷放大器相接，求其总灵敏度。若要将总灵敏度调到 10^{7} mV/Pa，电荷放大器的灵敏度应如何调整。

4.4 简述测试系统不失真及其满足条件。

4.5 用一个时间常数为 0.35 s 的一阶装置去测量周期分别为 1 s、2 s 和 5 s 的正弦信号，问稳态响应幅值误差将是多少？

4.6 想用一个一阶系统做 100 Hz 正弦信号的测量，如要求限制振幅误差在 5%以内，那么时间常数应取多少？若用该系统测量 50 Hz 正弦信号，问此时的振幅误差和相角差是多少？

4.7 求周期信号 $x(t)=0.5\cos10t+0.2\cos(100t-45^\circ)$ 通过传递函数为 $H(s)=1/(0.005s+1)$ 的装置后得到的稳态响应。

4.8 试说明二阶装置阻尼比 ξ 多采用 0.6～0.8 的原因。

4.9 设某力传感器可作为二阶振荡系统处理。已知传感器的固有频率为 800 Hz，阻尼比 $\xi=0.14$，问使用该传感器作频率为 400 Hz 的正弦力测试时，其幅值比 $A(\omega)$ 和相位差 $\varphi(\omega)$ 各为多少？若将该装置的阻尼比改为 $\xi=0.7$，$A(\omega)$ 和 $\varphi(\omega)$ 又将如何变化？

4.10 对一个可视为二阶系统的装置输入一单位阶跃函数后，测得其响应的第一个超调量峰值为 1.15，振荡周期为 6.28 s。设已知该装置的静态增益为 3，求该装置的传递函数和该装置在无阻尼固有频率处的频率响应。

第5章　信号的调理方法

虽然大多数传感器已经将各种被测量转换为电量，但是传感器的输出在信号的种类、强度等方面的原因，往往不能直接用于仪表的显示、信号的传输、数据处理和在线控制。因此，在采用这些信号之前，必须根据具体要求，对信号的幅值、能量、传输特性、抗干扰能力等进行调理。本章讨论信号调理中常用的电桥、滤波、调制与解调等方法的工作原理。

5.1　电桥

当传感器把被测量转换为电阻、电感、电容等电参数或磁参数后，通过电桥可以把这些参数变化转换为电桥输出电压的变化。电桥按其电源性质的不同可以分为直流电桥和交流电桥。直流电桥只能用于测量电阻的变化，而交流电桥可以用于测量电阻、电感和电容等参数的变化。

5.1.1　直流电桥

采用直流电源的电桥称为直流电桥，直流电桥的桥臂只能为电阻，如图5-1所示。电阻R_1、R_2、R_3、R_4作为四个桥臂，在a、c两端接入直流电源U_i，在b、d两端输出电压U_o。

1. 直流电桥的平衡条件及连接方式

若在输出端b、d两点间的负载为无穷大，即接入的仪表或放大器的输入阻抗较大时，电路可以视为开路。这时电桥的电流为

$$I_1=\frac{U_i}{R_1+R_2}$$

$$I_2=\frac{U_i}{R_3+R_4}$$

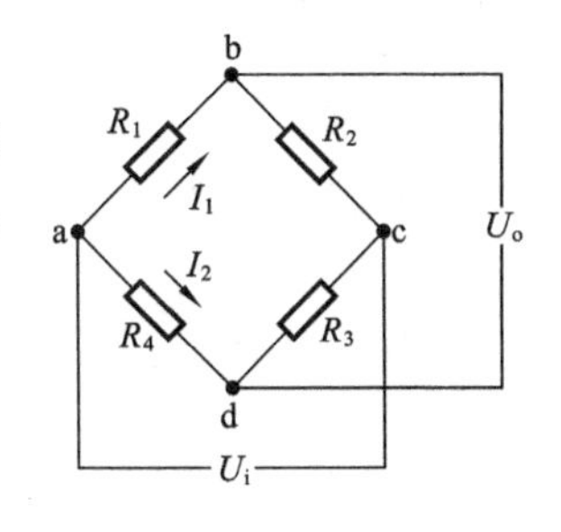

图5-1　直流电桥

因此，电桥输出电压为

$$U_o=U_{ab}-U_{ad}=I_1R_1-I_2R_4=\left(\frac{R_1}{R_1+R_2}-\frac{R_4}{R_3+R_4}\right)U_i=\frac{R_1R_3-R_2R_4}{(R_1+R_2)(R_3+R_4)}U_i \tag{5-1}$$

由式(5-1)可知，当

$$R_1R_3=R_2R_4 \tag{5-2}$$

时电桥输出电压为零,式(5-2)称为直流电桥的平衡条件。

在测试过程中,根据电桥工作中桥臂电阻值的变化情况,电桥的连接方式可以分为半桥单臂、半桥双臂和全桥等三种,如图 5-2 所示。

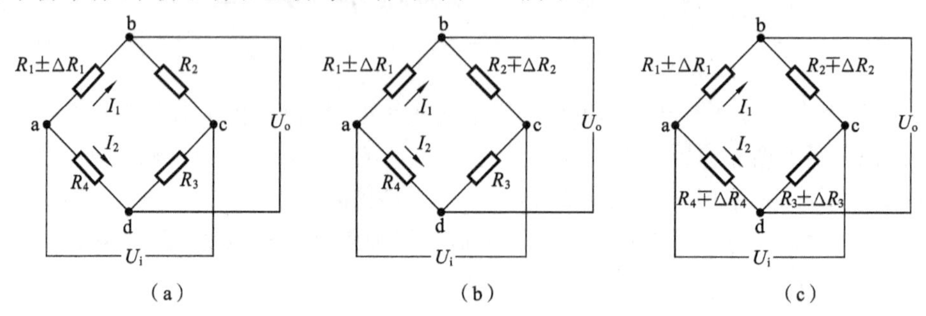

图 5-2　直流电桥的连接方式

(a) 半桥单臂　(b) 半桥双臂　(c) 全桥

图 5-2(a)所示为半桥单臂连接方式,工作中只有一个桥臂阻值随被测量的变化而变化,图中 R_1 阻值增加了 ΔR_1。由式(5-1),这时输出电压为

$$U_o=\left(\frac{R_1+\Delta R_1}{R_1+\Delta R_1+R_2}-\frac{R_4}{R_3+R_4}\right)U_i$$

在实际应用中,为了简化桥路设计,同时也为了得到电桥的最大灵敏度,往往取相邻两桥臂电阻相等,即 $R_1=R_2=R_0$,$R_3=R_4=R_0'$。若 $R_0=R_0'$,则输出电压为

$$U_o=\frac{\Delta R_0}{4R_0+2\Delta R_0}U_i$$

因为桥臂阻值的变化值远小于其阻值,即 $\Delta R_0\ll R_0$,所以

$$U_o\approx\frac{\Delta R_0}{4R_0}U_i \tag{5-3}$$

电桥的输出与输入电压 U_i 成正比。在 $\Delta R_0\ll R_0$ 条件下,电桥的输出也与 $\Delta R_0/R_0$ 成正比。

电桥的灵敏度定义为

$$S_B=\frac{U_o}{\Delta R_0/R_0} \tag{5-4}$$

因此,半桥单臂的灵敏度为 $S_B\approx\frac{1}{4}U_i$。为了提高电桥的灵敏度,可以采用图 5-2(b)所示的半桥双臂接法,这时有两个桥臂阻值随被测量而变化,即 $R_1\to R_1\pm\Delta R_1$,$R_2\to R_2\mp\Delta R_2$。当 $R_1=R_2=R_3=R_4=R_0$,$\Delta R_1=\Delta R_2=\Delta R_0$ 时,电桥输出为

$$U_o=\frac{\Delta R_0}{2R_0}U_i \tag{5-5}$$

同样,当采用图 5-2(c)所示的全桥接法时,工作中四个桥臂都随被测量而变化,即 $R_1\to R_1\pm\Delta R_1$,$R_2\to R_2\mp\Delta R_2$,$R_3\to R_3\pm\Delta R_3$,$R_4\to R_4\mp\Delta R_4$,$\Delta R_1=\Delta R_2=\Delta R_3=$

$\Delta R_4=\Delta R_0$，这时电桥输出为

$$U_o=\frac{\Delta R_0}{R_0}U_i \tag{5-6}$$

由上可见，不同的电桥接法，其输出电压也不一样，其中全桥接法可以获得最大的输出，其灵敏度为半桥单臂接法的四倍。

2. 电桥测量的误差及其补偿

对于电桥来说，误差主要来源于非线性误差和温度误差。由式(5-3)知，当采用半桥单臂接法时，其输出电压近似正比于 $\Delta R_0/R_0$，这主要是因为输出电压的非线性造成的，减少非线性误差的办法是采用半桥双臂和全桥接法，见式(5-5)和式(5-6)。这时，不仅消除了非线性误差，而且输出灵敏度也成倍提高。

另一种误差是温度误差，这是因为温度变化而引起阻值变化不同造成的，即上述双臂电桥接法中 $\Delta R_1\neq-\Delta R_2$，全桥接法中 $\Delta R_1\neq-\Delta R_2$ 或 $\Delta R_3\neq-\Delta R_4$。因此，使用电阻应变片时，为减少温度误差，在贴应变片时尽量使各应变片的温度一致，并采用温度补偿片或半桥双臂或全桥。

3. 直流电桥的干扰

电桥输出电压为 $\Delta R_0/R_0$ 与供桥电压 U_i 的乘积，由于 $\Delta R_0/R_0$ 是一个微小的量，因此，电源电压不稳定所造成的干扰是不可忽略的。为了抑制干扰，通常采用如下措施。

(1) 电桥的信号引线采用屏蔽电缆。

(2) 屏蔽电缆的屏蔽金属网应该与电源至电桥的负接续端连接，且应该与放大器的机壳地隔离。

(3) 放大器应该具有高共模抑制比。

5.1.2 交流电桥

由直流电桥原理知，在已知输入电压及电阻的情况下，电桥可以通过输出电压的变化测出电阻的变化值。当输入电源为交流电源时，上述各等式仍旧成立，这时的电桥称为交流电桥。而当四个桥臂有电容或电感时，则必须采用交流电桥。

把电容、电感写成相量形式时，电桥平衡条件式(5-2)可改写为

$$\dot{Z}_1\dot{Z}_3=\dot{Z}_2\dot{Z}_4 \tag{5-7}$$

写成复指数形式时有

$$\dot{Z}_1=Z_1\mathrm{e}^{\mathrm{j}\varphi_1}\quad \dot{Z}_2=Z_2\mathrm{e}^{\mathrm{j}\varphi_2}$$

$$\dot{Z}_3=Z_3\mathrm{e}^{\mathrm{j}\varphi_3}\quad \dot{Z}_4=Z_4\mathrm{e}^{\mathrm{j}\varphi_4}$$

代入式(5-7)，则有

$$Z_1Z_3\mathrm{e}^{\mathrm{j}(\varphi_1+\varphi_3)}=Z_2Z_4\mathrm{e}^{\mathrm{j}(\varphi_2+\varphi_4)} \tag{5-8}$$

此式成立的条件为等式两边阻抗的模相等和阻抗角相等，即

$$\begin{cases} Z_1 Z_3 = Z_2 Z_4 \\ \varphi_1 + \varphi_3 = \varphi_2 + \varphi_4 \end{cases} \tag{5-9}$$

式中，$Z_1, Z_2, \cdots, Z_4$ 分别为桥臂阻抗的模；$\varphi_1, \varphi_2, \cdots, \varphi_4$ 分别为桥臂阻抗的阻抗角。因此，交流电桥需要调两种平衡，一是阻抗平衡，二是阻抗角匹配。

交流电桥有不同的组合，常用的有电容、电感电桥。若其相邻两臂接入电阻，则另外两臂接入相同性质的阻抗，如图 5-3 所示。

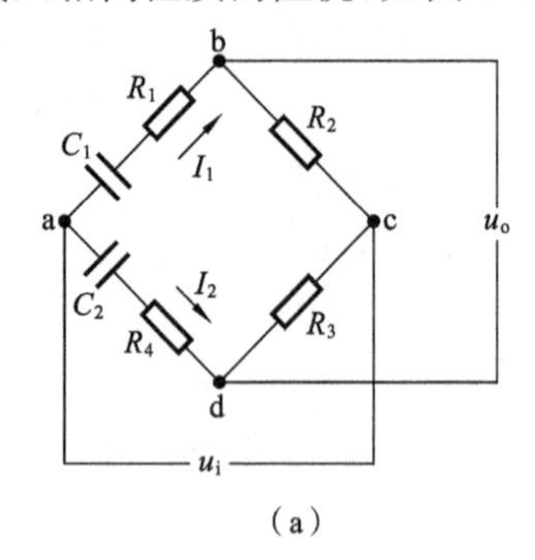

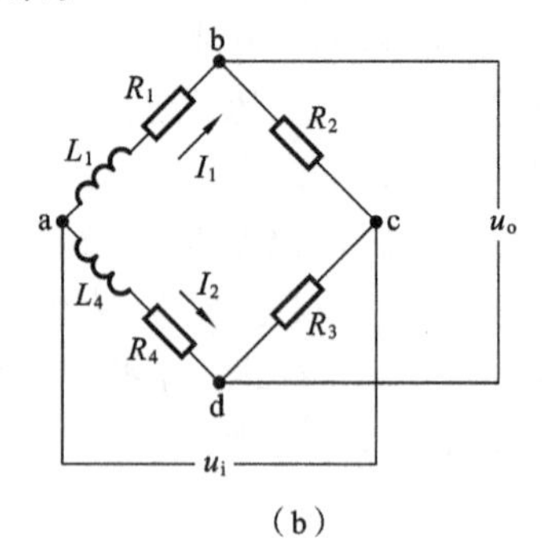

图 5-3　交流电桥

(a) 电容电桥　(b) 电感电桥

对于图 5-3(a)所示的电容电桥，由式(5-7)和式(5-8)可知，其平衡条件为

$$\left(R_1 + \frac{1}{\mathrm{j}\omega C_1}\right) R_3 = \left(R_4 + \frac{1}{\mathrm{j}\omega C_2}\right) R_2$$

由上述等式两边实部与虚部分别相等得到如下电桥平衡方程组

$$\begin{cases} R_1 R_3 = R_2 R_4 \\ \dfrac{R_3}{C_1} = \dfrac{R_2}{C_2} \end{cases} \tag{5-10}$$

比较直流电桥平衡条件式(5-2)可知，式(5-10)的第 1 式与式(5-2)完全相同，这意味着图 5-3(a)所示电容电桥的平衡条件除了电阻要满足要求外，电容也必须满足一定的要求。

对于图 5-3(b)所示的电感电桥，其平衡条件为

$$(R_1 + \mathrm{j}\omega L_1) R_3 = (R_4 + \mathrm{j}\omega L_2) R_2$$

即

$$\begin{cases} R_1 R_3 = R_2 R_4 \\ L_1 R_3 = L_2 R_2 \end{cases} \tag{5-11}$$

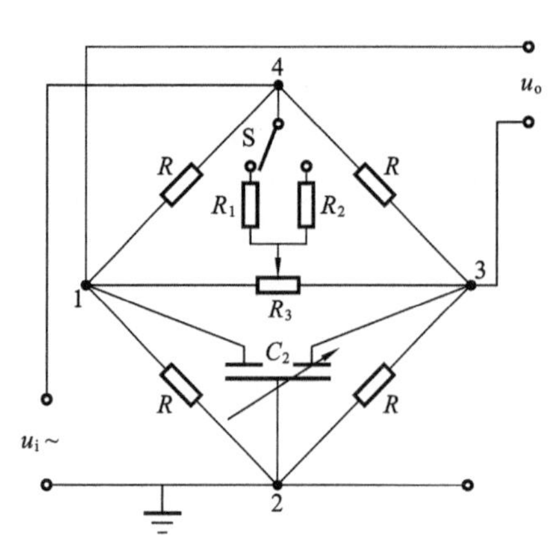

图 5-4　具有电阻、电容平衡的交流电阻电桥

图 5-4 所示为应变仪用交流电桥的电路。通过开关 S 选择电阻 R_1、R_2 及可变电阻 R_3，

可以调整电阻的不平衡；而差动可变电容器 C_2 则用于调整桥臂对地分布电容的不平衡。

由交流电桥的平衡条件式(5-7)至式(5-9)，以及电容、电感电桥的平衡条件可以看出，这些平衡条件是只针对供桥电源只含一种频率 ω 成分的情况下推出的。当供桥电源有多种频率成分时，将得不到平衡条件，即电桥是不平衡的。因此，交流电桥要求供桥电源具有良好的电压波形和频率稳定性。

采用交流电桥时，还要注意导致测量误差的一些参数，如电桥中元件之间的互感影响，无感电阻的残余电抗，邻近交流电路对电桥的感应作用，泄漏电阻及元件之间、元件与地之间的分布电容等。

5.2　信号的滤波

在对测得的信号进行分析和处理时，经常会遇到有用信号叠加了噪声的问题，这些噪声有些是与信号同时产生的，有些是在信号传输时混入的。噪声幅度有时会大于有用信号的幅度，从而淹没有用信号。所以从原始信号中消除或减弱噪声的干扰就成为信号处理中的一个重要问题。

根据有用信号的不同特性，消除或减弱噪声的干扰，提取有用信号的过程称为滤波，而把实现滤波功能的系统称为滤波器。经典滤波器是一种具有选频特性的电路，当噪声和有用信号处于不同的频带时，噪声通过滤波器将被极大地衰减或消除，而有用信号得以保留。但是当噪声和有用信号频率处于同一频带范围时，经典滤波器就无法实现上述功能。实际的需要刺激了另一类滤波器的发展，即从统计的概念出发，对所提取的信号从时域里进行估计，在统计指标最优的意义下，用估计值最优去逼近有用信号，噪声也在统计最优的意义下得以减弱或消除。这两类滤波器在许多领域都有广泛的应用，本节仅讨论前者。

根据滤波器幅频特性的通带和阻带的范围，可以将其划分为低通、高通、带通、带阻等类型；根据最佳逼近特性，可以将其分为巴特沃斯滤波器、契比雪夫滤波器、贝塞尔滤波器等类型；根据滤波器处理信号的性质，可以将其分为模拟滤波器和数字滤波器，模拟滤波器用于处理模拟信号(连续时间信号)，数字滤波器用于处理离散时间信号。

5.2.1　理想模拟滤波器

理想模拟滤波器是一个理想化的模型，在物理上是不可实现的，但是对它的讨论有助于进一步了解实际滤波器的传输特性。这是因为从理想滤波器得出的概念对实际滤波器都有普遍意义。另外，我们也可以利用一些方法来改善实际滤波器的特性，从而达到逼近理想滤波器的目的。理想模拟滤波器的幅频特性曲线如图 5-5 所示。

在图 5-5(a)中，理想低通滤波器能使低于某一频率 ω_c 的信号的各频率分量以

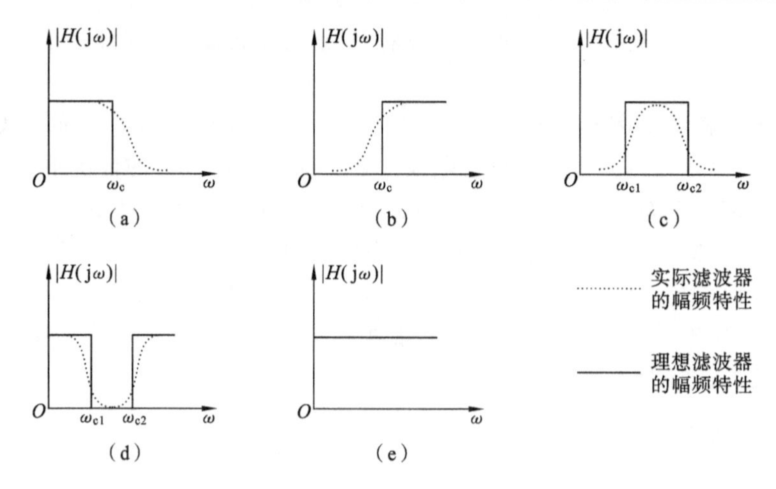

图 5-5　模拟滤波器的幅频特性

(a) 低通　(b) 高通　(c) 带通　(d) 带阻　(e) 全通

同样的放大倍数通过，使高于 ω_c 的频率成分减小为零。ω_c 称为滤波器的截止频率，$\omega<\omega_c$ 的频率范围称为低通滤波器的通带，$\omega>\omega_c$ 的频率范围称为低通滤波器的阻带。如图 5-5(b)所示，高通滤波器和低通滤波器正好相反，它的通带为 $\omega>\omega_c$ 的频率范围，阻带为 $\omega<\omega_c$ 的频率范围。如图 5-5(c)所示，带通滤波器的通带在下截止频率 ω_{c1} 和上截止频率 ω_{c2} 之间。如图 5-5(d)所示，带阻滤波器的阻带在 ω_{c1} 和 ω_{c2} 之间。对于全通滤波器而言，它可以使各频率成分的信号以同样的放大倍数通过，如图 5-5(e)所示。

理想低通滤波器是一种最常见的理想滤波器，具有矩形幅频特性和线性相位特性。由于理想高通、带通和带阻均可以由理想低通串、并联得到，所以下面通过理想低通滤波器对单位脉冲函数的响应来研究其时域特性。

理想低通滤波器具有矩形幅频特性和线性相频特性，可表示为

$$\begin{cases} A(\omega)=1, & |\omega|<\omega_c \\ \varphi(\omega)=-t_0\omega, & |\omega|>\omega_c \end{cases} \tag{5-12}$$

其图形如图 5-6 所示。求其频率响应函数 $H(\omega)=A(\omega)e^{j\phi(\omega)}$ 的傅里叶逆变换，可以

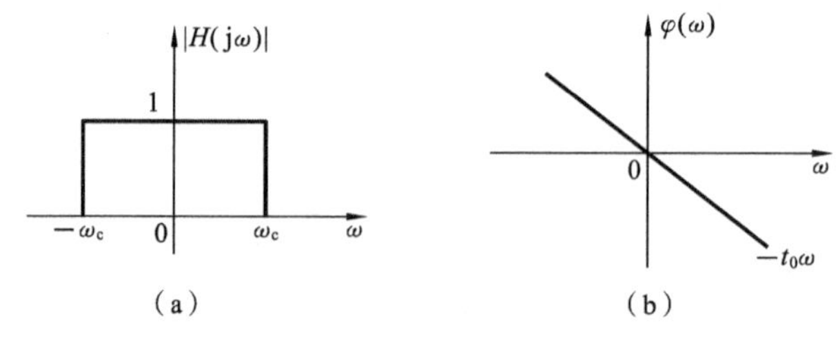

图 5-6　理想低通滤波器特性

(a) 矩形幅频特性　(b) 线性相位特性

得到理想低通滤波器对单位脉冲函数的响应为

$$h(t)=\frac{\omega_c}{\pi}\frac{\sin[\omega_c(t-t_0)]}{\omega_c(t-t_0)}=\frac{\omega_c}{\pi}\mathrm{sinc}x[\omega_c(t-t_0)] \tag{5-13}$$

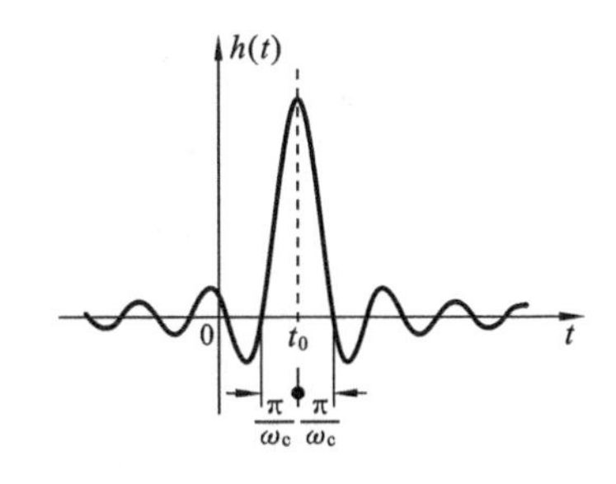

图 5-7　理想低通滤波器的冲击响应

式(5-13)表明，理想低通滤波器的单位冲击响应是一个延时了 t_0 的抽样函数 $\mathrm{sinc}x[\omega_c(t-t_0)]$，其波形如图 5-7 所示。由于冲击响应在激励出现之前($t<0$)就已经出现，因此理想低通滤波器是一个非因果系统，它在物理上是不可实现的。

理想低通滤波器的截止频率 ω_c 越小，它的输出 $h(t)$ 与输入单位脉冲函数信号 $\delta(t)$ 相比失真越大。而当理想低通滤波器的截止频率 ω_c 增大时，冲击响应 $h(t)$ 在 $t=t_0$ 处两边的第一零点 $t\pm\pi/\omega_c$ 逐渐靠近点 t_0，并且当 $\omega_c\to+\infty$ 时，$h(t)\to\delta(t)$。从频谱上看，输入信号 $\delta(t)$ 的频谱的频带宽度为无限的，而理想低通滤波器的带宽是有限的，所以必然产生失真。

5.2.2　实际模拟滤波器及其基本参数

由前面的讨论可知，理想的滤波器是物理上不可实现的系统。工程上用的滤波器不是理想滤波器，但是按照一定规则构成的实际滤波器，如巴特沃斯滤波器、契比雪夫滤波器和椭圆滤波器等，其幅频特性可以逼近于理想滤波器的幅频特性。图 5-8分别给出了这三类低通滤波器的幅频特性。它们的幅频特性分别具有通带变化平坦、通带等起伏变化及阻带和通带均等起伏变化的特性。

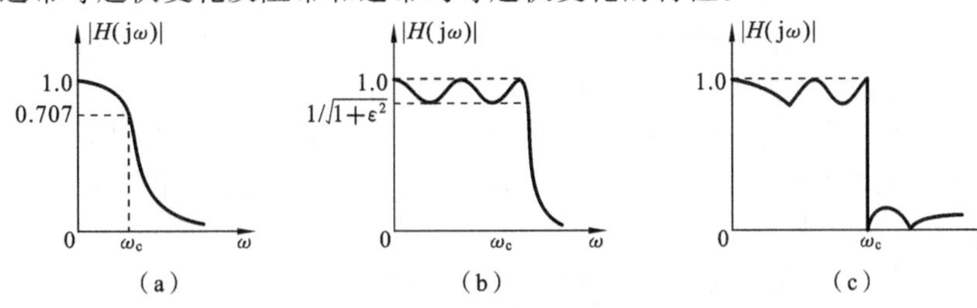

图 5-8　常用三种低通滤波器的幅频特性

(a) 巴特沃斯滤波器　(b) 契比雪夫滤波器　(c) 椭圆滤波器

对于理想滤波器，只需规定截止频率就可以说明它的性能，也就是说只根据截止频率就可以选择理想滤波器，因为在截止频率内其幅频特性为一个常数，而在截止频率之外则为零。对于实际的模拟滤波器，其特性曲线没有明显的转折点，通带幅值也不是常数，如图 5-9 所示。所以就需要更多的特性参数来描述和选择实际滤波器，这些参数除截止频率外，主要还有波纹幅度、截止频率、带宽、品质因数和倍频程选择性等。

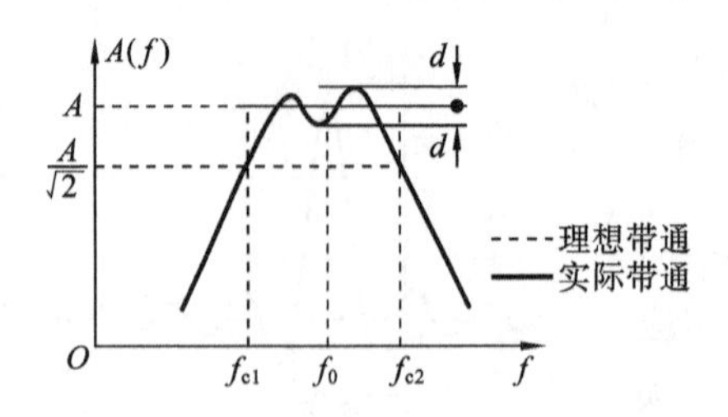

图 5-9　实际带通模拟滤波器的基本参数

1. 波纹幅度 d

在一定的频率范围内，实际滤波器的幅频特性可能会出现波纹状变化，其波动幅度 d 与幅频特性平均值 A 的比值越小越好，一般情况下应远小于 -3 dB，也就是说，要有 $20\lg(d/A) \ll -3$ dB，即 $d \ll A/\sqrt{2}$。

2. 截止频率

幅频特性值等于 $A/\sqrt{2}$ 所对应的频率称为滤波器的截止频率，如图 5-9 所示的 f_{c1} 和 f_{c2}。若以信号幅值的平方表示信号功率，则该点正好是半功率点。

3. 带宽 B

上下截止频率之间的频率范围称为滤波器带宽，或 -3 dB 带宽，单位为 Hz。带宽决定了滤波器分离信号中相邻频率成分的能力，即频率分辨率。

4. 品质因数 Q

对于带通滤波器，通常把中心频率 f_c 和带宽 B 之比称为滤波器的品质因数，即

$$Q = \frac{f_c}{B}$$

其中中心频率定义为上下截止频率积的平方根，即

$$f_c = \sqrt{f_{c1} f_{c2}}$$

品质因数的大小影响低通滤波器在截止频率处幅频特性的形状。

5. 倍频程选择性

实际滤波器在两截止频率的外侧有一个过渡带，这个过渡带的幅频特性曲线倾斜程度反映了幅频特性衰减的快慢，它决定了滤波器对带宽外频率成分衰减的能力，通常用倍频程选择性表征。倍频程选择性是指上截止频率 f_{c2} 和 $2f_{c2}$ 之间，或者是下截止频率 f_{c1} 和 $f_{c1}/2$ 之间幅频特性的衰减值，即频率变化一个倍频程时的衰减量，以 dB 表示。衰减越快，滤波器选择性越好。而对于远离截止频率的衰减性可以用 10 倍频程衰减数来表示。

滤波器选择性的另一种表示方法是用滤波器幅频特性 -60 dB 带宽与 -3 dB 带宽的比值 λ 来表示，即

$$\lambda = \frac{B_{-60\text{dB}}}{B_{-3\text{dB}}} \tag{5-14}$$

理想滤波器的 $\lambda=1$，通常所用滤波器的 $\lambda=1\sim5$。而对有些滤波器，因元器件的影响，阻带衰减倍数达不到 -60 dB，则以标明的衰减倍数（如 -40 dB 或 -30 dB）带宽与 -3 dB 带宽的比值来表示其选择性。

5.3　信号调制与解调

调制是测试信号在远距离传输过程中常用的一种调理方法，主要是为了解决微

弱缓变信号的放大及信号的远距离传输问题。例如，被测物理量(如温度、位移、力等参数)经过传感器变换后多为低频缓变的微弱信号，对这样一类信号，直接送入直流放大器放大会遇到困难，这是因为采用级间直接耦合式的直流放大器将会受到零点漂移的影响。当漂移信号大小接近或超过被测信号时，经过逐级放大后，被测信号将会被零点漂移淹没。为了很好地解决缓变信号的放大问题，信号处理技术中采用了一种对信号进行调制的方法，即先将微弱的缓变信号加载到高频交流信号中去，然后利用交流放大器进行放大，最后再从放大器的输出信号中取出放大的缓变信号，该过程如图5-10所示。这种信号传输中的变换过程称为调制与解调。在信号分析中，信号的截断、窗函数加权等也是一种振幅调制；在声音信号测量中，回声效应会引起的声音信号叠加、乘积、卷积，其中声音信号的乘积就属于调幅现象。

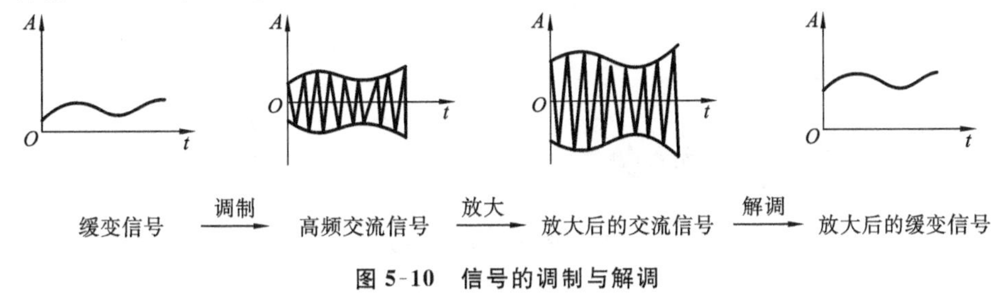

图5-10　信号的调制与解调

信号调制的类型一般可分为幅度调制、频率调制和相位调制三种，简称为调幅(AM)、调频(FM)和调相(PM)。

5.3.1　幅度调制

1. 调制与解调原理

调幅是将一个高频正弦信号(称为载波)与测试信号相乘，使载波信号幅值随测试信号幅值的变化而变化。现以频率为 f_z 的余弦信号 $z(t)$ 作为载波进行讨论。

由傅里叶变换的性质知，在时域中两个信号相乘，对应于在频域中这两个信号进行卷积，即

$$x(t)z(t) \Leftrightarrow X(f) * Z(f) \tag{5-15}$$

余弦函数的频谱是一对脉冲谱线，即

$$z(t)=\cos(2\pi f_z t) \Leftrightarrow \frac{1}{2}\delta(f-f_z)+\frac{1}{2}\delta(f+f_z) \tag{5-16}$$

一个函数与脉冲函数卷积的结果是将其图形由坐标原点平移至该脉冲函数处。所以，若以高频余弦信号作载波，把信号 $x(t)$ 和载波信号 $z(t)$ 相乘，其结果就相当于把原信号频谱图形由原点平移至载波频率处，其幅值减半，如图5-11所示。所以调幅过程就相当于频率"搬移"过程，若

$$x_m(t)=x(t)\cos(2\pi f_z t)$$

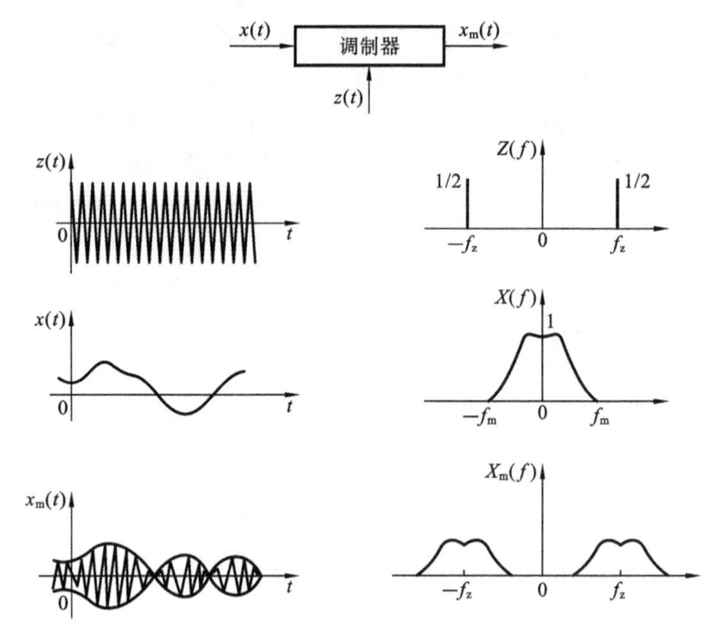

图 5-11 信号调幅过程的图解

$$X_m(f)=\frac{1}{2}X(f)*\delta(f+f_z)+\frac{1}{2}X(f)*\delta(f-f_z) \tag{5-17}$$

若把调幅波 $x_m(t)$ 再次与载波 $z(t)$ 信号相乘，则频域图形将再一次进行“搬移”，即 $x_m(t)$ 与 $z(t)$ 相乘积的傅里叶变换为

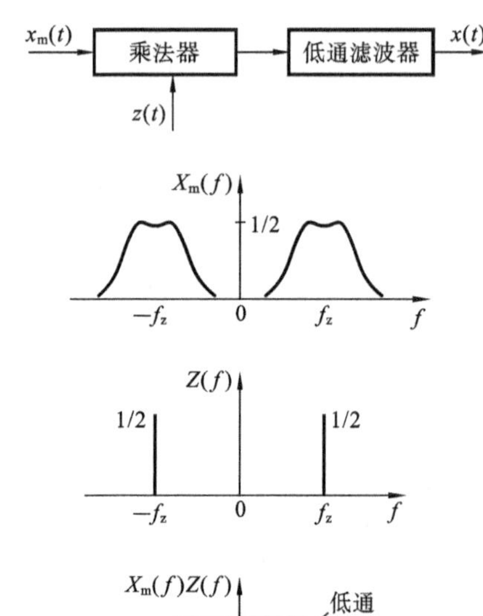

图 5-12 信号解调过程的图解

$$F[x_m(t)z(t)]=\frac{1}{2}X(f)+\frac{1}{4}X(f)*\delta(f+2f_z)+\frac{1}{4}X(f)*\delta(f-2f_z) \tag{5-18}$$

这一结果如图 5-12 所示。若用一个低通滤波器滤除中心频率为 $2f_z$ 的高频成分，那么将可以复现原信号的频谱（只是其幅值减少了一半，这可用放大处理来补偿），这一过程称为同步解调。“同步”指解调时所乘的信号与调制时的载波信号具有相同的频率和相位。

上述的调制方法是将调制信号 $x(t)$ 直接与载波信号 $z(t)$ 相乘。这种调幅波具有极性变化，即在信号过零线时，其幅值发生由正到负（或由负到正）的突然变化，此时调幅波的相位（相对于载波）也相应发生180°的相位变化，这种调制方法称为抑制调幅。抑制调幅波须采用同步解调或相敏检波解调的方法，这样方能反映出原信号的幅值和极性。

若把调制信号$z(t)$进行偏置，叠加一个直流分量A，使偏置后的信号都具有正电压，此时调幅波表达式为

$$x_{\mathrm{m}}(t)=[A+x(t)]\cos(2\pi f_z t) \tag{5-19}$$

这种调制方法称为非抑制调幅，或偏置调幅，其调幅波的包络线具有原信号形状，如图5-13(a)所示。对于非抑制调幅波，一般采用整流、滤波（或称包络法检波）以后，就可以恢复原信号。

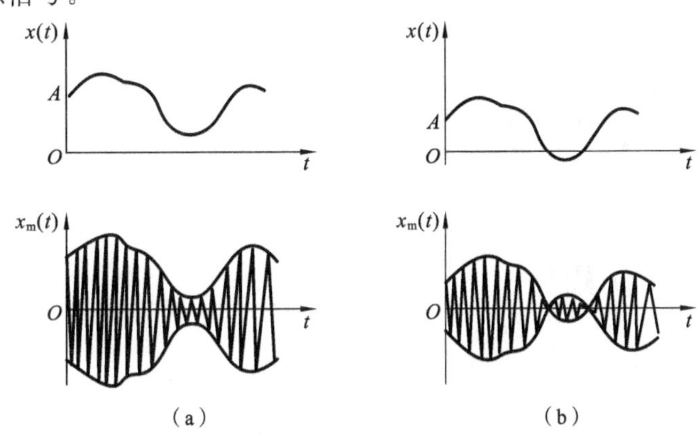

图5-13 非抑制调幅

(a) 非抑制调幅 (b) 过调失真

2. 调幅波的波形失真

信号经过调制以后，有可能出现以下几种波形失真现象。

(1) 过调失真 对于非抑制调幅，要求其直流偏置必须足够大，否则$x(t)$的相位将发生180°相变，如图5-13(b)所示，这称为过调。此时，如果采用包络法检波，则检出的信号就会产生失真，而不能恢复出原信号。

(2) 重叠失真 调幅波是由一对每边为f_{m}的双边带信号组成的。当载波频率f_z较低时，正频端的下边带将与负频端的下边带相重叠，如图5-14所示。这类似于采样频率较低时所发生的频率混叠效应。因此，要求载波频率f_z必须大于调制信号$x(t)$中的最高频率f_g，即$f_z>f_g$。实际应用中，往往选择载波频率至少数倍甚至数十倍于信号中的最高频率。

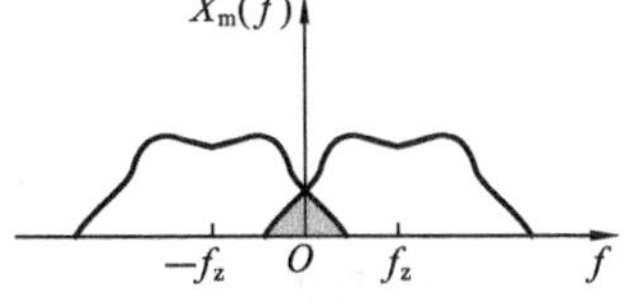

图5-14 频率混叠效应示意图

(3) 调幅波通过系统时的失真 调幅波通过系统时，还将受到系统频率特性的影响而产生失真。

3. 典型调幅波及其频谱

为了便于熟悉和了解调幅波的时、频域关系，图

5-15 列出了一些典型调幅波的波形频谱。

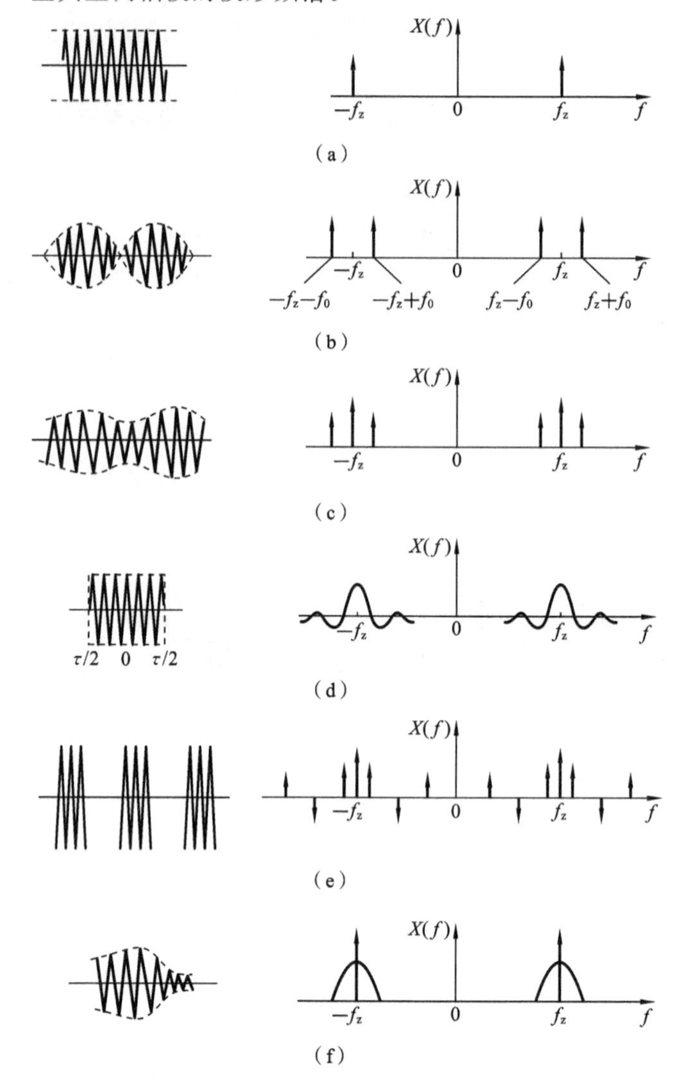

图 5-15　典型调幅波的波形及频谱

(a) 直流调制　(b) 余弦调制　(c) 余弦偏置调制

(d) 矩形脉冲调制　(e) 周期矩形脉冲调制　(f) 任意频限信号偏置调制

1）直流调制

$$x_{\mathrm{m}}(t)=\cos(2\pi f_z t)$$

$$X_{\mathrm{m}}(f)=\frac{1}{2}[\delta(f+f_z)+\delta(f-f_z)] \tag{5-20}$$

2）余弦调制

$$x_{\mathrm{m}}(t)=\cos(2\pi f_0)\cos(2\pi f_z t)$$

$$X_m(f)=\frac{1}{4}[\delta(f+f_z+f_0)+\delta(f+f_z-f_0)+\delta(f-f_z-f_0)+\delta(f-f_z+f_0)] \quad (5\text{-}21)$$

3）余弦偏置调制

$$x_m(t)=(\cos 2\pi f_0+1)\cos(2\pi f_z t)$$

$$X_m(f)=\frac{1}{2}[\delta(f+f_z)+\delta(f-f_z)]+\frac{1}{4}[\delta(f+f_z+f_0)+\delta(f+f_z-f_0)+\delta(f-f_z-f_0)+\delta(f-f_z+f_0)] \quad (5\text{-}22)$$

4）矩形脉冲调制

$$x_m(t)=x(t)\cos(2\pi f_z t)$$

矩形脉冲的表达式为

$$x(t)=\begin{cases}1, & |t|\leqslant\frac{\tau}{2}\\ 0, & \text{其他}\end{cases}$$

$$X_m(f)=\frac{\tau}{2}[\sin(c\pi(f+f_z)\tau)+\sin(c\pi(f-f_z)\tau)] \quad (5\text{-}23)$$

5）周期矩形脉冲调制

$$x_m(t)=x(t)\cos(2\pi f_z t)$$

周期矩形脉冲信号在一周期内的表达式及其傅里叶变换分别为

$$x(t)=\begin{cases}1 & |t|\leqslant\frac{\tau}{2}\\ 0 & |t|>\frac{\tau}{2}\end{cases}$$

$$X(f)=4\pi^2\sum_{n=-\infty}^{+\infty}\frac{A\tau}{T}\sin(c\pi n f_0\tau)\delta(f-nf_0)$$

则 $X_m(f)=X(f)*Z(f)$

$$=4\pi^2\sum_{n=-\infty}^{+\infty}\frac{A\tau}{T}\sin(c\pi n f_0\tau)\delta(f-nf_0)*\frac{1}{2}[\delta(f+f_z)+\delta(f-f_z)]$$

$$=2\pi^2\sum_{n=-\infty}^{+\infty}\frac{A\tau}{T}[\sin(c\pi n f_0\tau)\delta(f-nf_0-f_z)+\sin(c\pi n f_0\tau)\delta(f-nf_0+f_z)] \quad (5\text{-}24)$$

6）任意频限信号偏置调制

$$x_m(t)=(1+x(t))\cos(2\pi f_z t)$$

$$X_m(f)=\frac{1}{2}[\delta(f+f_z)+\delta(f-f_z)]+\frac{1}{2}[X(f+f_z)+X(f-f_z)] \quad (5\text{-}25)$$

4. 幅度调制在测试仪器中的应用

图5-16所示为动态电阻应变仪方框图。图中贴于试件上的电阻应变片并接于

电桥，它在外力 $x(t)$ 的作用下会产生相应的电阻变化。振荡器产生的高频正弦信号 $z(t)$ 为电桥的工作电压。根据电桥的工作原理可知，它相当于一个乘法器，其输出是信号 $x(t)$ 与载波信号 $z(t)$ 的乘积，所以电桥的输出即为调幅信号 $x_m(t)$。经过交流放大以后，为了得到信号原来的波形，需要相敏检波，即同步解调。此时由振荡器供给相敏检波器的电压信号 $z(t)$ 与电桥工作电压同频同相位。经过相敏检波和低通滤波以后，可以得到与原来极性相同，但经过放大处理的测量信号 $\hat{x}(t)$。该信号可以推动仪表或接入后续仪器。

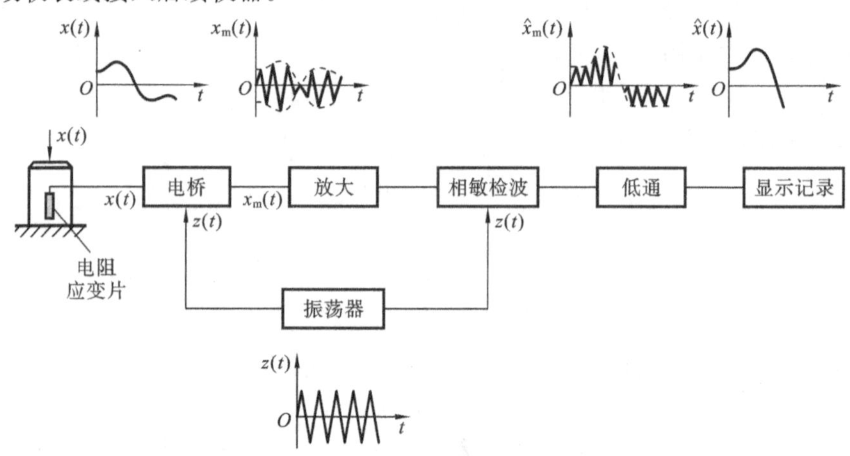

图 5-16 动态电阻应变仪方框图

5.3.2 频率调制

1. 调频波及其频谱

调频是利用信号 $x(t)$ 的幅值调制载波频率，或者说，调频波是一种随信号 $x(t)$ 的电压而变化的疏密度不同的等幅波，如图 5-17 所示。

频率调制较之幅度调制的一个重要的优点是改善了信噪比。分析表明，在调幅情况下，若干扰噪声与载波同频，则有效的调幅波相对干扰波的信噪比必须在 35 dB 以上。但在调频的情况下，在满足上述调幅情况下的相同性能指标时，有效的调频波

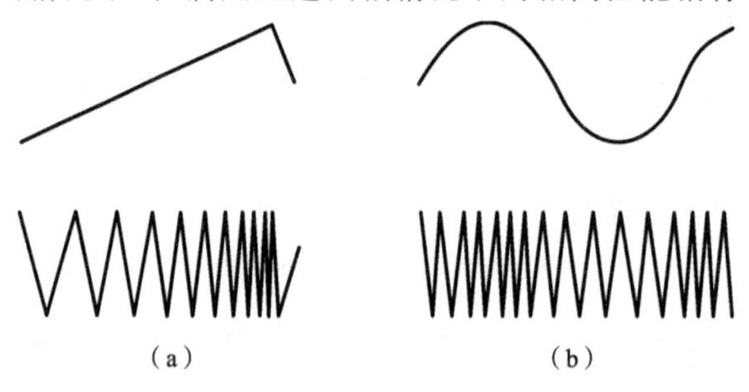

图 5-17 调频波

(a) 锯齿波调频 (b) 正弦波调频

对干扰的信噪比只要为 6 dB 即可。调频波之所以改善了信号传输过程中的信噪比，是因为调频信号所携带的信息包含在频率的变化之中，而并非在振幅之中，而干扰波的干扰作用主要表现在振幅之中。

调频方法也存在着严重的缺点：调频波通常要求很宽的频带，甚至为调幅所要求带宽的 20 倍；调频系统较调幅系统复杂，因为频率调制是一种非线性调制，它不能运用叠加原理。因此，分析调频波要比分析调幅波困难，实际上，对调频波的分析是近似的。

频率调制是使载波频率对应于调制信号 $x(t)$ 的幅值变化。由于信号 $x(t)$ 的幅值是一个随时间变化的函数，因此，调频波的频率就应是一个随时间变化的频率。这似乎不好理解，因为“频率”一词是指每秒周期数的度量。然而在力学上亦有相同的概念，速度是指物体在每秒内的位移，并定义为位移 x 对时间 t 的微分。频率与速度一样，也可定义为相位对时间的导数，即

$$\omega=\frac{\mathrm{d}\varphi}{\mathrm{d}t} \tag{5-26}$$

确切地说，ω 应为角速度，也称为角频率(rad/s)，或简称为频率。式中的相位角应是表达式

$$x(t)=A\cos\varphi \tag{5-27}$$

中的相位角。φ 通常在单一频率时为

$$\varphi=\omega t+\theta \tag{5-28}$$

式中，θ 为初相位，为一常数。因此 $\mathrm{d}\varphi/\mathrm{d}t=\omega$，此即所谓角频率。频率调制就是利用瞬时频率 $\mathrm{d}\varphi/\mathrm{d}t$ 来表示信号的调制，即

$$\frac{\mathrm{d}\varphi}{\mathrm{d}t}=\omega_0[1+x(t)] \tag{5-29}$$

式中，ω_0 为载波中心频率；$x(t)$ 为调制信号；$\omega_0 x(t)$ 为载波被信号所调制的部分。式(5-29)表明瞬时频率是载波中心频率 ω_0 与随信号 $x(t)$ 幅值而变化的频率 $\omega_0 x(t)$ 之和。对式(5-29)进行积分，可得

$$\varphi=\omega_0 t+\omega_0\int x(t)\mathrm{d}t \tag{5-30}$$

如果设定调制信号是单一余弦波，即

$$x(t)=A\cos(\omega t) \tag{5-31}$$

则调频波表达式为

$$\begin{aligned} g(t) &= G\sin\varphi = G\sin\left[\omega_0 t+\omega_0\int x(t)\mathrm{d}t\right]=G\sin\left[\omega_0 t+\omega_0\int A\cos(\omega t)\mathrm{d}t\right] \\ &= G\sin\left[\omega_0 t+\frac{A\omega_0}{\omega}\sin(\omega t)\right]=G\sin[\omega_0 t+m_{\mathrm{f}}\sin(\omega t)] \end{aligned} \tag{5-32}$$

式中，$m_{\mathrm{f}}=A\omega_0/\omega$ 称为调频指数，$A\omega_0$ 是实际变化的频率幅度，称为最大频率偏移，或表示为 $\Delta\omega=A\omega_0$。为了研究调频率波的频谱，将式(5-32)展开，此时，利用贝塞尔

函数式

$$\cos(m_f \sin\omega t) = J_0(m_f) + 2\sum_{n=1}^{+\infty} J_{2n}(m_f)\cos n\omega t \tag{5-33}$$

$$\sin(m_f \sin\omega t) = 2\sum_{n=1}^{+\infty} J_{2n+1}(m_f)\sin[(2n+1)\omega t] \tag{5-34}$$

由简单的计算可得

$$\begin{aligned} g(t)=G[&J_0(m_f)\sin\omega_0 t + J_1(m_f)\sin(\omega_0+\omega)t - J_1(m_f)\sin(\omega_0-\omega)t \\ &+ J_2(m_f)\sin(\omega_0+2\omega)t + J_2(m_f)\sin(\omega_0-2\omega)t + \cdots \\ &+ J_n(m_f)\sin(\omega_0+n\omega)t + (-1)^n J_n(m_f)\sin(\omega_0-n\omega)t] \end{aligned} \tag{5-35}$$

式中，$J_n(m_f)$是 m_f 的 n 阶贝塞尔函数，m_f 是自变量，下标 n 是整数。因为 $m_f = A\omega_0/\omega$，它不仅依赖于最大频率偏移 $\Delta\omega = A\omega_0$，而且取决于调制信号频率 ω 本身。

根据式(5-35)求得调频波的频谱如图 5-18 所示，并由此可得出如下结论。

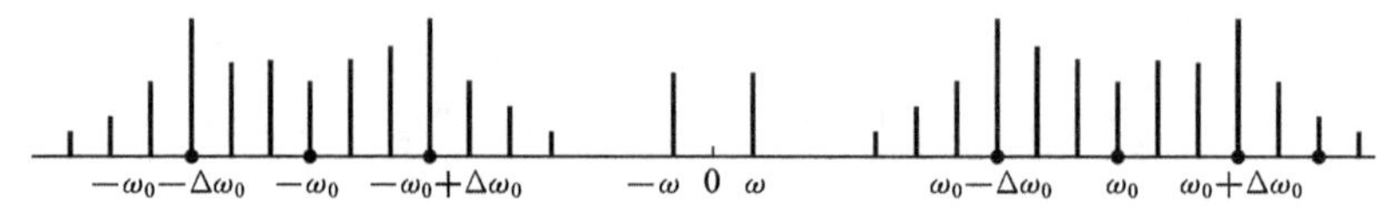

图 5-18　调频波的频谱

(1) 用单一频率 ω 表示时，调频波可用载频 ω_0 与许多对称的位于载频两侧的边频之和 $\omega_0 \pm n\omega$ 的形式来表示，邻近的边频彼此之间相差 ω。

(2) 每一个频率分量的幅值等于 $GJ_n(m_f)$，当 n 为偶数时，高低对称边频有相同的符号；当 n 为奇数时，它们的符号相反。

(3) 在理论上，边频数目无穷多。不过，由于从 $n=m_f+1$ 开始，随着 n 的增加，边频幅值很快衰减，实际上可以认为有效边频数为 $2(m_f+1)$。

2. 频率调制在工程测试中的应用——直流调频与鉴频

在应用电容、电涡流或电感传感器测量位移、力等参数时，常常把电容 C 和电感 L 作为自激振荡器的谐振电路的一个调谐参数，此时振荡器的谐振频率为

$$\omega = \frac{1}{\sqrt{LC}} \tag{5-36}$$

例如，在电容传感器中以电容 C 作为调谐参数时，则对式(5-36)微分，有

$$\frac{\partial\omega}{\partial C} = -\frac{1}{2}(LC)^{-\frac{3}{2}} \quad L = \left(-\frac{1}{2}\right)\frac{\omega}{C} \tag{5-37}$$

令 $C=C_0$ 时，$\omega=\omega_0$，故频率增量

$$\Delta\omega = \left(-\frac{1}{2}\right)\frac{\omega_0}{C_0}\Delta C$$

所以，当参数 C 发生变化时，谐振回路的瞬时频率

$$\omega = \omega_0 \pm \Delta\omega = \omega_0\left(1 \mp \frac{\Delta C}{2C_0}\right) \tag{5-38}$$

式(5-38)表明，回路的振荡频率与调频参数呈线性关系，即在一定范围内，它与被测参数的变化存在线性关系。它是一个频率调制式，ω_0 相当于中心频率，而$\frac{\omega_0 \Delta C}{2C_0}$相当于调制部分。这种把被测参数的变化转换为振荡频率的变化的电路称为直接调频式测量电路。

调频波的解调(或称鉴频)是指将频率变化转换为电压幅值变化的过程。在一些测试仪器中，常常采用变压器耦合谐振回路方法，如图5-19(a)所示。图中，L_1、L_2 是变压器耦合的原、副线圈，它们和 C_1、C_2 组成并联谐振回路。将等幅调频波 e_f 输入，在回路的谐振频率处 f_n，线圈 L_1、L_2 中的耦合电流最大，副边输出电压 e_a 也最大。e_f 频率离开 f_n，e_a、e_f 也随之下降。e_a 的频率虽和 e_f 保持一致，但幅值 e_a 却随频率变化而变化，如图5-19(b)所示。通常利用 e_a-f 特性曲线的亚谐振区近似直线的一段实现频率-电压变化。测量参数(如位移)为零时，调频回路的振荡频率 f_0 对应的特性曲线上升部分近似直线段的中点。

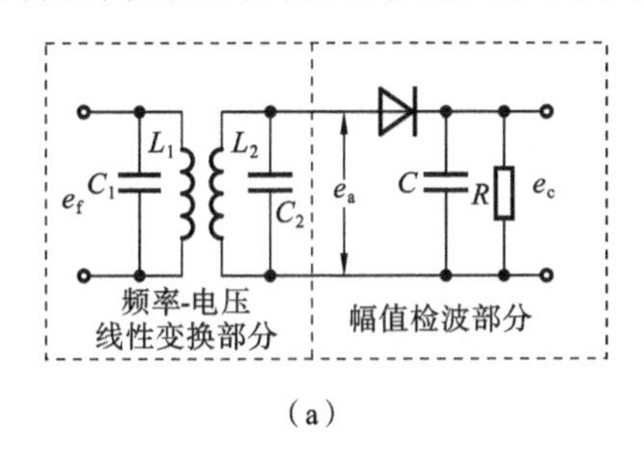

(a)

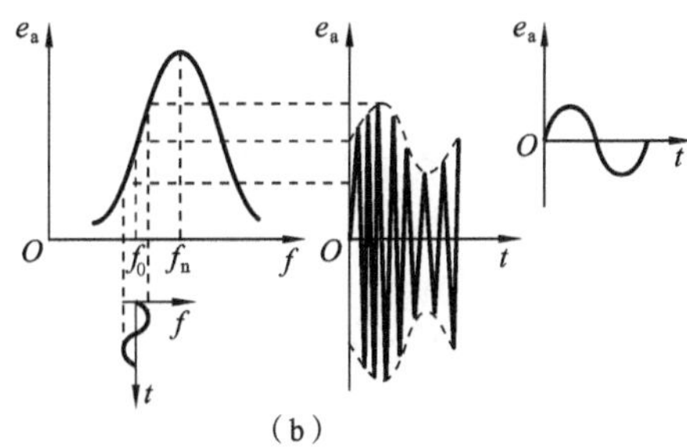

(b)

图5-19　用谐振振幅进行鉴频

(a) 变压器耦合谐振回路　(b) 振幅鉴频示意图

随着测量参数的变化，幅值 e_a 随调频波频率而近似线性变化，调频波 e_f 的频率却与测量参数保持近似线性关系。因此，把 e_a 进行幅值检波就能获得测量参数变化的信息，且保持近似线性关系。

习　　题

5.1　将阻值 $R=120\ \Omega$，灵敏度 $S=2$ 的电阻丝应变片与阻值为 $120\ \Omega$ 的固定电阻组成电桥，供桥电压为 3 V，并假定负载为无穷大，当应变片的应变为 2 $\mu\varepsilon$ 和 2 000$\mu\varepsilon$ 时，分别求出单臂、双臂电桥的输出电压，并比较两种情况下的灵敏度。

5.2　有人在使用电阻应变片时发现其灵敏度不够，于是试图在工作电桥上增加电阻应变片数以提高灵敏度。试问在下列情况下是否可提高灵敏度，并说明为什么。

(1) 半桥双臂各串联一片。　　(2) 半桥双臂各并联一片。

5.3　用某灵敏度为 S_g 的电阻应变片接成全桥，测量某一构件的应变，已知其变化规律为 $x(t)=A\cos 10t+B\cos 100t$，如果电桥激励电压是 $u_o=E\sin 10\ 000t$。求此电桥输出信号 v_o 的频谱。

5.4 什么是滤波器的分辨率？它与哪些因素有关？

5.5 设一带通滤波器的下截止频率为 f_{c1}，上截止频率为 f_{c2}，中心频率为 f_c，试指出下列提法是否正确。

(1) 频程滤波器 $f_{c2}=\sqrt{2}f_{c1}$。

(2) $f_c=\sqrt{f_{c1}f_{c2}}$。

(3) 滤波器的截止频率就是通频带的幅值－3 dB 处的频率。

(4) 下限频率相同时，倍频程滤波器的中心频率是$\frac{1}{3}$倍频程滤波器的中心频率的$\sqrt[3]{2}$倍。

5.6 根据一阶 RC 低通滤波器对单位阶跃输入响应的特性，说明带宽 B 与信号建立时间 T_e 的关系。

5.7 一个信号具有 100 Hz 从到 500 Hz 范围的频率成分，若对此信号进行调幅：

(1) 求调幅波的带宽；

(2) 假设载波频率为 10 kHz，则在调幅波中将出现哪些频率成分？

5.8 调幅波是否可以看做是载波与调制信号的叠加？为什么？

5.9 已知调幅波 $x_a(t)=(100+30\cos2\pi f_1t+20\cos6\pi f_1t)(\cos2\pi f_ct)$，其中 $f_c=10$ kHz，$f_1=500$ Hz，试：

(1) 求所包含的各分量的频率及幅值；　　(2) 绘出调制信号与调幅波的频谱。

5.10 图 5-20 所示为利用乘法器组成的调幅解调系统的方框图。设载波信号是频率为 f_0 的正弦波。试求：

(1) 各环节输出信号的时域波形；　　(2) 各环节输出信号的频谱图。

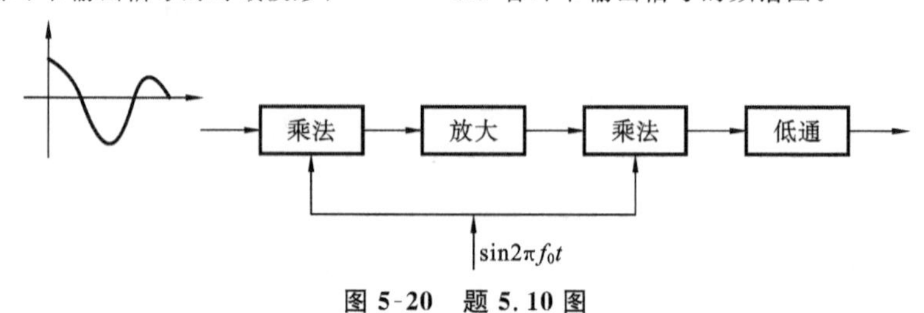

图 5-20　题 5.10 图

第6章　信号分析与处理基础

在实际的测试中，测得的信号中往往混有各种无用的信号（统称为噪声），使许多有用信息都被“淹没”了。噪声的来源十分复杂，可能是被测机械零部件产生，也可能是系统有其他的输入源，因而只有经过必要的分析和处理，才能从测量信号中提取出有用的特征信息。随着计算机软件、硬件技术的发展，数字信号处理已经可以在通用计算机上实现，为机械在线监测、实时动态分析提供了良好的技术手段。

本章将介绍信号的相关分析、数字信号处理基础及计算机辅助测试技术相关知识。

6.1　信号的相关分析

所谓相关是指变量之间的线性关系。对于确定性信号来讲，两个变量之间可以用函数关系来描述，两者一一对应并为确定的数值关系。两个随机变量之间就不具有这样确定的关系，但是，如果这两个变量之间具有某种内在的物理联系，那么通过大量统计就可以发现它们之间还是存在着某种虽不精确但却有相应的、表征其特性的近似关系。例如在齿轮箱中，滚动轴承滚道上的疲劳应力和轴向载荷之间不能用确定性函数来描述，但是通过大量的统计可以发现，当轴向载荷较大时，疲劳应力也相应比较大，这两个变量之间存在一定的线性关系。

对于一个随机信号，为了评价其在不同时间的幅值变化在不同时刻的相关程度，可以采用自相关函数来描述。而对于两个随机信号，也可以定义相应的互相关函数来表征它们幅值之间的相互依赖关系。

6.1.1　相关函数

令两个信号之间的时差为 τ，这时就可以研究两个信号在时移中的相关性。相关函数定义为

$$R_{xy}(\tau)=\int_{-\infty}^{+\infty}x(t)y(t-\tau)\mathrm{d}t \tag{6-1}$$

或

$$R_{yx}(\tau)=\int_{-\infty}^{+\infty}y(t)x(t-\tau)\mathrm{d}t$$

显然，相关函数是两信号之间时差 τ 的函数。通常将 $R_{xy}(\tau)$ 或 $R_{yx}(\tau)$ 称为互相关函数。

如果 $x(t)=y(t)$，则 $R_{xx}(\tau)$ 或 $R_x(\tau)$ 称为自相关函数，式(6-1)变为

$$R_x(\tau)=\int_{-\infty}^{+\infty}x(t)x(t-\tau)\mathrm{d}t \tag{6-2}$$

若 $x(t)$ 与 $y(t)$ 为功率信号，则其相关函数定义为

$$R_{xy}(\tau) = \lim_{T\to\infty}\frac{1}{T}\int_{-\frac{T}{2}}^{\frac{T}{2}} x(t)y(t-\tau)\mathrm{d}t \tag{6-3}$$

$$R_{x}(\tau) = \lim_{T\to\infty}\frac{1}{T}\int_{-\frac{T}{2}}^{\frac{T}{2}} x(t)x(t-\tau)\mathrm{d}t \tag{6-4}$$

由以上分析可知，能量信号与功率信号的相关函数量纲不同，前者为能量，而后者为功率。

6.1.2 自相关函数的性质及其应用

1. 自相关函数的性质

根据式(6-2)定义的自相关函数，平稳随机信号的自相关函数与 t 无关。自相关函数 $R(\tau)$ 主要有以下性质。

(1) $\tau=0$ 时，$R(\tau)$ 取最大值，且等于其方差。

(2) $R(\tau)$ 为一个偶函数，即有 $R(\tau)=R(-\tau)$，因此，在实际中只需要得到 $\tau\geqslant0$ 时的 $R(\tau)$ 值，而不需要研究 $\tau<0$ 时的 $R(\tau)$ 值。

(3) 当 $\tau\neq0$ 时，$R(\tau)$ 的值总小于 $R_x(0)$，即小于其方差。

(4) 对于均值为零的平稳信号，若当 $\tau\to+\infty$ 时，$x(t)$ 和 $x(t+\tau)$ 不相关，则 $R(\tau)\to0$。

(5) 平稳信号中若含有周期成分，则它的自相关函数中亦含有周期成分，且其周期与原信号的周期相同。可以证明简谐信号 $x(t)=x_0\sin(\omega_0 t+\varphi)$ 的自相关函数是余弦函数，即

$$R(\tau)=\frac{x_0^2}{2}\cos(\omega_0\tau)$$

它是不衰减的周期信号，其周期与原简谐信号的周期相同，但却丢失了原信号的相位信息。

图 6-1 所示为几种常见信号的自相关函数图形。图 6-1(b)所示为正弦信号的自相关函数图形；对于图 6-1(e)所示的窄带随机噪声信号，其自相关函数衰减得慢(见图 6-1(f))，而对于图 6-1(g)所示的宽带随机噪声信号，其自相关函数衰减得很快(见图 6-1(h))；图 6-1(a)和图 6-1(c)中所示的信号中均含有周期性分量。从图 6-1(b)、图 6-1(d)也可以看出，它们相应的自相关函数曲线均不会衰减到零。也就是说，自相关函数是从干扰噪声信号中找出周期信号或瞬时信号的重要手段，即延长变量 τ 的取值，信号中的周期分量将会暴露出来。

2. 自相关函数的应用

正常运行的机器声音是由大量的、无序的、大小接近相等的随机冲击噪声组成的，因此具有较宽而均匀的频谱。当机器运行状态不正常时，在随机噪声中将出现有

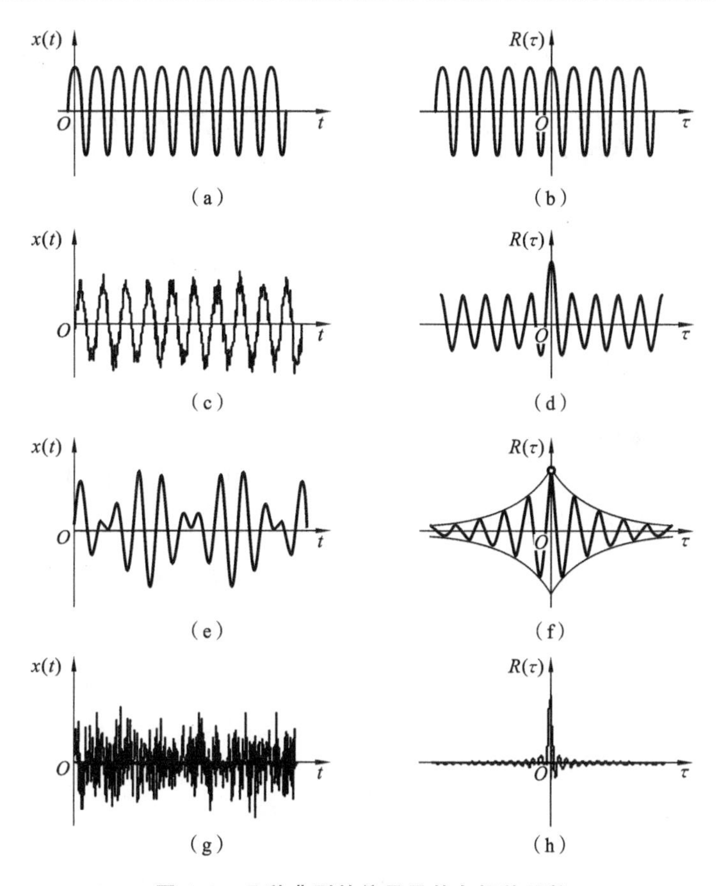

图 6-1　几种典型的信号及其自相关函数

(a) 正弦信号　(b) 正弦信号的自相关函数　(c) 正弦信号加随机噪声信号
(d) 正弦信号加随机噪声信号的自相关函数　(e) 窄带随机噪声信号　(f) 窄带随机噪声信号的自相关函数
(g) 宽带随机噪声信号　(h) 宽带随机噪声信号的自相关函数

规则的、周期性的脉冲信号，其大小要比随机冲击噪声大得多。例如，当机构中轴承磨损而间隙增大时，轴与轴承盖之间就会有撞击现象。同样，如果滚动轴承的滚道剥蚀、齿轮的某一个啮合面严重磨损等情况出现时，在随机噪声中均会出现周期信号。因此，用声音诊断机器故障时，首先就要在噪声中发现隐藏的周期分量，特别是在故障发生的初期，周期信号并不明显，直接观察难以发现时，此时就可以采用自相关分析方法，依靠 $R(\tau)$的幅值和波动的频率查出机器缺陷的所在之处。

图 6-2 所示的是机床变速箱噪声信号的自相关函数。图 6-2(a)是正常状态下噪声的自相关函数，随着 τ 的增大，$R(\tau)$迅速趋近于横坐标，说明变速箱的噪声是随机噪声；相反，在图 6-2(b)中，变速箱噪声的自相关函数 $R(\tau)$中含有周期分量，当 τ 增大时，$R(\tau)$并不向横坐标趋近，这标志着变速箱处于异常工作状态。将变速箱中各根轴的转速与 $R(\tau)$的波动频率进行比较，就可以确定这一缺陷的位置。

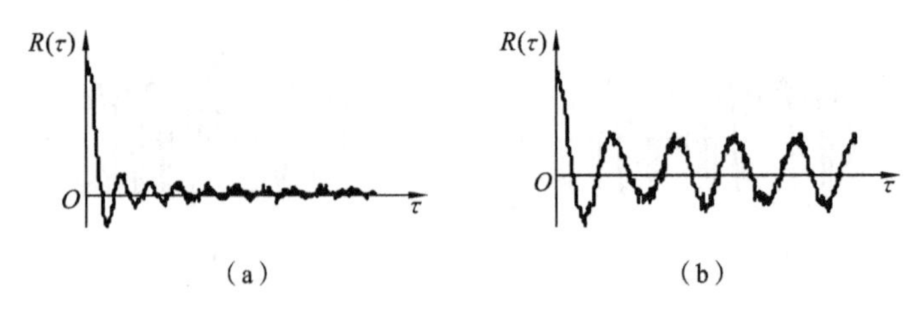

图 6-2　机床变速箱噪声信号的自相关函数

(a) 正常状态　(b) 异常状态

6.1.3　互相关函数的性质及其应用

1. 互相关函数的性质

对于两个信号，可以采用互相关函数来表征它们幅值之间的相互依赖关系。设两个随机信号分别为 $x(t)$ 和 $y(t)$，则互相关函数 $R_{xy}(\tau)$ 为

$$R_{xy}(\tau) = \lim_{T\to\infty}\frac{1}{T}\int_{-\frac{T}{2}}^{\frac{T}{2}} x(t)y(t-\tau)\mathrm{d}t$$

平稳随机信号的互相关函数 $R_{xy}(\tau)$ 是实函数，既可以为正也可以为负，它与自相关函数不同，不是偶函数，且在 $\tau=0$ 时不一定是最大值。$R_{xy}(\tau)$ 主要有以下性质。

(1) 反对称性　即有

$$R_{xy}(-\tau)=R_{yx}(\tau)$$

(2) $[R_{xy}(\tau)]^2\leqslant R_x(0)R_y(0)$。

(3) 对于随机信号 $x(t)$ 和 $y(t)$，若它们之间没有同频的周期成分，那么当时移 τ 很大时它们就彼此无关。

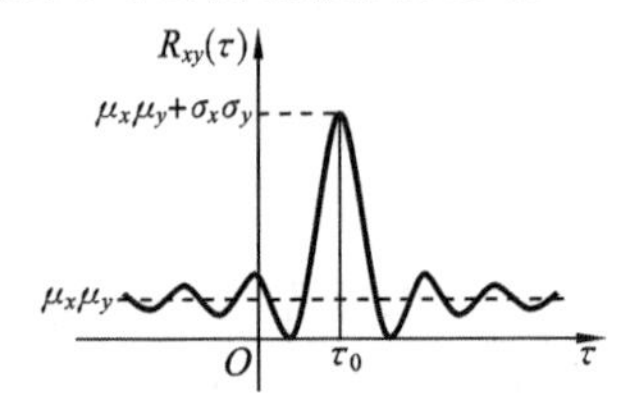

图 6-3　互相关函数示意图

图 6-3 所示的互相关函数在 τ_0 时出现最大值，它表示 $x(t)$ 和 $y(t)$ 在 $\tau=\tau_0$ 时存在某种联系，而在其他时间间隔则没有这种联系。或者可以说，它反映了 $x(t)$ 和 $y(t)$ 之间主传输通道的滞后时间。而如果两个信号中具有频率相同的周期分量，则即使 $\tau\to+\infty$，也会出现该频率的周期成分。

(4) 两个零均值且具有相同频率的周期信号，其互相关函数中保留了这两个信号的圆频率 ω、相应的幅值 x_0 和 y_0 及相位差 φ 的信息。

若两个周期信号分别表示为 $x(t)=x_0\sin(\omega t+\theta)$、$y(t)=y_0\sin(\omega t+\theta-\varphi)$，其中 θ 为 $x(t)$ 相对于 $t=0$ 时刻的相位角，φ 为 $x(t)$ 和 $y(t)$ 的相位差，则可以得到两个信号的互相关函数为

$$R_{xy}(\tau)=\frac{1}{2}x_0y_0\cos(\omega t-\varphi)$$

2. 互相关函数的应用

互相关函数具有的特性使它在机械工程应用中有重要的价值。下面通过几个例子说明其应用效果。

例 6-1　用相关分析法确定深埋地下的输油管漏损位置，以便开挖维修。

解　如图6-4所示，漏损处 K 可视为向两侧传播声音的声源，在两侧管道上分别放置传感器1和2。因为放置传感器的两点到漏损处距离不等，则漏油的声响传至两传感器的时间就会有差异，在互相关函数图上，$\tau=\tau_m$ 处有最大值，这个 τ_m 就是时差。设 s 为两传感器的安装中心线至漏损处的距离，v 为声音在管道中的传播速度，则

$$s=\frac{1}{2}v\tau_m$$

用 τ_m 来确定漏损处的位置，即线性定位问题，其定位误差为几十厘米，该方法也可用于弯曲的管道。

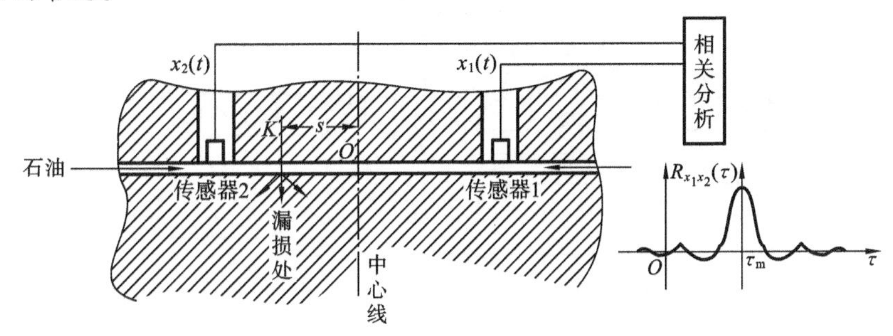

图 6-4　利用相关分析法进行线性定位实例

例 6-2　用互相关分析法在线测量热轧钢带运动速度。

解　如图6-5所示，在沿钢板运动的方向上相距 d 处的下方，安装两个凸透镜和两个光电池。当热轧钢带以速度 v 移动时，热轧钢带表面反射光经透镜分别聚焦在

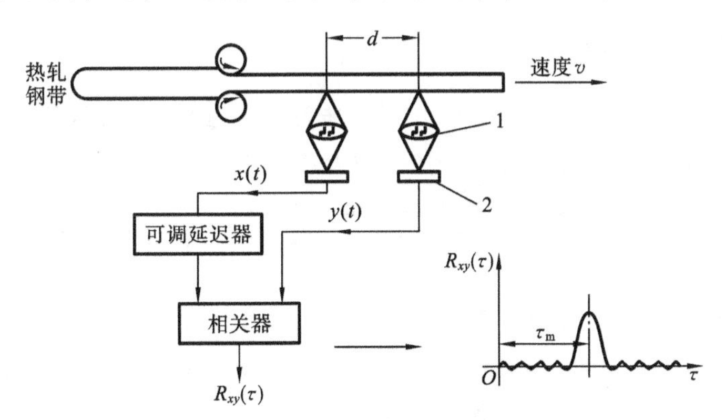

图 6-5　利用互相关分析法测速

1—透镜；2—光电池

相距 d 的两个光电池上。反射光强弱的波动通过光电池转换成电信号，再把这两个电信号进行互相关分析，通过可调延时器测得互相关函数出现最大值所对应的时间 τ_m。由于钢带上任一截面 P 经过点 A 和点 B 时产生的信号 $x(t)$ 和 $y(t)$ 是完全相关的，可以在 $x(t)$ 与 $y(t)$ 的互相关曲线上产生最大值，则热轧钢带的运动速度为

$$v=\frac{d}{\tau_m}$$

例 6-3　利用互相关函数进行汽车司机座位振动位置的检测。

解　检查小汽车司机座位的振动是由发动机引起的，还是由后桥引起的，可在发动机、司机座位、后桥上布置加速度传感器，如图 6-6 所示，然后将输出信号放大并进行相关分析。可以看到，发动机与司机座位的相关性较差，而后桥与司机座位的相关性较强，因此，可以认为司机座位的振动主要是由汽车后桥的振动引起的。

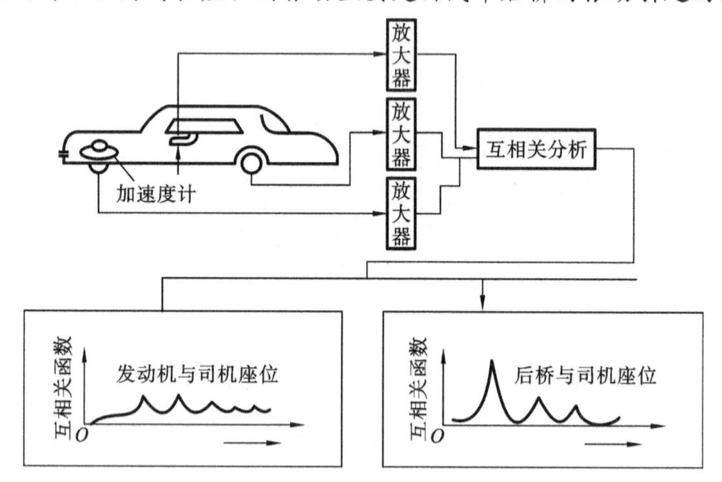

图 6-6　司机座位振动传递途径的识别

6.2　数字信号处理基础

数字信号处理是一项非常复杂的工作，涉及系统分析、传感器及其特性、信号采样等内容。一般而言，数字信号处理的一般方法如图 6-7 所示。

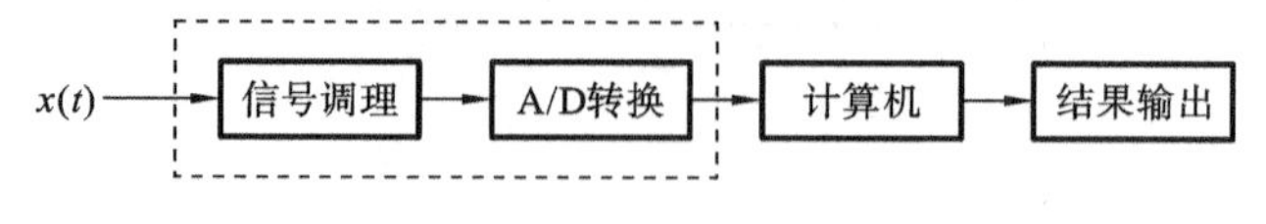

图 6-7　数字信号处理的一般方法

在用数字式分析仪或计算机分析处理信号时，需要对连续测量的动态信号进行数字化处理，将其转换成离散的数字序列。数字化的过程主要包括对模拟信号离散采样和幅值量化及编码。首先，采样保持器把预处理后的模拟信号按选定的采样间隔采样为离散序列，此时的信号变为时间离散而幅值连续的采样信号。然后，量化编

码装置将每一个采样信号的幅值转换为数字码，最终把采样信号变为数字序列。

6.2.1　采样、混频和采样定理

采样是指将连续信号离散化的过程，采样的过程如图6-8所示。其中，模拟信号为 $x(t)$，采样周期为 T 的采样脉冲函数为 $p(t)$。

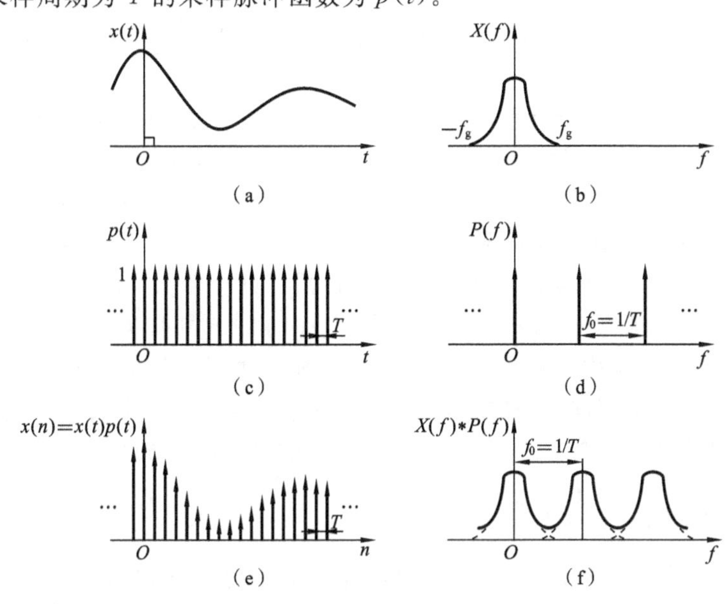

图6-8　时域采样过程示意图

(a) 原函数　(b) 原函数频谱　(c) 采样脉冲函数

(d) 采样脉冲函数频谱　(e) 离散时间信号　(f) 采样序列频谱

将 $x(t)$ 和 $p(t)$ 相乘可得离散时间信号 $x(n)$，故有

$$x(n) = \sum_{n=-\infty}^{+\infty} x(nT)\delta(t-nT) \tag{6-5}$$

式中，$x(nT)$ 为模拟信号在 $t=nT$ 时的值。设 $x(t)$ 的傅里叶变换为 $X(f)$，而脉冲函数 $p(t)$ 的傅里叶变换 $P(f)$ 也是脉冲序列，脉冲间距为 $1/T$，表示为

$$P(f) = \frac{1}{T}\sum_{m=-\infty}^{+\infty} \delta\left(f-\frac{m}{T}\right) \tag{6-6}$$

根据频域卷积定理可知：两个时域函数的乘积的傅里叶变换等于二者傅里叶变换的卷积，则离散序列 $x(n)$ 的傅里叶变换 $X(f)$ 可以写为

$$X(f) = \frac{1}{T}\sum_{m=-\infty}^{+\infty} X\left(f-\frac{m}{T}\right) \tag{6-7}$$

式(6-7)就是 $x(t)$ 经过时间间隔为 T 的采样之后所形成的采样信号频谱。一般而言，此频谱和原连续信号的频谱 $X(f)$ 并不一定相同，但有联系。它是将原信号的频谱 $X(f)$ 依次平移 $1/T$ 至各采样脉冲对应的频域序列点上，然后全部叠加而成的，如

图 6-8(f)所示。由此可见，信号经时域采样之后成为离散信号，新信号的频域函数相应变为周期函数，周期为 $f_s=1/T$。

如果采样的间隔 T 太大，即采样频率 f_s 太小，使得平移距离 $1/T$ 过小，那么移至各采样脉冲处的频谱 $X(f)$就会有一部分相互重叠，新合成的 $X(f)*P(f)$图形与原 $X(f)$不一致，这种现象称为混叠。频谱发生混叠后，改变了原来频谱中的部分幅值(见图 6-8(f)中的虚线部分)，这样就不可能从离散信号 $X(n)$准确恢复原来的时域信号 $x(t)$。

如果 $x(t)$是一个限带信号，即信号最高频率 f_g 为有限值(见图 6-8(b))，当采样频率 $f_s>2f_g$ 时，采样后的频谱就不会发生混叠。若使该频谱通过一个中心频率为零，带宽为 $\pm f_s/2$ 的理想低通滤波器，就可以把原信号的频谱提取出来，也就是说有可能从离散序列中准确恢复原模拟信号 $x(t)$。

通过上面的论述可知，为了避免混叠，以使采样处理后仍有可能准确反映其原信号，采样频率 f_s 必须大于处理信号中最高频率 f_g 的 2 倍，即有 $f_s>2f_g$，这就是采样定理。在实际工作中，采样频率的选择往往留有余地，一般应选取为处理信号中最高频率的 3～4 倍。另外，如果能够确定测量信号中的高频部分是由干扰噪声引起的，为了满足采样定理而且不至于使采样频率过高，可以对被测信号先进行低通滤波处理。

6.2.2　量化和量化误差

模/数转换器的位数是一定的，只能表达出有一定间隔的电平。当模拟信号采样点的电平落在两个相邻的电平之间时，就要舍入到相近的一个电平上，这一过程称为量化。假设两个相邻电平之间的增量为 Δ，那么量化误差 ε 最大就为 $\pm\Delta/2$。而且可以认为 ε 在$(-\Delta/2,+\Delta/2)$区间内出现的概率相等，概率分布密度为 $1/\Delta$，均值为零，则其均方值为

$$\sigma_z^2=\int_{-\Delta/2}^{\Delta/2}\varepsilon^2\frac{1}{\Delta}d\varepsilon=\frac{\Delta^2}{12} \tag{6-8}$$

若设模/数转换器的位数为 N，采用二进制编码，转换器的转换范围为 $\pm V$，则可以将相邻电平之间的增量 Δ 表示为

$$\Delta=\frac{V}{2^{N-1}} \tag{6-9}$$

由量化误差的讨论及式(6-9)可知，对于 N 位二进制数的模/数转换模块，实际全量程内的相对量化误差 δ 为

$$\delta=\frac{1}{2^{N-1}}\times 100\% \tag{6-10}$$

量化误差是叠加在采样信号上的随机误差，但为了简化后续问题的讨论，我们暂且认为模/数转换器的位数为无限多，使得采样点所采集到的幅值就是原模拟信号上的幅值。

6.2.3　截断、泄漏和窗函数

信号的历程是无限的，而我们不可能对无限长的整个信号进行处理，所以要进行截断。截断是指在时域里将无限长的信号乘以有限宽的函数，这个有限宽的函数就称为窗函数。最简单的窗函数是矩形窗，如图 6-9(a)所示。

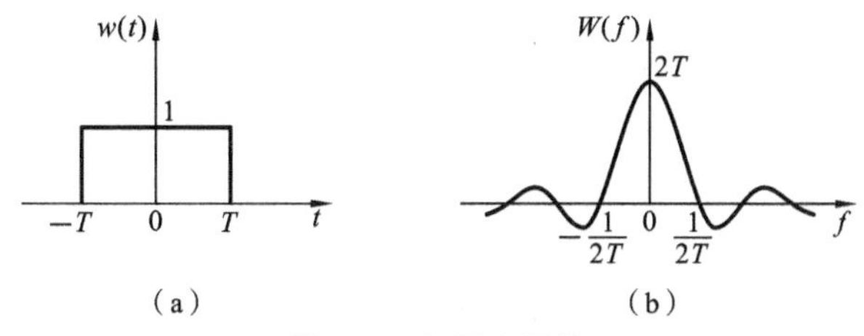

图 6-9　矩形窗函数

(a) 时域波形　(b) 幅频特性曲线

矩形窗函数 $w(t)$ 及其幅频特性 $W(f)$ 分别为

$$w(t)=\begin{cases}1, & |t|<T\\ 0.5, & |t|=T\\ 0, & |t|>T\end{cases} \tag{6-11}$$

$$W(f)=2T\frac{\sin(2\pi fT)}{2\pi fT} \tag{6-12}$$

若原信号为 $x(t)$，其频谱函数为 $X(f)$，根据频域卷积定理可知，用矩形窗函数截断后的信号其频谱为 $X(f)$ 和 $W(f)$ 的卷积。由于 $W(f)$ 为一个频带无限的函数，所以即使 $x(t)$ 为限带信号，截断后的频谱也必然为无限带宽的函数，说明信号的能量分布扩展了。而且由于截断后的信号是无限带宽信号，所以无论采样频率选择得多高，都将不可避免地产生混频，由此可见，信号截断必然会导致一定的误差，这一现象称为泄漏。

如果增大截断长度，即图 6-9(a)中的 T 增大，则从图 6-9(b)中可以看出 $W(f)$ 图形将被压缩变窄，虽然理论上其频谱范围仍为无穷宽，但中心频率以外的频率分量的衰减速度会加快，因而泄漏误差将减少。而当 $T\to\infty$ 时，$W(f)$ 函数将变为 $\delta(f)$ 函数，$W(f)$ 与 $\delta(f)$ 的卷积仍然为 $W(f)$，这说明不截断就没有泄漏误差。另外，泄漏还和窗函数频谱的旁瓣有关。如果窗函数的旁瓣小，相应的泄漏也小。除了矩形窗外，机械信号测量中常用的窗函数还有三角窗函数和汉宁窗函数，如图 6-10 所示。

三角窗函数 $w(t)$ 及其幅频特性 $W(f)$ 分别为

$$w(t)=\begin{cases}1-\dfrac{1}{T}|t|, & |t|<T\\ 0, & |t|\geqslant T\end{cases} \tag{6-13}$$

$$W(f)=T\left(\frac{\sin\pi fT}{\pi fT}\right)^2 \tag{6-14}$$

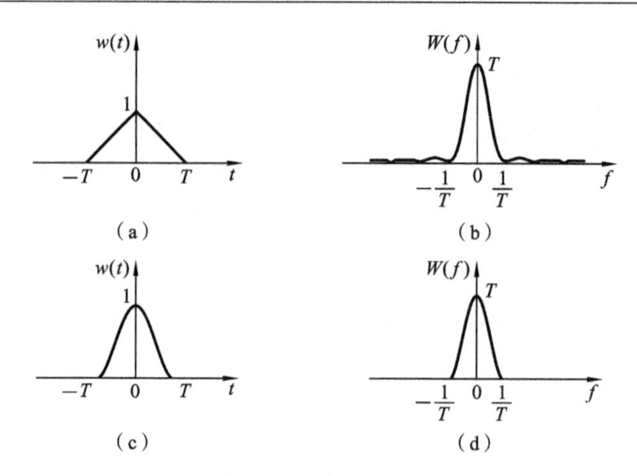

图 6-10 三角窗、汉宁窗及它们的幅频特性

(a) 三角窗函数 (b) 三角窗函数幅频曲线 (c) 汉宁窗函数 (d) 汉宁窗函数幅频曲线

汉宁窗函数 $w(t)$ 及其幅频特性 $W(f)$ 分别为

$$w(t)=\begin{cases}\frac{1}{2}+\frac{1}{2}\cos\left(\frac{\pi t}{T}\right), & |t|<T\\ 0, & |t|\geqslant T\end{cases} \tag{6-15}$$

$$W(f)=\frac{1}{2}Q(f)+\frac{1}{4}\left[Q\left(f+\frac{1}{2T}\right)+Q\left(f-\frac{1}{2T}\right)\right] \tag{6-16}$$

$$Q(f)=\frac{\sin(2\pi fT)}{\pi fT}$$

上面所讨论这两种窗函数的旁瓣，尤其是汉宁窗的旁瓣要比矩形窗小得多，从而对泄漏误差有较好的抑制作用。在实际的机械信号处理中，常用单边窗函数对信号进行截断，这等于把双边窗函数进行了时移，时域的时移对应着在频域作相移，而幅值的绝对值并不改变，所以单边窗函数截断所产生泄漏误差的研究结论与上述相同。

6.2.4 选择模/数转换模块的基本技术指标

在测量系统中，将模拟信号转换为数字信号的单元称为模/数转换模块。市场上现有的模/数转换模块很多，在此，简单介绍一下它的基本技术指标，以便我们能够根据测量要求合理地进行选择。

1. 转换时间和最高采样频率

采样频率 f_s 选择得过高将会使数据量增大，并导致后续分析处理工作量的急剧增加。根据采样定理，采样频率 f_s 只要大于处理信号中最高频率 f_g 的 2 倍，就可以不丢失原信号中所含的信息。在实际工作中，一般选取 $f_s=(3\sim4)f_g$。这样就可以确定采样间隔 $T=1/f_s$。

对模/数转换模块来说，必须在采样间隔 T 内完成转换工作。模/数转换的工作要有一定的转换时间，这就限制了它能处理的最高信号频率。如一个单通道的模/数转换器可以在 10 μs 完成一次转换工作(转换字长 16 bit)，则它的最高采样频率为 100 kHz，通常用它来对最高频率分量小于 30 kHz 的一路信号进行 16 位采样。另外，转换速度还和转换字长有关，转换字长短则转换速度高，但量化误差会增大。

2. 转换位数

在选择模/数转换器的位数时，要根据它的测量范围和要求的测量精度来确定转换位数。而实际应用的有些模/数转换器的末位数字并不可靠，需要舍弃，这样测量精度就会降低，这一点应该在选择转换位数时予以充分考虑。

模/数转换器输入电压的范围是由转换电路确定的，如果输入信号的电压范围与其不匹配，则需要经过运算放大电路作线性放大(衰减)或平移。另外还要注意信号中含有的噪声，不仅要估计有用信号的幅值，还要估计到可能的噪声幅值，务必要使整个测量信号在经过运放电路后，其电压幅值处于模/数转换器的工作范围以内。

3. 采样通道数

模/数转换器的采样通道数是指同时能输入的模拟信号路数。在考察模/数转换器的采样通道数时，需要注意通道是同时并行输入的，还是顺序输入的。当是同时并行输入时，它是由多路模/数转换电路并行地按同一时钟节拍工作，如果各路模/数转换电路的特性相同，则多路模/数转换器的最高采样频率和单通道的相同。

另一种可能是只有一路的模/数转换，它通过逻辑电路进行控制，顺序地对每一路信号进行转换并将转换数据送向相应的输出通道。这样每两路采样信号之间都会有一个时移。假设完成一次采样的时间为 T_Δ，则相邻两路采样信号之间的时移就是 T_Δ，对这种时间差在后续的信号处理中应该予以重视。显然，这种工作方式的多路模/数转换器在多通道工作时所允许的最高采样频率比单通道工作时要低。如一个八路顺序输入的模/数转换器，其采样时钟频率为 40 kHz，如果八路均工作，则每路允许的最高采样频率为 5 kHz；如果只有两路工作，则每路允许的最高采样频率为 20 kHz；而如果只有一路工作，则其允许的最高采样频率就是 40 kHz。

6.3 计算机辅助测试简介

6.3.1 概述

计算机测试系统一般由微机或微处理器、测量仪器、接口、总线和软件等部分组成，如图 6-11 所示。微机或微处理器是整个测试系统的核心，以微处理器为核心的测试仪器在软件的控制下采集数据，同时控制测试系统正常运转，并对测量数据进行处理，如计算、变换、误差分析等，最后将测量结果存储或打印、显示输出。测量仪器或系统的工作，如测量功能、工作频率、输出电平量程等的选择和调节都是在微机控制指令的控制下完成的。这种能接受程序控制并改变内部电路的工作状态，以及完

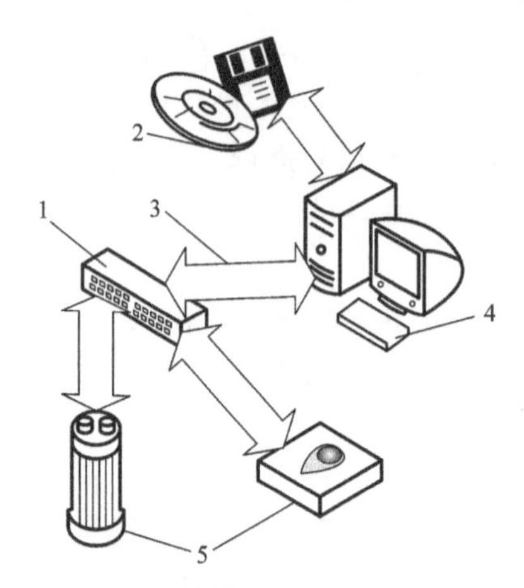

图 6-11　计算机测试系统的构成

1—接口电路；2—软件；3—数据总线；
4—计算机；5—传感器

成特定任务的测量仪器称为程控仪器。测量系统内部各单元(包括芯片、模板、插件板、仪器和系统等)之间通过信号线路连接。上述各单元实现数据传递和信息联络的一组信号线称为总线，而各单元与总线相连的硬件部分是与总线技术规范适配的接口电路，简称接口。接口提供机械兼容、逻辑电平方面的匹配，并能通过数据总线实现数据、状态和控制信息的传输与交换。各仪器或设备之间通过适当的接口与各种总线相连，并按某种协议协调工作。

计算机辅助测试系统发展历程可分为：

(1) PC 插卡式数据采集分析系统；

(2) 标准总线的数据采集系统(GBIP 标准总线系统、VXI 标准总线系统、PXI 标准总线系统)；

(3) 现场总线及智能传感器。

6.3.2　PC 插卡式与标准总线测试系统

1. PC 插卡式测试系统

PC 插卡式测试系统是指在微机主板扩展槽中插入 ADC(A/D converter)卡、DAC(D/A converter)卡，或用集成有 ADC 的通用单片机自编或调用采集分析处理软件，进行测试分析的测试系统。它产生于 20 世纪 60 年代，随后为了适应各领域计算机辅助测试的需要，又研制出一些高性能的专用 ADC、DAC 插卡和专用预处理模块和多功能分析处理软件，与 PC 机组成各种数据采集仪和分析仪。图 6-12 所示为

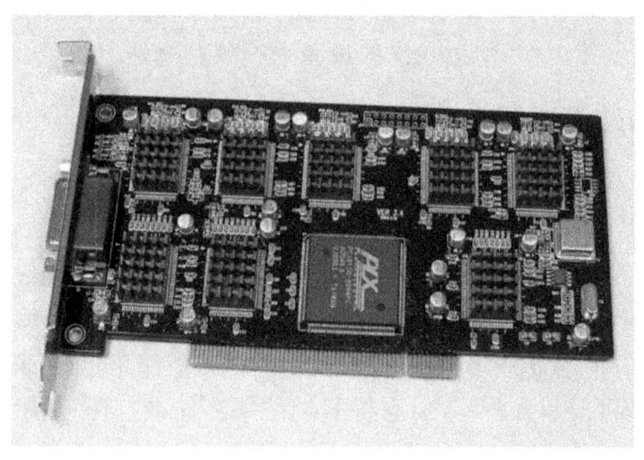

图 6-12　ADC 卡

一块9位的ADC卡。

传统仪器主要由控制面板和内部处理电路组成，而插卡式仪器自身不带仪器面板，它借助计算机强大的图形环境，建立图形化的虚拟面板，完成对仪器的控制、数据分析和显示。现在比较流行的虚拟仪器系统就是借助于插卡微机内的数据采集卡DAQ(data acquisition)与专用的软件相结合，完成测试任务。它充分利用计算机的总线、机箱、电源及系统软件，这类系统性能好坏的关键在于数据采集卡也即A/D转换技术。

数据采集卡是实现数据采集(DAQ)功能的计算机扩展卡。PC机主板上有多个扩展插槽，按对外数据总线标准分类，主要有XT总线插槽、16位的AT总线插槽(亦称ISA工业标准总线)、32位PCI总线插槽及笔记本式PC的MCIA总线插槽等。将数据采集卡插入相应的总线插槽中即可通过USB、PXI、PCI、PCI Express、火线(1394)、PCMCIA、ISA、Compact Flash等总线接入计算机。与接入总线的相对应的插卡有ISA(industry standard architecture)卡、PCMCIA(personal computer memory card international association)卡和PCI(peripheral command indicator)卡等多种类型。随着计算机的发展，ISA插卡已逐渐退出。PCMCIA卡由于结构连接强度太弱，它的工程应用受到影响。而PCI卡正在广泛使用，相应的PCI总线标准已经成为微机标准。它是一种32位或64位局部总线，时钟频率为32 MHz，数据传输速度高达132～264 Mb/s。PCI总线技术的无限读/写突发方式，可以在一瞬间发送大量数据。PCI总线的外围设备可与CPU并发工作，从而提高了整体的性能。PCI总线还有自动配置功能，从而使所有与PCI兼容的设备实现真正的“即插即用”(plug & play)。

2. 标准总线数据采集系统

1) GPIB标准总线系统

GPIB(genaral purpose interface bus)标准总线称为通用接口总线，它是命令级兼容的外总线，主要用来连接各种仪器，组建由微机控制的中小规模的自动测试系统。仪器只要配备了这种接口，就可以像搭积木一样，按要求灵活地组建自动测量系统。图6-13(a)所示为GPIB的总体结构形式，其中每个设备就是一台仪器。与一般测量系统结构不同(见图6-13(b))。GPIB通过标准接口连接设备，该接口无论在功能上、电气上和机械接插上都按照标准设计。图6-13(a)中总线也是标准的，内含16条通信线，每条线都有特定的意义。其中有8根数据线，5根管理总线，3根挂钩总线。通过三线挂钩技术实现不同速率的器件之间的数据传递。无论是哪个厂家的产品，具有这种接口的器件都能互相兼容。这种标准总线系统的成功之处在于组建系统非常方便，用户只要选定所需的器件，并用总线将各器件接插上即可，用户的主要精力用在编制测量程序上。系统拆散后，各器件又可作为单台仪表使用。这种系统可用来测量各种电量、非电量，也可以用于闭环控制。

GPIB标准总线系统的主要优点可归纳如下。

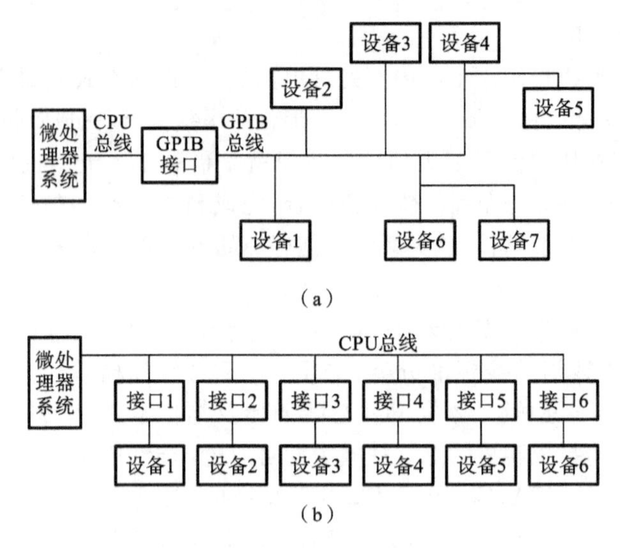

图 6-13　数据采集系统

(a) GPIB 系统　(b) 一般系统

(1) 一个接口连接多至 14 个设备(包括计算机为 15 个设备),在有限的距离(20 m)内使用,能满足实验室和一般的生产环境测量的需要。由图 6-13 可见,一般接口系统是“点对点”传递,而 GPIB 则是“1 对多”传递。

(2) 具有广泛的通用性和灵活性　只要符合其标准接口要求的仪器设备都可以互相连接,组建成一个自动测量系统。人们进行操作时仅需要搬动设备和插接电缆插头,不需要进行接口硬件设计。

(3) 允许系统中连接的仪器之间既可在控制器(计算机)的控制下传输数据,也可以在无控制器的条件下自动进行数据传输。

(4) 数据传输是双向异步的　为使传输速率能在较大的范围内变化,并可满足不同工作速度的仪器要求,一般最高速率为 250 Kb/s,如果采用三态门发送器,则最高速率可达 1 Mb/s。

(5) 成本较低,使用方便。

2) VXI 标准总线系统

VXI 总线是 VME(versa bus module european)总线在仪器领域的扩展。它是继 GPIB 之后,为适应测量仪器从分立的台式和机架式结构发展为更紧凑的模块式结构的需要,于 1978 年推出的一种新的总线标准。它对所有厂家和用户都是公开的,允许用户将不同厂家的模块用于一个系统的同一机箱内,它为测试系统和仪器的设计者又提供了一种新的选择,在国际上得到广泛应用。

VXI 总线系统采用的是机箱式结构,如图 6-14 所示,总线在机箱内部背板上,一个接插模块就相当于一台仪器或特定功能器件,多个模板共存于一个机箱,可组成一

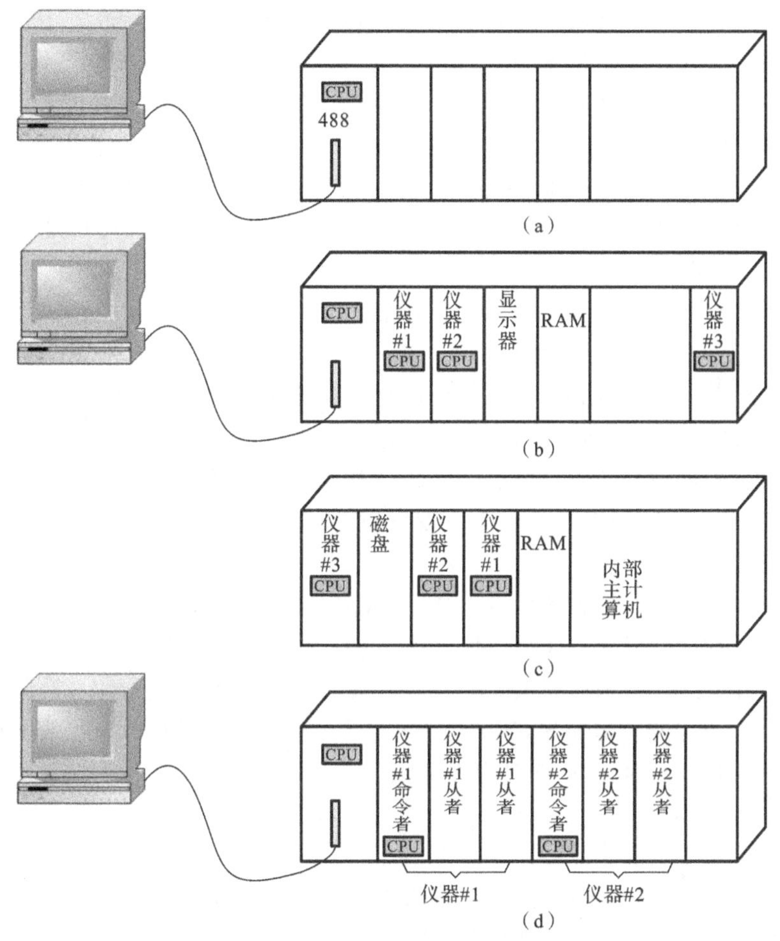

图 6-14　VXI 总线系统配置实例

(a) 单 CPU 系统　(b) 多 CPU 系统　(c) 独立系统　(d) 分层式仪器系统

个测量系统。采用 VXI 总线的测量系统最多包含 256 个器件，它与 GPIB 系统的主要区别在于它的全部器件都是插件式的，并且对插件和主机架的尺寸要求严格。此外，由于 VXI 总线为器件提供了数据传输、中断、时钟、模拟信号线、多种电源线等多种总线，因而既适用于数字器件，也适用于模拟器件，便于传输 8 位、16 位、32 位等多种数据。VXI 标准总线系统的主要优点可归纳如下。

(1) 开放性使多厂家通过共用标准，组建系统更加灵活。

(2) 规范化的 VXI 软件使系统的配置、编段和集成更简单、容易。

(3) 数据传输速率高，最高可达 33 Mb/s。

(4) 精确的定时和同步提高了测量准确度。

3. PXI 标准总线系统

PXI 总线以 Compact PCI 为基础，由具有开放性的 PXI 总线扩展而来(NI 公司于 1997 年提出)。PXI 总线符合工业标准,在机械、电气和软件特性方面充分发挥了 PCI 总线的全部优点。PXI 构造类似于 VXI 结构,但它的设备成本更低,运行速度更快,体积更紧凑。目前基于 PCI 总线的软、硬件均可应用于 PXI 系统中,从而使 PXI 系统具有良好的兼容性。PXI 还有高度的可扩展性,它有 8 个扩展槽,而 PCI 系统只有 3～4 个扩展槽。PXI 系统通过使用 PCI—PCI 桥接器,可扩展到 256 个扩展槽。PXI 总线的传输速率已经达到 132 Mb/s(最高可达 500 Mb/s),是目前已经发布的最高传输速率。

PXI 作为一种标准的测试平台,与传统测试仪器相比,除了在价位上具有绝对竞争优势外,还具有众多其他优点。首先,随着产品的复杂度增加,被测项目也相应增加,利用 PXI 模块可以灵活配置成综合的自动化测试平台,将多功能测试同时进行,有效节省了系统测试时间和成本;PXI 集定时与触发、更高带宽及更高的性价比于一身,从而成为测试平台。PXI 提供了一种清晰的混合解决方案,即 PXI 能很轻松地将硬件和软件,包括 VXI、GPIB、串口设备、PXI 新产品、USB 及以太网设备集成在一起。

相对于 VXI,PXI 机箱体积较小,对于很多具有复杂功能的大型综合系统,它所能提供的模块有限,因而只能配合用于某些单元测试环节。PXI 由于缺少 VXI 系统中每个模块的屏蔽盒,因而其电磁兼容性较差,对于某些可靠性要求较高的场合不太适用。此外,与传统仪器相比,PXI 由于采用的是通用芯片和技术,在采样精度等技术指标上与拥有专利技术的产品存在差距。

6.3.3　现场总线测试系统与智能传感器

随着控制、计算机、通信、网络等技术的发展,信息技术正在迅速覆盖工业生产的各个方面,从工厂现场设备层到控制、管理的各个层次。信息技术的飞速发展引起生产过程自动控制系统的变革,从基地式气动仪表控制系统、电动单元组合式模拟仪表控制系统、集中式数字控制系统、集散控制系统(distributed control system,DCS),一直到新一代控制系统——现场总线控制系统(fieldbus control system,FCS)。

现场总线技术包含两个方面,其一,将专用微处理器置入传统的测量控制仪表,使其具有数字计算、控制和数字通信能力,即智能化;其二,采用可进行简单连接的双绞线等作为总线,把多个测量控制系统连接成网络,并按规范的通信协议,在位于现场的多个微机化测量控制设备之间及现场仪表与远程监控计算机之间实现数据传输与信息交换,形成各种适应生产、实验等方面需要的自动控制系统。即现场总线技术把单个分散的测量、控制设备(智能仪表和控制设备,也包括可自称单元的智能传感器等)作为网络节点,以现场总线为纽带,把它们连接成可以相互沟通过信息、共同完成自控任务(生产过程控制和试验)的网络与控制系统。现场总线控制系统的构成如图 6-15 所示。

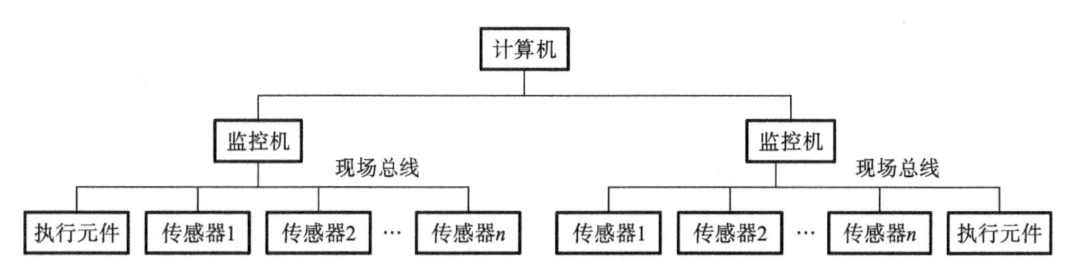

图 6-15　现场总线控制系统的构成

1. 智能传感器

现代自动化系统包括如图 6-16 所示的三种主要功能块：执行器、计算机(或微处理器)及传感器。传感器实时检测对象的状态及其相应的物理参量，并及时反馈给计算机；计算机相当于人的大脑，经过运算、分析、判断，根据对象的状态偏离设定值的方向与程度，对执行器下达修正动作的命令；执行器相当于人的手脚，按大脑的命令对对象进行操作。如此反复不止，以使“对象”在允许的误差范围内维持在所设定的状态。

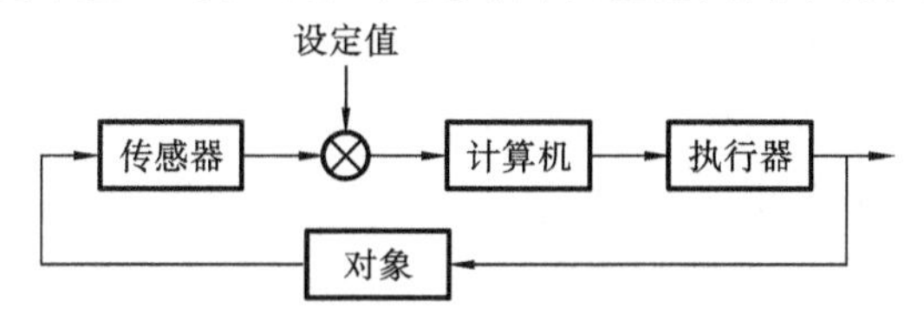

图 6-16　自动控制系统

传感器位于信息系统的最前端，它起着获取信息的作用，其特性的好坏、输出信息的可靠性对整个系统的控制质量至关重要。

1）智能传感器概念与传感器系统

早期，人们简单、机械地强调在工艺上将传感器与微处理器紧密结合，认为传感器的敏感元件及其信号调理电路与微处理器集成在一块芯片上就是智能传感器。随着以传感器系统发展为特征的传感器技术的发展，人们逐渐发现将传感器与微处理器集成在一块芯片上构成智能传感器，在实际中并不总是必须的，而且也不经济；重要的是将传感器(通过信号调理电路)与微处理器/微型计算机赋以“智能”的结合。若没有足够的“智能”，则只能说是“传感器微机化”，还不能说是智能传感器。由于工作现场的需要，在检测及自动控制中，人们希望智能传感器能发挥人的“五感”的功能，即有“智能”。人的感觉有两个基本功能：一个是检测对象的有无或检测对象发出的信号，即“感知”；另一个是进行判断、推理，鉴别对象的状态，即“认知”。一般的传感器只有对某一物体精确“感知”的本领，而不具有“认知”(智慧)的能力。智能传感器则可将“感知”和“认知”结合起来，不仅能“感知”外界的信号，还能把“感知”到的信号进行必要的加工处理。因而，智能传感器就是指带微处理器并且具备信息检测和信息处理功能的传感器，它有如下特点。

(1) 信号调理电路与微处理器结合,核心在于赋予其智能。

(2) 在工艺上,传感器与微处理器并非必须集成在一块芯片上,可以将传感器与微处理器集成在一个芯片上构成“单片智能传感器”,也可以将传感器的输出信号经处理和转换后由接口送到微处理机部分进行运算处理。

(3) 传感器系统由以往的“信号检测”扩展到兼具“信息处理”,且必须具备学习、推理、感知、通信及管理等功能,其能力相当于一个具备专门知识与经验丰富的专家。

智能传感器的主要功能如下。

(1) 逻辑判断、统计处理功能　可对检测数据进行分析、统计和修正,还可进行线性、非线性、温度、噪声、响应时间、交叉感应及缓慢漂移等的误差补偿。例如,在带有温度补偿和静压力补偿的智能传感器中,当被测量的介质温度和静压力发生变化时,智能传感器中的补偿软件能自动依照一定的补偿算法进行补偿,以提高测量精度。

(2) 自诊断、自校准功能　可在接通电源时进行开机自检,可在工作中进行运行自检,并可实时自行诊断测试,以确定哪一组件有故障并作出必要的响应(即发出故障报警信号或在计算机屏幕上显示出操作提示),提高了工作可靠性。

(3) 自适应、自调整功能　可根据待测物理量的数值大小及变化情况自动选择检测量程和测量方式,提高了检测适用性。

(4) 组态功能　可实现多传感器、多参数的复合测量,扩大了检测与使用范围。在智能传感器系统中可设置多种模块化的硬件和软件,用户可以通过微处理器发出指令,改变智能传感器的硬件模块和软件模块的组合状态,完成不同的测量功能。

(5) 记忆、存储功能　可进行检测数据的随时存取,加快了信息的处理速度。

(6) 数据通信功能　智能化传感器具有数据通信接口,能与计算机联机,相互交换信息,提高了信息处理的质量。

2) 智能传感器的实现途径

(1) 非集成化实现　非集成化智能传感器是将传统的经典传感器、信号调理电路、具备数字总线接口的微处理器组合为一整体,从而构成的一个智能传感器系统。如图 6-17 所示,图中的信号调理电路用来调理传感器的输出信号,即将传感器输出信号进行放大并转换为数字信号后送入微处理器,再由微处理器通过数字信号总线接口挂接在现场数字总线上。这是一种实现智能传感器系统的最快捷方式。

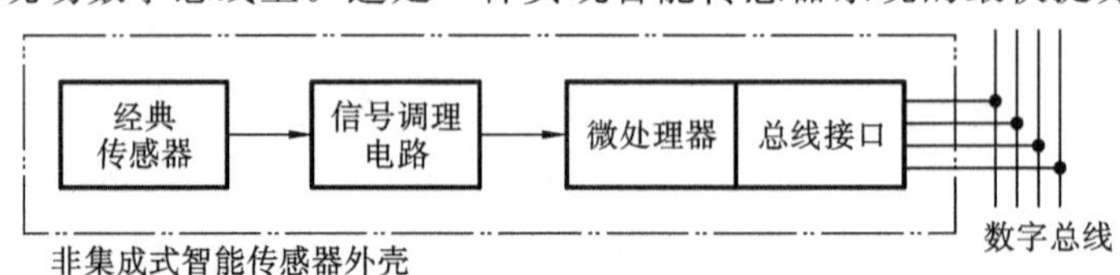

图 6-17　非集成化智能传感器系统的构成

(2) 集成化实现 这种智能传感器系统是采用微机加工技术和大规模集成电路工艺技术，利用硅作为基本材料来制作敏感元件、信号调理电路、微处理器单元，并把它们集成在一块芯片上而构成的，故又可称为集成智能传感器，如图 6-18 所示。通过集成方法实现智能传感器优点很明显，如微型化、结构一体化、精度高、多功能、阵列式、全数字化等，虽然还存在很多待解决的难题，但目前发展趋势异常迅猛。

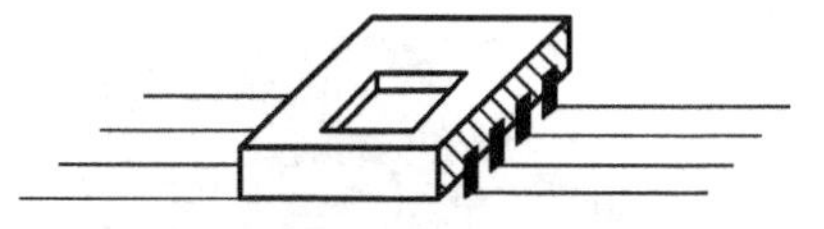

图 6-18 集成智能传感器的构成

(3) 混合实现 混合实现是指根据需要，将系统各个集成化环节，如敏感单元、信号调理电路、微处理器单元、数字总线接口等，以不同的组合方式集成在两块或三块芯片上，并装在一个外壳里，如图 6-19 所示。集成化敏感单元包括弹性敏感元件及变换器；信号调理电路包括多路开关、仪用放大器、基准、A/D 转换器等；微处理器单元包括数字存储(EPROM、ROM、RAM)、I/O 接口、微处理器、D/A 转换器等。

在图 6-19(a)中，三块集成化芯片封装在一个外壳里；在图 6-19(b)、图 6-19(c)和图 6-19(d)中，是两块集成化芯片封装在一个外壳里。图 6-19(a)、图 6-19(c)中的(智能)信号调理电路带有零点校正电路和温度补偿电路，因而具有部分智能化功能，如自调零、自动进行温度补偿得这种功能。

固体图像传感器是典型的集成智能传感器，它能实现信息的获取、转换和视觉功

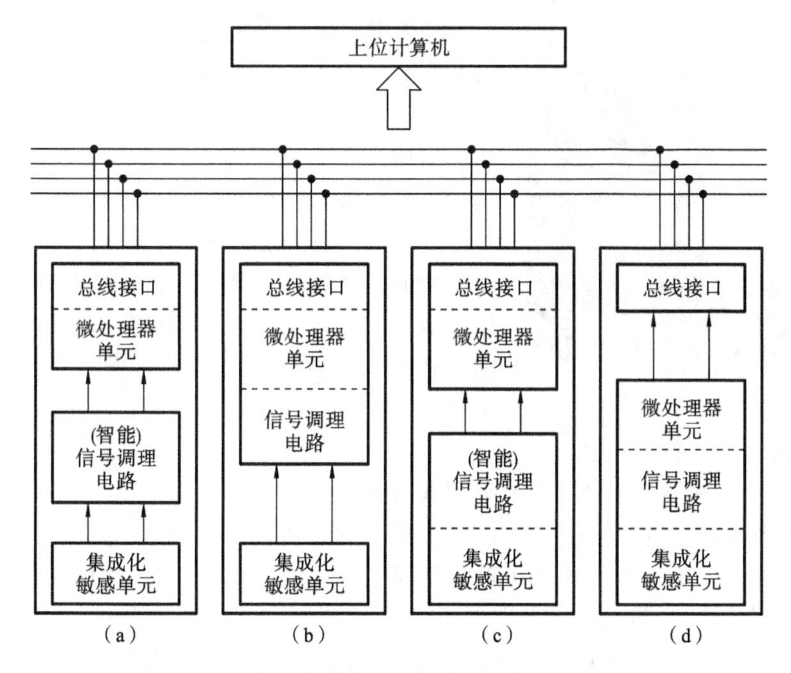

图 6-19 在一个封装中可能的混合集成实现方式

(a) 三块集成芯片封装 (b) 两块集成芯片封装 1 (c) 两块集成芯片封装 2 (d) 两块集成芯片封装 3

能的扩展,能给出直观、真实、层次最多、内容最丰富的可视图像信息。目前,由于传感器智能化和集成化的要求,使得固体图像传感器有三维集成的发展趋势,如图6-20、图6-21所示。

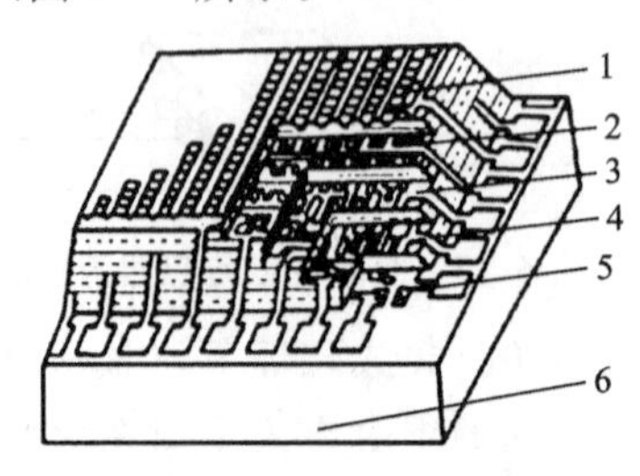

图6-20　三维结构集成的智能化传感器

1—光电变换部分;2—信号传送部分;3—存储器;4—运算部分;5—电源驱动部分;6—硅基片

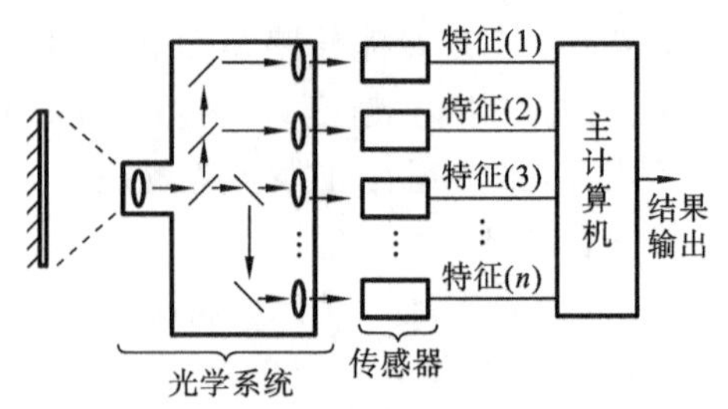

图6-21　多个智能图像传感器组成的图像识别系统

3）传感器智能化的技术途径

人工智能的主要研究内容包括机器智能和仿生模拟两大部分。前者是利用现有的高速、大容量计算机的硬件设备,研究计算机的软件系统来实现新型计算机原理、策略制定、图像识别、语言识别和思维模拟,这是人工智能的初级阶段。后者则是在生物学已有成就的基础上,对人脑和思维过程进行人工模拟,设计出具有人类神经系统功能的人工智能机。计算机科学无疑是实现人工智能的必要手段,而仿生学和材料学则是推动人工智能研究不断前进的动力。

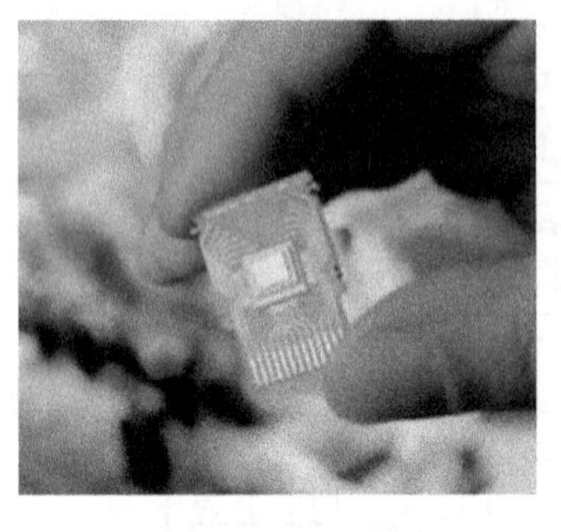

图6-22　生物芯片

生物传感器系统亦称生物芯片(见图6-22),是仿生学应用于人工智能的代表。生物芯片不仅能模拟人的嗅觉(如电子鼻)、视觉(如电子眼)、听觉、味觉、触觉等,还能实现某些动物的"特异功能"(例如海豚的声呐导航测距,蝙蝠的超声波定位,犬类极灵敏的嗅觉,信鸽的方向识别,昆虫的复眼)。生物芯片的检测效率是传统检测手段的成百、上千倍。

2. 现场总线控制系统

1）现场总线控制系统中的传感器与仪表

在现场总线控制系统(FCS)中,节点是现场设备或仪表,如传感器/变送器、调节器、记录仪等,但不是传统的单功能仪表,而是具有综合功能的智能仪表。如果传感器与仪表都没有智能,只会采集数据,甚至是否进行数据采集也要中心控制室下达命令,而中心控制室的主控计算机要关注每台传感器与仪表的工作细节,如传感器及其仪表的温度补偿情况、自校准情况、工作是否正常、数据是否可靠等,根据所知情况与数据再进行分析,判断后作出决策,再对某个控制器或仪表发出命令,这样就不能适应现代生产过程控制系统日益复杂的要求。解决问题的办法是“分散”或“分布”智能，给现场的传感器/变送器、仪表、执行器等现场设备配备微型计算机/微处理器。传统的传感器/变送器与微型计算机/微处理器相结合就成为智能传感器/变送器。例如，智能流量变送器经微型计算机/微处理器的非线性校正、温度补偿软件等功能模块处理可以获得排除干扰噪声后的瞬时流量值，经累加运算软件功能模块可获得累计流量值。也就是说，FCS 摒弃了 DCS 的控制站，把 DCS 控制站的功能分配给现场仪表，从而构成虚拟控制站。这样，许多控制功能从控制室移至现场仪表，大量的过程检测与控制的信息就地采集、就地处理、就地使用，在新技术的基础上实施就地控制。现场智能传感器/变送器将调控的对象状态参量（如流量）通报给控制室的上位计算机。上位机主要对其进行总体监督、协调、优化控制与管理，实现了彻底的分散控制。在这个局域的分散控制系统中的现场传感器/变送器是智能型的，并带有标准数字总线接口。现场总线控制系统中具有智能的传感器/变送器也称为现场总线仪表。

2）现场总线控制系统中的现场总线

现场总线是现场总线控制系统的基础，是指用于现场总线仪表与控制室系统之间的一种全数字化、串行、双向、多站的通信网络。这个网络使用一对简单的双绞线，传输现场总线仪表与控制室之间的通信信号和对现场总线仪表供电。

现场总线技术是正在发展中的技术，目前还没有统一、全面、权威的论述。这里仅对它的全数字化通信、通信线供电、开放式互联网络等特点进行简单介绍。

（1）数字化通信　同“半数字”的 DCS 不同，现场总线系统是一个“纯数字”系统。例如，在传统的 DCS 系统里，压力和温度变送器需要将它们测量到的 4～20 mA 的模拟信号在送入 DCS 前转换成数字信号。而在现场总线控制系统中，从变送器/传感器到各种现场设备之间，其信号一直保持数字性。这就使得更复杂、更精确的信号处理得以实现。数字信号有很强的干扰能力。另外，利用数字通信的检错功能可检出传输中的误码。

（2）通信线供电　通信线供电方式允许现场仪表直接从通信线上摄取能量，这种方式用于本质安全环境的低功耗现场仪表，与其配套的还有安全栅。

（3）开放式互联网络　现场总线为开放互联网络，它既可与同层网络相连，又可与不同层网络相连。当然，挂接在现场总线上的现场总线仪表、设备都必须是统一的标准数字化总线接口，遵守统一的通信协议。这样，不同厂家的产品都可以十分方便地挂接在现场总线上，且具有可操作性。因为现场总线仪表、设备种类繁多，不可能由一个生产厂家来提供一个复杂的自动化工厂或一个复杂的 CAT 系统的全部现场设备。为此，标准化的现场总线网络协议对于现场总线是非常重要的。

（4）专为工业过程控制（包括工业试验）设计　过程自动控制及工业试验有时会涉及有毒、易燃易爆、高温高压等环境，对人身安全及自然环境有着潜在的威胁。另外，工业环境中还有电磁干扰、机械振动等多种干扰因素。所以，只有针对工业过程控制而设计的现场总线才能更好地实现工业过程对自动化或工业 CAT 系统的各种苛刻要求。

(5) 自由选择不同品牌设备　现场总线的另一优点就是用户可以自由选择设备，用户可以选择不同厂商生产的最好的现场设备及仪表，并毫不费力地将它们集成为一体。因为所有现场总线产品都符合统一的标准。

(6) 数据库的一致性　现场总线采取完全分散的数据库概念。仪表与控制信息回路，如量程、PID 参数等都被“嵌入”现场装置中。任何同现场总线接口的人机界面都可显示有关信息。这样就不会产生重复或不一致的数据库。在 DCS 系统中，操作站与仪表数据库之间的同步无法保证，而现场总线系统只使用一个数据库，也就是分散于现场仪表中的数据库，人机界面就是从此数据库中获取“定标数据”的。手持终端所检索的也是同一个数据库。

3) 现场总线网络协议模式

现场总线网络协议是近年来出现的面向未来工业控制网络的通信标准。与适用于各个领域应用的工业局部网络协议相对应，现场总线网络也有自己的协议模式。

现场总线网络协议是按照国际标准化组织(ISO)制定的开放系统互连(OSI)参考模型建立的，如图 6-23 所示。它规定了现场应用进程之间的相互可操作性、通信方式、层次化的通信服务功能划分、信息的流向及传递规则。一个典型的 IEC/ISA 现场总线通信结构模型如图 6-24 所示。为了满足过程控制实时性的要求，它将 ISO/OSI 参考模型简化为三层体系结构，即应用层、数据链路层、物理层。

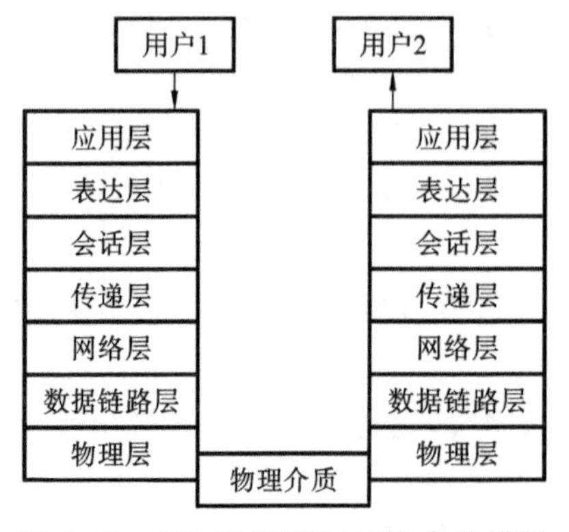

图 6-23　ISO 开放互连(OSI)参考模型

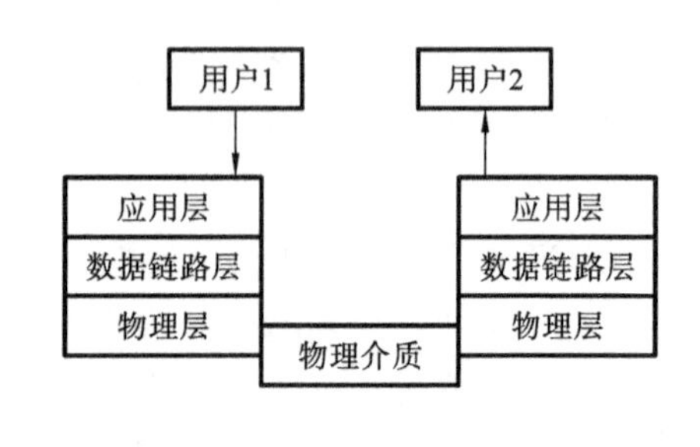

图 6-24　IEC/ISA 现场总线通信结构模型

(1) 应用层　现场总线应用层(FAL)为过程控制用户提供了一系列的服务，用于简化或实现分布式控制系统中的应用进程之间的通信，同时为分布式现场总线控制系统提供了应用接口的操作标准，实现了系统的开放性。

(2) 数据链路层　现场总线的数据链路层(DLL)规定了物理层与应用层之间的

接口。链路层的重要性在于所有接到同一物理通道上的应用进程实际上都是通过它的实时管理来协调的。由于在工业过程中实时性很重要，现场总线采用了集中式管理方式。在集中管理下，物理通道可被有效地利用起来，并可有效地减少或避免实时通信的延迟。

(3) 物理层　现场总线的物理层提供机械、电气、功能和规程性的功能，以便在数据链路实体之间建立、维护和拆除物理连接。物理层通过物理连接在数据链路实体之间提供透明的传输。现场总线的物理层规定了网络物理通道上的信号协议，具体包括对物理介质(如双绞线、同轴电缆、光纤、无线信道等)上的数据进行编码或译码。当处于数据发送状态时，该层接收由数据链路层下发的数据，并将其以某种电气信号进行编码并发送。当处于数据接收状态时，将相应的电气信号编码为二进制数，并送到链路层。

对物理层还定义了所有传输媒介的类型和介质中的传输速度、通信距离、拓扑结构及供电方式等。对物理层定义了三种介质(双绞线、光纤和射频)；对网络定义了三种传输速度(31.25 Kb/s、1 Mb/s、2.5 Mb/s)，其中 31.25 Kb/s 被用于支持本质安全环境；三种通信距离：1 900 m(31.25 Kb/s)、750 m(1 Mb/s)、500 m(2.5 Mb/s)。

6.4 虚拟仪器系统

虚拟仪器(virtual instrument)是指通过软件将通用技术与有关仪器硬件结合起来，用户通过图形界面(通常称为虚拟前面板)进行操作的一种仪器(见图 6-25)。虚拟仪器的开发和应用源于 1986 年美国 NI(National Instrument)公司推出的 LabVIEW软件，并提出了虚拟仪器的概念。虚拟仪器利用计算机系统的强大功能，结合相应的仪器硬件，采用模块式结构，突破了传统仪器在信号传送、数据处理、显示和存储等方面的限制，使用户可以方便地对其进行定义、维护、扩展和升级等，同时实现了系统资源共享，降低了成本，显示出强大的生命力，并推动了仪器技术与计算机技术的进一步结合。

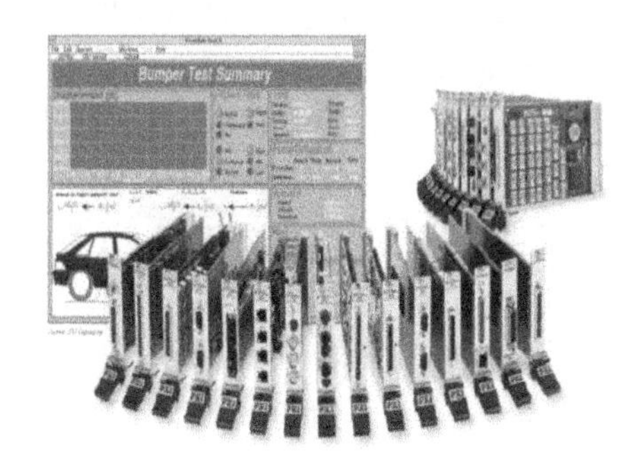

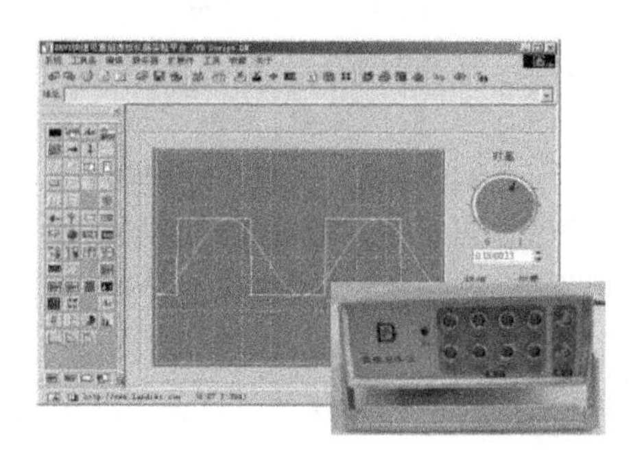

图 6-25　虚拟仪器硬件及其仪器面板

6.4.1　虚拟仪器的组成

虚拟仪器的基本构成包括计算机、软件、仪器硬件及将计算机与仪器硬件相连接的总线结构。计算机是虚拟仪器的硬件基础，对测试与自动控制而言，计算机是功能强大、价格低廉的运行平台。由于虚拟仪器充分利用了计算机的图形用户界面(GUI)，所开发的具体应用程序都基于 Windows 运行环境，所以计算机的配置必须合适。GUI 对于计算机的 CPU 速度、内存容量、显示卡性能等都有最基本的要求，一般而言，要使用 Inter 486 以上的 CPU 和 16 M 以上内存的计算机才能获得良好的效果。

除此以外，虚拟仪器还需配备其他硬件，如各种计算机内置插卡或外置测量设备及相应的传感器，才能构成完整的硬件系统。实际应用中有两种构成方式，一种是直接把传感器的输出信号经放大调理后送到 PC 内置的专用数据采集卡，然后由软件完成数据处理。目前许多厂家已经研制出许多用于构建虚拟仪器的数据采集 DAQ 卡。一块 DAQ 卡可以完成 A/D 转换、D/A 转换、计数器/定时器等多种功能，再配以相应的信号调理电路模块，就可构成能组成各种虚拟仪器的硬件平台。

另一种是把带有某种接口的测试仪器连接到 PC 机上，例如 GPIB 仪器、VXI 总线仪器、PC 总线仪器及带有 RS-232 口的仪器或仪器卡。

基本硬件确定以后，要使虚拟仪器能够按照要求定义，必须有功能强大的软件。软件部分一般由设备驱动软件和监控系统软件组成。其中，设备驱动软件主要是完成各种硬件接口功能的控制程序，虚拟仪器通过设备驱动软件与真实的仪器系统进行通信，并以虚拟仪器面板的形式在显示器上显示与真实仪器面板操作元素相对应的各种控件。在这些空间中集成了对应仪器的程控信息，用户用鼠标操作虚拟仪器面板就如同操作传统仪器一样真实方便。

NI 公司提供了数百种 GPIB、VXI、RS-232 等和 DAQ 卡的驱动程序。有了这些驱动程序，只要把仪器的用户接口代码及数据处理软件组合在一起，就可以迅速而方便地构建一台新的虚拟仪器。监控系统软件通过仪器驱动程序和接口软件实现对硬件的操作，进行数据采集，同时完成诸如数据处理、数据存储、报表打印、趋势曲线、报警和记录查询等功能。监控系统软件部分直接面对操作人员，要求有良好的人机界面和操作方便。硬件部分实现数据采集功能并提供数据处理的具体环境，而数据处理、显示和存储则由软件来完成。所以说软件是虚拟仪器系统的核心，由它来定义仪器的具体功能。

当前流行的虚拟仪器软件是图形软件开发环境，其代表产品有 LabVIEW 和 HP 公司的 VEE4.0。

LabVIEW 所面向的是没有编程经验的一般用户，尤其适合于从事科研、开发的工程技术人员。它是一种图形程序设计语言，把复杂、繁琐和费时的语言编程简化为简单、直观和易学的图形编程，编写的源程序很接近程序流程图。同传统的编程语言相比，采用 LabVIEW 图形编程方式可以节约 80% 的编程时间。为了便于开发，LabVIEW 还提供了包含 40 多家厂商的 450 种以上的仪器驱动程序库，集成了大量的生成图形界面的模板，包括数字滤波、信号分析、信号处理等各种功能模块，可以满足用户从过程控制到数据处理等的各项工作。

HP 公司的 VEE4.0 也是一种优秀的可视化编程语言，另外还有 Lab Windows/CVI 和加载于 Visual BASIC 下的 Component Works 等。

6.4.2　LabVIEW 虚拟仪器应用

本节将通过几个例子来说明虚拟仪器的应用和开发。

例 6-4　信号发生器

图 6-26 所示为一个双通道信号发生器的前面板设计。该信号发生器可产生方波、正弦波和三角波信号，信号的频率可以调节。信号发生器具有加时窗和频谱分析功能，用户可以选择添加不同的时窗函数。用此信号发生器也可方便地观察窗函数对信号波形和频谱的影响。

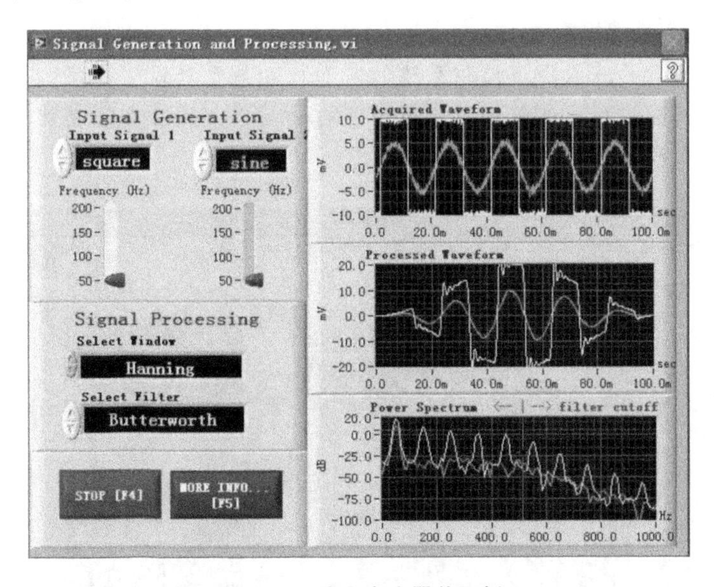

图 6-26　信号发生器前面板

例 6-5　频谱分析仪

图 6-27 所示为频谱分析仪的前面板设计。信号经过快速傅里叶变换，其频谱可以在示波器上显示，然后可以提取频谱中的某一部分进行细化，得到更精确的频谱图。

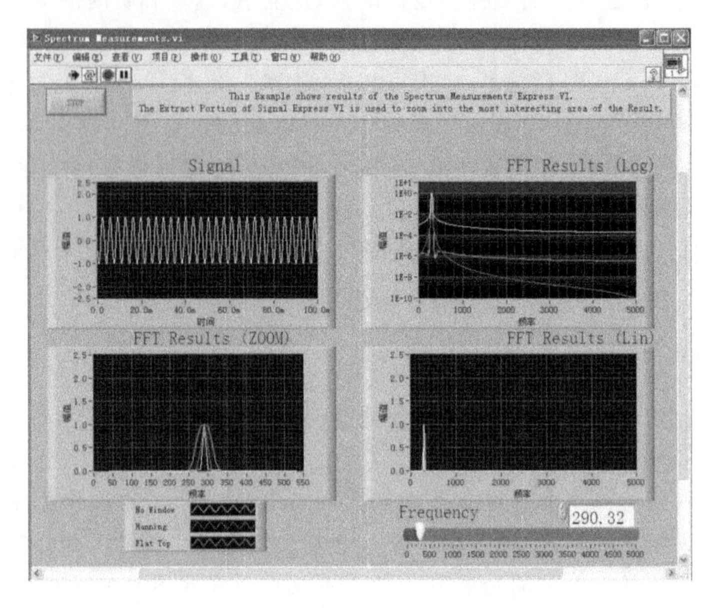

图 6-27　频谱分析仪前面板

例 6-6　温度监控系统

图 6-28 所示为一个温度监控系统的前面板。该系统设有温度上、下限报警，当温度超过允许范围时，系统就会自动报警并自动调节。而且系统还能对历史数据进行统计分析，如均值、标准差、直方图统计。

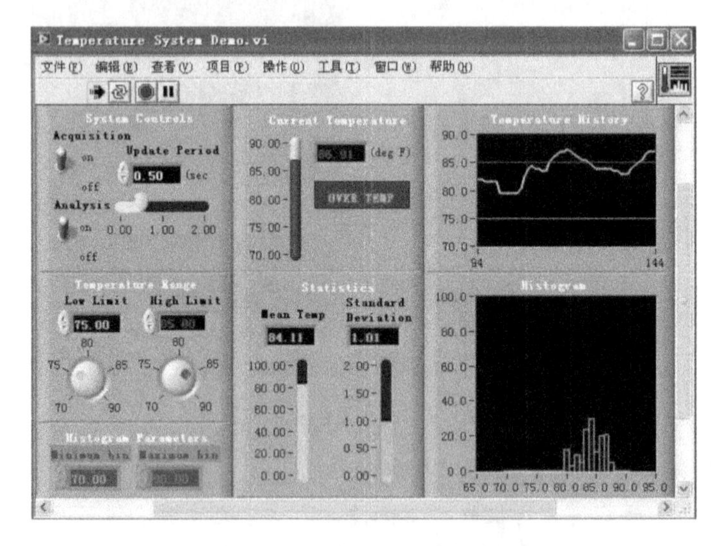

图 6-28　温度监控系统前面板

习　　题

6.1　求 $h(t)$ 的自相关函数。

$$h(t)=\begin{cases} e^{-at}, & t\geqslant 0, a>0 \\ 0, & t<0 \end{cases}$$

6.2　求方波和正弦波(见图 6-29)的互相关函数。

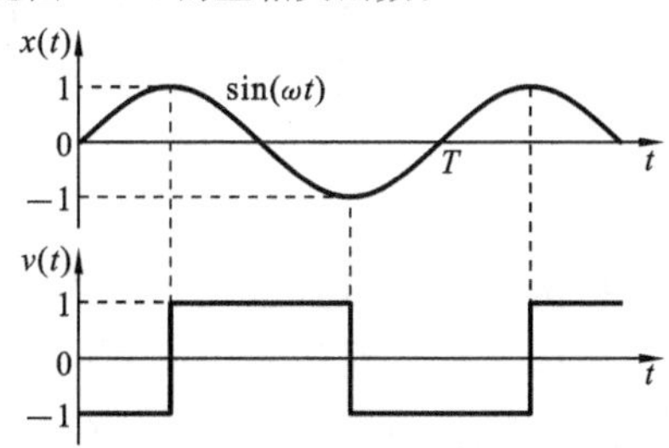

图 6-29　题 6.2 图

6.3　测得某信号的相关函数图形如图 6-30 所示,试分析该图形是自相关函数 $R_x(\tau)$ 图形还是互相关函数 $R_{xy}(\tau)$ 图形,为什么?从中可获得该信号的哪些信息?

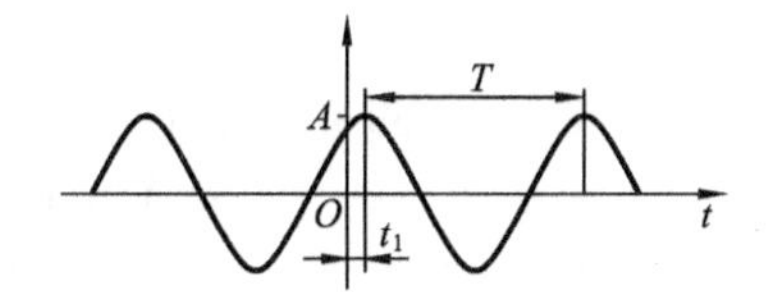

图 6-30　题 6.3 图

6.4　什么是频混现象?什么是采样定理?怎样才能避免频谱混叠?

6.5　简要说明计算机测试系统各组成环节的主要功能。

6.6　举例说明智能传感器与经典传感器的差别。

6.7　什么是现场总线技术?该技术有何优点?并举例加以说明。

6.8　何为虚拟仪器?与传统仪器相比,虚拟仪器有何优势?请举例加以说明。

第7章 机械测试技术应用

本章主要介绍在机械工程中常见的应力应变、振动等机械量的测试系统、测试方法和应用，以及工业机器人、水力机械中传感器的应用，旨在帮助学生更好地掌握测试技术基础知识和应用方法，为进一步学习和开展科研奠定良好的基础。

7.1 应力应变测试及应用

应力应变测试是对工程结构设计、制造、装配的可靠性和安全性进行测试、分析和评价的常用手段。它包括测试工件表面的残余应力，分析工件表面的残余应力的大小和分布，定量评价残余应力对工件疲劳强度、尺寸稳定性、使用寿命的影响，以及评价热处理工艺、表面强化处理工艺和消除应力工艺等。

7.1.1 应力应变测试

1. 应变式传感器

应变片的基本用途是测量应变，但在测量中远不限于此，凡是能转化为应变的物理量都可用应变片进行测量。关键是如何选择合适的弹性元件将被测物理量转变成应变的变化。应变片和弹性元件是构成各种应变式传感器不可缺少的两个关键元件。常用应变式传感器的弹性元件结构如图7-1所示。图7-1(a)所示为膜片式压力应变传感器；图7-1(b)所示为圆柱式力应变传感器；图7-1(c)所示为圆环力应变传感器；图7-1(d)所示为扭矩应变传感器；图7-1(e)所示为八角环车削测力仪，可用来同时测量三个相互垂直的力（走刀抗力 F_x、吃刀抗力 F_y 和主削力 F_z）；图7-1(f)所示为弹性梁应变加速度计，弹性梁也可用在测量位移和力的应变传感器中。

2. 载荷测量中应变片的排列和连桥

应变片感受的是构件表面某点的拉或压变形。有时应变可能是由多种内力（如有拉有弯）造成的，为了测量某种内力所造成的变形，而排除其余内力的应变，必须合理选择贴片位置、方向和组桥方式，这样才能利用电桥的加减特性达到测量目的，同时达到温度补偿的效果。

进行荷载测量时，可根据需要采用半桥测量或全桥测量。半桥测量时，工作半桥与电桥盒采用如图7-2(a)所示的1、2、3接线柱相连的方式，并通过短接片与电桥盒中的精密无感电阻连接，组成测量电路，接入应变仪。全桥测量时，工作应变片组成的全桥与电桥盒采用如图7-2(b)所示的1、2、3、4接线柱相连的方式，此测量电路通过电桥盒接入应变仪。

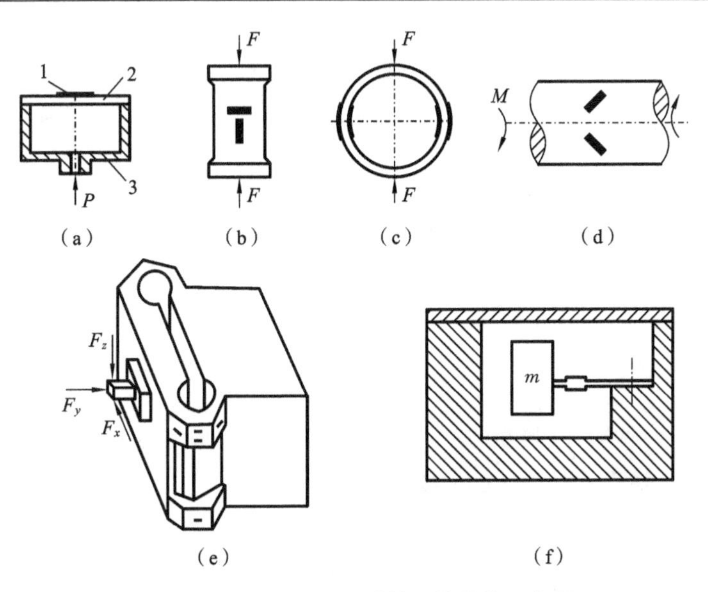

图 7-1　应变式传感器弹性元件结构示意图

(a) 膜片式压力应变传感器　(b) 圆柱式力应变传感器　(c) 圆环力应变传感器

(d) 扭矩应变传感器　(e) 八角环车削测力仪　(f) 弹性梁应变加速度计

1—应变片;2—膜片;3—壳体

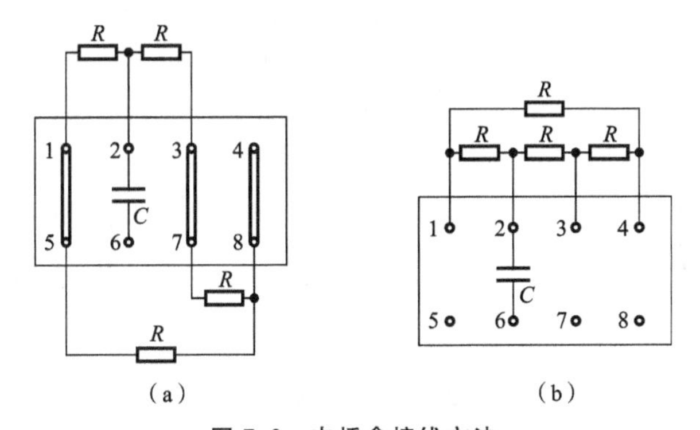

图 7-2　电桥盒接线方法

(a) 半桥接法　(b) 全桥接法

1) 拉(压)力的测量

如图 7-3(a)所示,试件受力 F_p 作用,方向已知。为测量力的大小,可沿力作用方向贴一工作电阻应变片 R_1,而在另一块与试件处于同一温度环境且不受力的相同材料的金属块上贴一温度补偿片 R_2。将 R_1 和 R_2 接入电桥中,构成了测量 F_p 的桥路,如图 7-3(c)所示。因此,该电桥可获得相互补偿,输出电压为

$$U_o=\frac{1}{4}\frac{\Delta R}{R}U_i=\frac{1}{4}K\varepsilon U_i \tag{7-1}$$

还可将温度补偿片 R_2 也贴在同一试件上,如图 7-3(b)所示,组成半桥,如图 7-3

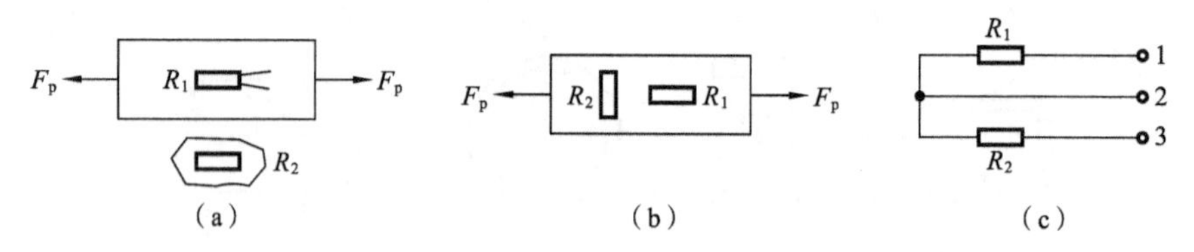

图 7-3　拉(压)载荷的测量

(a) 工作应变片与温度补偿片分开放置　(b) 工作应变片与温度补偿片放在一起　(c) 构成桥路

(c)所示。其输出电压增加了$(1+\mu)$倍(μ为泊松比),即

$$U_o=\frac{1}{4}K\varepsilon U_i(1+\mu) \tag{7-2}$$

显然,上述两种贴片、接桥方式不能排除弯曲的影响。如有弯曲,也会引起电阻变化而产生电压输出。拉力F_p的大小可按

$$F_p=\sigma A=E\varepsilon A \tag{7-3}$$

计算。式中,E为试件材料的弹性模量;ε为所测量的应变值(即机械应变);A为试件截面面积。

2）弯曲载荷的测量

试件受一弯矩M作用,如图 7-4(a)所示为在试件上贴一工作电阻应变片R_1,温度补偿片R_2贴在一块与试件同环境温度、同材质且不受力的材料上,将R_1和R_2(见图 7-4(c))接入半桥,即为测量弯矩M的电桥,其输出电压为

$$U_o=\frac{1}{4}\frac{\Delta R}{R}U_i=\frac{1}{4}K\varepsilon U_i$$

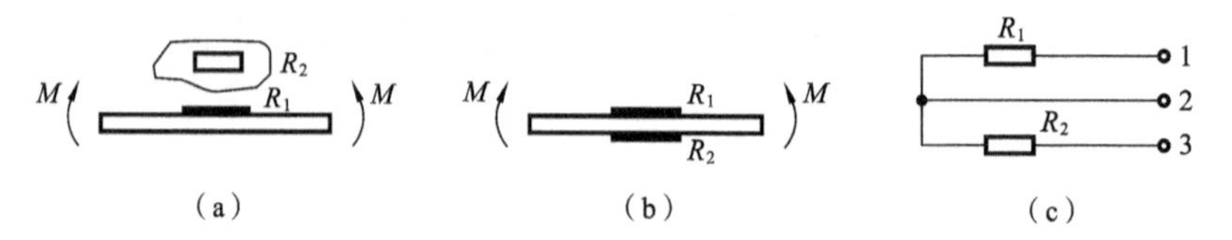

图 7-4　弯矩的测量

(a) 工作应变片与温度补偿片分开放置　(b) 工作应变片与温度补偿片放在一起　(c) 构成桥路

也可用图 7-4(b)所示的方法,在试件上贴R_1和R_2两片工作片,亦互为温度补偿。R_1贴在压缩区,R_2贴在拉伸区,二者电阻变化大小相等,符号相反,按图 7-4(c)所示组成半桥。此时输出为图 7-4(a)所示接法的 2 倍,即

$$U_o=\frac{1}{2}K\varepsilon U_i$$

弯矩M可按

$$M=W\sigma=WE\varepsilon \tag{7-4}$$

计算。式中,W为试件的抗弯曲截面系数。

3）拉压及弯曲联合作用时的测量

如果只测量弯矩值，可按图 7-5(a)、图 7-5(b)所示来贴片和组桥。这时 R_K 不用，因为这时拉或压产生的应变使 ΔR_1 和 ΔR_2 大小相等、符号相同，在电桥臂上相互抵消，不会对电桥的输出产生影响，因此该测量电桥的输出自动消除了拉（压）的影响，正好只反映了弯矩 M 的大小，其输出电压为

$$U_o=\frac{1}{2}K\varepsilon U_i$$

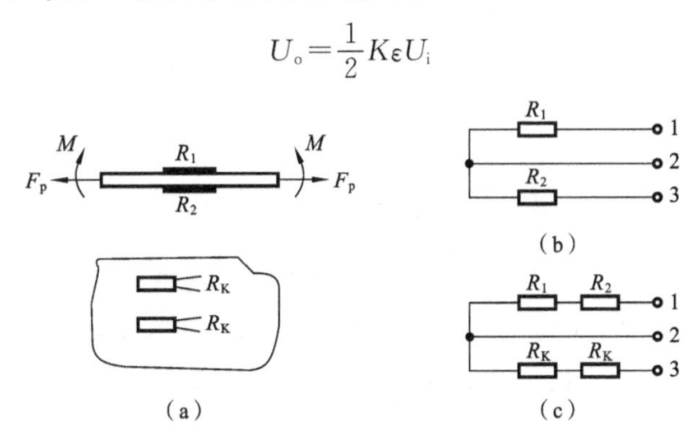

图 7-5　拉(压)、弯曲载荷的测量

(a) 工作应变片与温度补偿片分开放置　(b) 组桥方法 1　(c) 组桥方法 2

如果只测拉（压）而不考虑弯曲的作用，可按图 7-5(a)、图 7-5(c)所示来贴片和组桥。R_1 和 R_2 串联组成臂桥，另一臂用两片温度补偿片 R_K 串联组成。R_K 贴在与试件相同环境、相同材质且不受力的零件上，此时电桥的输出只能反映拉伸（或压缩）载荷的大小。弯矩 M 引起的 R_1 和 R_2 的电阻变化绝对值相等、符号相反，且在一个电桥臂上互相抵消，所以电桥的输出只表示拉（压）载荷，其输出电压为

$$U_o=\frac{1}{4}K\varepsilon U_i$$

4）切应力的测量

电阻应变片只能测量正应力，不能直接测量切应力，因为切应力不能使电阻应变片变形，所以只能利用由切应力引起的正应力来测量剪切力。

如图 7-6(a)所示，F_q 为测量切应力，在 a_1 和 a_2 处粘贴电阻应变片 R_1 和 R_2，该两点截面弯矩分别为 $M_1=F_q a_1$ 和 $M_2=F_q a_2$。由材料力学知，$M_1=E\varepsilon_1 W$，$M_2=E\varepsilon_2 W$（ε_1、ε_2 分别为 a_1、a_2 处的应变值），则 $F_q=\dfrac{E\varepsilon_1 W}{a_1}$ 或 $F_q=\dfrac{E\varepsilon_2 W}{a_2}$。所以只要用应变片测出某截面上的应变值，即可求出切应力 F_q。

这种方案的缺点是，当 F_q 的作用点改变时（a_1 或 a_2 改变），就要影响测量结果。况且在有些情况下，a_1 或 a_2 值无法精确测量，但是两应变片 R_1 和 R_2 之间的贴片位置可精确测量，因此，上述方法可以改为

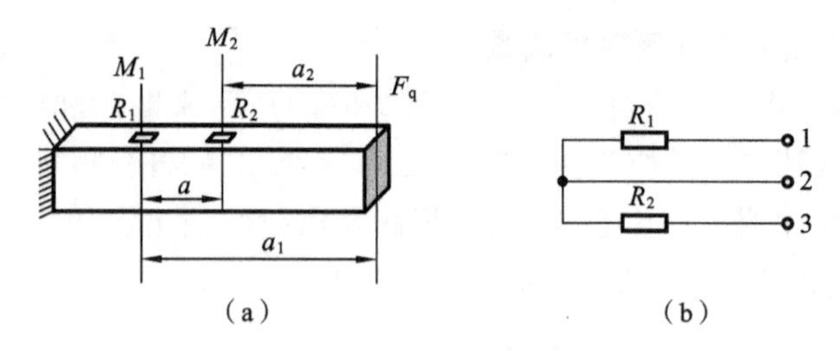

图 7-6　切应力的测量

(a) 贴片示意图　(b) 构成桥路

$$M_1 - M_2 = F_q a_1 - F_q a_2 = F_q (a_1 - a_2) = F_q a \tag{7-5}$$

式中，a 为两应变片 R_1 和 R_2 之间的距离。由此可得出

$$F_q = \frac{\varepsilon_1 EW - \varepsilon_2 EW}{a} = \frac{\varepsilon_1 - \varepsilon_2}{a} EW \tag{7-6}$$

将 R_1 和 R_2 按图 7-6(b)所示组成半桥，此时测量电桥的输出和($\varepsilon_1 - \varepsilon_2$)成正比，而和切应力 F_q 的作用点的变化无关。a、E、W 均为常数，则可用式(7-6)算出切应力 F_q。

5）轴扭转时横截面上切应力和扭矩的测量

由材料力学知道，当轴受纯扭矩作用时，与轴线成 45°的方向为主应力方向，如图 7-7(a)所示，且互相垂直方向上拉、压主应力的绝对值相等、符号相反，其绝对值在数值上等于轴横截面上的最大切应力 τ_{max}，即

$$\sigma_1 = -\sigma_3, \quad |\sigma_1| = \tau_{max}$$

将应变片粘贴在与轴线成 45°方向的圆轴表面上，即可测出此处的应变 ε。根据广义虎克定律，$\sigma = \frac{E\varepsilon}{1+\mu}$，则此应变片粘贴处截面上的最大切应力为 $\tau_{max} = |\sigma| =$

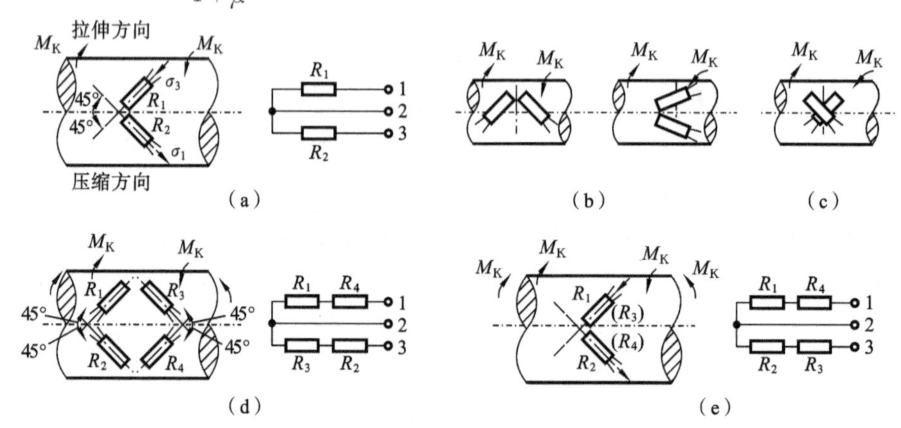

图 7-7　扭矩测量中的应变片的布置

(a) 45°贴片及桥路构成　(b) 改变贴片方向　(c) 垂直贴片

(d) 4 片应变片贴片方式 1 及桥路构成　(e) 4 片应变片贴片方式 2 及桥路构成

$\left|\frac{E\varepsilon}{1+\mu}\right|$，扭矩则为

$$M_K=\tau_{max}W_p=\left|\frac{E\varepsilon}{1+\mu}\right|W_p \tag{7-7}$$

式中，W_p 为圆轴抗扭截面模量。

在实际使用中，为了增加电桥的输出，往往互相垂直地贴两片或四片应变片，组成半桥或全桥测量电路，这也解决了温度补偿问题。工程上的轴在承受扭矩的同时往往还承受弯矩。测量时要充分注意，应设法消除其影响。如果弯矩沿轴向有较大梯度时，不能采用图 7-7(b)、图 7-7(c)所示的贴片方案，而应采用图 7-7(a)所示的贴片方案。如图 7-7(d)所示，轴上贴有 4 片应变片，测量时将 R_1、R_4 和 R_2、R_3 分别串联起来接入电桥，即可测出轴上的扭矩而消除弯矩的影响。如轴承受的弯矩沿轴向变化较大，则应按图 7-7(e)方案贴片和接桥，图中(R_3)和(R_4)表示贴在背面对应 R_1 和 R_2 的位置。

7.1.2　大型金属结构应力监测

在大型设备吊装过程中，经常采用电测法进行应力监测，对安全可靠地进行吊装起着很重要的作用。特别是对一些既高又重的设备，如化工厂的蒸馏塔、电视塔等，若分段向上吊装，必然带来大量的高空作业，很不安全，质量也很难保证。如我国 30 万吨乙烯工程中的丙烯蒸馏塔，塔高 83 m，重 500 多 t。再如同一工程中的火炬塔架高 120 m，重 230 t。这些设备由于不能采取分段吊装，只能在现场卧式拼装完工以后，再用桅杆吊装竖立起来。由于这些设备高而重，在卧式状态吊装时，自重所产生的应力将会很大。特别是在吊点附近，由于集中力的作用，其应力更大。吊装是否安全将取决于这些部位应力的大小，若考虑不周，将会导致设备损坏或人身事故。如果在吊装过程中，用电测法对危险部位进行应力监测，则可以减少甚至避免事故的发生。这是现场吊装中保证安全的一个重要手段。

图 7-8　塔架吊装现场

以某公司 30 万吨乙烯工程中火炬塔架的吊装为例，说明吊装过程中是如何进行应力监测工作的。塔架总高 121.5 m，重235.6 t，塔架是桁架结构，采用 A 形桅杆扳倒法竖立(见图 7-8)。

对塔架的两个起吊点(即 P_1 和 P_2)附近

的各杆件及底部支点各杆件分别布置应变片，其布置方案如图 7-9 所示。塔架吊装前用多个枕木垛支撑起来，并用水平仪测量其水平度，以便尽量减小其在初始状态下的应力。

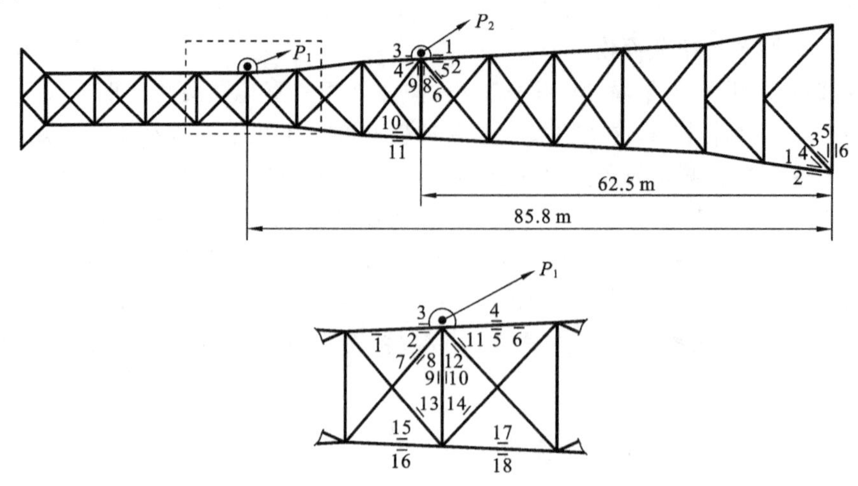

图 7-9　火炬塔架应变片布置图

表 7-1 给出了上起吊点(即在 85.8 m 高处的起吊点)附近主要受力杆件的应力值；表 7-2 给出了支腿的塔柱和斜杆的应力值。由表 7-1、表 7-2 列出的测量结果可以得到一些有益的结论，便于对桁架结构作进一步的分析。

对于这类桁架结构，以往习惯的简化计算方法都是将节点简化为铰，也就是认为

表 7-1　上起吊点附近主要受力杆的应力

测量部位	上塔柱						下塔柱			
点号 / ε、σ	1	2	3	4	5	6	15	16	17	18
$\varepsilon(\times10^{-6})$	−50	−295	460	−116	−567	−15	−279	−275	−170	−375
σ/MPa	−10.290	−60.760	94.668	−23.912	−116.620	−3.038	−57.428	−56.644	−34.996	−77.126
$\sigma_{平均}$/MPa		16.954		−70.266			−57.036		−56.056	
$\sigma_{弯}$/MPa		−77.714	+77.714	46.354	−46.354		−4	+4	215	−215

测量部位	斜杆					横杆	
点号 / ε、σ	7	8	11	12	19	9	10
$\varepsilon(\times10^{-6})$	−40	−180	−272	−195	45	−32	75
σ/MPa	−8.232	−37.044	−56.056	−39.984	9.310	−6.566	15.386
$\sigma_{平均}$/MPa	−22.638		−48.020			4.410	
$\sigma_{弯}$/MPa	14.406	−14.406	−8.036	8.036		−10.976	10.976

表 7-2　支腿部位主要受力杆应力

测量部位	上塔柱		斜杆	
点号 / ε、σ	1	2	3	4
$\varepsilon(\times 10^{-6})$	−355	252	−888	177
σ/MPa	−73.010	52.038	−183.064	36.456
$\sigma_{平均}$/MPa	−10.486		−73.304	
$\sigma_{弯}$/MPa	−62.524	62.524	−109.760	109.760

各杆件是二力杆，只受轴向力作用，没有弯矩的作用。测量结果表明，在有集中力及力矩作用点附近（如吊点等）的各杆件，不是单纯的拉压杆件，还存在着弯曲应力，有时甚至占主要地位。例如：上起吊点的上塔柱 2、3 点的轴向平均应力是 16.954 MPa，而其弯曲应力竟达到 77.714 MPa；斜杆、横杆在起吊点附近处，弯曲应力也占了不小的比重；支腿上塔柱的轴向平均应力是 −10.486 MPa，而弯曲应力竟达到 ±62.524 MPa。

在远离起吊点的区域，弯曲应力的比重则大大下降。如上起吊点的下塔柱的 15、16 两点，轴向应力为−57.036 MPa，而其弯曲应力只有±4 MPa，几乎可以忽略不计。

由此得到一个重要的结论，即桁架节点简化为铰来计算的条件，是各节点必须处于没有集中力或力矩作用的区域。对于不满足这个条件的杆件，必须考虑弯曲应力的作用。

另外，由于集中力作用的区域，理论简化条件比较难以确定，因此，除了事先作必要的简化计算外，吊装现场实测则是一个重要的不可缺少的手段。通过实测，可以随时发现问题，避免重大事故的发生。

在大型金属结构的压力监测过程中必须考虑和解决如下一些特殊问题。

1. 导线的布局

大型金属结构的被测区域一般距离测量仪器比较远，通常导线长度都在 100 m 以上。如果进行多点测量，每个应变片都用长导线引到测量仪器上，这样不但要耗费大量的导线，而且一旦出现问题，由于导线长而且多，寻找故障点将会很困难。这时最好采用自动巡回检测应变仪，将转换点装置放在被测点附近，从而使应变片到转换点装置的距离大大缩短，放置位置得当，可将导线长度控制在 10 m 以下。这样不但能节省大量导线，而且出现故障也容易找到。另外，也可采用无线传输方式，但仪器设备成本高。

2. 应变片的防潮

由于现场实测准备工作的工作量较大，一般应变片粘贴完后要过几天才能正式测量，这样，应变片的防潮和防损问题就很突出。实践证明，一般防潮用常温固化环氧树脂较为理想，它既可防潮，同时也达到了防损的目的。应变片粘贴完以后用热吹风机将潮气驱出，再涂上防潮材料即可。

3. 应变片的温度补偿

现场条件差，测量时间长，温度补偿片的布置就要特别注意。一般采用分区补偿方式，区域不可太大。补偿片一定要放在被测区的附近，以减少温度引起的飘移，并减少测量时间。温度补偿片的导线与工作片的导线的走向最好一致，以保证导线温度场相同。

总之，现场实测不像在试验室条件下做试验那样理想，会出现各种各样的问题。遇到问题要具体分析，逐步解决，在这里不再一一赘述。

7.2 机械振动测试及应用

机械在某些条件或因素作用下它们会在其平衡位置（或平均位置）为中心处存在微小的往复运动，这种每隔一定时间的往复运动称为机械振动。机械振动普遍存在，在大多数情况下，机械振动经常是伴随着正常运动而产生的一种消极甚至是有害的现象，它将影响机械设备的正常功能和性能，如降低机床的加工精度，引起机器构件的加速磨损，甚至导致断裂，造成事故等。同时，机械振动也导致机械设备发出噪声，而噪声会污染环境，危害人类健康。但在有些情况下，振动也是可以利用的，如振动筛、振动传输、机械钟、振动搅拌器等机械设备就是利用机械振动工作的。随着科学技术的发展，一方面，对机械设备的运动速度、承载能力等方面的要求提高，导致产生机械振动的可能性增大。另一方面，对机械设备的工作精度和稳定性要求也越来越高，因此，对机械振动控制的要求也越来越迫切。

机械振动测试的目的是通过分析，找到振动源或振动传递途径，以尽量降低或消除振动对机械设备功能和性能的影响。机械振动测试包括运动参数的测量和动态特性试验两个方面。运动参数的测量是指对振动的幅值、速度和加速度等运动量的测量，动态特性试验是指对反映机械（或结构）的动态特性的一些特性参数的测试和识别，如固有频率、固有振动类型、阻尼及动刚度等特性参数。

7.2.1 机械振动的类型

机械振动可以用位移、速度、加速度来描述。根据振动的时间历程，可将机械振动分为简谐振动、复杂周期振动、非周期振动和随机振动四大类，各类振动有其不同的特点与参数。

1. 简谐振动

很多机械系统在简谐干扰力的作用下都会产生受迫振动，这些由简谐力激励出的振动称为简谐振动。简谐振动是一种最简单的周期振动。简谐振动的振动量随时间呈谐波函数变化，如位移、速度、加速度等运动量随时间的变化规律具有周期性。

简谐振动的位移函数 x 为

$$x = A\sin(\omega t) = A\sin(2\pi f t) = A\sin\left(\frac{2\pi}{T}t\right) \tag{7-8}$$

式中,A 为位移的幅值,它指振动物体离开平衡位置的最大距离,单位为 mm 或 μm;ω 为振动角频率,单位为 rad/s;$f=\omega/(2\pi)=1/T$ 为振动频率,单位为 Hz。

简谐振动的速度函数 v 为

$$v = \frac{\mathrm{d}x}{\mathrm{d}t} = \omega A\cos(\omega t) = 2\pi f A\cos(\omega t) = V\sin\left(\omega t + \frac{\pi}{2}\right) \tag{7-9}$$

式中,$V=\omega A=2\pi f A$ 为速度的幅值。振动速度是振动位移的一阶导数。

简谐振动的加速度函数 a 为

$$a = \frac{\mathrm{d}v}{\mathrm{d}t} = \frac{\mathrm{d}^2 x}{\mathrm{d}t^2} = -\omega^2 A\sin(\omega t) = a_0\sin(\omega t + \pi) \tag{7-10}$$

式中,$a_0=\omega^2 A$ 为加速度的幅值。振动加速度是振动速度的一阶导数,是振动位移的二阶导数。

从以上的分析可以得知,简谐振动的位移、速度和加速度都是相同频率的正弦函数,它们的幅值之间存在着以下的关系,即

$$a_0 = \omega V = \omega^2 A \tag{7-11}$$

并且,速度波形的相位超前位移波形$\frac{\pi}{2}$,加速度波形又超前速度波形$\frac{\pi}{2}$。

2. 复杂周期振动

实际上,机械振动往往不是单一的简谐振动,而是由多个简谐振动按一定的规律混合成在一起的周期振动,这样的振动称为复杂周期振动。复杂周期振动信号可由傅里叶级数展开得到离散的谱线,各谐波的幅值由傅里叶级数确定,复杂周期振动的数学表达式为

$$x(t) = \frac{a_0}{2} + \sum_{n=1}^{+\infty}(a_n\cos(n\omega_0 t) + b_n\sin(n\omega_0 t)) \tag{7-12}$$

式中,$a_n = \frac{2}{T}\int_{-T/2}^{T/2} x(t)\cos(n\omega_0 t)\mathrm{d}t$;$b_n = \frac{2}{T}\int_{-T/2}^{T/2} x(t)\sin(n\omega_0 t)\mathrm{d}t$;角频率为 $\omega_0 = 2\pi/T$,称为基频。由式(7-12)可知,复杂周期振动有一个基波,其余简谐振动称为谐波,谐波的频率为基频的整数倍。

3. 非周期振动

若机械振动的运动量随时间的变化是非周期性的,则称其为非周期振动。非周期振动不具备周期性的振动,其特点是突然发生、持续时间短、能量很大,但一般可以用确定性函数来描述它。由于非周期振动不具有周期性,因此不满足傅里叶级数展开的条件,但可以应用傅里叶变换来进行频谱分析。非周期振动的频谱是连续频谱。在工程实际中,最常见的非周期振动有冲击和瞬态振动。

4. 随机振动

随机振动是指不能由确定的函数来描述，也就是不能预知未来任何一时刻瞬时值的振动。随机振动没有一个确定的周期，任何时刻之间的振动值也没有确定的联系。

确定性振动系统受到随机力的激励，或者具有随机变化特性的系统受到确定性力的激励，或者具有随机变化特性的系统受到随机力的激励，都会产生随机振动。随机振动的时间历程看起来杂乱无章，它不仅没有确定的周期，而且振动幅值与时间之间也无一定的联系。对随机振动只能采用统计分析的方法进行分析。

7.2.2　振动的基本参数

振动幅值、频率和相位是描述机械振动形式和程度的三个基本参数，称为振动三要素。

1. 幅值

振动幅值是机械振动强度大小的标志，振动幅值的主要表示形式有峰值、有效值和平均值等。

峰值是指波形上与横坐标零线之间最大的偏离值，用 X_p 来表示，有时也用双峰值或峰-峰值 X_{p-p} 表示。峰值描述振动幅值的缺点在于它仅考虑了一个周期中的最大瞬时值，而没有考虑所测振动幅值的时间变化历程。

有效值 X_{rms} 描述振动幅值的大小，是一种考虑了振动时间变化历程的方法。对于周期振动 $x(t)=x(t+nT)$，其有效值(即均方根值)为

$$X_{rms} = \sqrt{\frac{1}{T}\int_0^T x^2(t)\,\mathrm{d}t} \tag{7-13}$$

振动信号的平均绝对值(简称平均值)反映振动信号的中心趋势，也反映信号静态部分。周期振动信号的平均绝对值为

$$\bar{x} = \frac{1}{T}\int_0^T |x(t)|\,\mathrm{d}t \tag{7-14}$$

周期振动信号的峰值、有效值与平均绝对值三者之间存在着一定的关系，如图7-10所示。三者之间不同的比值关系可用波形因数与波峰因数描述，其数值大小反映了波形的不同特征。

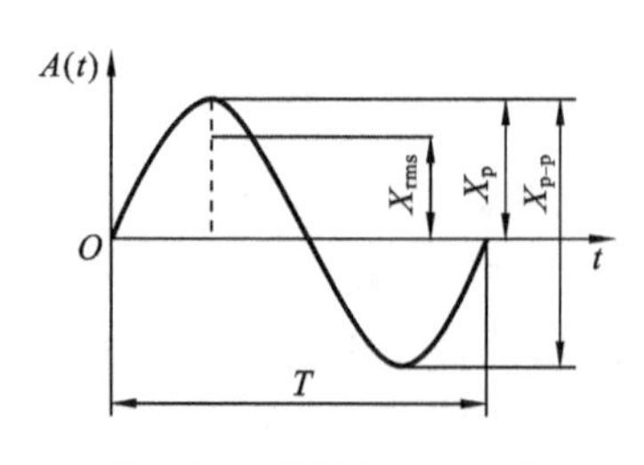

图7-10　幅值参数示意图

波形因数为

$$F_f=\frac{X_{rms}}{\bar{x}} \tag{7-15}$$

波峰因数为

$$F_c=\frac{X_p}{X_{rms}} \tag{7-16}$$

因此，如果知道物体周期振动的峰值、有效值、平均绝对值、波峰因数和波形因数，就能判定振动

量级的大小、振动的形式，并能给出振动波形的某些特征。

2. 频率

振动的频率一般用每秒振动的次数 f(Hz)或角频率 ω(rad/s)表示。简谐振动是一种最简单的周期振动形式，它只有一种频率成分。复杂周期振动由许多频率成分组成，通过频谱分析方法可以确定振动主要频率成分及其幅值的大小，为寻找振动源及制订减振、消振的措施提供依据。

3. 相位

振动信号的相位信息在某些情况下具有非常重要的意义，如运用相位关系确定共振点、旋转件的动平衡试验等。相位单位为弧度(rad)或角度(°)。

7.2.3　机械振动测试系统

机械振动测试系统通常由激振系统、测量系统和分析系统三部分组成，如图7-11所示。激振系统是用来激发被测机械结构产生振动的功能部件，激振系统中所用的设备称为激振设备，主要设备是激振器。测量系统用于将测量结果加以转换、放大、显示或记录，它包括传感器和信号调理器。分析系统用于将测量的结果加以处理，根据研究目的求得各种参数或图表。

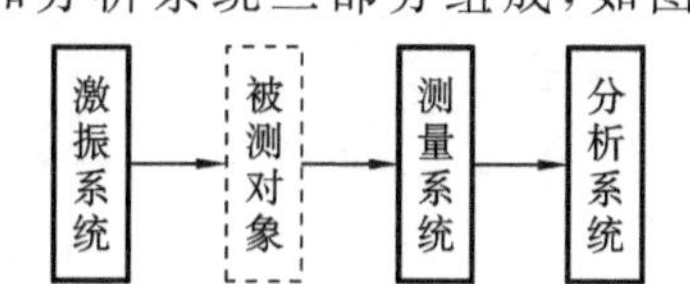

图7-11　机械振动测试系统组成示意图

1. 振动传感器

振动传感器是测取机械振动参数并转换成电信号的一种装置，在振动测试中称它为拾振器。拾振器不仅应具有较高的灵敏度，在测量频率范围内有平坦的幅频特性，并与频率呈线性关系的相频特性，还应质量小、体积小。根据所测振动参量和频率响应范围不同，常将测振传感器分为振动加速度传感器、振动速度传感器和振动位移传感器三类。典型的频率响应范围：振动加速度传感器为0～50 kHz，振动速度传感器为0～10 kHz，振动位移传感器为10～2 kHz。下面分别介绍几种传感器的工作原理。

1）压电加速度传感器

（1）压电加速度传感器的结构　压电元件大致有厚度变形、长度变形、体积变形和剪切变形四种，它们受力和变形方式的不同，如图7-12所示。与此四种变形方式相对应，理论上应有四种结构的传感器，但实际最常见的是基于厚度变形的压缩式和基于剪切变形的剪切式两种，其中压缩式压电传感器最为常用。

图7-13所示为四种压缩式加速度传感器的典型结构。

图7-13(a)所示为周边压缩式加速度传感器，它通过硬弹簧对压电元件施加预压力。这种形式的传感器优点是结构简单，而且灵敏度高，但对噪声、基座应变、瞬时温度冲击等的影响比较敏感，这是因为其外壳本身就是弹簧-质量系统中的一个弹

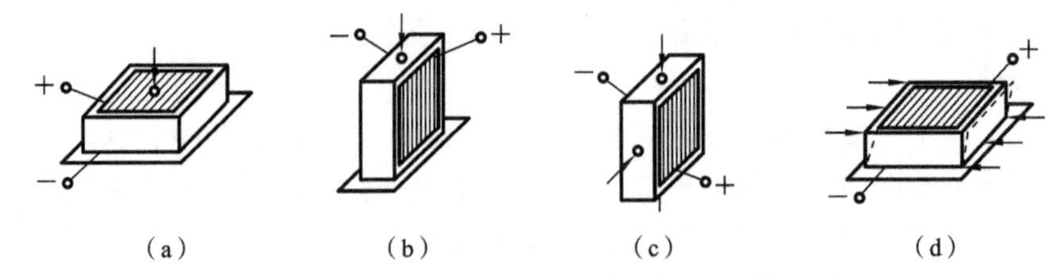

图 7-12　压电加速度传感器的受力变形方式示意图

(a) 厚度变形　(b) 长度变形　(c) 体积变形　(d) 剪切变形

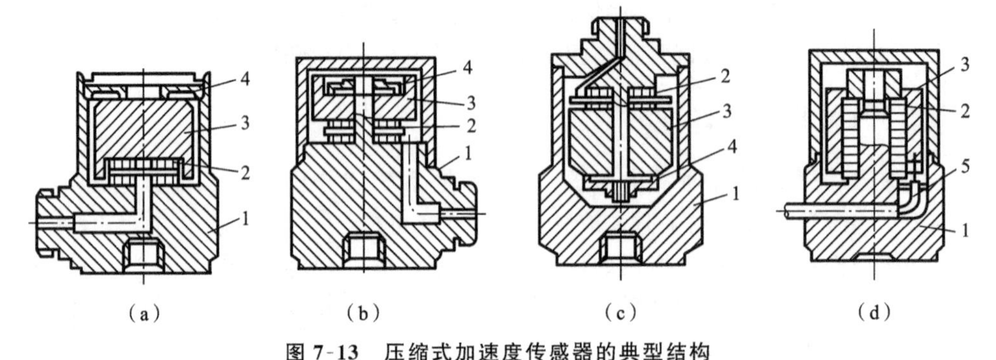

图 7-13　压缩式加速度传感器的典型结构

(a) 周边压缩式　(b) 中心压缩式　(c) 倒置中心压缩式　(d) 剪切式

1—基座；2—压电晶片；3—质量块；4—弹簧片；5—电缆

簧，它与具有弹性的压电元件并联。由于壳体和压电元件之间的在机械上的并联，壳体内的任何变化都将影响到传感器的弹簧-质量系统。

图 7-13(b)所示为中心压缩式加速度传感器，因为弹簧、质量块和压电元件用一根中心柱牢固固定在基座上，而不与外壳直接接触(此处外壳仅起保护作用)，因此它不仅具有周边压缩式灵敏度高、频响宽的优点，而且克服了其对环境敏感的缺点。但它也受安装表面应变的影响。

图 7-13(c)所示为倒置中心压缩式加速度传感器，它避免了基座应变引起的误差，这是由于中心柱离开了基座。但壳体的谐振会使传感器的谐振频率有所下降，从而降低了传感器的频响范围。此外，这种形式的传感器加工及装配也比较困难。

图 7-13(d)所示为剪切式加速度传感器，它的底座如同一根圆柱向上延伸，管式压电元件(极化方向平行于轴线)套在这根圆柱上，压电元件上再套上惯性质量环。剪切式加速度传感器的工作原理是：当传感器感受到向上的振动时，由于惯性的作用使质量环保持滞后，这样会在压电元件中出现切应力而发生剪切变形，从而在压电元件的内、外表面上产生电荷，其电场方向垂直于极化方向。如果某瞬时传感器感受到向下的运动，则压电元件的内、外表面上的电荷极性将与前次相反。这种结构形式的传感器纵向灵敏度大、横向灵敏度小，且能减小基座应变的影响。又由于弹簧-质量系统与其外壳分离，因此，噪声和温度冲击等环境因素对其影响也较小。此外，剪切

式传感器具有较高的固有频率，所以其频响范围很宽，特别适用于高频振动的测量。其体积和质量都可以做成很小（质量可以不到 1 g），因此有助于实现传感器的微型化。但由于压电元件与中心柱之间及惯性质量环与压电元件之间要用导电胶粘结，要求一次装配成功，因此制造难度较大。此外，因为用导电胶粘结，所以在高温环境中使用有困难。尽管如此，剪切式加速度传感器仍是很有发展前途的。目前，优质的剪切式加速度传感器同压缩式速度传感器相比，横向灵敏度小一半，灵敏度受瞬时温度冲击和基座弯曲应变效应的影响都小得多，剪切式加速度传感器有替代压缩式加速度传感器的趋势。

(2) 压电加速度传感器的性能指标　压电加速度传感器主要性能指标有以下几个。

① 频响范围　它是指传感器的幅频特性为水平线的频率范围，一般测量的上限频率取传感器固有频率的 1/3。频响范围越宽越好，它是加速度传感器的一个最重要的指标。

② 灵敏度　分电荷灵敏度(S_q)和电压灵敏度(S_V)两种。电荷灵敏度 S_q 是指传感器输出电荷与所承受的加速度之比(Q/g)。电压灵敏度 S_V 则是指传感器输出电压与所承受的加速度之比(mV/g)，它们之间的关系为

$$S_q = S_V C_a。$$

传感器的灵敏度越高，越便于检测微小信号。

③ 温度范围　这是传感器的一个重要指标，要求越宽越好。

④ 最大横向灵敏度　它是指传感器的最大灵敏度在垂直于主轴的水平面的投影值，以主轴方向的灵敏度的百分数表示，要求越小越好。

⑤ 测量范围　它是指传感器所能测量的加速度的范围，要求越大越好。

此外，使用时还需要考虑传感器的质量、尺寸及输出阻抗等因素，一般质量和尺寸越小越好。

(3) 压电加速度传感器的安装方式及特点　安装方式是影响测量结果的重要因素，因为不同的安装方式对传感器频响特性的影响是不同的。表 7-3 给出了加速传感器的几种常见的安装方式及各自的特点，以便安装时参考。

表 7-3　压电加速度传感器的安装方式和特点

安装方式	安装示意图	特　点
钢制双头螺栓安装		频响特性最好，基本不降低传感器的频响性能。负荷加速度最大，是最好的安装方法，适合于冲击测量

安装方式	安装示意图	特　　点
绝缘螺栓加云母垫片	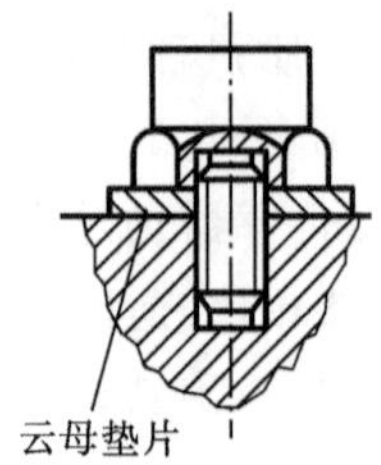 云母垫片	频响特性近似于没加云母垫片的双头螺栓安装，负荷加速度大，适合于需要电气绝缘的场合
用胶粘剂固定	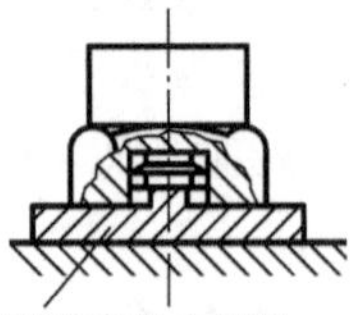 刚度高的专用垫	用胶粘剂固定，频率特性良好，可达 10 kHz
用刚度高的蜡固定	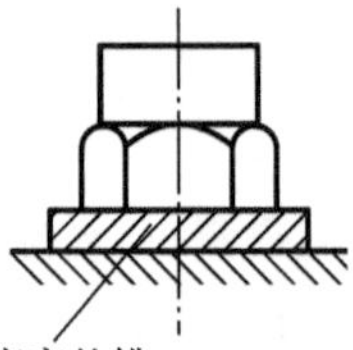 刚度高的蜡	频率特性好，但不耐高温
永久磁体安装	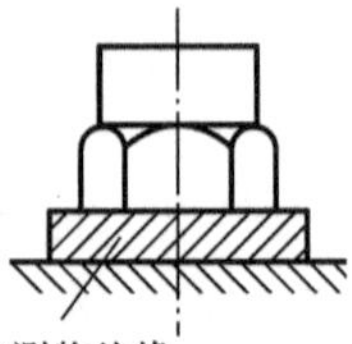 与被测物绝缘的永久磁铁	只适合于 1～2 kHz 的测量，负荷加速度中等（<200g），使用温度一般<150 ℃
手持	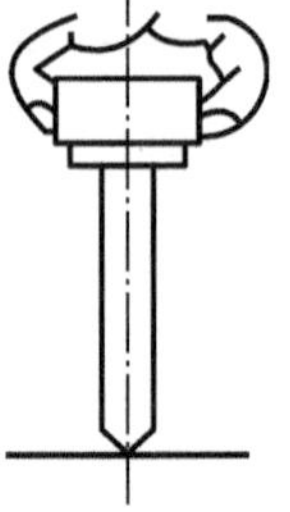	用手按住，频响特性最差，负荷加速度小，只适合于小于 1 kHz 的测量，其最大优点是使用方便

2）磁电式速度传感器

（1）磁电式速度传感器的结构　图7-14所示为CD-1型磁电式振动速度传感器的结构。传感器由弹簧片、阻尼环、线圈、壳体、芯轴等几部分组成。

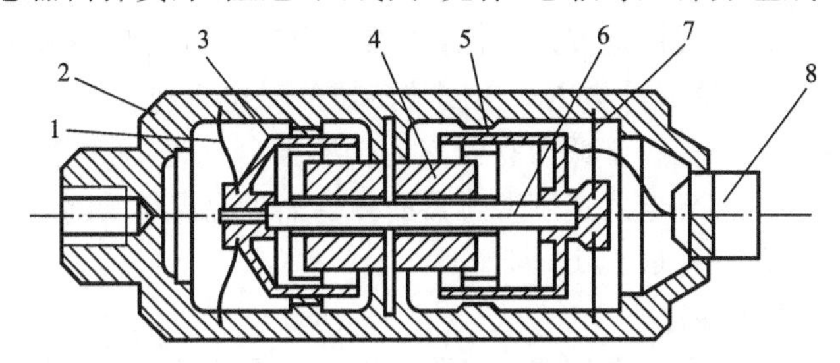

图7-14　CD-1型磁电式振动速度传感器的结构

1、7—弹簧片；2—壳体；3—阻尼环；4—磁钢；5—线圈；6—芯轴；8—输出接线座

（2）磁电式速度传感器的工作原理　在机械振动分析中，振动速度也是一个经常需要检测的物理参量，因为振动速度与振动能量直接对应，而振动能量常常是造成振动体破坏的根本原因。

磁电式速度传感器是典型的振动速度传感器，但由于该类型的传感器在结构上一般都大而笨重，给使用带来了许多不便；其频响范围又很有限，加之振动速度可由振动位移微分或由振动加速度积分而得到，因此，用磁电式速度传感器进行振动速度的直接测量在实际工作中并不多见。

磁电式速度传感器的模型如图7-15所示。测试时，将传感器与被测物体固接，传感器因被测物体振动激振而强迫振动，质量块带动导体在磁场中运动，因切割磁力线而产生感生电动势，感生电动势的大小可根据电磁感应定律求得，即

$$E=-Blv \tag{7-17}$$

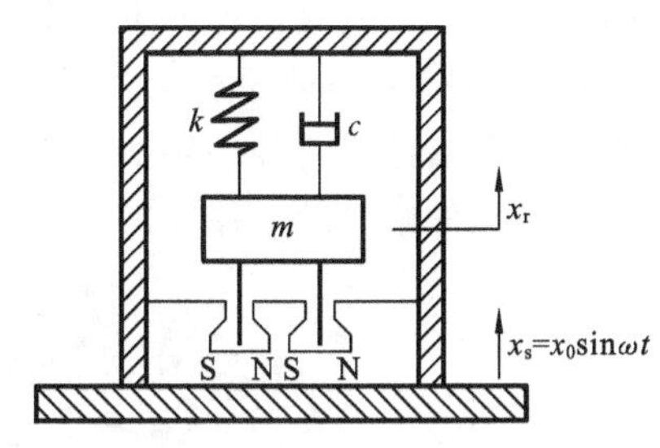

图7-15　磁电式速度传感器模型

式中，E为感生电动势，单位为V；B为磁感应强度，单位为T；v是导体切割磁力线的速度，单位为m/s。

负号表示感生电动势的作用是阻碍原始磁通的变化。由式(7-17)可知，感生电动势的大小与导体切割磁力线的速度成正比。

在图7-15中，取传感器质量块m相对于被测振动体的相对运动x_r为广义坐标，并取静平衡位置为坐标原点。假定被测振动体的运动为$x=x_0\sin(\omega t)$，由此可得质量块相对运动方程为

$$x_r=A\sin(\omega t-\varphi) \tag{7-18}$$

当$\dfrac{\omega}{\omega_n}\gg 1$时，有

$$x_r = A\sin(\omega t - \varphi) \approx x_0 \sin(\omega t) = x_s \tag{7-19}$$

即 $v_r = x_0\omega\cos(\omega t - \varphi) = v_s$，说明传感器中质量块的相对振动与传感器基座，即被测振动体的运动同步，二者的速度相同，而传感器质量块相对于传感器基座的相对运动速度即是导体切割磁力线的速度。因此，传感器中感生电动势的大小也与被测振动体的运动速度成正比，这就是磁电式速度传感器的工作原理。

磁电式速度传感器是一个低固有频率的传感器。理论上，这种形式的传感器只有频响下限，而实际上，磁电式速度传感器的频响上限也同样受到限制。磁电式速度传感器的典型频响范围一般为 10～2 000 Hz。

3）电涡流位移传感器

电涡流传感器利用导体在交变磁场作用下的电涡流效应，将变形、位移与压力等物理参量的改变转化为阻抗、电感、品质因数等电磁参量的变化。电涡流传感器的优点是灵敏度高、频响范围宽、测量范围大、抗干扰能力强、不受介质影响、结构简单及采用非接触测量方式等，目前在各工业领域都得到了广泛的应用，如在汽轮发电机组、透平机、压缩机、离心机等大型旋转机械的轴振动、轴端窜动及轴心轨迹监测中都有应用。此外，电涡流传感器还可用于测厚，测表面粗糙度，无损探伤，测流体压力和转速等可转化为位移的物理参量。

（1）电涡流传感器的工作原理　把一块金属导体放置在一个由通有高频电流的线圈所产生的交变磁场中，由于电磁感应的作用，导体内将产生一个闭合的电流环，此即“电涡流”。电涡流将产生一个与交变磁场相反的涡流磁场 H_2 来阻碍原交变磁场 H_1 的变化，从而使原线圈的阻抗、电感和品质因数都发生变化，且它们的变化量与线圈到金属导体之间的距离 x 的变化量有关，于是就把位移量转化成了电量，这就是电涡流传感器的工作原理。

（2）系统组成与传感器结构　如图7-16所示，典型的电涡流传感器系统主要包括传感器（又称探头）、延伸电缆和前置放大器三部分。根据使用场合不同，可将延伸电缆与探头做成一体（不带中间接头）。随着微电子技术水平的提高，也有将前置放大器直接放在传感器内部的。目前使用的传感器系统仍以由三部分组成的情况为最多。配置一套测量系统时，可选探头的型号较多，而延伸电缆和前置放大器是根据探头来配套的，型号变化较少。

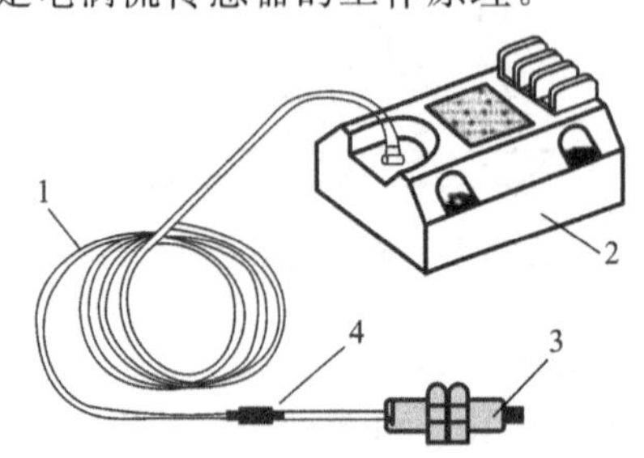

图 7-16　传感器系统的组成

1—延伸电缆；2—前置器；3—探头；4—转接连线头

① 探头　如图 7-17 所示，一个典型的探头通常由线圈、头部、壳体、高频电缆、高频接头组成。线圈是探头的核心，它是整个传感器系统中最敏感的元件，线圈的物理尺寸和电气参数决定了传感器系统的线性量程及探头的电气参数稳定性。

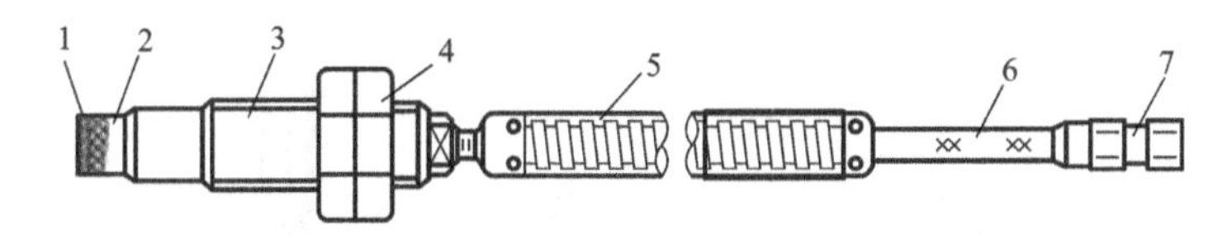

图7-17　探头结构

1—线圈；2—头部；3—壳体；4—锁紧螺母；5—铠装(可选)；6—高频电缆；7—高频接头

传感器头部直径取决于其内部线圈直径，由于线圈直径决定传感器系统的线性量程，因此通常用头部直径来分类和表征各种型号探头，一般情况下，传感器系统的线性量程大致是探头头部直径的1/4～1/2。常用传感器的头部直径有ϕ5 mm、ϕ8 mm、ϕ11 mm、ϕ25 mm几种。探头壳体用于支承探头头部，并作为探头安装时的装夹结构。壳体采用不锈钢制成，一般上面加工有螺纹，并配有锁紧螺母，以适应不同的应用和安装场合。

传感器尾部电缆是用聚氟塑料绝缘的射频同轴电缆，它通过特制的中间接头连接到延伸电缆，再通过延伸电缆与前置放大器相连。一般传感器总长(包括尾部电缆)有0.5 m、0.8 m、1 m等。

② 前置放大器　简称前置器，它是一个电子信号处理器。一方面，前置器为探头线圈提供电源，早期产品通常为24 V直流电压，近几年的新产品通常为18 V直流电压。另一方面，前置器感受探头前端由于金属导体靠近引起的探头参数变化，经过处理，产生随探头端面与被测金属导体间隙线性变化的输出电压或电流信号。目前前置放大器的输出有两种方式：一种是未经进一步处理的、在直流电压上叠加交流信号的“原始信号”，这是进行状态监测与故障诊断所需要的信号；另一种是经过进一步处理得到的4～20 mA或1～5 V的标准信号。前置放大器要求具有容错性，即电源端、公共端(信号地)、输出端任意接线错误不会损坏前置器；同时，它还要求具有电源极性错误保护、输出短路保护。

③ 延伸电缆　用聚氟塑料绝缘的射频同轴电缆用于连接探头和前置放大器，长度需要根据传感器的总长度配置，以保证总的长度为5 m或9 m。至于选择5 m还是9 m，应根据前置器与安装在设备上的探头之间的距离来确定。采用延伸电缆的目的是为了缩短探头尾部电缆长度，因为通常安装时需要转动探头，过长的电缆不便随探头转动，容易扭断电缆。也有不使用中间接头和延伸电缆的情况(即探头电缆直接同前置放大器连接)，这时的系统总长度也应为5 m或9 m。根据探头的使用场合和安装环境，可以选用带有不锈钢铠甲的延伸电缆来保护电缆。

(3) 探头的安装　安装探头时，应注意以下问题。

① 各探头间距离　探头头部线圈中的电流会在探头头部周围产生磁场，因此在安装时要注意两个探头的安装距离不能太近，否则两个探头之间会互相干扰(见图7-18)，在输出信号上叠加两个探头的差频信号，造成测量结果的失真，这种情况称

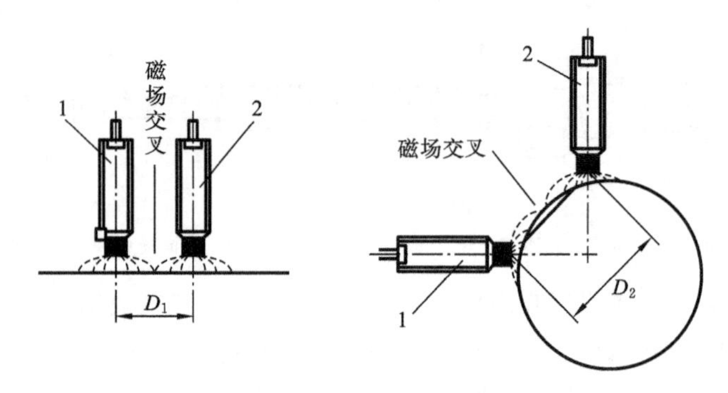

图 7-18　各探头间的距离

1—探头 1;2—探头 2

为相邻干扰。

相邻干扰与被测物体的形状、探头的头部直径及安装方式等有关。通常情况下，探头之间的最小距离如表 7-4 所示。

表 7-4　各种型号探头之间的最小距离　　单位:mm

探头头部直径 d	两探头平行安装距离 D_1	两探头垂直安装距离 D_2
5	40.6	35.6
8	40.6	35.6
11	80	70
25	150	120
50	200	180

② 探头与安装面之间的距离　探头头部发射的磁场在径向和轴向上都有一定的扩散。因此在安装时,就必须考虑安装面金属导体材料的影响,应保证探头的头部与安装面之间不小于一定的距离,工程塑料头部要完全露出安装面,否则应将安装面加工成平底孔或倒角,其具体要求如图 7-19 所示。

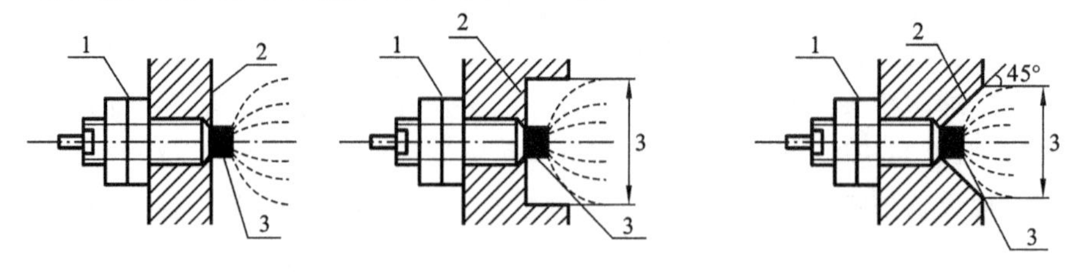

图 7-19　探头头部与安装面的距离

1—紧固螺母;2—安装面;3—头部(直径 d)

③ 探头安装支架的选择　实际的测量值是被测物体相对于探头的相对值,而需要的测量结果是被测体相对于其基座的,因此探头必须牢固地安装在基座上,通

常需要用安装支架来固定探头。对于不同的测量要求和不同的结构，安装支架的形状和尺寸多种多样，常用的有机器内部探头安装支架和机器外部探头安装支架。

a. 机器内部探头安装支架　在机器内部安装探头，对规格要求比较灵活。内部安装探头时通常采用角形支架，但在设计加工角形支架时，应保证支架的刚度，否则会由于支架的振动造成附加误差（见图7-20）。另一种常见的机器内部探头安装支架如图7-21所示。这种支架的结构便于调整探头安装间隙，当探头与被测面间隙调整到合适位置时，拧紧固定螺栓即可将探头安装间隙锁定。采用这种安装支架还可有效地防止由于振动而造成的探头松动。

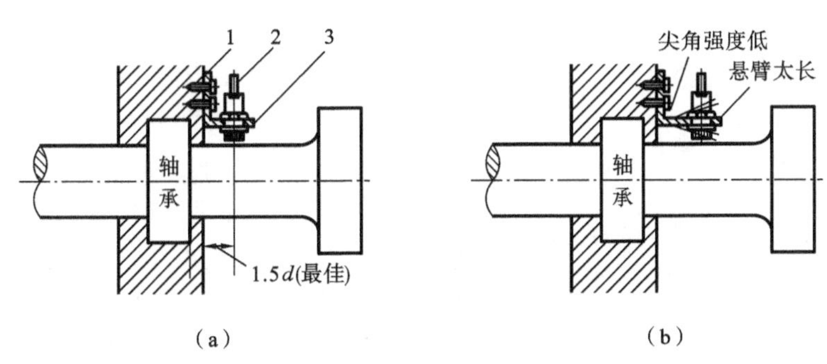

图7-20　探头安装支架的影响

(a) 较好的安装支架　(b) 不好的安装支架

1—安装支架；2—探头（头部直径 d）；3—紧固螺母

b. 机器外部探头安装支架　如图7-22所示，采用专用的安装支架组件，通过机器的外壳（如轴承盖）将探头固定。这种安装方法的好处是不必打开机壳就可以调整探头安装间隙，拆卸或更换探头，另外这种专用的安装支架可以起到密封电缆的作用，不需另外的电缆密封装置。轴向位移通常采用双探头同时测量，当两探头并列测量同一轴端面时，可以采用类似于图7-22所示的双探头安装支架组件，通过机器的外壳将探头固定。采用这种支架组件的结构时可以在机器外面分别调整每个探头的安装间隙，拆卸或更换探头。这种装置同样也能起到密封电缆的作用，不需另外的电缆密封装置。

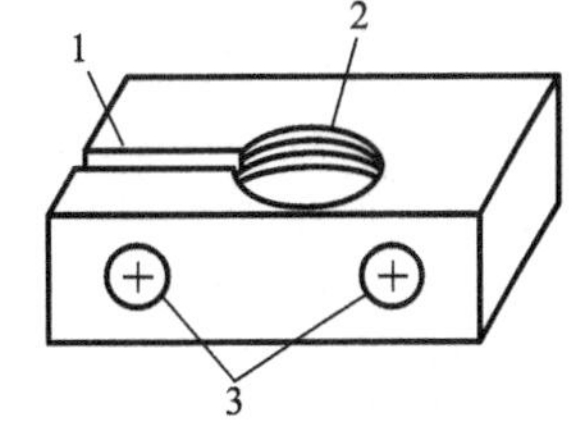

图7-21　内部探头安装支架

1—压紧槽；2—探头安装螺纹孔

3—固定螺栓孔

2. 激振器

1）激励方式

在结构动态特性测试中，首先要激励被测对象，让它按测试的要求作受迫振动或自由振动，以便获得相应的响应信号。在工程实践中，使用较多的激励方式有稳态正弦激振、随机激振和瞬态激振三类。

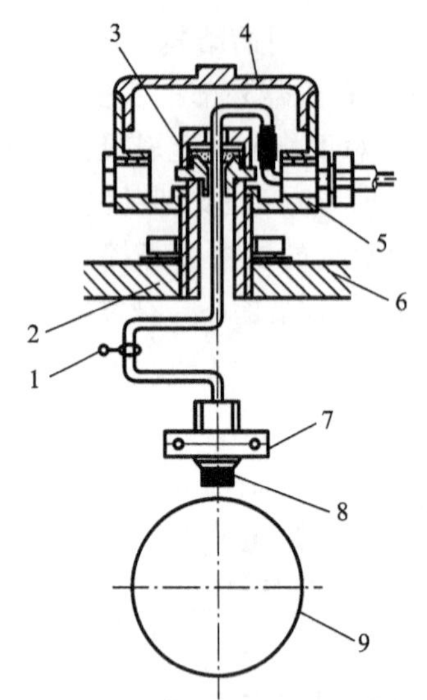

图 7-22　机械外部双探头安装支架

1—电缆紧固架；2—支架杆(螺纹可选)；3—电缆密封组件；4—接头密封保护；5—接线盒；6—机壳；7—安装支架；8—探头；9—被测轴

稳态正弦激振又称简谐激振，它是通过激振设备对被测对象施加一个稳定的单一频率(频率可控)的正弦激振力的一种激振方式。在工程中常用扫描方式的正弦激振——扫频激振，激振的频率随时间而变化。

随机激振是一种宽带激振的方法，一般用白噪声或伪随机信号发生器作为信号源。将白噪声信号通过功放并控制激振设备产生宽带随机激振力，可对被测对象进行宽频带激振，激起被测对象在选定频率范围内的宽带随机振动。

瞬态激振施加在被测对象上的是瞬态变化的力，它与随机激振一样，属宽带激振。常用的瞬态激振方法有快速正弦扫描激振和脉冲激振。快速正弦扫描激振的激振信号由振荡频率可以控制的信号发生器供给，通常采用线性的正弦扫描激振，激振的信号频率在扫描周期 T 中呈线性地增大，但幅值保持为常值。脉冲激振又称锤击法，它是以一个冲击力作用在被测对象上，同时测量激励和响应的一种激振方式。

实际脉冲激振时常用脉冲锤敲击被测对象，脉冲锤内装有力传感器。脉冲锤对被测对象的作用力并非理想的脉冲函数 $\delta(t)$，而是近似的半正弦波，其有效频率范围取决于脉冲持续的时间 τ，τ 的大小取决于锤头的材料，锤头材料越硬，持续时间越短，则频率范围越大。因此使用适当的锤头材料可以得到要求的频带宽度。而激振力的大小可以通过改变锤头配重块的质量和敲击速度来调节。

2）激振器

激振器是指对被测对象施加某种预定要求的激振力，激起被测对象振动的装置。常用的激振器有电动式激振器、电磁式激振器和电液式激振器。下面简要介绍它们的工作原理。

(1) 电动式激振器　电动式激振器的工作原理是利用带电的导体在磁场中受到电动力的作用而产生运动，带动被测对象作受迫振动。图 7-23 所示为一台电动式激振器的结构，驱动线圈固定安装在顶杆上，并由弹簧支承在壳体中，线圈正好位于磁极与铁芯的气隙中。线圈通过经功率放大的交变电流时，线圈将受到与电流成正比的电动力的作用，此力通过顶杆传到被测对象上。由激振器产生的电动力一般情况下并不等于施加到被测对象上的激振力。一般将激振器的电动力与激振力的比值称为力传递比。激振力与激振器运动部件的弹性力、阻尼力及惯性力的矢量和才等于激振器的电动力。只有在激振器的运动部分质量与被测对象相比可略去不计，且激

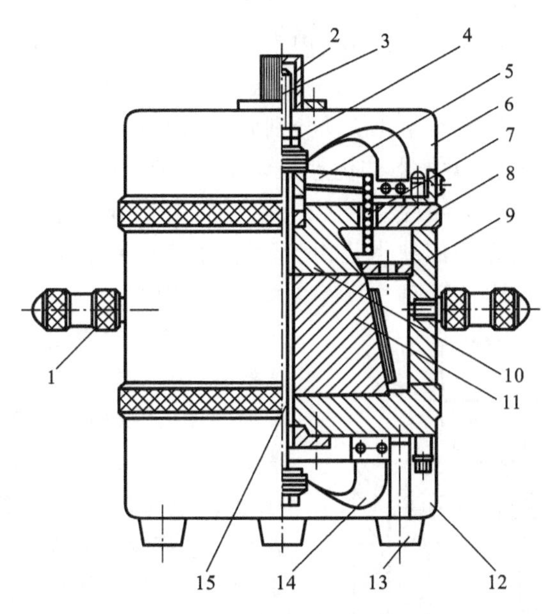

图 7-23　电动式激振器的结构

1—手柄；2—保护罩；3—连接杆；4—螺母；5—连接骨架；6—上罩；7—线圈；
8—磁极；9—壳体；10—铁芯；11—磁铁；12—下罩；13—底脚；14—支承弹簧；15—顶杆

振器与被测对象连接刚度好，顶杆系统刚度也很好的情况下，才可以认为电动力等于激振力。因此，一般情况下使顶杆通过一个力传感器去激励被测对象，以准确测出激振力的大小和相位。

(2) 电磁式激振器　电磁式激振器直接利用电磁力作为激振力，常用于非接触激振。电磁式激振器由铁芯、励磁线圈、测力线圈和底座等主要元件组成，其结构如图 7-24 所示。当电流通过励磁线圈，便产生相应的磁通，从而在铁芯和衔铁之间产

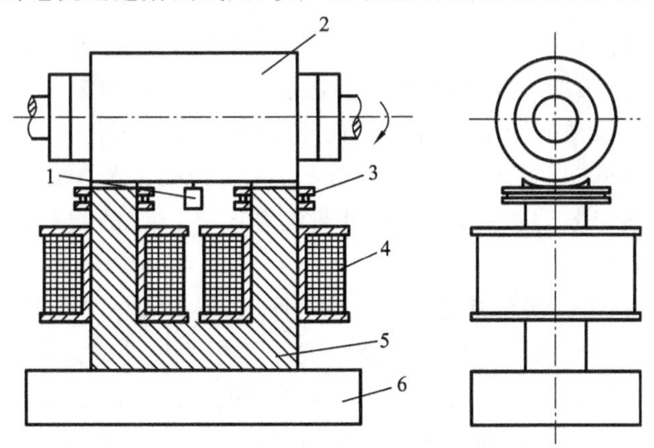

图 7-24　电磁式激振器的结构

1—位移传感器；2—衔铁；3—测力线圈；4—励磁线圈；5—铁芯；6—底座

生电磁力。铁芯上套装有两只主线圈，内层为直流绕组，外层为交流绕组，测力线圈套装于上端近磁隙处。用测力线圈检测激振力，用位移传感器测量激振器与衔铁之间的相对位移。工作时，激振器和衔铁分别固定在被测对象上，便可实现二者之间无接触的相对激振。电磁式激振器的优点是体积、质量较小，与被测对象不接触，因此可以对旋转的被测对象进行激振。它没有附加质量和刚度的影响，其频率上限约为500～800 Hz。电磁激振器的缺点是由于激振力产生在磁隙上，因此位移振幅太大时会影响激振力的线性，且激振力的精确测定较为困难。

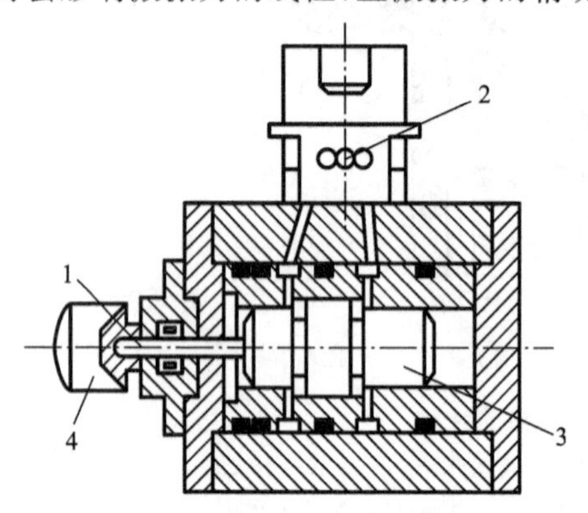

图 7-25　电液式激振器的结构

1—顶杆；2—电液伺服阀；3—活塞；4—力传感器

(3) 电液式激振器　在激振大型金属结构时，为了得到较大的响应，有时需要很大的激振力，这时可采用电液式激振器，其结构 7-25 所示。信号发生器的信号经放大后，经由电动激振器、操纵阀和功率阀所组成的电液伺服阀控制油路，使活塞往复运动，并以顶杆去激振被测对象。电液式激振器激振力大，行程大，产生单位力的体积小。但由于油液的可压缩性和高速流动的摩擦，使激振器的高频特性较差，只适用于较低频率范围(一般为 0～100 Hz，最高可达 800 Hz)，其频域特性比电动式激振器差。此类激振器结构复杂，制造精度要求高，需要一套液压系统，成本较高。

3. 振动分析仪

对从拾振器检测到的振动信号和从激振点检测到的激振力信号需经过适当的处理，方可提取出各种有用的信息。最简单的指示振动量的测振仪把拾振器测得的振动信号以位移、速度或加速度的形式指示出它们的峰值、峰-峰值、平均绝对值或有效值。这类仪器一般包括微积分电路、放大器、电压检波和表头，但它们只能获得振动强度(振动的级别)的信息，而不能获得振动其他方面的信息。为了获得更多的信息，常将振动信号进行频谱分析，确定振动信号中的频率成分，估计其振动源，或将激振和振动联系起来，求出被测系统(机械)的幅频特性、相频特性或动态特性参数。

振动信号的分析一般都需要选用合适的滤波技术和信号分析技术。比如模拟频谱分析仪由放大器、滤波器和检波器构成。其中关键是滤波器，它是一种选频装置，可以使信号中特定的频率成分通过，抑制或极大地衰减其他频率成分或噪声。因此，滤波器是频率分析和抑制噪声的强有力的工具。随着计算机技术的发展，目前许多信号处理工作都可以使用信号处理软件完成，基本原理可参阅有关信号处理的书籍。

7.2.4 振动测试在机械状态监测与诊断中的应用

1. 确定诊断方案

要在对测量对象全面了解的基础上，确定具体的振动测试与诊断方案。诊断方案正确与否关系到能否获得必要且充分的诊断信息，必须慎重对待。一个比较完整的现场振动测试与诊断方案包括下列内容。

1）选择测点

测点是指机器上被测量的部位，它是获取诊断信息的窗口。测点选择正确与否，决定了人们能否获得所需要的、真实完整的状态信息。只有在对诊断对象充分了解的基础上，才能根据诊断目的恰当地选择测点。测点应满足下列要求。

（1）对振动反应敏感　所选测点要尽可能靠近振源，避开或减少信号在传递通道上的界面、空腔或隔离物（如密封填料等），最好让信号呈直线传播。这样可以减少信号在传递中的能量损失。

（2）信息丰富　通常选择振动信号比较集中的部位，以便获得更多的状态信息。

（3）适应诊断目的　所选测点要服从于诊断目的，诊断目的不同，测点也应随之改换。

（4）适于安置传感器　测点必须有足够的空间用来安置传感器，并要保证有良好的接触。测点部位还应有足够的刚度。

（5）符合安全操作要求　由于现场振动测量是在设备运转的情况下进行的，所以在安置传感器时必须确保人身和设备安全。对不便操作或操作起来存在安全隐患的部位，一定要有可靠的安全措施，否则最好暂时放弃。

在通常情况下，轴承是监测振动最理想的部位，因为转子上的振动载荷直接作用在轴承上，并通过轴承把机器与基础连接成一个整体，因此轴承部位的振动信号还反映了基础的状况。所以，在无特殊要求的情况下，轴承是首选测点。如果条件不允许，也应使测点尽量靠近轴承，以减小测点和轴承座之间的机械阻抗。此外，设备的地脚、基础、机壳、缸体、进出口管道、阀门等部位也是测振的常设测点，须根据诊断目的和监测内容决定取舍。

在现场诊断时常常碰到这样的情况：对有些设备，选择测点时遇到很大的困难。例如，卷烟厂的卷烟机、包装机，其传动机构大都包封在机壳内部，不便对轴承部位进行监测。这种情况在其他设备上也存在，比如在诊断一台立式钻床时，共选了13个测点，只有其中4个测点靠近轴承，其他都与轴承相距甚远。凡碰到这种情况，只有另选测量部位。若要彻底解决问题，必须根据适检性要求，对设备的某些结构做一些必要的改造。

有些设备的振动特征有明显的方向性，不同方向的振动信号也往往包含着不同的故障信息。因此，每一个测点一般都应测量3个方向的振动，即水平方向（horizon-

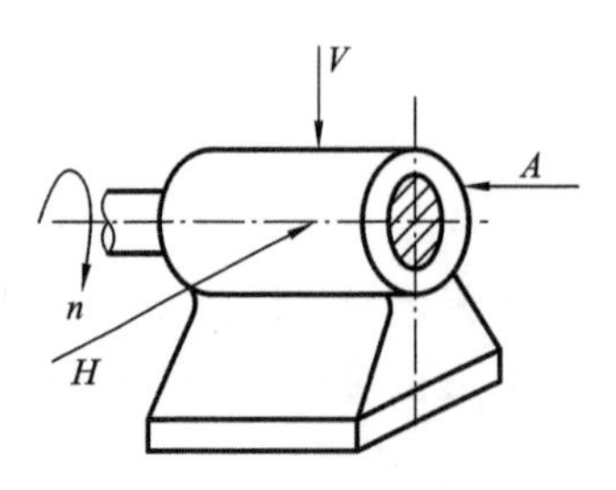

图 7-26　测点的 3 个测量方向

H—水平方向;V—垂直方向;A—轴向

tal)的、垂直方向(vertical)的和轴向(axial)的,如图 7-26 所示。水平方向和垂直方向的振动反映径向振动,测量方向垂直于轴线;轴向振动的方向与轴线重合或平行。

测点选择完毕,在设备结构示意图中标出测点位置。测点一经确定之后,就要经常在同一点进行测定。这要求必须在每个测点的 3 个测量方位处作出永久性标记,如使用油漆或打上样冲眼,或加工出固定传感器的螺孔。尤其对于环境条件差的场合,这一点更加重要,在测高频振动时,曾经出现过测定点偏移几毫米,测定值相差 6 倍的情况。

2) 预估频率和振幅

振动测量前,对所测振动信号的频率范围和幅值大小要作一个基本的估计,为选择传感器、测量仪器和测量参数、分析频带(频程)提供依据,同时防止漏检某些可能存在的故障信号而造成误判或漏检。预估振动频率和幅值可采用下面几种简易方法。

(1) 根据长期积累的现场诊断经验,对常见多发故障的振动特征频率和振幅作一个基本估计。

(2) 根据设备的结构特点、性能参数和工作原理计算出某些可能发生的故障特征频率。

(3) 利用便携式振动测量仪,在正式测量前进行分区多点搜索测试,发现一些振动较大的部位,再通过改变测量频段和测量参数进行多次测量,也可以大致确定其敏感频段和幅值范围。

(4) 广泛收集诊断知识,掌握一些常用设备的故障特征频率和相应的幅值大小。

3) 确定测量参数

振动测量后,要求选用对故障反映最敏感的参数来进行诊断,这种参数被称为"敏感因子",即当机器状态发生小量变化时特征参数却发生较大的变化。由于设备结构千差万别,故障类型多种多样,因此对每一个故障信号确定一个敏感因子是不可能的。人们在诊断实践中总结出一条普遍性原则,即根据诊断对象振动信号的频率特征来选择诊断参数。常用的振动测量参数有加速度、速度和位移,一般按下列原则选用。

(1) 低频振动(<10 Hz)　采用位移。

(2) 中频振动(10～1 000 Hz)　采用速度。

(3) 高频振动(>1 000 Hz)　采用加速度。

对大多数机器来说,最佳诊断参数是速度,因为它是反映振动强度的理想参数,所以国际上许多振动诊断标准都是采用速度有效值($v_{\rm rms}$)作为判别参数的。以往我国一些行业标准大多采用位移(振幅)作为诊断参数。所选择的测量参数还须与所采用的判别标准使用的参数相一致，否则判断状态时将无据可依。

4）选择诊断仪器

测振仪器的选择除了重视质量和可靠性外，最主要的还要考虑以下两个方面。

（1）仪器的频率范围要足够宽　要求能记下信号内所有重要的频率成分，一般在5～10 000 Hz或更宽一些。对于预报故障来说，高频成分是一个重要信息，机械早期故障首先在高频中出现，待到低频段出现异常时，故障已经发生了。对于转速极低的机器来说，低频成分则更加重要，建议选用超低频传感器。所以，仪器的频率范围要能覆盖从高频到低频的各个频段。

（2）要考虑仪器的动态范围　要求测量仪器在一定的频率范围内能对所有可能出现的振动数值，从最高到最低均保证一定的显示（或记录）精度。这种能够保证一定精度的数值范围称为仪表的动态范围。对多数机械来说，其振动水平通常是随频率的变化而变化的。

5）选择与安装传感器

用于测量振动的传感器有三种，一般都是根据所测量的参数类别选用：测量位移采用涡流式位移传感器，测量速度采用电动式速度传感器，测量加速度采用压电式加速度传感器。

由于压电式加速度传感器的频响范围比较宽，所以现场测量时在没有特殊要求的情况下，常用它同时测量位移、速度、加速度这三个参数。

振动测量不但对传感器的性能质量有严格要求，对其安装形式也很讲究，不同的安装形式适用于不同的场合。表7-5所示为压电式加速度传感器几种常用安装方法的特点，其中采用螺纹连接测试结果最为理想。但在现场实际测量时，尤其是对于大范围的普查测试，以采用永久性磁座安装最简便，且其性能适中，因此，它也是最常用的方法。

表7-5　压电式加速度传感器常用安装方法及特点

安装方法及频响范围(±3 dB)	优　点	缺　点
手持钢探针：1～1 000 Hz 手持铝探针：1～700 Hz	附着快速 适用于各种表面	频率范围有限 注意手持方法
磁座：1～2 000 Hz	附着快速	频率范围有限，机器上须有铁磁性表面，该表面必须干净
螺纹连接：1～10 000 Hz	可用频率范围宽，测量重现性最佳	须有螺孔接头，费时间

在测量前，传感器的性能指标须经检测合格。

这里还须说明，在测量转子振动时，有两种不同的测量方式，即测量绝对振动和相对振动，如图7-27所示。由转子交变力激起的轴承的振动称为绝对振动，又称瓦

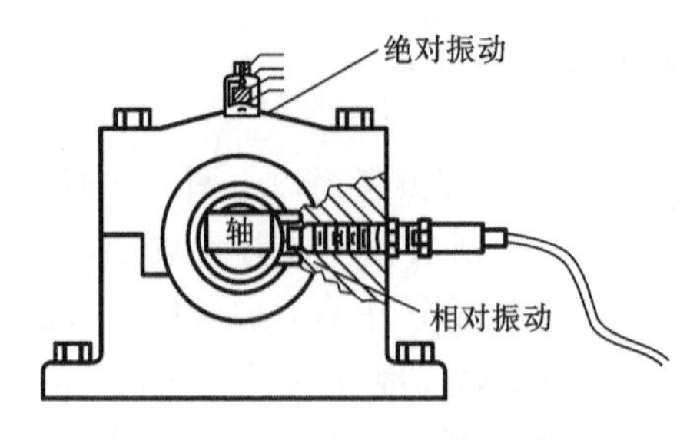

图 7-27　绝对振动与相对振动

振;在激振力作用下,转子相对于轴承的振动称为相对振动,又称轴振。压电式加速度传感器是用于测量绝对振动的,而测量转子相对振动须使用涡流式位移传感器。在现场实行简易振动诊断时主要是使用压电式加速度传感器测量轴承的绝对振动。

6）做好其他相关事项的准备

测量前的准备工作一定要仔细。为了防止测量失误,最好在正式测量前做一次模拟测试,以检验仪器是否正常,准备工作是否充分。比如检查仪器的电量是否充足,这看起来似乎是小事,但也绝不能疏忽,在现场常常发生因仪器无电而使诊断工作不得不中止的情况。各种记录表格也要准备好,真正做到"万事俱备"。

2. 测试与信号分析

1）测量系统

目前,现场振动测量系统可采取两种基本形式,其结构组成及特点分述如下。

(1) 模拟式测振仪所构成的测量系统　我国企业开展设备诊断的初期(即 20 世纪 80 年代)广泛采用模拟式测振仪进行现场简易振动诊断,其基本功能主要是测量机器的振动参数值,对设备作出有无故障的判断。当需要对设备状态作进一步分析时,可用一台简易示波器和一台简易频率分析仪组成简易的测量系统。这样既可以观察振动波形,又可以在现场作简易频率分析。这种简易测量分析系统在现场诊断中也能解决大量的问题,发挥了很大的作用,即使到现在仍有它存在的价值。

(2) 以数据采集器为代表的数字式测振仪器所构成的振动诊断测量系统　设备诊断技术发展到 20 世纪 80 年代末、90 年代初,以数据采集器为代表的便携式多功能测振仪器在企业中得到了广泛的推广应用,逐步取代了模拟式测振仪,成了现场诊断的主角,使诊断技术发生了革命性的变化。其操作方法之简便,功能之丰富,是模拟式测振仪所构成的测量系统望尘莫及的。

2）信号分析

在确定振动测量和诊断方案之后,根据测试目的对设备进行各项相关参数测量。在所测量参数中必须包括标准中所采用的参数,以便在作状态识别时使用。如果没有特殊情况,每个测点必须测量水平(H)、垂直(V)和轴向(A)三个方向的振动值。对于初次测量的信号,要进行信号重放和直观分析,以检查测得的信号是否真实。若对所测的信号了解得比较清楚,对信号的特性心中有数,那么在现场就可以大致判断所测得信号的幅值及时域波形的真实性。如果缺少资料和经验,应多次复测和试分析,确认测试无误后再作记录。

如果所使用的仪器具有信号分析功能,那么在测量参数之后,即可对该点进一步作波形观察、频率分析等，特别对那些振动超常的测点作这种分析很有必要。对测量的数据一定要作详细记录。记录数据要有专用表格，做到规范化，完整而不遗漏。除了记录仪器显示的参数外，还要记下与测量分析有关的其他内容，如环境温度、电源参数、仪器型号、仪器的通道数，以及测量时设备运行的工况参数(如负荷、转速、进出口压力、轴承温度、声音、润滑等)。如果不及时记录，以后又无法补测，将严重影响分析判断的准确性。

对所测得的参数值最好进行分类整理，如按每个测点的各个方向整理，并用图形或表格表示出来，这样易于抓住特征，便于发现变化情况。也可以把一台设备定期测定的数据或相同规格设备的数据分别统计在一起，这样有利于比较分析。

对于有存储功能测振仪器，为了方便下次测量，测量结束后应及时记录整理存储的数据。

3. 状态判别

根据测量数据和信号分析所得到的信息，对设备状态作出判断。首先判断它是否正常。若不正常，则要对存在异常的设备作进一步分析，指出故障的原因、部位和程度。对那些不能通过简易诊断解决的疑难故障，须动用其他手段加以确诊。

4. 诊断决策

通过测量分析、状态识别等几个环节，弄清了设备的实际状态，为处理决策创造了条件后，应当提出处理意见：或是继续运行，或是停机修理。对需要修理的设备，应当指出修理的具体内容，如待处理的故障部位、所需要更换的零部件等。

5. 检查验证

设备诊断的全过程并不是到作出结论就算结束了，最后还有重要的一步：必须检查验证诊断结论及处理决策的结果。诊断人员应当向用户了解设备拆机检修的详细情况及处理后的效果。如果有条件的话，最好亲临现场查看，检查诊断结论与实际情况是否符合，作出对整个诊断过程最权威的总结。

7.2.5　振动测试在系统参数识别中的应用

机械振动系统的主要参数是固有频率、阻尼比和振动类型等。实际上，一个机械系统的振动是多个自由度的，有多个固有频率，在幅频特性曲线上会有多个共振的峰值。这些共振的峰值与系统本身的特性有关，而与激振的方式、测点的布置等因素无关。根据线性振动理论，多自由度线性系统的多自由度振动响应可认为是反映系统特性的多个单自由度系统响应的叠加。对于单自由度机械振动系统，固有频率和阻尼比的测试常用的方法有瞬态激振法(自由振动法)和稳态正弦激振法(共振频率法)。

1. 自由振动法

如果给单自由度振动系统(见图 7-28(a))一个冲击激励，则系统将在阻尼作用下作衰减的自由振动。有阻尼的自由振动曲线如图 7-28(b)所示，其表达式为

$$\frac{\mathrm{d}^2 z(t)}{\mathrm{d}t^2}+2\xi\omega_\mathrm{n}\frac{\mathrm{d}z(t)}{\mathrm{d}t}+\omega_\mathrm{n}^2 z(t)=0 \tag{7-20}$$

$$z(t)=z(0)\mathrm{e}^{-\xi\omega_\mathrm{n}t}\cos(\omega_\mathrm{d}t)+\frac{\mathrm{d}z(0)}{\mathrm{d}t}\frac{\mathrm{e}^{-\xi\omega_\mathrm{n}t}}{\omega_\mathrm{d}}\sin(\omega_\mathrm{d}t) \tag{7-21}$$

式中，$\omega_\mathrm{d}=\omega_\mathrm{n}\sqrt{1-\xi^2}$，为阻尼自由振动的圆频率。

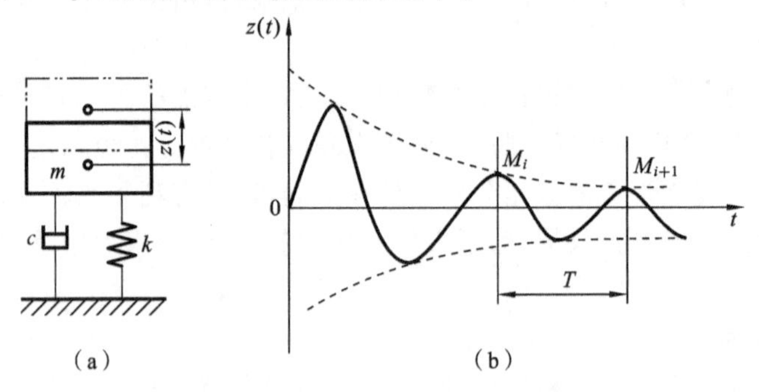

图 7-28　阻尼自由振动的曲线

(a) 单自由度振动系统　(b) 有阻尼的自由振动曲线

根据阻尼自由振动的记录曲线，通过时标可以确定周期 T，从而可得 $\omega_\mathrm{d}=2\pi/T$。ω_d 与系统的固有频率 ω_n 不同，但当阻尼较小时可以认为两者近似相等。阻尼比 ξ 可以根据振动曲线相邻峰值的衰减比值来定，即

$$\xi\approx\frac{\ln\dfrac{M_i}{M_{i+n}}}{2\pi n} \tag{7-22}$$

2. 共振频率法

单自由度振动系统在受激振动后，如果激振频率接近或等于系统固有频率，系统振动的响应就会显著增加，其幅频特性、相频特性如图 7-29 所示，利用位移、速度和

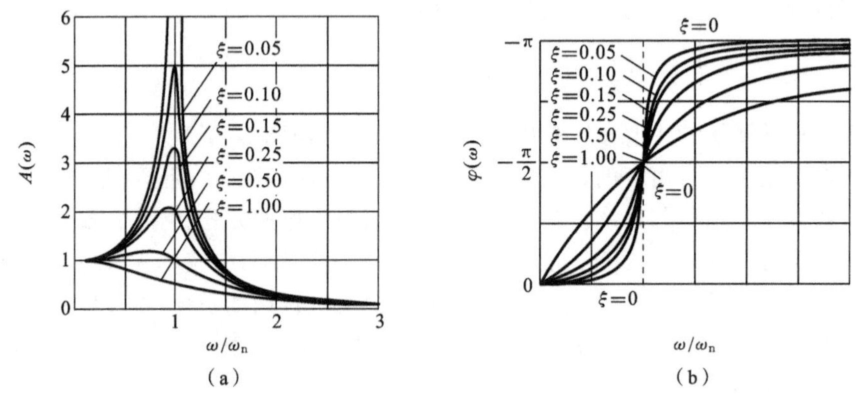

图 7-29　受激振动幅频特性、相频特性

(a) 幅频曲线与阻尼比的关系　(b) 相频曲线与阻尼比的关系

加速度响应曲线可以求出它们的固有频率和阻尼比。下面介绍两种从振动幅频特性和相频特性中识别共振频率的方法。从振动信号的幅频特性中可以看出，正弦激励频率接近固有频率时，振幅将达到最大值，因此通过幅值最大值的频率（位移共振频率）ω_r，而且 $\omega_r=\omega_n\sqrt{1-2\xi^2}$，在阻尼比较小时，可以认为位移共振频率等于系统的固有频率 ω_n。当系统阻尼较大时，也可以由位移幅频特性曲线来估计阻尼比，如图7-30所示。此时阻尼比的估计值由式(7-23)确定。

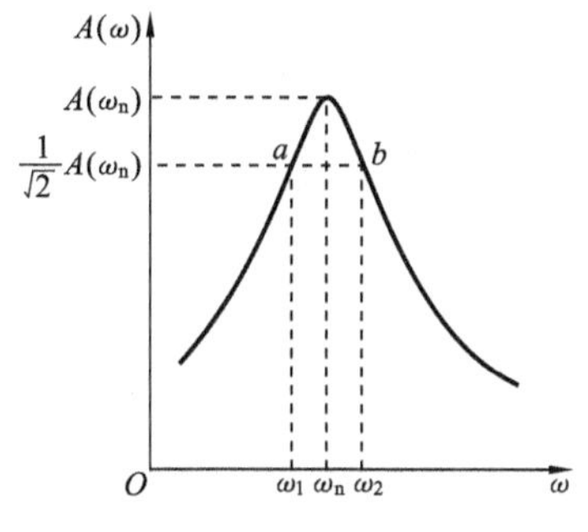

图7-30　半功率点法

$$\hat{\xi}=\frac{\omega_2-\omega_1}{2\omega_r} \tag{7-23}$$

式中，ω_1、ω_2 满足 $A(\omega_1)=A(\omega_2)=A(\omega_r)/\sqrt{2}\xi$，为共振幅值处的两个频率（半功率点频率）。

从图7-29所示的相频特性曲线中可以看到，不管阻尼比的变化如何，当激振频率和固有频率相同时，位移的相角总是滞后90°。因此，通过所测得的相频特性可以直接确定系统的固有频率。利用相频特性来确定系统的固有频率的方法比较简单，但相位的检测比幅值检测要复杂一些。

7.3　测试技术在工业机器人中的应用

机器人是由计算机控制的复杂机械，它具有类似人的肢体及感官功能，在工作时可以不依赖人的操纵。机器人中的传感器在机器人的控制中起了非常重要的作用，它处于连接外界环境与机器人接口的位置，是机器人获取各种信号的窗口。正因为有了传感器，机器人才具备了类似人类的知觉功能和反应能力。

7.3.1　机器人所用传感器分类

根据检测对象的不同，机器人所用的传感器可分为内部传感器和外部传感器。为了便于分析传感器的作用，将用于机器人末端执行器的外部传感器单独分为一类，称为末端执行器传感器。内部传感器采集有关机器人内部的信息，一般包括位置、速度、驱动力和力矩等。外部传感器检测机器人所处环境、外部物体状态或机器人与外部物体的关系。末端执行器传感器用于检测机器人末端执行器和所处理工件的相互关系、障碍状态、相互作用情况等。内部、外部和末端执行器传感器如表7-6所示。

传统的工业机器人仅采用内部传感器，用于对机器人运动、位置及姿态进行精确控制，多为检测位置和角度的传感器，其分类如图7-31所示。外部传感器用来检测

表 7-6 内部、外部和末端执行器传感器

内部传感器	用途	机器人的精确控制
	检测的信息	位置、角度、速度、加速度、姿态、方向、倾斜、力等
	所用的传感器	微动开关、光电开关、差动变压器、编码器(直线和旋转式)、电位计、旋转变压器、测速发电机、加速度计、陀螺、倾角传感器、力传感器(力和力矩)等
外部传感器	用途	了解工件、环境或机器人在环境中的状态
	检测的信息	工件和环境(包括形状、位置、范围、质量、姿态、运动、速度等)、机器人与环境(包括位置、速度、加速度、姿态等)
	所用的传感器	视觉传感器、图像传感器(CCD、摄像管等)、光学测距传感器、超声测距传感
末端执行器传感器	用途	对工件的灵活、有效的操作
	检测的信息	非接触(间隔、位置、姿态等)、接触(接触、障碍检测、碰撞检测等)、触觉(接触觉、压觉、滑觉)、夹持力等
	所用的传感器	光学测距传感器、超声测距传感器、电容传感器、电磁感应传感器、限位传感器、压敏导电橡胶、弹性体加应变片等

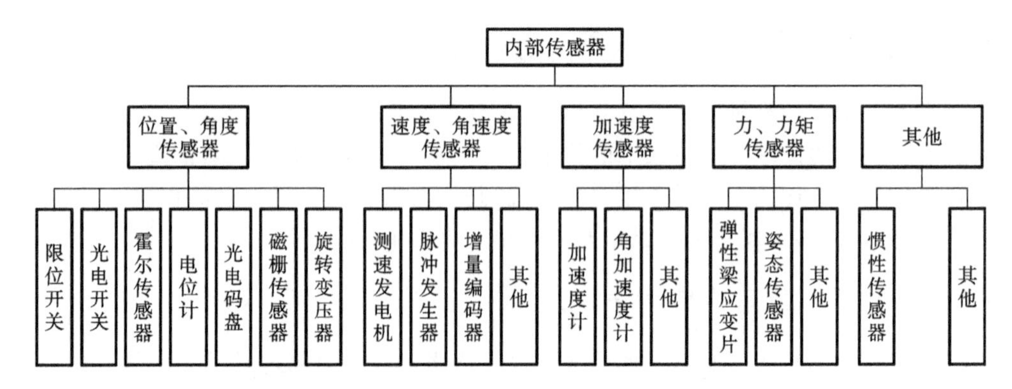

图 7-31 机器人所用的内部传感器分类

机器人所处环境(如是什么物体,离物体的距离有多远等)及状况(如抓取的物体是否滑落)的传感器,具体有物体识别传感器、物体探伤传感器、接近觉传感器、距离传感器、力觉传感器,听觉传感器等。使用外部传感器,使得机器人对外部环境具有一定程度的适应能力,从而表现出一定程度的智能。机器人所用外部传感器分类如图 7-32所示。机器人的末端执行器传感器的分类如图 7-33 所示。部分机器人所用传感器功能描述见表 7-7。

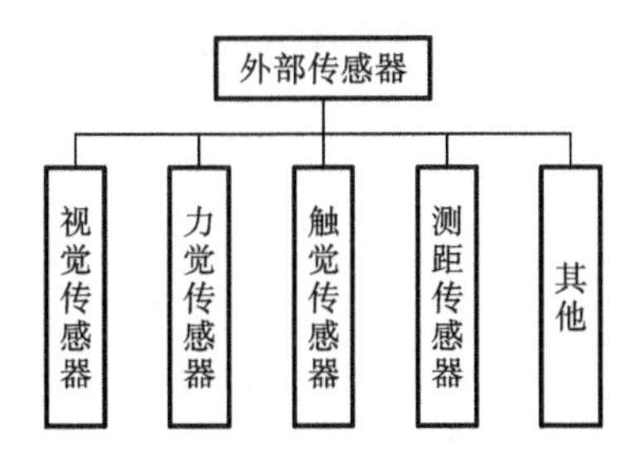

图 7-32　机器人所用外部传感器分类

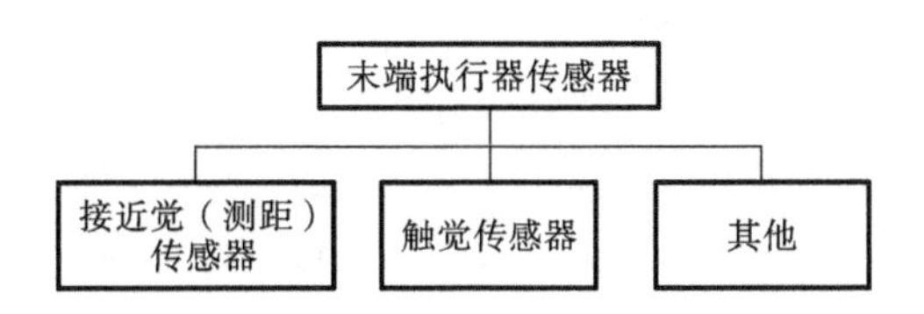

图 7-33　机器人所用末端传感器分类

表 7-7　部分机器人所用传感器功能描述

类型	检测内容	应用目的	传感器件
明暗觉	是否有光，亮度多少	判断有无对象，并得到定量结果	光敏管、光电断续器
色觉	对象的色彩及浓度	利用颜色识别对象的场合	彩色摄像机、滤波器、彩色 CCD
位置觉	物体的位置、角度、距离	物体空间位置、判断物体移动	CCD 等
形状觉	物体的外形	提取物体轮廓及固有特征，识别物体	CCD 等
接触觉	与对象是否接触，接触的位置	确定对象位置，识别对象形态，控制速度，安全保障，异常停止，寻径	光电传感器、微动开关、压敏高分子材料
压觉	对物体的压力、握力、压力分布	控制握力，识别握持物，测量物体弹性	压电元件、导电橡胶、压敏高分子材料
力觉	机器人有关部件（如手指）所受外力及转矩	控制手腕移动，伺服控制，正解完成作业	应变片、导电橡胶
接近觉	对象物是否接近，接近距离，对象面的倾斜	控制位置，寻径，安全保障，异常停止	光传感器、气压传感器、超声波传感器、电涡流传感器、霍尔传感器
滑觉	垂直握持面方向物体的位移，重力引起的变形	修正握力，防止打滑，判断物体重量及表面状态	球形接点、光电旋转传感器、角编码器、振动检测器

7.3.2　机器人传感器原理简介

1. 触觉传感器

触觉是接触、冲击、压迫等机械刺激感觉的综合，机器人利用触觉可进一步感知物体的形状、软硬等物理性质。对机器人触觉的研究，只能集中于扩展机器人能力所必需的触觉功能，一般把检测和感知外部直接接触而产生的接触觉、压力、触觉及接近觉的传感器称为机器人触觉传感器。

1）接触觉传感器

接触觉传感器是指通过与对象物体接触时产生感觉的传感器，所以最好在机器人手指表面高密度分布触觉传感器阵列，它柔软、易于变形，可增大接触面积，并且有一定的强度，便于抓握。接触觉传感器可检测机器人是否接触目标或环境，用于寻找物体或感知碰撞。图 7-34 所示为几种能够实现接触觉的传感器。图中柔软的电极可以使用导电橡胶、浸含导电涂料的氨基甲酸乙酯泡沫或碳素纤维等材料。

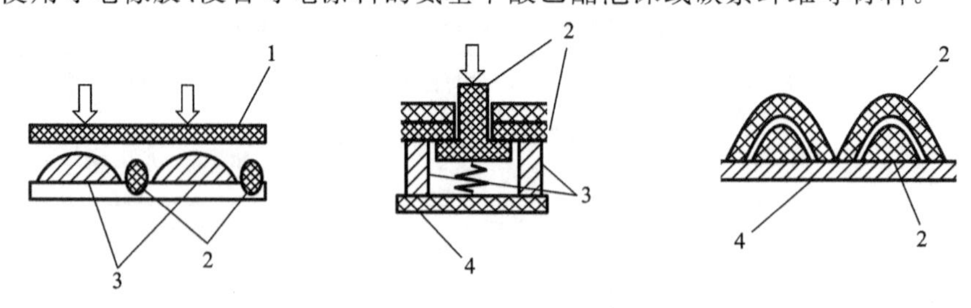

图 7-34　几种能够实现接触觉的传感器

1—柔软的电极；2—电极；3—绝缘体；4—绝缘底板

（1）机械式传感器　利用触点的通断来获取信息，通常采用微动开关来识别物体的二维轮廓，但因结构关系无法构成高密度列阵。

（2）弹性式传感器　这类传感器都由弹性元件、导电触点和绝缘体构成。如采用导电性石墨化碳纤维、氨基甲酸乙酯泡沫、印制电路板和金属触点构成的传感器，碳纤维被压后与金属触点接触，开关导通。也可由弹性海绵、导电橡胶和金属触点构成，导电橡胶受压后，海绵变形，导电橡胶和金属触点接触，开关导通。也可由金属和青铜构成，被绝缘体覆盖的青铜箔片被压后与金属接触，触点闭合。

（3）光纤传感器　这种传感器包括由一束光纤构成的光缆和一个可变形的反射表面。光通过光纤束投射到可变形的反射材料上，反射光按相反方向通过光纤束返回。如果反射表面是平的，则通过每条光纤所返回的光的强度是相同的。如果反射表面因与物体接触受力而变形，则反射的光强度不同。用高速光扫描技术进行处理，即可得到反射表面的受力情况。

2）接近觉传感器

接近觉是指机器人所具有的能感觉到距离几毫米到十几厘米远的对象物或障碍物，能检测出对象物的倾角或对象物表面的性质。这是非接触式感觉。接近觉是一种粗略的距离感觉，接近觉传感器的主要作用是在接触对象之前获得必要的信息，用来探测在一定距离范围内是否有物体接近、物体的接近距离和对象的表面形状及倾斜等状态，一般用“1”和“0”两种态表示。在机器人中，主要用于对物体的抓取和躲避。接近觉一般用非接触式测量元件实现，如霍尔效应传感器、电磁式接近开关和光学接近传感器。

接近觉传感器可分为六种：电磁式(感应电流式)、光电式(反射或透射式)、静电容式、气压式和红外线式，如图7-35所示。

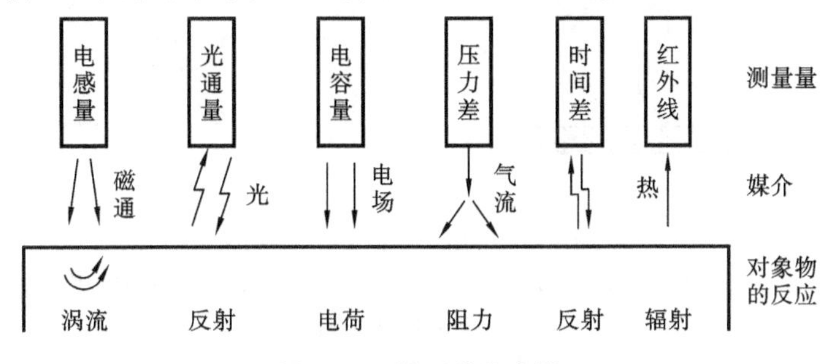

图7-35　接近觉传感器

(1) 电磁式传感器　电磁式传感器在一个线圈中通入高频电流后产生磁场，这个磁场接近金属物时，会在金属物中产生感应电流，也就是涡流。涡流大小随对象物体表面与线圈距离的大小而变化，这个变化反过来又影响线圈内磁场强度。磁场强度可用另一组线圈检测出来，也可以根据激磁线圈本身电感的变化或激励电流的变化来检测。这种传感器的精度比较高，而且可以在高温下使用。由于工业机器人的工作对象大多是金属部件，因此电磁式接近觉传感器应用较广，在焊接机器人中可用它来探测焊缝。

(2) 光学接近觉传感器　其结构如图7-36所示。它由发光二极管和光敏晶体管组成。发光二极管发出的光经过反射被光敏晶体管接收，接收到的光强和传感器与目标的距离有关，输出信号u_{out}是距离x的函数：$u_{out}=f(x)$。光信号被调制成某一特定频率，可大大提高信噪比。

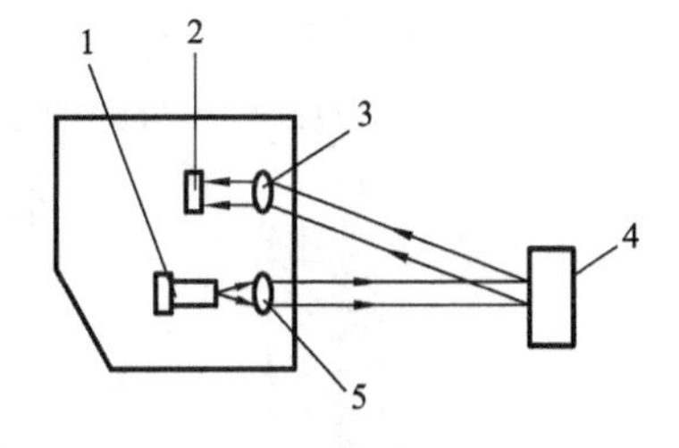

图7-36　光学接近觉传感器

1—发光二极管；2—光敏晶体管；3—反射光透镜；4—对象；5—发射光透镜

(3) 静电容式接近觉传感器　它是根据传感器表面与对象物体表面所形成的电容随距离变化的原理制成的。将这个电容串接在电桥中，或者把它当作RC振荡器中的元件，都可以检测距离。

(4) 气压式接近觉传感器　其原理如图7-37(a)所示。用一根细的喷嘴喷出气流，如果喷嘴靠近物体，则其内部压力会发生变化，这一变化可用压力计测量出来。图7-37(b)所示的是为在气压为p_0的情况下，压力计的压力与距离d之间的关系曲线。它可用于检测非金属物体，尤其适合检测微小间隙。

(5) 超声波传感器　该传感器适用于较长距离和较大物体的探测，例如对建筑物等进行探测。

(6) 红外线接近觉传感器　它可以探测到机器人是否靠近操作人员或其他热

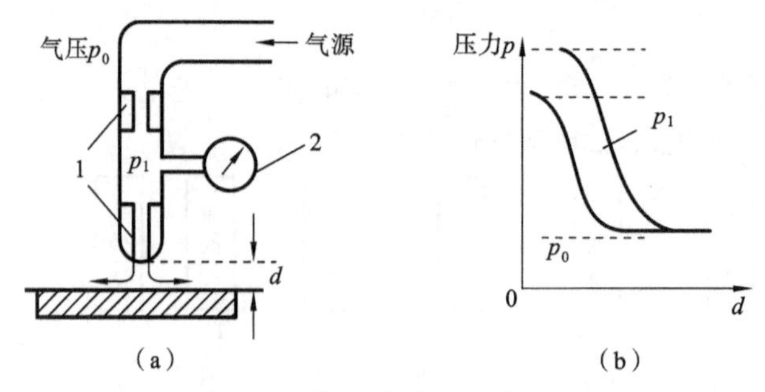

图 7-37　气压式接近觉传感器

(a) 气压式接近觉传感器工作原理　(b) 压力计的压力与距离 d 的关系曲线

1—颈口;2—压力计

源,这对安全保护和改变机器人行走路径有实际意义。

3) 滑觉传感器

机器人在抓取不知属性的物体时,其自身应能确定最佳握紧力的给定值。当握紧力不够时,要检测被握紧物体的滑动,利用该检测信号,在不损坏物体的前提下,考虑最可靠的夹持方法,实现此功能的传感器称为滑觉传感器。

检测滑动的方法有以下几种。

(1) 根据滑动时产生的振动检测,如图 7-38(a)所示。

(2) 把滑动的位移变成转动,检测其角位移,如图 7-38(b)所示。

(3) 根据滑动时手指与对象物体间动、静摩擦力来检测,如图 7-38(c)所示。

(4) 根据手指压力分布的改变来检测,如图 7-38(d)所示。

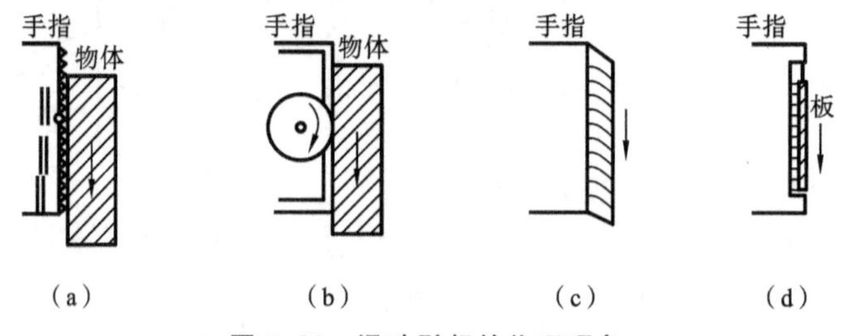

图 7-38　滑动引起的物理现象

(a) 振动　(b) 转动　(c) 摩擦力　(d) 压力分布

滑觉传感器有滚动式和球式的,还有一种通过振动检测滑觉的传感器。物体在传感器表面上滑动时,与滚轮或环相接触,把滑动变成转动。

在磁力式滑觉传感器中,滑动物体引起滚轮滚动,用磁铁和静止的磁头,或用光传感器进行检测,这种传感器只能检测到一个方向的滑动。球式传感器用球代替滚轮,可以检测各个方向的滑动。振动式滑觉传感器表面伸出的触针能和物体接触,物体滚动时,触针与物体接触而产生振动,这个振动由压点传感器或磁场线圈结构的微小位移计检测。滚轮式滑觉传感器如图 7-39 所示。

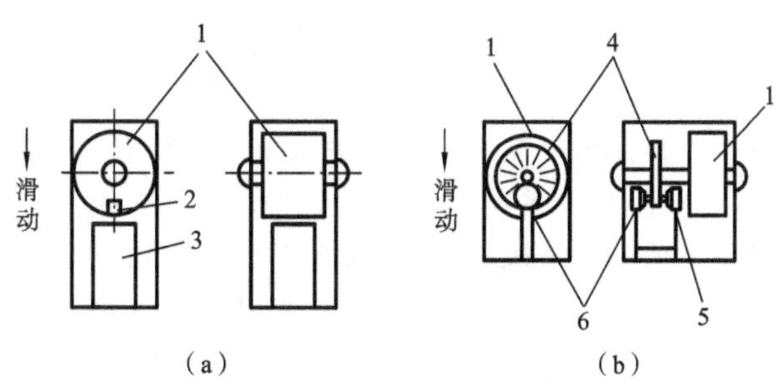

图7-39 滚轮式滑觉传感器

(a) 磁力式 (b) 光学式

1—滚子;2—磁铁;3—磁头;4—开缝钢板;5—发光电件;6—受光电件

4) 力觉

力觉是指对机器人所具有的对指、肢和关节等运动中所受力的感知能力。通常机器人的力传感器分为以下三类。

(1) 装在关节驱动器上的力传感器,这称为关节力传感器。它测量驱动器本身的输出力和力矩,用于控制中的力反馈。

(2) 装在末端执行器和机器人最后一个关节之间的力传感器,称为腕力传感器,如图7-40所示。腕力传感器能直接测出作用在末端执行器上的各向力和力矩。

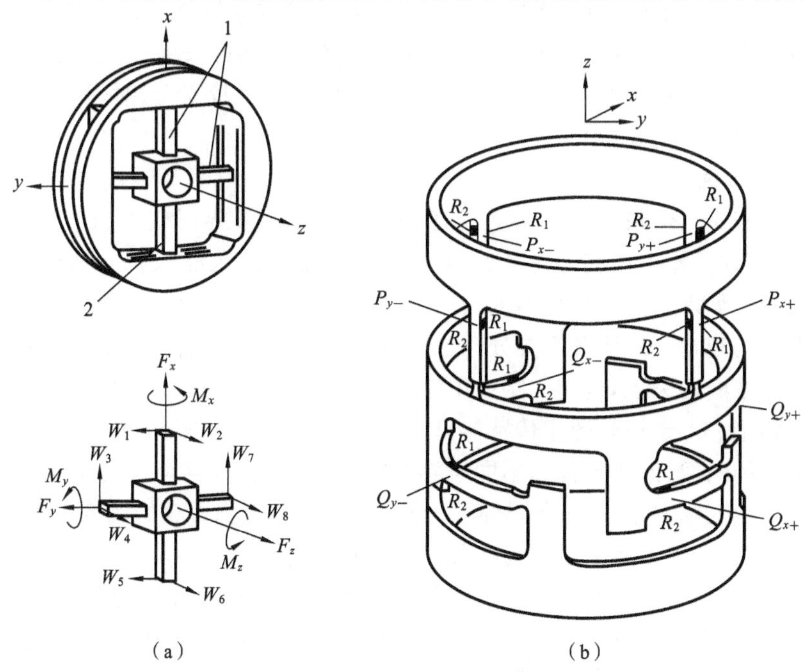

图7-40 腕力传感器的主要结构

(a) 轮辐式 (b) 圆筒式

1—应变片;2—腕力传感器偏转杆

(3) 装在机器人手爪指关节上(或指上)的力传感器,称为指力传感器。它用来测量夹持物体时的受力情况。

机器人的这三种力传感器依其不同的用途有不同的特点。关节力传感器用来测量关节的受力(力矩)情况,信息量单一,传感器结构也较简单,是一种专用的力传感器。(手)指力传感器一般测量范围较小,同时受手爪尺寸和重量的限制,在结构上要求小巧,也是一种较专用的力传感器。腕力传感器从结构上来说是一种相对复杂的传感器,它能获得手爪三个方向的受力(力矩),信息量较多,又由于其安装的部位在末端操作器与机器人手臂之间,比较容易形成通用化的产品(系列)。

根据被测对象的负载,可以把力传感器分为测力传感器(单轴力传感器)、力矩表(单轴力矩传感器)、手指传感器(检测机器人手指作用力的超小型单轴力传感器)和六轴力觉传感器。

力觉传感器根据力的检测方式不同,可以分为

① 检测应变或应力的应变片式;

② 利用压电效应的压电元件式;

③ 用位移计测量负载产生的位移的差动变压器、电容位移计式。

其中应变片式力觉传感器在机器人中采用广泛。

在选用力传感器时,首先要特别注意额定值。其次在机器人通常的力控制中,力的精度意义不大,重要的是分辨率。另外,在机器人上实际安装使用力觉传感器时,一定要事先检查操作区域,清除障碍物,这对实验者的人身安全、对保证机器人及外围设备不受损害有重要意义。

2. 视觉传感器

视觉器官是人体最重要的感觉器官,据统计,人从外界所获得的信息有80%来自眼睛,因此在机器人研究的一开始,人们就希望能够给机器人装上“眼睛”,使它具有视觉功能。如果想要赋予机器人较高的智能,就必须使其具备视觉系统。

机器人的视觉传感系统需要处理三维图像,不仅需要了解物体的大小和形状,还要知道物体之间的关系,这与文字或图像识别有根本的区别。为了实现这一目标,要克服很多困难。由于视觉图像传感器只能获得二维图像,从不同角度上看同一物体,会得到不同的图像;照明条件的不同,得到图像的明暗程度与分布情况也会不同;实际的物体虽然互相并不重叠,但从某一角度上看,却会得到重叠的图像。为了解决这些问题,人们采取了很多措施,并在不断研究新的方法。

为了减轻视觉系统的负担,人们总是尽可能地改善外部环境的条件,对视角、照明、物体的摆放方式、物体的颜色等作出某种限制,但更重要的还是加强视觉系统本身的功能和使用更好的信息处理方法。

带有距离信息的三维视觉图像为高层次的计算分析带来了极大的方便。如何获取三维信息引起了众多研究人员的广泛关注,目前已有多种多样的技术手段用于视

觉图像中的距离信息。

视觉传感器系统的硬件组成一般可以分为图像输入、图像处理、图像存储和图像输出四部分,如图7-41所示。

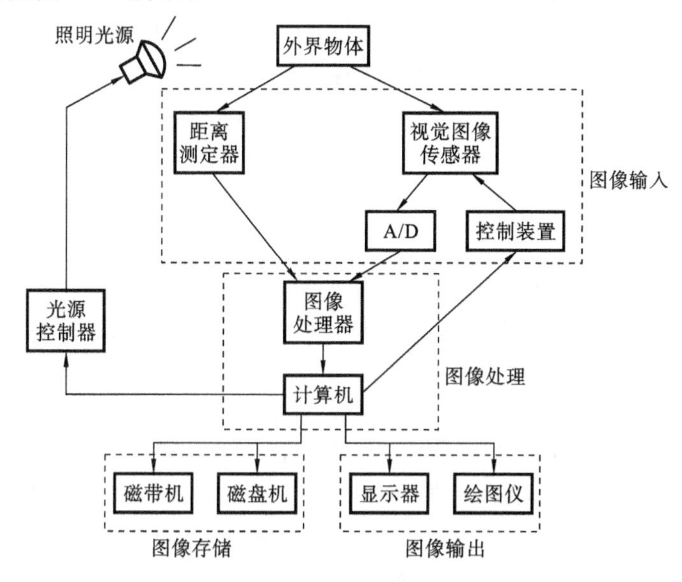

图7-41　视觉传感器系统的硬件组成

3. 距离传感器

距离传感器可用于机器人导航和回避障碍物,也可用于对机器人空间内的物体进行定位及确定其一般形状特征。目前最常用的测距法有两种。

1）超声波测距法

超声波是频率20 kHz以上的机械振动波。超声波测距是指利用发射脉冲和接收脉冲的时间间隔推算出距离。超声波测距法的缺点是波束较宽,其分辨力受到严重的限制,因此,主要用于导航和回避障碍物。

2）激光测距法

激光测距可以利用回波法,或者利用激光测距仪,其工作原理介绍如下。

氦氖激光器固定在基线上,在基线的一端由反射镜将激光点射向被测物体,反射镜固定在电动机轴上,电动机连续旋转,使激光点稳定地对被测目标进行扫描。由CCD摄像机接受反射光,采用图像处理的方法检测出激光点图像,并根据位置坐标及摄像机光学特点计算出激光反射角。利用三角测距原理即可算出反射点的位置。

4. 其他外部传感器

除上面介绍的机器人所用的外部传感器外,还可根据机器人特殊用途安装听觉传感器、味觉传感器及电磁波传感器,而这些机器人主要用于科学研究、海洋资源探测或食品分析、救火等特殊用途。这些传感器多数属于开发阶段,有待于更进一步完善,以丰富机器人专用功能。

5. 传感器融合

系统中使用的传感器种类和数量越来越多,每种传感器都有一定的使用条件和感知范围,并且又能给出环境或对象的部分或整个侧面的信息。为了有效地利用这些传感器信息,需要采用某种形式对传感器信息进行综合、融合处理,不同类型信息的多种形式的处理系统就是传感器融合。传感器的融合技术涉及神经网络、知识工程、模糊理论等信息、检测、控制领域的新理论和新方法。

7.3.3 工业机器人的应用

目前,机器人的应用范围涵盖了制造业、农业、林业、交通运输业、核工业、医疗、福利事业、娱乐业、海洋及太空开发等领域,而且,随着机器人技术的不断提高,可以预见机器人的应用领域将进一步扩大。

机器人外围设备是指可以附加到机器人系统中用来加强机器人功能的设备,这些设备是除了机器人本身的执行机构、控制器、作业对象和环境之外的其他设备和装置,例如用于定位、装卡工件的工装,用于保证机器人和周围设备通信的装置等。在一般情况下,灵活性高的工业机器人的外围设备较简单,可适应产品型号的变化;反之,灵活性低的工业机器人的外围设备较复杂,当产品型号改变时,就需要付出高额的投资更换外围设备。外围设备必须与机器人的功能相协调,包括其定位方法、夹紧方式、动作速度等,应根据作业要求确定机器人的外围设备。表7-8所示列举了一些工业应用的外围设备。

表 7-8 工业机器人外围设备

作业内容	工业机器人的种类	主要外围设备
压力机上的装卸作业	固定程序式	传送带、送料器、升降机、定位装置、取出工件装置、真空装置、切边机等
切削加工的装卸作业	可编程程序式 示教再现式	传送带、上下料装置、定位装置、翻送装置、专用托板夹持与输送装置等
压铸时的装卸作业	固定程序式 示教再现式	浇注装置、冷却装置、切边压力机、脱膜剂涂敷装置、工件检测等
喷涂作业	示教再现式 连续轨迹控制(CP)	传送带、工件监测、喷涂装置、喷枪等
点焊作业	示教再现式 点位控制(PTP)	焊接电源、计时器、次级电缆、焊枪、异常电流检测装置、工具修整落装置、焊透性检测、车型检测与辨别、焊接夹具、传进带、夹紧装置等
弧焊作业	示教再现式连续轨迹控制(CP)	弧焊装置、焊丝进给装置、焊枪、气体检测、焊丝余量检测、焊接夹、位置控制器、夹紧装置等

可见，单一机器人是不可能有效工作的，它必须与外围设备共同组成一个完整的机器人系统才能发挥作用。以下重点叙述机器人在制造业中的应用。

1. 焊接机器人

焊接机器人突破了焊接刚性自动化的传统生产方式，开拓了一种柔性自动化生产方式，使小批量产品自动化焊接生产成为可能。由于机器人具有示教再现功能，完成一项焊接任务只需要示教一次，随后即可以精确地再现示教动作。如果机器人去做另一项焊接工作，只需重新示教即可。

焊接机器人可以稳定和提高焊接质量，保证其均匀性；提高劳动生产率，一天可保证 24 h 连续生产；改善工人劳动条件，可在有害环境下工作；降低对工人操作技术的要求；缩短产品改型换代的准备周期，减少相应的设备投资；可实现小批量产品的焊接自动化；能在空间站建设、棱设备维修、深水焊接等极限条件下完成人工难以进行的焊接作业；为焊接柔性生产线提供技术基础。

在实际焊接过程中，作业条件是经常变化的，如加工和装配上的误差会造成焊缝位置和尺寸的变化，焊接过程中工件受热及散热条件改变会造成焊道变形和熔透不均。为了克服机器人焊接工作中各种不确定性因素对焊接质量的影响，提高机器人作业的智能化水平和工作的可靠性，要求焊接机器人系统不仅能实现空间焊缝的自动实时跟踪，而且还能实现焊接参数的在线调整和焊缝质量的实时控制。

焊接机器人系统一般由如下几部分组成：机械手、变位机、控制器、焊接系统（专用焊接电源、焊枪或焊钳等）、焊接传感器、中央控制计算机和相应的安全设备等。典型的焊接机器人组成如图 7-42 所示。

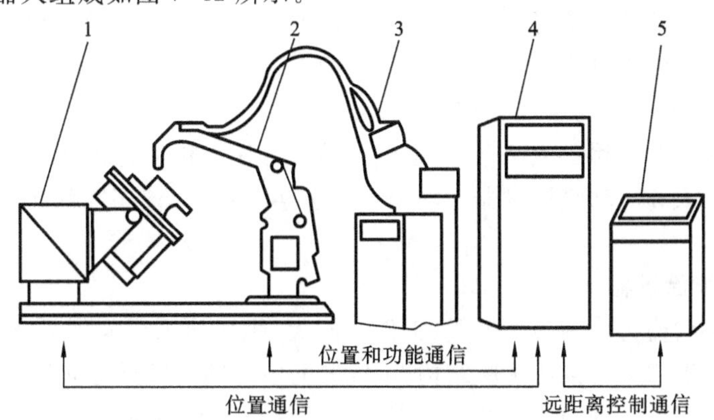

图 7-42　焊接机器人组成

1—工件及变位机；2—机器人；3—焊接电源及相关装置控制；4—机器人控制系统；5—远距离控制工作站

焊接机器人可分为电焊机器人和弧焊机器人（见图 7-43），分别应用于不同的场合。

当前最普及的焊缝跟踪传感器为电弧传感器，它利用焊接电极与工件之间的距

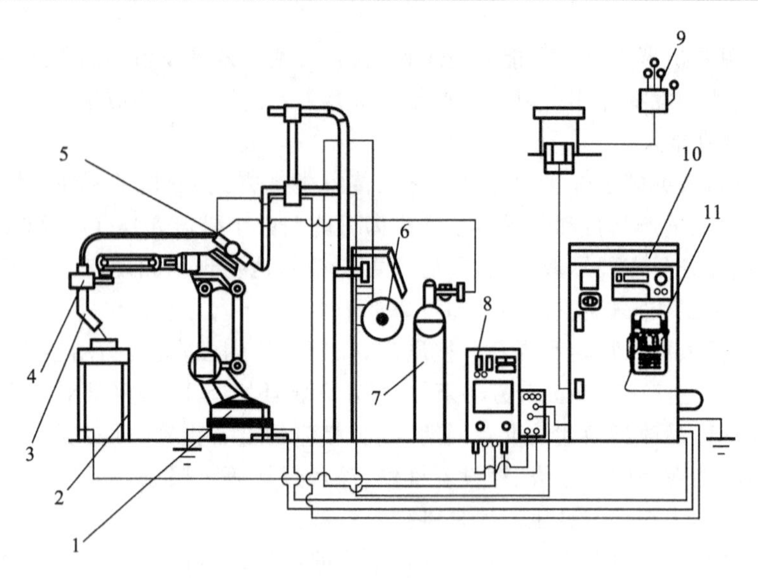

图 7-43　弧焊机器人组成

1—机械手；2—工作台；3—焊枪；4—防撞传感器；5—送丝机；6—焊丝盘；
7—气瓶；8—焊接电源；9—电源；10—机器人控制柜；11—示教盒

离变化能引起电弧电流或电压变化的物理现象来检测坡口中心，不占用额外的空间。同时，因是直接从焊丝端部检测信号，易于进行反馈控制，信号处理也比较简单。特别是由于其可靠性高、价格低而得到了较为广泛的应用。但该传感器必须在电弧点燃下才能工作，电弧在跟踪过程中还要进行摆动或旋转，故适用的接头类型有限，不能应用于薄板工件的对接、搭接、坡口很小等情况下的接头，在熔化极短路过渡模式下也存在应用上的困难。

2. 喷涂机器人

喷涂机器人广泛用于汽车车体、家电产品和各种塑料制品的喷涂作业，一般分为液压喷涂机器人和电动喷涂机器人两类。图 7-44 所示为液压喷涂机器人作业系统的组成。

1）液压喷涂机器人

机器人的结构为六轴多关节式，工作空间大，腰回转采用液压马达驱动，手臂采用油缸驱动。手部采用柔性手腕结构，可绕臂的中心轴沿任意方向做±110°转动，而且在转动状态下可绕腕中心轴扭转 420°。由于腕部不存在奇异位形，所以能喷涂形态复杂的工件，并具有很高的生产率。

2）电动喷涂机器人

近年来，由于交流伺服电动机的应用和高速伺服技术的发展，在喷涂机器人中采用电动机驱动已经成为可能。电动喷涂机器人的电动机多采用耐压或内压防爆结构，限定在 1 级危险环境（在通常条件下有生成危险气体介质的可能）和 2 级危险环

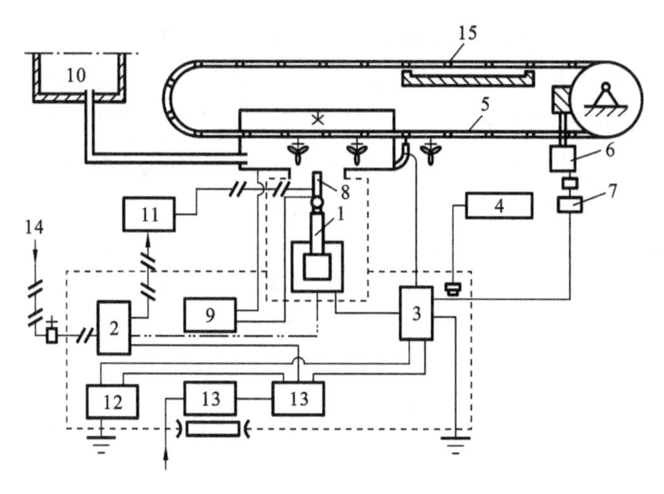

图7-44 液压喷涂机器人作业系统

1—操作手;2—液压站;3—机器人控制柜;4、12—防爆器;5—传送带;6—电动机;7—测速发电机;8—喷枪;9—高压静电发生器;10—塑粉回收装置;11—粉桶;13—电源;14—气源;15—烘道

境(在异常条件下有生成危险气体介质的可能)下使用。电动喷涂机器人一般有六根轴,工作空间大,手臂质量小,结构简单,惯性小,轨迹精度高。电动喷涂机器人具有与液压喷涂机器人完全一样的控制功能,只是驱动改用交流伺服电动机,维修保养十分方便。

喷涂机器人的成功应用给企业带来了非常明显的经济效益,使产品质量得到了大幅度的提高,产品合格率达到99%以上,大大提高了劳动生产率,降低了成本,提高了企业的竞争力和产品的市场占有率。

喷涂机器人主要满足以下要求。

(1) 实现防爆功能　当喷涂机器人采用交流或直流伺服电动机驱动时,电动机运转可能会产生火花,电缆线与电器接线盒的接口等处也可能会产生火花;而喷涂机器人用于在封闭的空间内喷涂工件内外表面,涂料的微粒在封闭空间中形成的雾是易燃易爆的,如果机器人的某个部件产生火花或温度过高,就会引燃喷涂间内的易燃物质,引起大火,甚至爆炸,造成不必要的人员伤亡和巨大的经济损失。所以,防爆系统的设计是电动喷涂机器人重要组成部分,绝不可掉以轻心。

喷涂机器人的电动机、电器接线盒、电缆线等都应封闭在密封的壳体内,使它们与危险的易燃气体隔离,同时配备一套空气净化系统,用供气管向这些密封的壳体内不断地运送清洁的、不可燃的、高于周围大气压的保护气体,以防止外界易燃气体的进入。机器人按此方法设计的结构称为通风式正压防爆结构。

(2) 净化系统　机器人通电前,净化系统先进入工作状态,将大量的带压空气输入机器人密封腔内,以排除除原有的气体,清除过程中空气压力为490 kPa,流量为10～32 m^3/h。快速清洁操作过程时间为3～5 min,将机器人腔内原有的气体全部换掉,这样机器人电动机及其他部件通电时就能安全工作了。

快速清洁操作完成以后,净化系统进入维持工作状态,在这种状态下,此系统在机器人内腔维持一个非常小的正压力。一旦腔体有少量的泄漏,不断输入的带压气体进入腔内可防止易燃气体的进入,但如果泄露过大,净化系统则无法保持一个正压力,易燃气体会进入机器人内腔。当腔内压力低于 68.6 kPa 时,低压报警开关被触发,开关信号使得控制面板上的发光二极管显示报警,表示净化系统需要维修。当压力低于 49 kPa 时,低压压力开关合上,使控制器切断机器人的动力源。

(3) 参数设置　包括喷涂机器人喷涂对象分析、喷涂工艺及参数分析及喷涂线设备选型。

① 喷涂对象分析　被喷涂零件的形状、几何尺寸是自动喷涂线上的主要设计依据。

② 喷涂工艺及参数分析　生产厂家根据被喷零件性能、作用及外观要求确定涂层质量要求。同时,这些要求又决定了满足质量保证的喷涂材料和工艺过程。自动喷涂线则须按照这些要求和工艺过程来进行喷涂作业。

③ 喷涂线设备选型　图 7-45 所示为某喷涂机器人工作时的实例。

图 7-45　喷涂机器人在工作

3. 装配机器人

统计资料表明,在现代工业化生产过程中装配作业所占的比例日益增大,其作业量达到 40%左右,作业成本占到产品总成本的 50%～70%,因此装配作业成了产品生产自动化的焦点。以装配机器人为主构成的装配作业自动化系统近年来获得迅猛发展。在国外一些企业的装配作业中已大量采用机器人来从事装配工作,如美国、日本等国家的汽车装配生产线上采用机器人来装配汽车上的零部件,在电子电器行业中用机器人来装配电子元件和器件等。

一般来说，要实现装配工作，可以用人工、专用装配机械和机器人三种方式。如果以装配速度来比较，人工和机器人都不及专用装配机械。如果装配作业内容改变频繁，那么采用机器人的投资要比采用专用装配机械经济。此外，对于大量、高速生产，采用专用装配机械最为有利。但对于大件、多品种、小批量，人又不能胜任的装配工作，则采用机器人合适。例如对 30 kg 以上重物的安装，单调、重复及有污染的作业，在狭窄空间的装配等，这些需要改善工人作业条件，提高产品质量的作业，都可采用装配机器人来实现。

自动装配作业的内容主要是将一些对应的零件装配成一个部件或产品，有零件的装入、压入、铆接、嵌合、粘结、涂封和拧螺栓等作业，此外还有一些为装配工作服务的作业，如输送、搬运、码垛、监测、安置等工作。所以一个具有柔性的自动装配作业系统基本上由以下几部分构成。

(1) 工件的搬运　识别工件，将工件搬运到指定的安装位置，工件的高速分流输送等。

(2) 定位系统　决定工件、作业工具的位置。

(3) 零件或装配所使用的材料的供给。

(4) 零部件的装配。

(5) 监测和控制。

据此，要求装配机器人具有如下的条件：高性能；可靠性；通用性；操作和维修容易；人工容易介入；成本及售价低，经济合理。

目前，国外已有各种专用和通用的装配机器人在生产中得到应用，主要类型有直角坐标型、圆柱坐标型和关节型三大类，关节型装配机器人又有垂直关节型(即空间关节型)和平面关节型(即 SCARA 型)两种。

7.4　测试技术在水力机械中的应用

由物理学可知，水流的运动具有动能和势能，而势能又包括位置势能和压力势能。水流的运动和水流的能量可以转换为机械运动和机械能；同样，机械运动和机械能也可以转换为水流的运动和水流的能量。水力机械就是实现上述转换的一种机械。水轮机和水泵是现代重要和通用的水力机械，水轮机主要用于水力发电，而水泵则在灌溉、排水、工业供水和城市生活用水等方面起着重要作用。本节将结合水力机械，讨论测试技术在水力机械中的应用。

7.4.1　水力机械的基本工作参数

水力机械是指能将流体具有的能量和机械所做的功之间进行能量交换的机械。常用水力机械的基本工作参数表征这一过程的特性，其基本工作参数有水头(扬程)、流量、转速、轴功率(出力)、效率等。

1. 水头

水轮机的水头是指水轮机进口(涡壳进口截面)和出口截面(尾水管出口截面)上的单位重量的水具有的能量差值,可表示为

$$H_{\mathrm{d}}=\left(\frac{p_1}{\rho g}-\frac{p_2}{\rho g}\right)+\left(\frac{v_1^2}{2g}-\frac{v_2^2}{2g}\right)+(Z_1-Z_2) \tag{7-24}$$

式中,H_{d} 为水头(m);Z 为位置水头(m);p 为相对压力(Pa);ρ 为液体密度($\mathrm{kg/m^3}$);v 为截面平均流速(m/s);g 为重力加速度($\mathrm{m/s^2}$);下标 1 表示液体进口,下标 2 表示液体出口。

水泵的扬程是指泵抽送的单位重量的水从泵的进口(泵的进口法兰)到出口(泵的出口法兰)能量的增加值,可表示为

$$H_{\mathrm{y}}=\left(\frac{p_2}{\rho g}-\frac{p_1}{\rho g}\right)+\left(\frac{v_2^2}{2g}-\frac{v_1^2}{2g}\right)+(Z_2-Z_1) \tag{7-25}$$

式中,H_{y} 为扬程(m);其他参数意义同式(7-24)。

2. 流量

水轮机流量是指单位时间内流过水轮机过流通道的水的体积数量 Q($\mathrm{m^3/s}$)。

水泵流量是指单位时间内水泵输送出去的水的体积数量 Q'($\mathrm{m^3/s}$)。

3. 转速

水轮机和水泵转速是指它们的轴每分钟转动的次数,用 n(r/min)表示。

4. 功率

水轮机功率分为输入功率和输出功率。

输入功率是指水流对水轮机单位时间内输送的机械能,可表示为

$$P_{\mathrm{d}}=\frac{\rho g Q H_{\mathrm{d}}}{1\ 000} \tag{7-26}$$

式中,P_{d} 为水轮机输入功率(kW);Q 为水轮机的流量($\mathrm{m^3/s}$);H_{d} 为水头(m);ρ 为密度,$\rho_{水}=1\ 000\ \mathrm{kg/m^3}$。

水轮机输出功率是指水轮机主轴端输出的功率,又称水轮机的出力,用符号 P_{t} 表示,单位为 kW。

水泵的功率也分为输出功率和输入功率。

水泵的输出功率是指单位时间内流过水泵的液体从水泵那里所获得的能量,又称为有效功率,可表示为

$$P_{\mathrm{u}}=\frac{\rho g Q' H_{\mathrm{y}}}{1\ 000} \tag{7-27}$$

式中,P_{u} 为泵的输出功率(kW);ρ 为水泵输送液体的密度($\mathrm{kg/m^3}$);Q' 为流量($\mathrm{m^3/s}$);H_{y} 为扬程(m)。

水泵的输入功率是指驱动机传递给水泵轴上的功率,又称为泵的轴功率,用符号 P 表示,单位为 kW。

5. 效率

水力机械的输入功率和输出功率之差为水力机械损失的功率，其大小用水力机械的效率来计量。水力机械的输出功率和输入功率之比称为效率，用符号 η 表示，即

水轮机的效率为

$$\eta=\frac{P_t}{P_d}\times 100\% \tag{7-28}$$

泵的效率为

$$\eta'=\frac{P_u}{P}\times 100\% \tag{7-29}$$

7.4.2 水力机械基本工作参数测量

1. 压力测量

1）压力测量及方法

压力的测量是水力机械常用而且很重要的一类测量。压力测量是指总压测量与静压测量。液体、气体等流体的压力是指其单位面积上所承受的法向表面力。对于静止流体，由于不存在切向力，任何一点压力与在该点所取平面的方向无关，在所有方向上压力大小相等，这种具有各向同性的压力称为静压。对于运动流体，任何一点的压力是所取平面的方向的函数。当所取平面的法向与流体运动方向一致时压力最大，这个最大压力值称为该点的总压。作用在与流体运动方向平行的面上的压力称为静压。总压与静压之差称为动压，动压是流速的函数。

测量总压时常用的测压管是总压管，如图 7-46 所示。总压管的管口轴线对准液流方向，另一端管口与压力计连通，这样就可以测出被测点的总压。

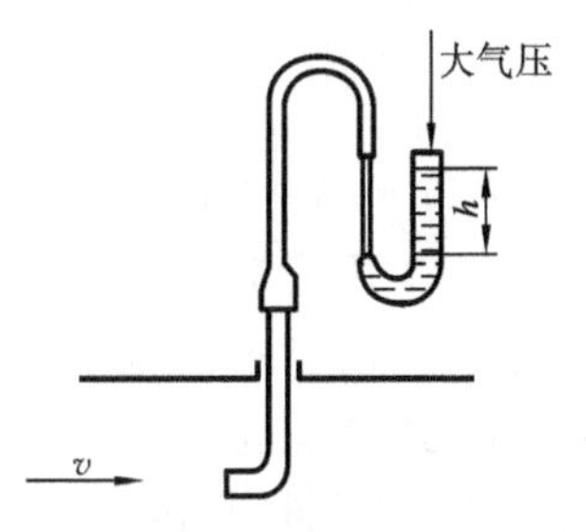

图 7-46　常用总压管

静压是液体在流动过程中实际存在的一种压力，是压力感受元件在液流中以与液流相同速度运动（即与液流相对静止）时所测出的压力。但实际测量中不可能让压力感受元件随液流一起运动。理论与实践证明，在顺着液流方向的管壁或模型表面沿法向开小孔就可以感受该位置的静压，如图 7-47 所示。图 7-48 所示为静压管的结构，用静压管可以测量流场空间某点的静压。它是一根前端封闭呈半球形的管子，在顺流方向的壁面上开有 4～8 个静压孔。

2）常用的压力计

（1）液柱式压力计　液柱式压力计是利用工作液的液柱所产生的压力与被测压力平衡，根据液柱高度来确定被测压力大小的压力计。工作液又称封液，常见的有水、酒精和水银。

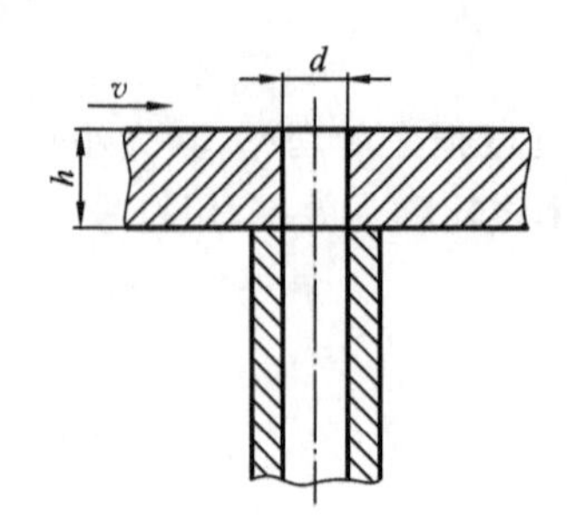

图 7-47　壁面开孔结构示意图

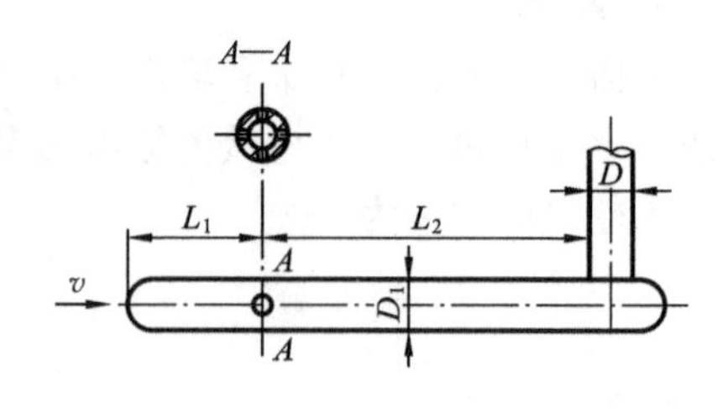

图 7-48　静压管

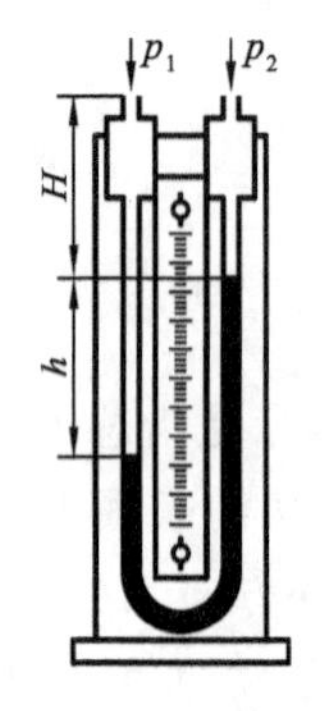

图 7-49　U 形管压力计

U 形管压力计是最普通的液柱式压力计，如图 7-49 所示，它是一个两端开口的 U 形玻璃管，U 形管中装有密度为 ρ 的封液。若测量气体的压力，封液可为水或酒精；若测量液体压力，封液可为水银或其他密度较大的液体。

当被测介质为气体时，其压差为

$$\Delta p = p_1 - p_2 = gh(\rho - \rho_1) + gH(\rho_2 - \rho_1) \tag{7-30}$$

式中，ρ_1、ρ_2、ρ 分别为左、右侧介质及密封液密度；H 为右侧介质高度；h 为密封液液柱高度；g 为重力加速度。

当 $\rho_1 \approx \rho_2$，且 $\rho \gg \rho_1$ 时，则

$$\Delta p = p_1 - p_2 = gh\rho \tag{7-31}$$

U 形管压力计的测压范围最大不超过 0.2 MPa。

由于液柱式压力计结构简单、使用方便、价格低廉，且测量精度较高，因而被广泛用来测量低压、负压或压差。

(2) 弹性式压力计　弹性式压力计是利用弹性元件受压力后产生的弹性变形与压力大小有确定关系而制成的压力计，它适应的压力范围广，结构简单，应用广泛。常用的弹性式压力计有薄膜式(包括膜盒式、膜片式)、波纹管式和弹簧管式，下面以弹簧管压力计和膜片式压力计为例作简单介绍。

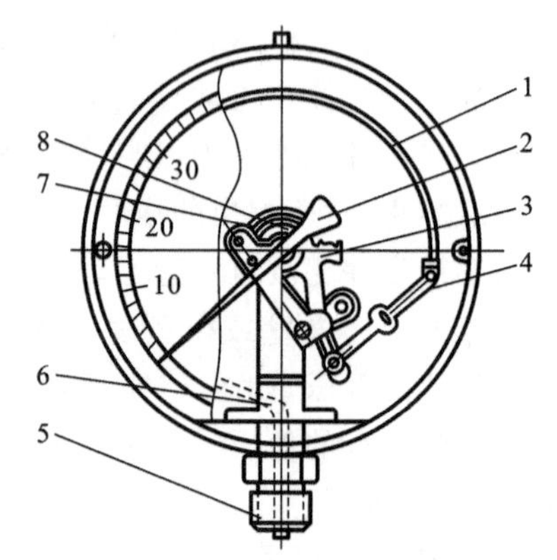

图 7-50　弹簧管式压力计结构

1— 弹簧管；2—指针；3—扇形齿轮；4—主动拉杆；5—表接头；6—基座；7—游丝；8—中心齿轮

① 弹簧管式压力计　弹簧管式压力计结构如图 7-50 所示。弹簧管是压力计的核心元件，它是一根椭圆形截面的空心金属管，弯成圆弧状。管子的一端封闭，作为自由端；另一端固定，是被测介质的输入端。当有一定压力的介质通入时，椭圆形截面的管子内部受压后有变圆的趋势，使弯成弧状的弹簧管向外伸张，在自由端产

生位移。弹簧管自由端的位移量很小，一般需放大，并转换成指针的回转角。图7-50中的主动拉杆、扇形齿轮等传动机构为常用传动放大机构。弹簧管自由端的位移通过拉杆带动扇形齿轮转动，扇形齿轮带动仪表指针的中心齿轮转动，由此拨动指针即可指示出压力值。弹簧管式压力计种类较多，有单圈和多圈弹簧管式压力计，可用于高压、中压、低压及真空度的测量。

② 膜片式压力计　膜片式压力计是利用金属膜片作为感压元件制成的，膜片是四周固定的圆形膜片。当膜片两侧受到不同压力时，膜片中部将产生变形，弯向压力低的一侧，使中心产生一定的位移，通过传动机构使指针转动，其结构如图7-51所示。因膜片变形较小，所以这种压力计的测量范围也较小，常用于低压和微压的测量。

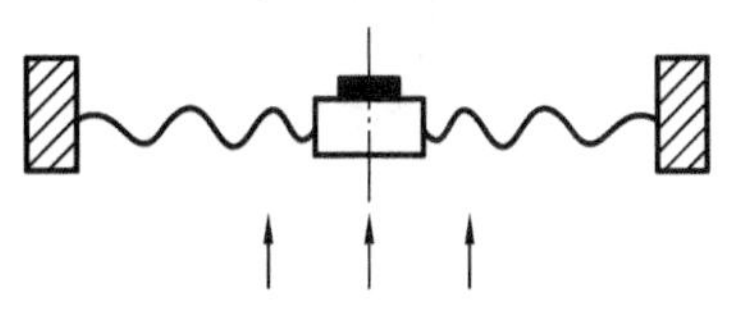

图7-51　膜片式压力计结构

2. 流量测量

1）流量及测量方法

所谓流体流量是指单位时间内通过某有效流通截面的流体体积或质量，亦称瞬时流量，简称流量。按计算流体数量的不同，流量可分为质量流量 q_m 和体积流量 q_V（通常用 Q 表示体积流量），两者关系为

$$q_m = \rho q_V \tag{7-32}$$

式中，ρ 为流体密度。流量的测量是利用流体运动参数（如流速 $\bar{v}$、动量 $\rho\bar{v}$）的物理效应来实现的。因此，可将流量的测量方法分为容积法、速度法、质量法。

（1）容积法测流量　容积法测流量是通过测量单位时间内经流量仪表排出流体固定容积 V 的数目 n 来实现，记为

$$Q = q_V = nV \tag{7-33}$$

常用的容积式流量仪表有椭圆齿轮流量计、湿式气体流量计、腰轮流量计、刮板式流量计，如图7-52所示。

（2）速度法测流量　速度法测流量是以直接测量的流速 v 作为测量依据。如果测出过流通道横截面上流体平均流速为 $\bar{v}$，则流体的体积流量为

$$Q = q_V = A\bar{v} \tag{7-34}$$

式中，A 为过流通道的横截面积。常用的基于速度法测流量的仪表有涡轮流量计、电磁流量计、超声波流量计等。

（3）质量法测流量　通过直接或间接的方法测量单位时间内流过过流通道截面的流体质量数。用质量法测流量不受流体压力、温度等参数改变引起密度变化的影响，测量准确。质量流量计包括直接式、推导式和温度压力补偿式。图7-53所示为双涡轮质量流量计，这是一种直接式流量计。图7-54所示为一种推导式质量流量计。

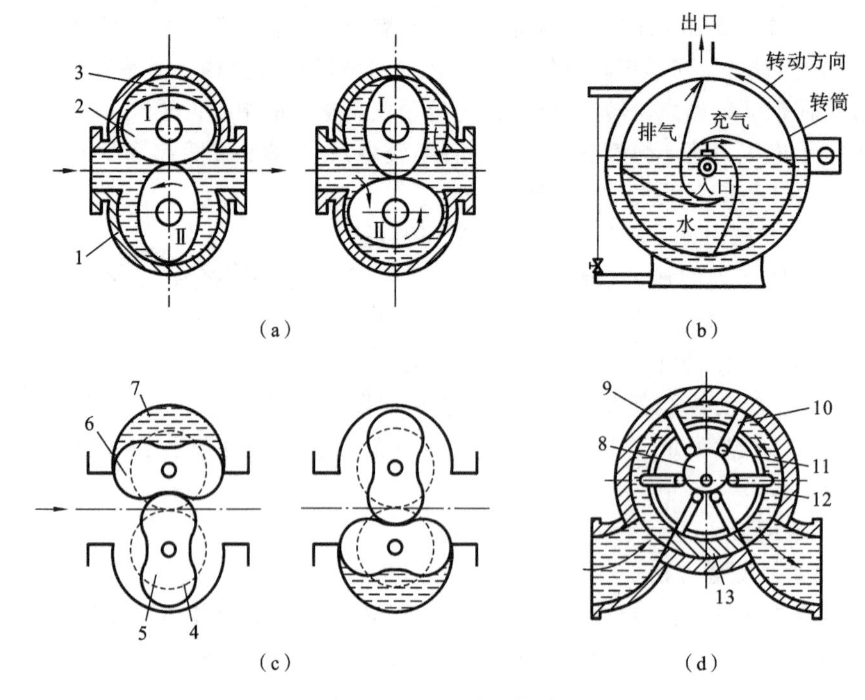

图 7-52　容积式流量计

(a) 椭圆齿轮流量计　(b) 湿式气体流量计　(c) 腰轮流量计　(d) 刮板式流量计

1—外壳；2—椭圆形转子；3—计量室；4—腰轮；5—定位齿轮；6—腰轮；

7—计量室；8—凸轮；9—壳体；10—刮板；11—滚子；12—转子；13—挡板

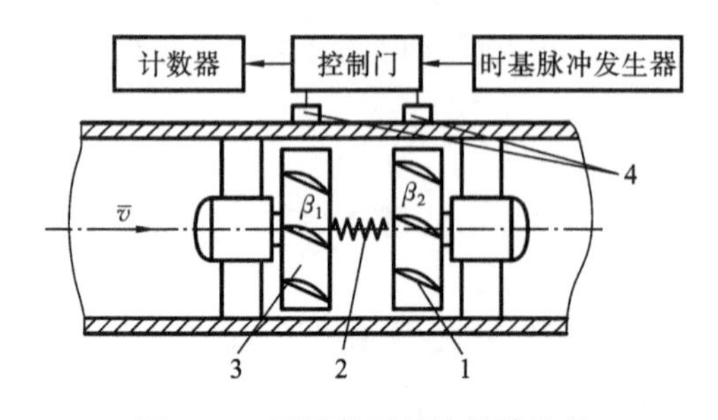

图 7-53　双涡轮质量流量计结构

1—后涡轮；2—弹簧；3—前涡轮；4—磁电检测装置

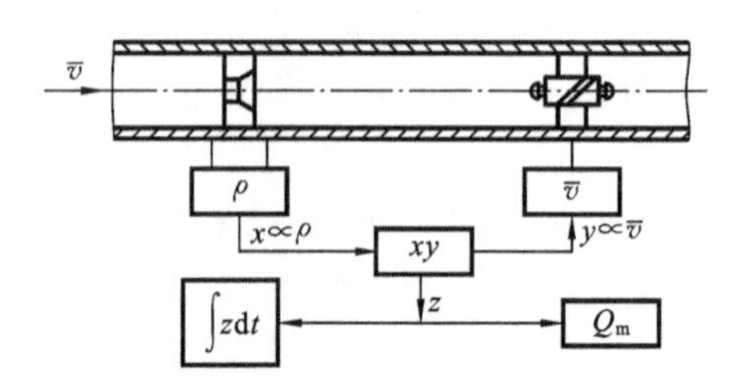

图 7-54　速度式流量计与密度计组合的推导式质量流量计的结构

温度压力补偿式质量流量计也可看成是一种推导式质量流量计，只是它不用密度计，而是利用温度、压力和密度之间的关系，将温度、压力的测量值转化为密度，再与体积流量进行运算而得到质量流量。由于连续测量温度、压力比连续测量密度容易，因此，目前工业上所用的推导式质量流量计大多属于温度压力补偿式。

2）常用流量计

(1) 涡轮流量计　涡轮流量计由涡轮流量变送器和显示仪表组成，其系统框图如图 7-55 所示，磁电转换装置与前置放大器制成一体，在这里除了显示仪表外，系统的其余部分称为涡轮流量变送器。涡轮流量计结构如图 7-56 所示。

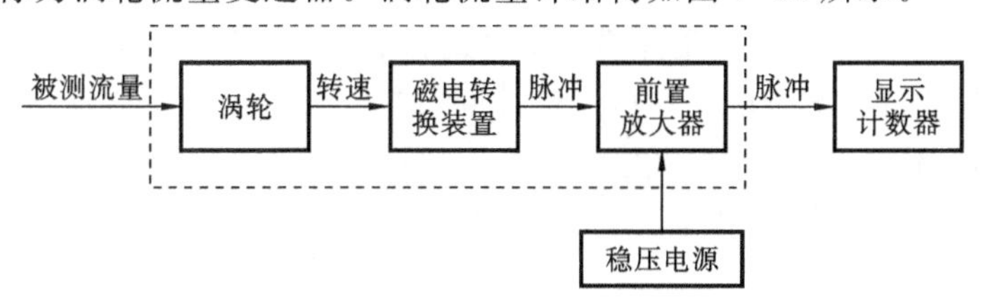

图 7-55　涡轮流量计系统框图

当被测流体通过涡轮时，冲击涡轮叶片使涡轮旋转，在一定流量范围内和一定粘度下，涡轮转速与流量成正比，通过对转速的计算可得到瞬时流量。其中，涡轮转速先由磁电转换装置转换成电脉冲信号，然后经前置放大器放大由显示仪表显示和计数，进而计算出瞬时流量或累计流量。

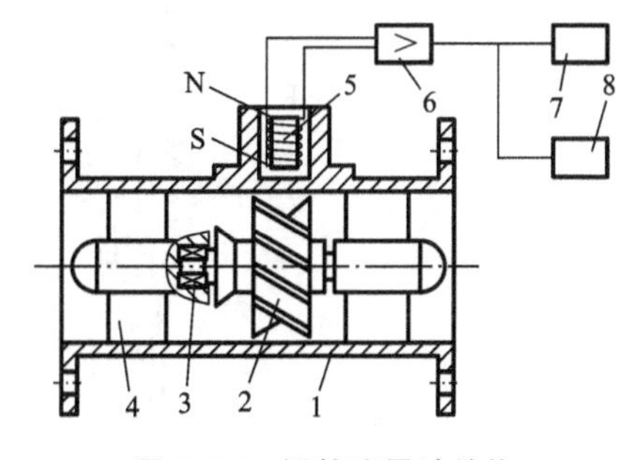

图 7-56　涡轮流量计结构

1—壳体；2—涡轮；3—轴承；4—整流板；5—磁电转换装置；6—前置放大器；7—累积流量计算器；8—瞬时流量指示仪表

(2) 电磁流量计　电磁流量计利用法拉第电磁感应定律原理来测量导电液体体积流量。它由电磁流量变送器和电磁流量转换器组成，如图 7-57 所示。电磁流量变送器安装在流体传输管道上，用来将导电液体的流速（流量）线性地变换成感应电势信号。电磁流量转换器向变送器提供工作磁场的励磁电流，并接收感应电势信号，将感应电势信号进行放大、处理，并转换为统一的、标准的电流信号、电压信号、频率信号及数字信号，输出到指示仪表、记录仪表、调节仪表和计算机网络，以实现对流量的远距离指

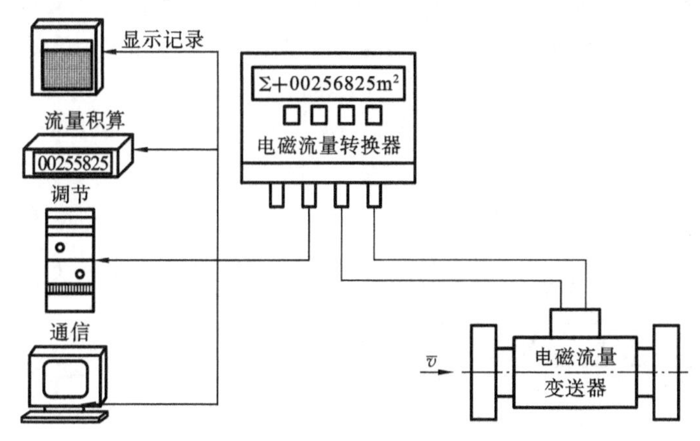

图 7-57　电磁流量计的组成

示、记录、计算、调节与控制。

(3) 其他流量计　介绍如下。

① 孔板流量计　孔板流量计属于压差式流量计,是利用流体流经节流元件产生的压力差来实现流量测量的。孔板流量计的节流元件为中央开有圆孔的金属板,圆孔中心位于管路中心线上,孔口内径的倒角为45°,称为锐孔,金属板称为孔板。将孔板垂直安装在管道中,孔板前、后两端的测压孔与压差计相连,构成孔板流量计,其结构如图7-58所示。

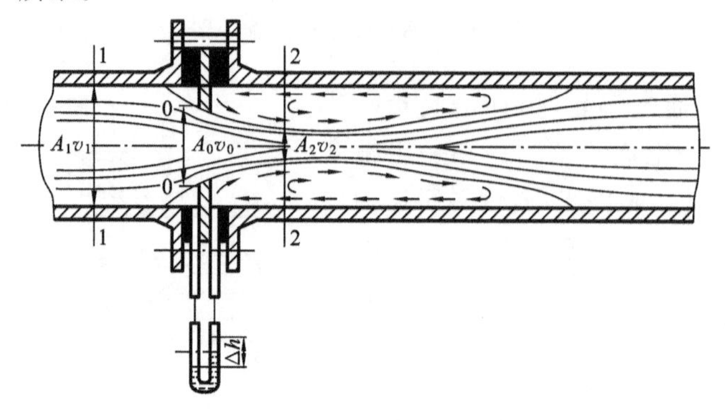

图 7-58　孔板流量计结构

由图7-58可知,流体流到锐孔时,流动截面收缩,流过孔口后,由于惯性作用,流动截面还会继续收缩一定距离,然后才逐渐扩大到整个管截面。流动截面最小处(图中2—2截面)称为缩脉。流体在缩脉处的流速最大,即动能最大,而相应的静压能就最低。因此,当流体以一定流量流过小孔时,就产生一定的压力差,流量越大,所产生的压力差也就越大。所以可利用压力差的方法来度量流体的流量。

② 文丘里流量计　孔板流量计的主要缺点是能量损失较大,其原因在于孔板前、后的流动截面突然缩小与突然扩大。若用一段渐缩、渐扩管代替孔板,则这样构成的流量计称为文丘里流量计或文氏流量计。如图7-59所示,文丘里流量计的收缩段从管径 D 收缩至喉部直径 d,收缩角约为15°~25°,喉部长度约等于管径 D,扩散段将管径 d 扩大至 D,扩散角为5°~7°。当流体经过文丘里流量计时,由于管径均匀收缩和逐渐扩大,流速变化平缓,涡流减少,故能量损失比孔板大大减少。

文丘里流量计的测量原理与孔板流量计相同,也属于差压式流量计。其流量公

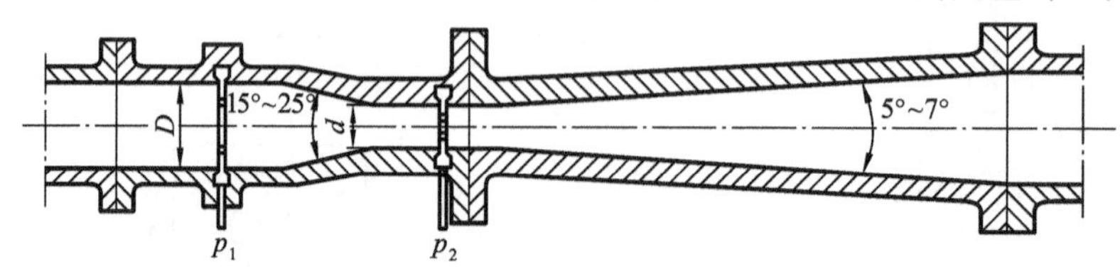

图 7-59　文丘里流量计结构

式也与孔板流量计相似，即

$$Q=q_V=A_0C_v\sqrt{\frac{2(p_1-p_2)}{\rho}} \tag{7-35}$$

式中，C_v 为文丘里流量计的流量系数；A_0 为喉管截面积（m^2）。

由于文丘里流量计能量损失较小，其流量系数较孔板大，因此相同压差时流量比孔板流量计的大。文丘里流量计的缺点是精度要求高，加工较难，因而造价高，安装时需占据一定管长位置。

3. 转速、功率测量

在水力机械的试验研究中，转速和转矩是最基本的两个性能参数。水力机械的工作能力和工作状态都与转速、转矩及功率存在紧密的联系。

1）转速测量

转速是指单位时间内转轴的平均旋转速度，而不是瞬时旋转速度，常以每分钟的转数作为转速单位。测量转速的方法很多，根据水力机械的特点，常用的测转速的方法有数字法、闪光法、感应线圈法。这里主要介绍用数字法和感应线圈法测转速。

（1）用数字法测转速　随着电子技术的发展，数字法测转速越来越显示它的优越性，其精度高、响应快、显示直观、可靠性好、使用方便、便于传递和控制。转速传感器能方便地与单片机或计算机连接组成智能转速表，为水力机械测试自动化提供了有效手段。

① 转速电测量系统　转速电测量系统测转速是一种非接触式转速测量，其系统由三部分组成，如图7-60所示。图中的转速传感器首先将被测转速信号转换为电脉冲信号，再经信号处理电路放大整形，由数字频率计测出电脉冲信号频率，即可测出相应转速。

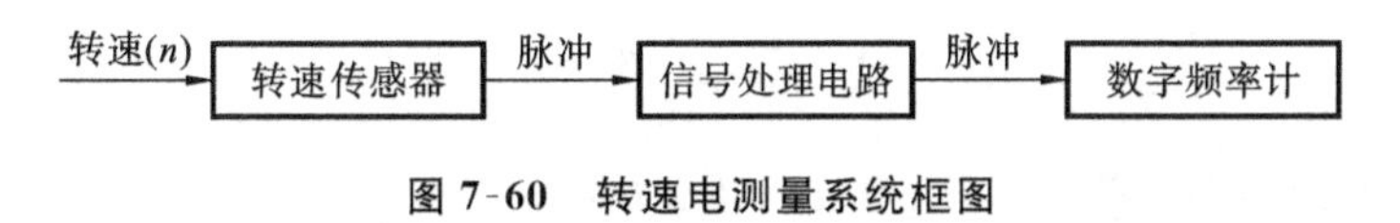

图7-60　转速电测量系统框图

② 转速传感器　介绍如下。

a. 光电式转速传感器　图7-61所示为光电式数字转速表的工作原理图。如图7-61(a)所示，在待测转速的轴上固定一带孔的圆盘，由发光二极管或白炽电珠产生恒定光，当待测转轴转动时，光线经调制后透射至光敏管，由光敏管将接收到的转速信号转换成相应的电脉冲信号，经放大整形电路输出脉冲信号。转速可由脉冲信号的频率来决定。如图7-61(b)所示，在待测转速的轴上固定一个涂有黑白相间条纹的圆盘，它们具有不同的反射率，当转轴转动时，反光与不反光的情况交替出现，光电器件间歇地接收光的反射信号，并转换成电脉冲信号。

在上述两种情况中，每分钟转速 n 与频率 f 的关系为

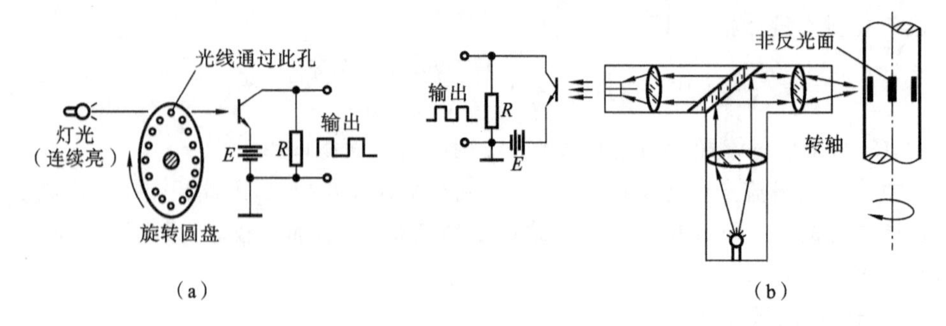

图 7-61　光电式数字转速表工作原理图

(a) 投射式　(b) 反射式

$$n=\frac{60f}{N} \tag{7-36}$$

式中，N 为孔数或黑白条数目。

b. 磁电式转速传感器　图 7-62 所示的磁电式转速传感器是输出频率量的转速传感器。它由定子（永久磁铁）、转子和线圈等组成。转子端面均匀地铣了若干个槽。测量时，转子与被测对象转轴连接。当转子在图 7-62 位置时，气隙最小，磁通最大。当转子转至铣槽处时，气隙最大，磁通最小。这样，当定子不动而转子转动时，磁通会周期性地变化，在线圈中感应出近似正弦波的电动势信号。

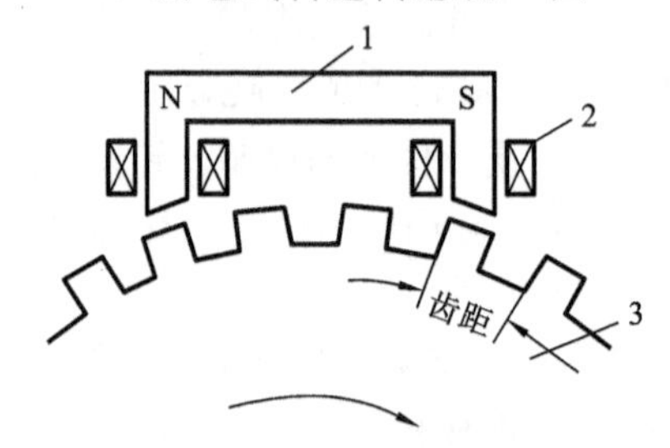

图 7-62　磁电式转速传感器结构

1—定子；2—线圈；3—转子

这种传感器的输出量以感应电动势的频率来表示，其频率 f 与被测转速 n 的关系是

$$f=\frac{Nn}{60} \tag{7-37}$$

式中，N 为转子端面铣槽齿数；n 为被测转速(r/min)。

这种测速传感器可靠性高，输出稳定，但要从被测对象吸收能量，且不宜测量太低的转速。与光电转速传感器相比，磁电式转速传感器结构简单，无须配置专门的电源装置，所产生的脉冲信号不会因转速过高而减弱，在仪表显示范围内可以测量高、中、低各种转速。因此，磁电式转速传感器具有更大的使用价值。

(2) 用感应线圈法测转速　潜水泵或屏蔽泵，因为其机组在水下或密封的壳体中工作，常规的测量转速方法不适用，所以采用特殊的测量转速的方法，即感应线圈法。

在潜水电动机外壳放置一匝数较多的铁芯线圈（放置在电动机定子部分），线圈与灵敏的磁电式检流计连接，如图 7-63 所示。电动机旋转时，在该线圈中存在一定的交变漏磁通，而该漏磁通的变化将在线圈中产生感应电动势，这一微电量使对微电量很敏感的检流计指针发生明显的摆动。如果1 min内指针全摆动（左右各摆动一次）的次数为 N，电动机的磁极对数为 p，则电动机的转差 Δn 为

$$\Delta n=\frac{N}{p} \tag{7-38}$$

电动机的实际转速 n 为

$$n=n_0-\Delta n \tag{7-39}$$

式中，n_0 为电动机的同步转速，与电网频率 f_1 和电动机磁极对数 p 有关，即

$$n_0=\frac{60}{p}f_1 \tag{7-40}$$

电网频率 f_1 由频率计测出。

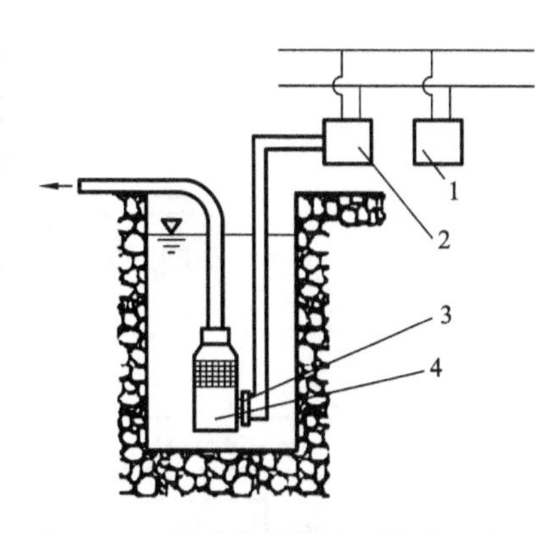

图7-63　用感应线圈法测转速示意图

1—频率计；2—磁电式检流计；3—感应线圈；4—潜水电动机

为了提高转差的检测精度，必须提高检流计对电动机转子漏磁通的检测灵敏性，尽量加大检流计的偏转幅度。因此，除了使用灵敏的检流计外，通常还需选用匝数较多的感应线圈。

2）功率测量

对水力机械来说，功率是重要的性能参数之一。采用试验的方法获取性能曲线时，要准确测量功率。水轮机需要测量输出功率，水泵需要测量驱动功率。在实验室测功率，常用扭矩法或电测法。

（1）扭矩法测功率　由理论力学知，功率的表达式为

$$P=\frac{Mn}{9\ 550} \tag{7-41}$$

式中，P 为功率（kW）；M 为转矩（N·m）；n 为转速（r/min）。

从式（7-37）可见，功率的测量可以归纳为转速和扭矩的测量，即分别测量转速值和转矩值，便可以计算出功率值。扭矩法测量功率就是基于此原理。

转矩可采用测功器或转矩仪进行测量，前者称为吸收型，后者称为传递型，图7-64所示为常用的扭矩法测功率的装置示意图。

（2）电测法测功率　电测法测功率是指用电功率测量仪表测量出电动机的输入电功率或发动机的有功功率（输出功率）后，再根据已知的电动机效率曲线或发电机效率曲线换算，求得水泵的输入功率或水轮机的输出功率。

泵的输入功率 P 为

$$P=P_g\eta_g\eta_m \tag{7-42}$$

式中，P_g 为电动机的输入电功率；η_g 为电动机效率；η_m 为传动装置的效率。通常水泵与电动机直联，这时有

$$\eta_m=1$$

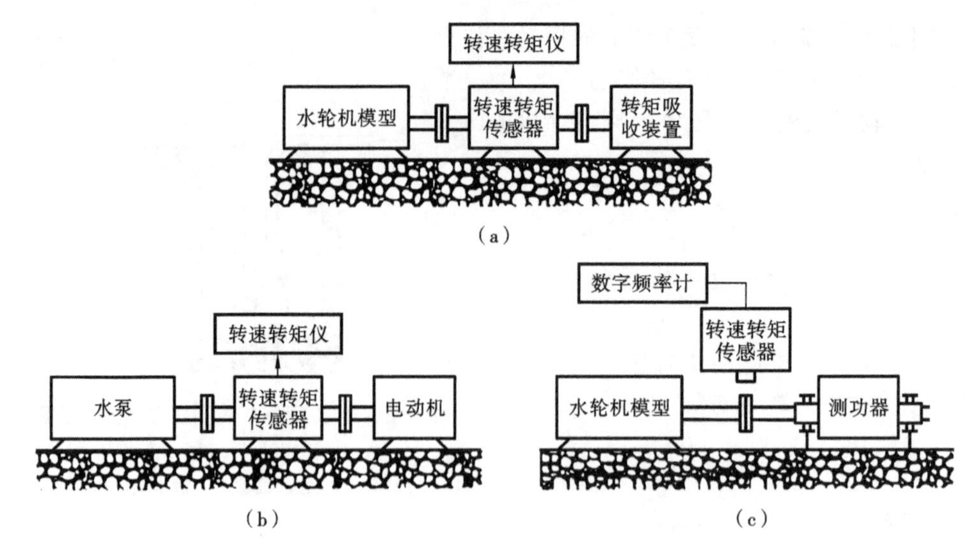

图 7-64　扭矩法测功率的装置示意图

(a) 测水轮机　(b) 测水泵　(c) 测水轮机

水轮机的输出功率 P_t 为

$$P_t=\frac{P_g}{\eta_g \eta_m} \tag{7-43}$$

式中，P_g 为发电机的有功功率(输出功率)；η_g 为发电机的效率。

图 7-65 所示为常用的电测法测功率的装置示意图。

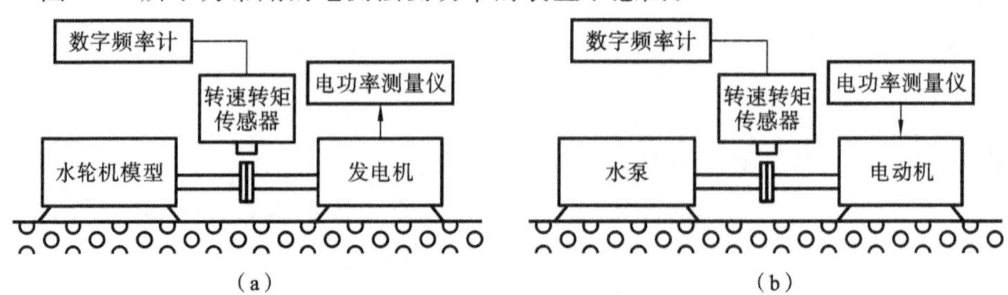

图 7-65　电测法测功率的装置示意图

(a) 测水轮机　(b) 测水泵

7.4.3　水力机械测试应用

1. 水力机械基本试验装置

液体在水力机械中的流动十分复杂，至今还不能完全用解析的方法确定水力机械的性能特性，只能通过试验来确定水力机械特性曲线，以研究水力机械的特性。水力机械的试验装置按循环管路系统分为两种，即开式试验台和闭式试验台。水力机械开式试验台的主要特点是上、下游水面是敞开的，并和大气直接接触，这种试验台主要用于水力机械的能量特性试验，即效率特性试验。水力机械闭式试验台的主要特点是试验液体不与外界大气直接接触，自成一个闭合循环系统，用这种试验台既可进行能量特性试验，又可进行气蚀特性试验。无论开式试验台还是闭式试验台，都可用于力学特性及过流部件结构等试验研究。

1）开式试验台

（1）水轮机开式试验台　水轮机模型的能量试验装置一般采用开式试验台，图7-66所示为典型的水轮机开式试验台。在该循环系统中，轴流泵自水池将水抽到压力水箱，压力水箱的水通过水轮机模型流至尾水箱，经测流槽而排至水池，经稳定后，再由轴流泵抽吸，形成试验过程中往复循环的水流。可以手动调节轮叶的角度或通过出口管路的闸阀控制轴流泵的流量。

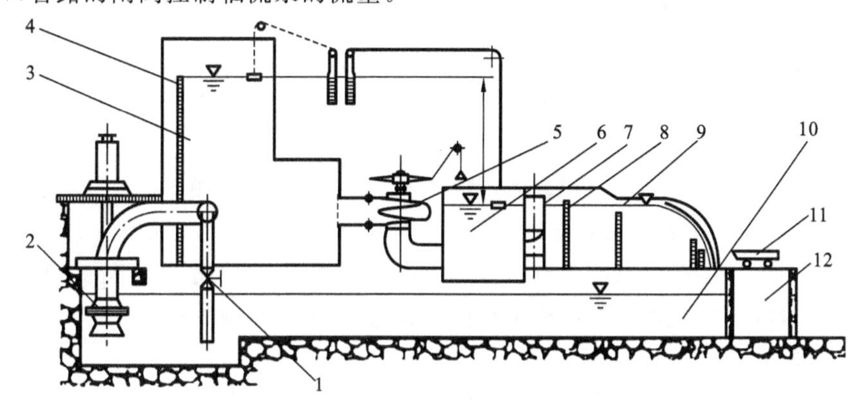

图7-66　水轮机开式试验台

1—旁通阀；2—轴流泵；3—压力水箱；4—溢流板；5—水轮机模型；6—尾水箱；7—调节栅；8—稳流栅；9—测流槽；10—水池；11—截流小车；12—流量率定池

压力水箱是一个大容积的蓄水箱，其作用是在试验过程中保持一定的上游水位，以形成试验水头。在压力水箱上部侧面设置有溢流板和排水隔层，水箱的下部设置有旁通阀，利用它们来控制箱内水位，多余的水经溢流板及旁通阀排至水池。为了保证进入水轮机模型的水流流速分布均匀与稳定，在箱内出水部分还设置稳流栅。

在尾水箱的侧面也设置了溢流板，同时在后部设置了调节栅。试验时可根据流量大小来调节栅的开口，以保持下游水位在试验过程中为一恒定值。通过溢流板及调节栅的水流均汇到测流槽。

由于在压力水箱及尾水箱中采取了上述措施，不仅实现了水位的稳定，保证了试验过程中的水头恒定，而且还简化了调整操作。

为了保证流经测流槽的水流高度稳定，提高量水堰的精确度，在槽的入口处设置稳流栅，同时还要求槽身有足够的长度。由于测流槽的量水堰在使用前需进行校正，为此设置了专门的流量率定池，以便在必要时用高精度的容积法校正量水堰。

(2) 水泵开式试验台　图 7-67 所示为典型的水泵开式试验装置，又称为开式试验台。开式试验装置由水池、进水管路、水封闸阀、出口管路、流量计、调节阀、测试泵、转速转矩传感器、测试仪表、换向器和量筒等组成。

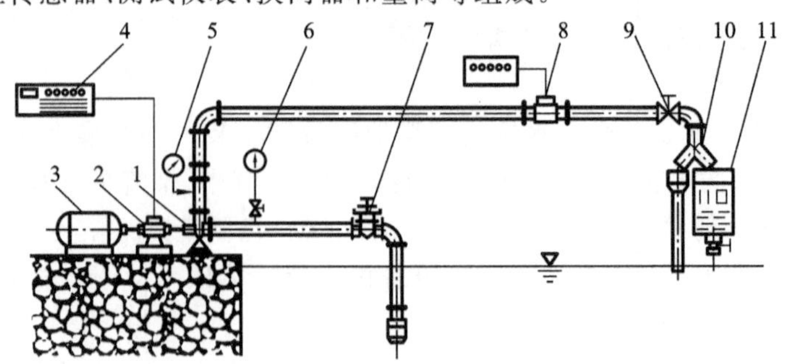

图 7-67　水泵开式试验台

1—测试泵；2—转速转矩传感器；3—电动机；4—转速转矩仪；5—压力表；6—真空表；7—水封闸阀；8—流量计；9—调节阀；10—换向器；11—量筒

开式试验台结构简单、使用方便，散热条件和稳定性条件好，主要用于泵性能试验和气蚀试验。在进行气蚀试验时，常采用调节水封闸阀开度的方法来增加吸入管路的阻力，但这样会造成泵的进口水流不稳定，且不宜准确控制试验工况。特别是水封闸阀开度较小时，阀板后面会产生气蚀现象，影响气蚀试验的精度。

2）闭式试验台

(1) 水轮机闭式试验台　图 7-68 所示为典型的水轮机闭式试验台。它主要由水泵、空气溶解箱、文丘里流量计、压力水箱、转速传感器、测功电机、水头计、水轮机模型、尾水箱、真空计等组成。

在水轮机闭式试验台中，整个水流循环均在密闭的流道中进行。在启动前，此循环系统中充满了水，除尾水箱以外，任何部分均没有自由水面。首先，水泵把水打入空气溶解箱，此箱是一个体积巨大的箱体，箱内用隔板隔成若干层。空气溶解箱的主要作用是使水流减速，使之有足够的时间把在低压部分从水中析出的空气重新溶解到水中去，以使在试验过程中水中的空气含量保持不变。因为水中空气含量的变化对气蚀试验的结果有较大的影响。例如自然界中的水在温度为 20 ℃时汽化压力为 0.24 mH_2O($1\ mH_2O=9.8\times10^3$ Pa)，但经过除氧与净化后的纯水，气蚀初生的压力要求达$-(4\sim10)$ mH_2O。可见，为了得到正确的试验结果，保持水中的空气含量是十分重要的。

从空气溶解箱出来的水流过文丘里流量计进入压力水箱，在压力水箱中消除了水流中由于管道弯曲所引起的涡流，使水流流速趋于均匀分布，从而平稳地进入水轮机模型。在一般情况下，压力水箱的上部空间充满压缩空气，以增加稳压效果。从水泵出口到压力水箱之间的循环阶段是试验台的高压部分。

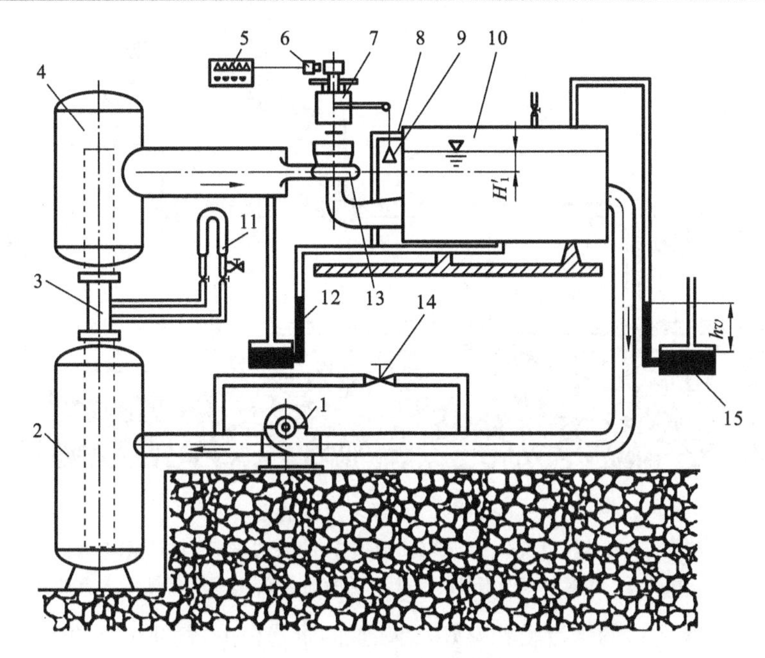

图7-68　水轮机闭式试验台

1—水泵；2—空气溶解箱；3—文丘里流量计；4—压力水箱；5—数字频率计；
6—转速传感器；7—测功电机；8—联通管式水位计；9—砝码盘；10—尾水箱；
11—倒U形管差压计；12—水头计；13—水轮机模型；14—旁通阀；15—真空计

由水轮机模型排出的水流入尾水箱，又回到水泵的吸水口，形成水流的封闭循环。

在气蚀试验过程中，尾水箱内保持必要的下游水位，并用真空泵抽气改变箱内水面的压力，形成不同的真空值，使水轮机模型转轮发生气蚀。从尾水箱到水泵吸水口之间是气蚀试验台的低压部分，此部分要求有良好的气密性，不允许有漏气现象存在，否则真空性能不佳。气密性是检验气蚀试验台的质量标准之一。

为了使水轮机模型转轮发生气蚀，需要在尾水箱中形成高度的真空。此时，水流如直接进入水泵的吸水口，必然使水泵也发生了气蚀。为了防止水泵气蚀，一般将气蚀试验台做成双层布置，水轮机在上层，水泵在下层，两者相距5～10 m，这样可利用水柱的高度在水泵进口形成一定的压力。

(2) 水泵闭式试验台　水泵闭式试验台结构形式多种多样，它的基本形式如图7-69所示，由气蚀罐、进口管路、水封闸阀、出水管路、调节阀、流量计、转速转矩传感器、测试泵和测试仪表等组成。利用水泵闭式试验台可进行泵性能试验和气蚀试验。进行气蚀试验时，用真空泵从气蚀罐的上部抽气，使罐内的压力下降，从而使泵的进口压力逐渐下降而出现气蚀现象。调节阀用来控制试验泵的流量。

由于做气蚀试验时，这种回路靠改变气蚀罐水面上的压力(真空度)来达到改变泵

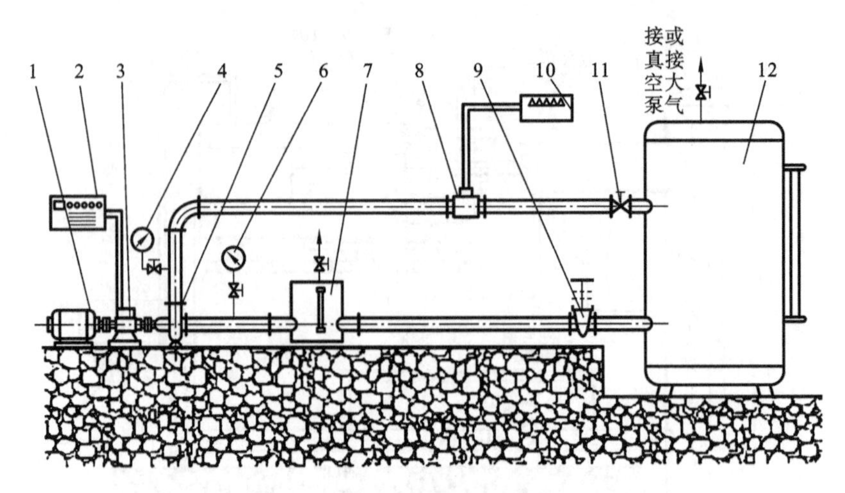

图 7-69　水泵闭式试验台

1—电动机；2—转速转矩仪；3—转速转矩传感器；4—压力表；5—测试泵；6—真空表；7—稳流器；8—流量计；9—水封闸阀；10—流量显示仪；11—调节阀；12—气蚀罐

入口压力，所以泵入口的水流动状况好，受装置的干扰极少，气蚀试验的重复性好，试验精度高，特别适用于低气蚀余量的泵。其缺点是泵安装困难。因为这种回路的入口管路系统和出口管路系统必须按规定尺寸连接，常会出现装不上泵或管路系统漏水、漏气等情况，没有像开式试验台那样的任意性，所以给泵的安装带来了许多麻烦。

2. 水轮机模型试验

水轮机模型试验主要有能量试验、气蚀试验、飞逸特性试验等。下面介绍水轮机模型的能量试验和气蚀试验。

1）水轮机模型能量试验

水轮机模型能量试验的目的是通过测量水头、流量、转矩、转速等基本参数，获得水轮机模型过流量随水头、导叶开度的变化关系，计算出水轮机模型在各种工况下的运行效率，绘制出水轮机模型的综合特性曲线。

（1）试验原理　水轮机在电站运行时，转速 n 为常数，其工况改变是由于流量 Q、水头 H_d 发生变化所致。而模型试验则是在水头 H_d 为常数，改变 Q、n 的情况下进行的，相似准则决定它们有相似工况。根据相似理论可知，同系列水轮机在相似工况下其单位流量 Q_1'、单位转速 n_1' 分别相等。

在水轮机模型能量试验中，要调整上、下游水位使其稳定于给定的模型试验水头，使水轮机在不同的导叶开度下工作。在每种开度下，使用功率器来改变水轮机的转速，也就是调节水轮机运行工况，测量试验水头下的流量、转矩和转速值，从而求得相应工况（相应的单位转速、单位流量）下的效率，绘制不同导叶开度下的单位转速与效率关系曲线，最后绘制出水轮机模型的综合特性曲线（含等开度线、等效率线和5％功率限制线）。

(2) 水轮机模型能量试验系统　介绍如下。

① 试验装置　图 7-70 所示的是一典型的水轮机闭式试验装置。试验前先由充水泵抽取水注满试验系统，再由可调速的电动机带动供水泵，将水压入空气溶解箱。从空气溶解箱流出来的压力水经过电磁流量计、压力水箱均匀进入水轮机模型，然后排至尾水箱，再返回供水泵进口处，形成水流的闭式循环。

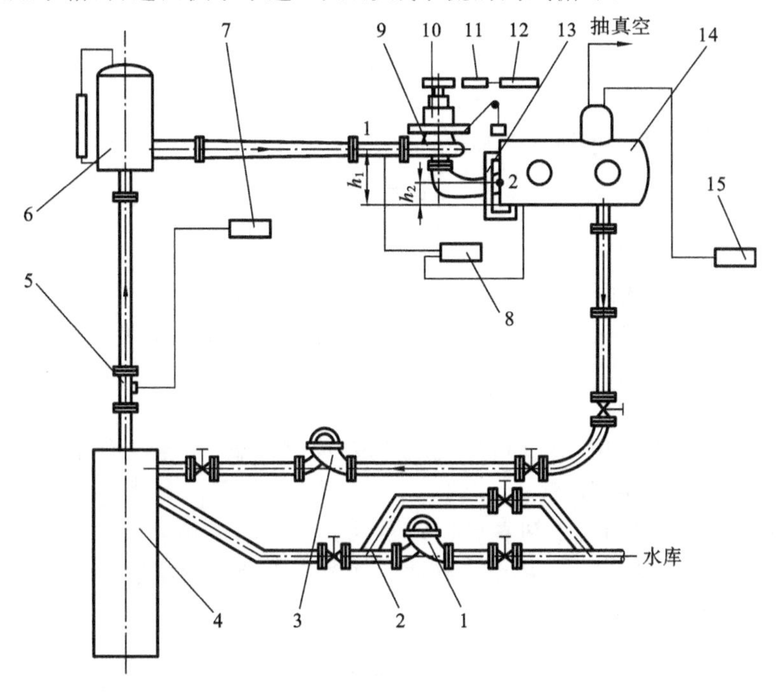

图 7-70　水轮机闭式实验装置

1—充水泵；2—排水管路；3—供水泵；4—空气溶解箱；5—一体式电磁流量计；6—压力水箱；7—智能数显仪表；8—电容式压力传感器；9—水轮机模型；10—机械测功器；11—磁电式转速传感器；12—数字频率计；13—联通管式水位计；14—尾水箱；15—电容式压力传感器

② 参数测量　参数测量的方法如下。

a. 水头　水轮机的水头可表示为

$$H_d=\left(\frac{p_1}{\rho g}-\frac{p_2}{\rho g}\right)+\left(\frac{v_1^2}{2g}-\frac{v_2^2}{2g}\right)+(Z_1-Z_2) \tag{7-44}$$

式中，H_d 为水头(m)；Z 为位置水头(m)；p 为相对压力(Pa)；v 为截面介质平均速度(m/s)；ρ 为液体的密度(kg/m^3)；g 为重力加速度(m/s^2)；下标 1 表示水轮机进口；下标 2 表示水轮机出口。

水头采用 1151 智能电容式压力传感器进行测量，传感器的高压侧接水轮机进口(涡壳进口截面)取压孔，低压侧接水轮机出口(尾水管出口截面)取压孔。该传感器具有就地显示功能，并有 4～20 mA 的输出，还配有一台智能数显仪表。水轮机进出

口的压力差为

$$\left(\frac{p_1}{\rho g}-\frac{p_2}{\rho g}\right)=102M_{\mathrm{d}}-(h_1-h_2) \tag{7-45}$$

式中，M_{d} 为压力传感器的读数值(MPa)。

基准面选在尾水箱底部所在的水平面上，由图 7-70 可知，$Z_1-Z_2=h_1-h_2$，因此式(7-45)可写为

$$\left(\frac{p_1}{\rho g}-\frac{p_2}{\rho g}\right)=102M_{\mathrm{d}}-(Z_1-Z_2) \tag{7-46}$$

水轮机进口和出口的流速分别为

$$\begin{cases} v_1=\dfrac{4Q}{\pi D^2} \\ v_2\approx 0 \end{cases} \tag{7-47}$$

式中，D 为压力水管截面的直径(m)；Q 为水轮机的流量(m^3/s)。

将式(7-46)、式(7-47)代入式(7-44)中，得水轮机工作水头为

$$H_{\mathrm{d}}=120M_{\mathrm{d}}+\frac{8Q^2}{g\pi^2D^4} \tag{7-48}$$

b. 流量　流量采用一体式电磁流量计进行测量，配有一台智能数显仪表。流量可由电磁流量计直接读出。

c. 转速　在水轮机轴上装有齿数为 $z=60$ 的齿轮，采用磁电式转速传感器测量转速，配有一台数字频率计。磁电式转速传感器产生的电脉冲信号频率 f 由数字频率计显示。水轮机转速为

$$n=\frac{60}{z}f \tag{7-49}$$

将 $z=60$ 代入式(7-49)，得 $n=f$，即频率值等于转速值。

d. 转矩　在水轮机试验台上，通常有两种测功方式：测功发电机和机械测功器。一般当水轮机输出功率 $P>25$ kW，且转速较高时，采用测功发电机。图 7-70 中的试验装置采用了机械测功器，测得水轮机的输出力矩 M。

③ 试验参数的计算　分别计算如下。

a. 计算水轮机在各工况点的输出功率 P_{t}，有

$$P_{\mathrm{t}}=\frac{Mn}{9\ 550} \tag{7-50}$$

式中，P_{t} 的单位为 kW；M 为转矩，单位为 N·m；n 为转速，单位为 r/min。

b. 计算效率　即

$$\eta=\frac{P_{\mathrm{t}}}{P_{\mathrm{d}}}\times 100\% \tag{7-51}$$

式中，

$$P_{\mathrm{d}}=\frac{\rho g Q H_{\mathrm{d}}}{1\ 000}$$

式中，P_d 为水轮机的输入功率(kW)；Q 为水轮机的流量(m^3/s)；H_d 为水头(m)；ρ 为水的密度(kg/m^3)。

c. 计算各工况点的单位转速、单位流量　有

$$n'_1 = \frac{nD_1}{\sqrt{H_d}} \tag{7-52}$$

$$Q'_1 = \frac{Q_1}{D_1^2\sqrt{H_d}} \tag{7-53}$$

式中，D_1 为水轮机的直径(m)。

④ 综合特性曲线的绘制　分别介绍如下。

a. 等开度线 $a_0 = f(Q'_1, n'_1)$　以单位转速 n'_1 为纵坐标，以单位流量 Q'_1 为横坐标。每一组的 Q'_1、n'_1 之值在 n'_1-Q' 坐标系中决定一个工况点，将同一开度下的各工况点(Q'_1，n'_1)连成一条光滑的曲线，即得等开度线。每个开度对应一条等开度线，如图 7-71 所示。

b. 等效率线 $\eta = f(Q'_1, n'_1)$　在 n'_1-Q'_1 坐标系(见图 7-71)旁，以单位转速 n'_1 为纵坐标，以 η 为横坐标，绘制出各开度下的 $\eta = f(n'_1)$ 曲线(见图 7-72)。然后用平行于纵坐标轴的直线(即等效率线)，如图 7-72 中的 b—b 线，切割各条 $\eta = f(n'_1)$ 曲线，将所有割点水平投影到 n'_1-Q'_1 坐标系上对应的等开度线上，以光滑曲线连之，得等效率线 $\eta = f(Q'_1, n'_1)$。效率按一定的间隔可作出许多等效率曲线。

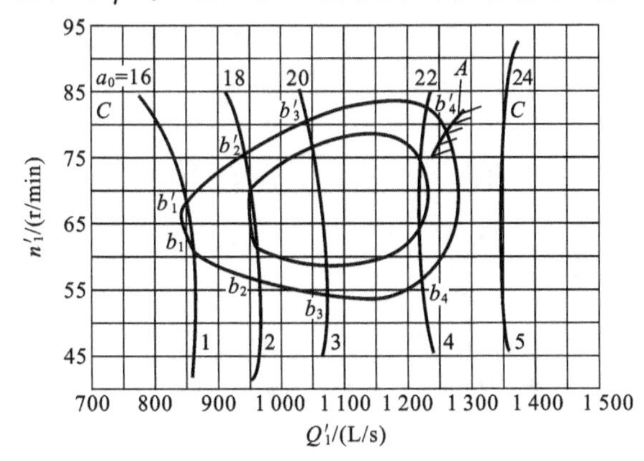

图 7-71　混流式水轮机模型综合特性曲线

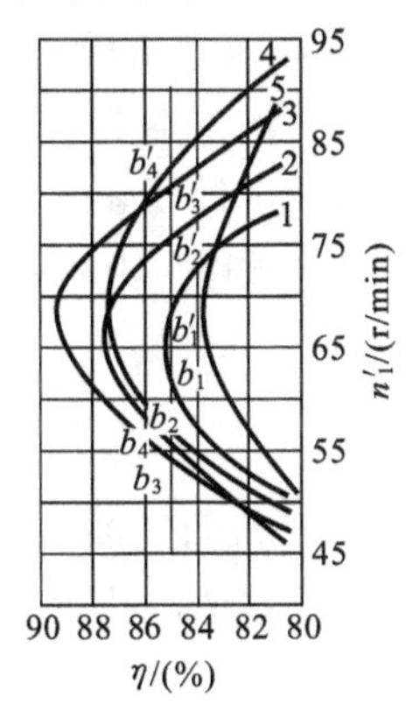

图 7-72　各开度下的 $\eta = f(n'_1)$ 曲线

c. 5%功率限制线　水轮机的单位功率为

$$P'_1 = 9.81 Q'_1 \eta \tag{7-54}$$

在图 7-71 所示的 n'_1-Q'_1 坐标系中，任意选定一条平行于横坐标的直线(即等单位转速线)，如图中 C—C 线，等单位转速与各等效率线相交于若干点，将各交点的 Q'_1 和 η 值代入式(7-54)中，可得一条选定 n'_1 值下的 $P'_1 = f_1(Q'_1)$ 曲线，如图 7-73 所示。该曲线的 B 点是极大值点，其值为 P'_{1max}，曲线左侧有一点 A，其坐标为

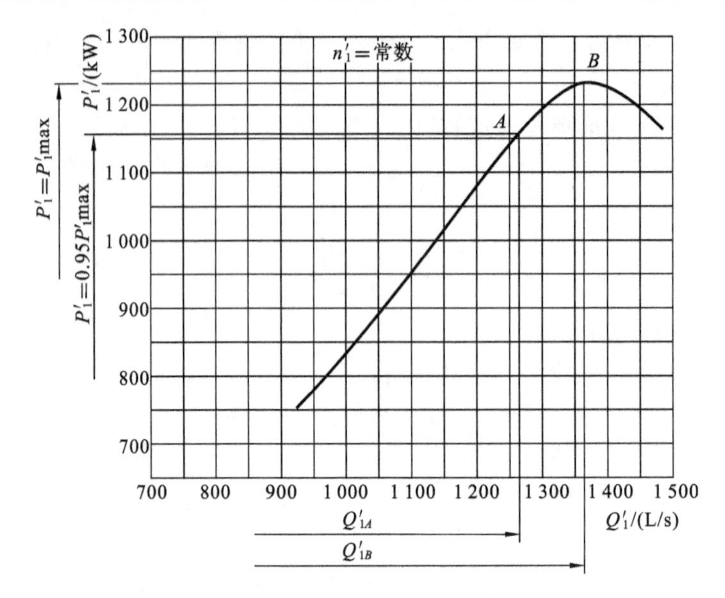

图 7-73 供绘制 5%功率限制线用的 $P'_1=f(Q'_1)$ 曲线

$A(Q'_{1A},95\%P'_{1max})$。在 n'_1-Q'_1 坐标系上选定的等单位转速线上（$C—C$ 线），横坐标为 Q'_{1A} 的点为 5%功率限制点，如图 7-71 的 A 点。同理，可分别作出其他等单位转速线上的 5%功率限制点，连点成线即得 5%功率限制线，如图 7-71 中的阴影线部分。

2）水轮机气蚀试验

气蚀试验的基本要求是测定水轮机模型自各工况下的气蚀系数，并在综合特性曲线上作出等气蚀线 $\sigma=f(Q'_1,n'_1)$。

（1）试验原理　由水轮机气蚀理论知，水轮机不发生翼型气蚀的条件为

$$\sigma_p=\frac{\frac{p_a}{\rho g}-\frac{p_v}{\rho g}-H_s}{H_d}\geqslant\sigma \tag{7-55}$$

式中，σ 为水轮机的气蚀系数；σ_p 为水轮机的装置气蚀系数；p_a 为大气压力（Pa）；p_v 为试验水温下水的汽化压力（Pa）；ρ 为水的密度（kg/m³）；H_s 为吸出高度（m）；H_d 为试验水头（m）。

在试验台上，吸出高度为

$$H_s=H'_s+h_v \tag{7-56}$$

式中，H'_s 为水轮机的几何吸出高度（m），它是水轮机规定的基准面至尾水箱水面的垂直距离，下游水面高于基准面，H'_s 为负值；h_v 为尾水箱真空度值（m）。

将式(7-56)代入式(7-55)，得

$$\sigma_p=\frac{\frac{p_a}{\rho g}-H'_s-h_v-\frac{p_v}{\rho g}}{H_d}\geqslant\sigma \tag{7-57}$$

式(7-57)也表明，当 $\sigma_p < \sigma$ 时水轮机发生气蚀。由于水轮机模型的 σ 是未知的，而 σ_p 是可以改变的。在试验过程中 H_d 保持不变，p_a、p_v 和 H'_s 为常数，要使 σ_p 改变，只有人为地改变 h_v。

对每一种开度，有许多试验工况点可供选择。对每一种选定工况，在试验过程中，保持 H_d、n 不变，也就是 n'_1 保持不变；用真空泵抽气的方法不断改变尾水箱内自由水面真空度，使 σ_p 值不断降低。对每一个 h_v 值，可求得相应的 σ_p 和 η 值，绘出选定工况下的 $\eta = f(\sigma_p)$ 曲线，最好边试验边绘制，如图 7-74 所示。当 σ_p 降低到某一数值 σ_0 时，水轮机模型工作开始不稳定，流量和转速明显降低，说明水轮机发生了气蚀，把此时的 σ_0 看做水轮机模型在该工况的临界气蚀系数 σ_σ，在此时的 σ_σ 基础上再给出一定的余量，即得到水轮机模型的气蚀系数 σ。

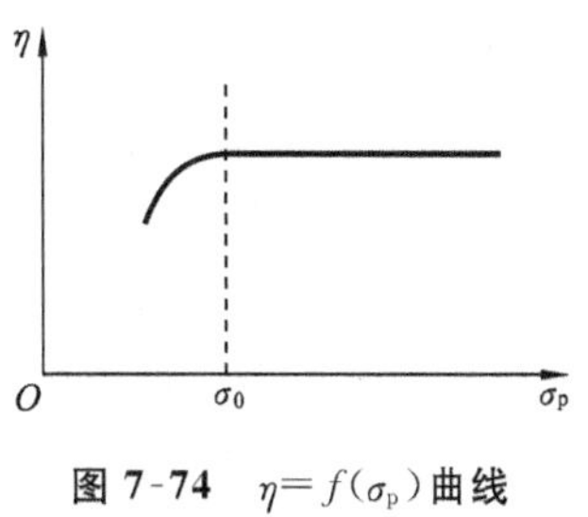

图 7-74　$\eta = f(\sigma_p)$ 曲线

(2) 水轮机模型气蚀试验系统　分别介绍如下。

① 试验装置　气蚀试验与能量试验采用在同一试验装置进行，如图 7-70 所示。

② 参数测量　对于水轮机模型的气蚀试验，需测量的基本参数为水头 H、流量 Q、转速 n 和输出扭矩 M，除此之外还要测量与装置气蚀系数相关的参数，即当地大气压、水的汽化压力和水箱内的真空度值。其中，参数水头、流量、转速和输出扭矩的测量与水轮机模型能量试验中的测量方法相同，参数 p_a、H'_s、p_v、h_v 的测量分述于下。

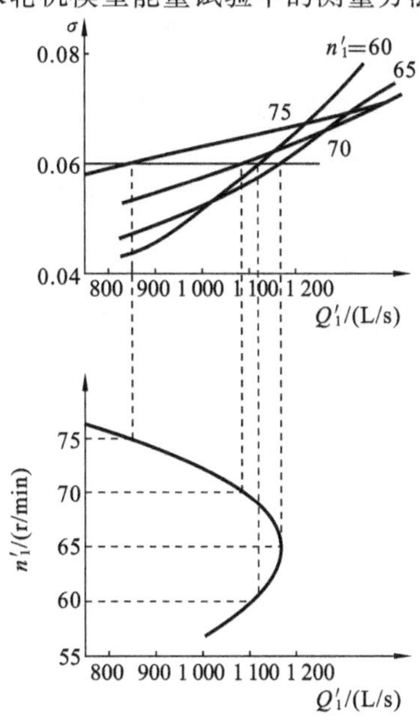

图 7-75　$\sigma = f(Q'_1, n'_1)$ 曲线

a. 大气压力 p_a 可用气压计测定。

b. 几何吸出高度 H'_s 可用联通管式水位计测量。

c. 水的汽化压力 p_v 用在水轮机进口前管路上的温度计测量出试验时的水温，然后查出相应水温时的汽化压力。

d. 尾水箱的真空度 h_v 采用 1151 智能电容式压力传感器进行测量。

③ 等气蚀线的绘制　对每一种选定的工况 (Q'_1, n'_1)，改变尾水箱自由水面不同的真空度值，可对每一 h_v 值分别按式(7-57)和式(7-51)求出 σ_p 值和 η 值，绘制出效率与装置气蚀系数关系曲线 $\eta = f(\sigma_p)$，如图 7-74 所示，并注明随着气蚀发生的其他现象，如噪声和初始气泡形状等。

由图 7-75 曲线可知，当 σ_p 减小到某一数值 σ_0 时，η 值迅速下降，这说明气蚀已经发生。此时

的 σ_0 值作为水轮机模型在该工况下的临界气蚀系数值 σ_σ。以此时的 σ_σ 为基础，再给出一定的余量，即得到水轮机模型的气蚀系数 σ。然后对另一工况进行试验，直至获得足够的 σ_σ 值的点为止，再改变开度进行试验。

通常对每一个工况点要同时绘制三条曲线：效率与装置气蚀系数曲线 $\eta=f(\sigma_p)$；出力与装置气蚀系数曲线 $p_t=f(\sigma_p)$；单位流量与装置气蚀系数曲线 $Q'_1=f(\sigma_p)$。将三条曲线综合比较，以便更合理地确定气蚀系数。

由此可知，每一工况（Q'_1，n'_1）对应一个 σ 值，据此可分别绘制出几条 n'_1 为不同常数下的 $\sigma=f(Q'_1)$ 曲线族，如图 7-75 所示。

在 σ-Q' 坐标系上，以 $\sigma=0.02$ 间隔作水平直线。任意一条水平直线（即 σ 等于常数的线）与 $\sigma=f(Q'_1)$ 曲线族相交，得到各交点的 Q'_1 值和 n'_1 值，绘于 n'_1-Q'_1 的坐标图上，并将各交点连成光滑曲线，即为等气蚀系数曲线。

习　题

7.1 举例说明应力应变测试的具体应用。

7.2 如何采取措施解决应变片的防潮与温度补偿问题？

7.3 若某旋转机械的工作转速为 3 000 r/min，为分析机组的动态特性，需要考虑的最高频率为工作频率的 10 倍，问：

(1) 应选择何种类型的振动传感器？并说明原因。

(2) 在进行模/数转换时，选用采样频率至少应为多少？

7.4 振动测试系统的由哪几部分组成，各部分的作用是什么？

7.5 请对各种激振设备和激振方法进行分类，指出它们各自的优缺点及适用范围。

7.6 简述电动式激振器的结构与工作原理及主要性能特点。

7.7 第 2 章介绍了机械常用传感器，对比工业机器人所用传感器，请说明它们各自应用的特点及差别。

7.8 举例说明机械测试技术在工业机器人中的应用。

7.9 水力机械中常用传感器有哪些？它们分别测量哪些参数？

7.10 简述水轮机流量的测量方法。

第8章 信号分析与处理编程实验

Matlab是“matrix laboratory”的缩写，意为“矩阵实验室”，是当今流行的科学计算软件。信息技术、计算机技术的发展，使科学计算在各个领域得到了广泛的应用。在诸如控制论、时间序列分析、系统仿真、图像信号处理等方面存在大量的矩阵及其相应的计算问题，而编写大量的繁复的计算程序，不仅会消耗大量的时间和精力，减缓工作进程，而且往往质量不高。因此，美国Mathwork软件公司推出了Matlab软件，为人们提供了一条方便的数值计算的途径。

Matlab提供了大量的矩阵及其他运算函数，可以方便地进行一些很复杂的计算，而且运算效率极高。它的命令和数学中的符号、公式非常接近，可读性强，容易掌握，可利用它所提供的编程语言进行编程，完成特定的工作。除基本部分外，Matlab还根据各专门领域中的特殊需要提供了许多可选的工具箱，例如，信号处理(signal process)工具箱、优化(optimization)工具箱、自动控制(control system)工具箱、神经网络(neural network)工具箱等，被广泛应用于工程计算、控制设计、信号处理与通信、图像处理、信号检测、金融建模设计与分析等领域。

本章将以编程实验的方式讲解Matlab的命令使用、信号处理、系统建模等基本方法，学生可以利用这个编程实验平台，验证所学的相关信号分析和处理理论知识，加深对基本原理的理解和应用。

8.1 Matlab使用简介

8.1.1 Matlab的安装

直接运行Matlab软件光盘中的安装程序setup.exe，按提示选择即可完成安装。Matlab卸载可以利用自带卸载程序uninstall.exe或通过Windows系统控制面板中的添加/删除程序完成。

8.1.2 Matlab基本用法

从Windows中双击Matlab图标，会出现Matlab命令窗口(command window)，在一段提示信息后，出现系统提示符“≫”。Matlab是一个交互系统，可以在提示符后键入各种命令，通过上、下箭头可以调出以前输入的命令，用滚动条可以查看以前的命令及其输出信息。如果对一条命令的用法有疑问的话，可以用“Help”菜单中的相应选项查询有关信息，也可以用“help”命令在命令行上查询。

试一下 help、help help 和 help abs 命令，看看会产生什么。

1. 生成矩阵

输入一个小矩阵的最简单方法是用直接排列的形式，矩阵用方括号括起，元素之间用空格或逗号分隔，矩阵行与行之间用分号分开。例如输入

```
A=[1  2  3;  4  5  6 ;  7  8  0]
```

系统会输出

```
A=
    1  2  3
    4  5  6
    7  8  0
```

这表示系统已经接收并处理了命令，在当前工作区内建立了矩阵 **A**。大的矩阵可以分行输入，用回车键代替分号，如

```
A=[ 1  2  3
    4  5  6
    7  8  0 ]
```

结果和前面一样。

2. 语句和变量

Matlab 的表述语句、变量的类型说明由 Matlab 系统解释和判断。Matlab 语句通常表达形式为

变量＝表达式

或者使用其简单形式为

表达式

表达式由操作符或其他特殊字符、函数和变量名组成。表达式的结果为一个矩阵，显示在屏幕上，同时保存在变量中以留用。如果变量名和“＝”省略，则具有“ans”名(意思指回答)的变量将自动建立。例如键入

```
1900/81
```

运行结果为

```
ans =
    23.4568
```

就可以得到运行结果。

需注意的问题有以下几个方面。

(1) 语句结束键入回车键，若语句的最后一个字符是分号，即“;”，则表明不输出当前命令的结果。

(2) 如果表达式很长，一行放不下，可以键入“ ...”(三个点，但前面必须有个空格，目的是避免将形如“数 2...”的语句理解为形如“数 2.”与“..”语句的连接，从而

导致错误),然后回车。

(3) 变量和函数名由字母加数字组成,但最多不能超过63个字符,否则系统只承认前63个字符。

(4) Matlab 变量字母区分大小写,如 A 和 a 不是同一个变量,函数名一般使用小写字母,如 inv(A)不能写成 INV(A),否则系统认为未定义函数。

3. 数和算术表达式

Matlab 中数的表示方法和一般的编程语言没有区别,如

```
   3           -99          0.0001
9.63972   1.6021E-20   6.02252e23
```

在计算中使用 IEEE 浮点算法,浮点数表示范围是 $10^{-308} \sim 10^{308}$。数学运算符有如下。

+	加
-	减
*	乘
/	右除
\	左除
^	幂

这里 1/4 和 4\1 有相同的值,它们都等于 0.25(注意比较:1\4=4)。只有在做矩阵的除法时,左除和右除才有区别。

例如,求算式 $[12+2\times(7-4)]\div 3^2$ 的结果,只需键入

```
y=(12+2*(7-4))/(3^2)
```

就可以得到运行结果 y=2。

4. 退出和存盘

要退出 Matlab,可以键入"quit"命令或"exit"命令,或者选择相应的菜单。中止 Matlab 运行会引起工作空间中变量的丢失,因此在退出前,应键入"save"命令,保存工作空间中的变量,以便以后使用。

键入"save"命令,则将所有变量作为文件存入磁盘 Matlab.mat 中;下次 Matlab 启动时,键入"load"命令,将变量从 Matlab.mat 中重新调出。

save 命令和 load 命令后边可以跟文件名或指定的变量名,如仅有 save 命令时,则只能存入 Matlab.mat 中。如使用 save temp 命令,可将当前系统中的变量存入 temp.mat 中去,命令格式为

save temp x　　　　仅存入 x 变量。

save temp X Y Z　　　　存入 X、Y、Z 变量。

利用"load temp"命令可重新从 temp.mat 文件中提出变量。load 命令也可用于读取 ASCII 数据文件。

5. 编程练习

(1) 计算$\frac{4-3\sqrt{2}}{0.79^5+\sqrt[3]{5}}$。

(2) 已知 $y=f(x)=x^3-\sqrt[4]{x}+2.15\sin x$,求 $f(3)$。

8.1.3　Matlab 编程简介

1. M 文件

Matlab 通常使用命令驱动方式。当输入单行命令时,Matlab 会立即处理并显示结果,同时将运行说明或命令存入文件。Matlab 语句的磁盘文件称作 M 文件,因为这些文件名的后缀是. m 形式,例如一个文件名为 bessel. m,它提供 bessel 函数语句。

M 文件有以下两种类型。

第一种类型的 M 文件称为命令文件,它是一系列命令、语句的简单组合。第二种类型的 M 文件称为函数文件,它提供了 Matlab 的外部函数。用户为解决一个特定问题而编写的大量的外部函数可放在 Matlab 工具箱中,这样的一组外部函数形成一个专用的软件包。这两种类型的 M 文件,无论是命令文件,还是函数文件,都是普通的 ASCII 文本文件,可选择编辑或字处理文件来建立。

如果 M 文件的第一行包含 function,这个文件就是函数文件,它与命令文件不同,所定义变量和运算都在文件内部,而不在工作空间。函数被调用完毕后,所定义变量和运算将全部释放。函数文件对扩展 Matlab 函数非常有用。

2. 编写程序

例 8-1　编写一个函数文件 mean. m,用于求向量的平均值。

```
function   y=mean(x)
 % MEAN Average or mean value,For Vectors,
 % MEAN (x) returns the mean value
 % For matrix MEAN (x) is a row vector
 % containing the mean value of each column
 [m,n]=size(x);
if m ==1
      m=n;
end
y=sum(x)/m;
```

存盘,文件中定义的新函数称为 mean 函数,它与 Matlab 函数一样使用,例如 z 为从 1 到 99 的实数向量,

```
    z=1:99;
```

计算均值：mean(z)

```
ans=
    50
```

mean.m 程序的说明：

(1) 第一行的内容　函数名，输入变量，输出变量，没有这行，这个文件就是命令文件，而不是函数文件。

(2) %　表明%右边的行是说明性的内容注释。前一小部分行用来确定 M 文件的注释，并在键入“help mean”后显示出来。显示内容为连续的若干个“%”右边的文字。

(3) 变量 m、n 和 y 是 mean 的局部变量，在 mean 运行结束后，它们将不在工作空间 z 中存在。如果在调用函数之前有同名变量，先前存在的变量及其当前值将不会改变。

3. 基本绘图方法

1）绘制二维曲线

plot 函数是绘制二维曲线的基本函数，但在使用此函数之前，需先定义曲线上每一点的 x 及 y 坐标。利用下面程序可画出一条正弦曲线。

```
close all;
x=linspace(0,2*pi,100);   % x 坐标：[0,2π]之间，产生 100 个线性间隔的数
                          % 据对应的 y 坐标
y=sin(x);
plot(x,y);
```

若要画出多条曲线，只需将坐标对依次放入 plot 函数即可，如

```
plot(x, sin(x), x, cos(x));
```

若要改变颜色，在坐标对后面加上相关字串即可，如

```
plot(x, sin(x), 'c', x, cos(x), 'g');
```

若要同时改变颜色及图线形态，也是在坐标对后面加上相关字串即可，如

```
plot(x, sin(x), 'co', x, cos(x), 'g*');
```

Matlab 二维绘图函数还有 bar(长条图)、errorbar(图形加上误差范围)、fplot(较精确的函数图形)、polar(极座标图)等形式。

2）绘制三维曲线

mesh、surf、plot3 命令是三维绘图的基本命令，用 mesh 命令可画出立体网状图，用 plot3 命令则可画出立体曲面图，二者产生的图形都会依高度而有不同颜色。用下列命令可画出由函数形成的立体网状图：

```
x=linspace(-2, 2, 25);          % 在 x 轴上取 25 点
y=linspace(-2, 2, 25);          % 在 y 轴上取 25 点
```

```
[xx,yy]=meshgrid(x, y);                % xx 和 yy 都是 25×25 的矩阵
zz=xx.*exp(-xx.^2-yy.^2);              % 计算函数值,zz 也是 25×25 的矩阵
mesh(xx, yy, zz);                      % 画出立体网状图
```

将上述绘图命令改为 surf(xx, yy, zz),即可画出立体曲面图。

下列是利用 plot3 命令画出三维空间曲线的程序。

```
t=linspace(0,20*pi,501);
plot3(t.*sin(t), t.*cos(t), t);
```

亦可利用 plot3 命令同时画出两条三维空间曲线,即

```
t=linspace(0,10*pi,501);
plot3(t.*sin(t),t.*cos(t),t,t.*sin(t),t.*cos(t),-t)
```

4. 编程练习

(1) 练习 Matlab 基本命令的应用,利用 help 命令了解基本命令的作用。

(2) 练习编写计算平方根的 M 文件,计算 z=[28,199,1006]的平方根,并利用 Matlab 中的函数文件 sqrt 检查程序结果。

(3) 练习用三种不同形式的三维曲面图表现函数,比较它们的图形(参考程序如下)。

```
%program 1
x=0:0.1:2*pi;
[x,y]=meshgrid(x);
z=sin(y).*cos(x);
mesh(x,y,z);
xlabel('x-axis'),ylabel('y-axis'),zlabel('z-axis');
title('mesh');pause;

%program 2
x=0:0.1:2*pi;
[x,y]=meshgrid(x);
z=sin(y).*cos(x);
surf(x,y,z);
xlabel('x-axis'),ylabel('y-axis'),zlabel('z-axis');
title('surf');pause;

%program 3
x=0:0.1:2*pi;
[x,y]=meshgrid(x);
```

```
z=sin(y).*cos(x);
plot3(x,y,z);
xlabel('x-axis'),ylabel('y-axis'),zlabel('z-axis');
title('plot3-1');grid;
```

8.2 信号分析初步

8.2.1 信号序列的产生

Matlab是对数据向量或矩阵进行运算的工具，因此信号被限定为因果和有限长的序列，这种序列以向量的形式存储。如产生长度为N的单位样本序列$u[n]$，使用如下Matlab命令，即

```
u=[1 zeros(1,N-1)];
```

产生长度为N的单位阶跃序列$s[n]$使用如下Matlab命令，即

```
s=[ones(1,N)];
```

例8-2　产生并绘制一个单位样本序列。

```
% 一个单位样本序列的产生
clf;
% 产生从-10到20的向量
n=-10:20;
% 产生单位样本序列
u=[zeros(1,10) 1 zeros(1,20)];
% 绘制单位样本序列
stem(n,u);
xlabel('时间序列 n'); ylabel('振幅');
title('单位样本序列');
axis([-10 20 0 1.2]);
```

要求如下。

(1) 运行程序，产生单位样本序列并显示它。

(2) 用help命令，了解clf,axis,title,xlabel,ylabel的作用。

(3) 利用“.^”和“exp”产生一个实指数序列。

例8-3　产生并绘制一个正弦信号。

```
% 产生一个正弦序列
n=0:40;
f=0.1;
phase=0;
```

```
A=1.5;
arg=2*pi*f*n-phase;
x=A*sin(arg);
clf;
stem(n,x);
axis([0 40 -2 2]);
grid;
xlabel('时间序列 n'); ylabel('振幅');
title('正弦序列');
```

要求如下。

(1) 运行程序,产生正弦序列并显示它。

(2) 该序列的频率是多少?怎样改变它?该序列的长度是多少?怎样改变它?

(3) 修改程序,产生长度为50、频率为0.08、振幅为2.5、相移为90°的一个正弦序列并显示它。

例 8-4　产生并绘制一个随机信号。

在区间[0,1]中均匀分布的长度为 N 的随机信号,可通过如下 Matlab 命令产生,即

```
x=rand(1,N);
```

产生长度为 N 且具有零均值和单位方差的正态分布的随机信号,可通过如下 Matlab 命令产生,即

```
x=randn(1,N);
```

请编写程序产生并显示一个长度为100的随机信号,该信号在区间[-2,2]中均匀分布。

8.2.2　信号序列的运算

信号处理的目的是从一个或多个信号中产生我们所需要的信号。处理算法由诸如加法、乘法、延时等基本运算的组合所构成。下面通过几个例子说明这些运算的应用。

信号处理应用的一个常见例子是从噪声污染的信号中移除噪声。假定信号 $s[n]$ 被噪声 $d[n]$ 所污染,得到一个含噪声的信号 $x[n]=s[n]+d[n]$。我们的目的是对 $x[n]$ 进行运算,产生一个合理逼近 $s[n]$ 的信号 $y[n]$。如果噪声为随机信号,对时刻 n 的样本附近的一些样本求平均是消除这种噪声的一种简单有效的方法。例如,采用三点滑动平均算法的表达式为

$$y[n]=\frac{1}{3}(x[n-1]+x[n]+x[n+1])$$

例 8-5 信号的平滑。

```
% 通过平均的信号平滑
clf;
R=51;
d=0.8*(rand(R,1)-0.5);                  % 产生随机信号
m=0:R-1;
s=2*m.*(0.9.^m);                        % 产生未污染的信号
x=s+d';                                 % 产生被噪声污染的信号
subplot(211);
plot(m,d','r-',m,s,'g--',m,x,'b-.');
xlabel('时间序列 n'); ylabel('振幅');
x1=[0 0 x];
x2=[0 x 0];
x3=[x 0 0];
y=(x1+x2+x3)/3;
subplot(212);
plot(m,y(2:R+1),'r-',m,s,'g--');
legend('y[n]','s[n]');
xlabel('时间序列 n');ylabel('振幅');
```

更复杂的信号可以通过在简单信号上执行基本运算来产生。例如，振幅调制信号可用低频调制信号来调制高频正弦信号。

例 8-6 振幅调制信号可用低频调制信号 $x_L=\cos(\omega_L n)$ 来调制高频正弦信号 $x_H[n]=\cos(\omega_H n)$，得到的信号 $y[n]$ 为

$$y[n]=A(1+mx_L[n])x_H[n]=A(1+m\cos(\omega_L n))\cos(\omega_H n)$$

其中 m 称为调制指数，用来确保 $(1+mx_L[n])$ 在所有可能的 n 的情况下 m 都是正数。以下程序可用来产生一个振幅调制信号。

```
%振幅调制信号的产生
n=0:100;
m=0.4;fH=0.1;fL=0.01;A=1;
xH=sin(2*pi*fH*n);
xL=sin(2*pi*fL*n);
y=(A+m*xL).*xH;
stem(11,y);grid;
xlabel('时间序号 n');ylabel('振幅');
```

要求如下。

（1）运行程序，产生相关信号。

（2）运算符“ * ”和“. * ”之间的区别是什么？

8.2.3 周期信号的叠加与分解

周期信号可以用三角函数$\{\sin(2\pi nf_0t),\cos(2\pi nf_0t)\}$的组合表示，也就是说，可以用一组正弦波和余弦波来合成任意形状的周期信号。当用有限项 m 级数之和重现原波形时，所取项数越多，其合成波形越接近原波形。

吉布斯现象(Gibbs phenomenon，又称吉布斯效应)：将具有不连续点的周期函数(如矩形脉冲)进行傅里叶级数展开后，选取有限项进行合成；选取的项数越多，在所合成的波形中出现的峰起点越靠近原信号的不连续点；当选取的项数很大时，该峰起值趋于一个常数，大约为总跳变值的 9%。

利用正弦信号叠加产生一个周期方波，它的三角函数展开式为

$$x(t)=\frac{4A}{\pi}\left(\sin\omega_0 t+\frac{1}{3}\sin3\omega_0 t+\frac{1}{5}\sin5\omega_0 t+\cdots\right)\omega_0=2\pi f_0$$

例 8-7　产生方波信号，观察波形随叠加项数增加的变化趋势。

```
t=-2 * pi:0.01:2 * pi;
A=0.5 * pi;
f0=0.1;
w0=2 * pi * f0;
y1=(4 * A/pi) * sin(w0 * t);
%产生 m=1 时的正弦波波形
subplot(4,1,1);
plot(t,y1);
y2=(4 * A/pi) * [sin(w0 * t)+sin(3 * w0 * t)/3];
%产生 m=1 和 m=2 叠加时的正弦波波形
subplot(4,1,2);
plot(t,y2);
y3=(4 * A/pi) * [sin(w0 * t)+sin(3 * w0 * t)/3+sin(5 * w0 * t)/5+sin(7 *
w0 * t)/7+sin(9 * w0 * t)/9];             %产生 m=1,2,5 叠加时的正弦波波形
subplot(4,1,3);
plot(t,y3);
n=1;
y4=sin(w0 * t);
while 1/n>1e-4                              %循环语句控制叠加终止条件
n=n+2;
```

```
y4=y4+sin(n*w0*t)/n;
end
subplot(4,1,4);
plot(t,y4);
xlabel('时间序列 t');ylabel('振幅');
```

要求如下。

(1) 运行程序,显示结果,解释和验证吉布斯现象。

(2) 如何从产生的信号波形获得信号的参数,如幅值、频率(基频)等。

8.3 测试系统动态特性仿真

本节介绍如何利用 Matlab 的动态系统建模、仿真和分析软件 Simulink 测试系统的动态特性,直观地分析系统参数对测量结果的影响。Simulink 提供了一个图形化的用户界面,可以用鼠标点击和拖拉模块图标的方式建模,通过图形界面,可以像铅笔一样画模型图。Simulink 包括一个复杂的由接收器、信号源、线性和非线性组件及连接组成的模块库,也可以定制或创建用户自己的模块。

下面运行一个示例模型,介绍如何对房子的热力学进行建模。

启动 Matlab,输入"thermo"命令运行示例模型,图 8-1 所示为示例模型。当仿真运行时,室内和室外的温度显示在显示器模块窗口的"Indoor vs. Outdoor Temp"内,同时累计的热量显示在 Scope 模块窗口"Heat Cost($)"内。

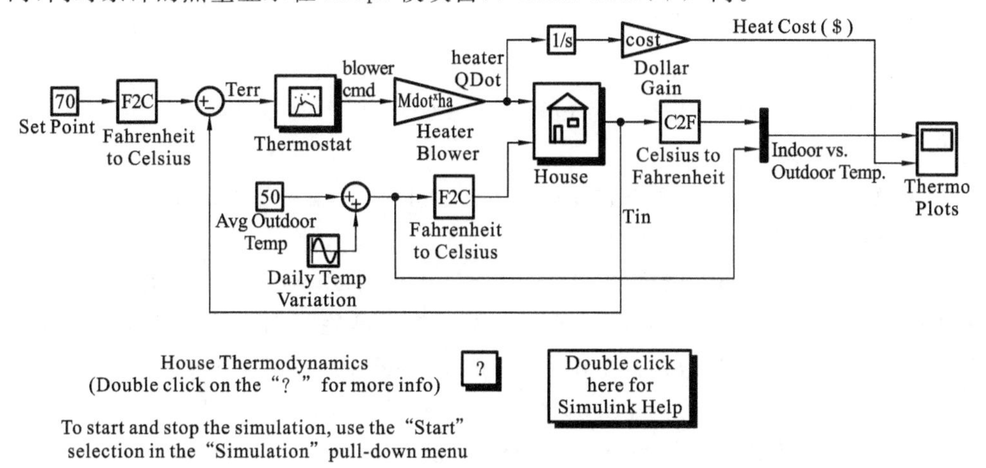

图 8-1　示例模型

例 8-8　产生一个对正弦波求积分的简单模型,模型如图 8-2 所示。

建模、仿真步骤如下。

步骤 1　在 Matlab 的命令窗口输入 Simulink 命令,显示 Simulink 模块库。

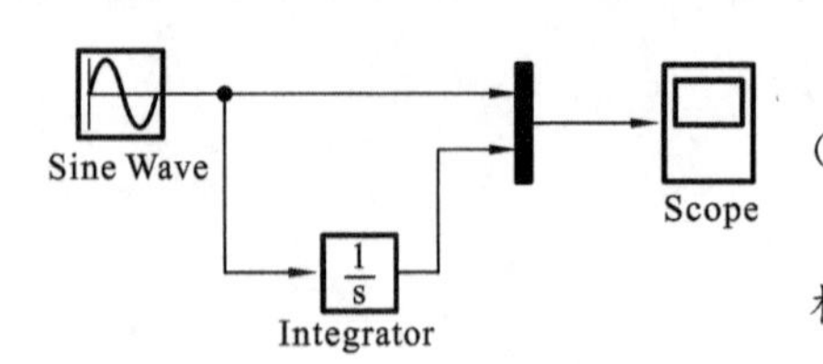

图 8-2　正弦波求积分的模型

步骤 2　打开 Sources 库，取得正弦波(Sine Wave)模块。

步骤 3　打开 Sinks 库，取得显示(Scope)模块。

步骤 4　打开 Continuous 库，取得积分(Integrator)模块。

步骤 5　打开 Signal Routing 库，取得混合(Mux)模块。

步骤 6　按下鼠标左键拖动光标，将模块输出端口与对应输入端口连接，可通过双击图标增减端口。

步骤 7　运行模型，打开 Scope 模块观察仿真结果。

例 8-9　建立二阶线性系统模型，如图 8-3 所示。分别输入阶跃信号和正弦信号，观察模型仿真结果。按上述方法写成操作程序，并显示结果。

考虑如图 8-3 所示的阻尼二阶系统。设阻尼系数 $c=1.0$，弹簧劲度系数为 $k=2$，小车质量 $m=5$ kg。系统无输入，初始位置距平衡点 1.0 m。试模拟此小车系统的运动。

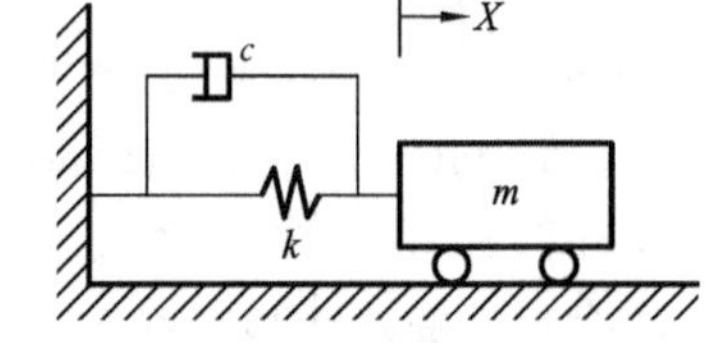

图 8-3　阻尼二阶系统

小车的运动方程为

$$m\ddot{x}+c\dot{x}+kx=0$$

对此方程作变换，有

$$\ddot{x}=-\frac{c}{m}\dot{x}-\frac{k}{m}x$$

代入具体数据得

$$\ddot{x}=-0.2\dot{x}-0.4x,\quad 且\quad x(0)=1,\quad \dot{x}(0)=0$$

建模、仿真步骤如下。

步骤 1　在 Matlab 的命令窗口输入 Simulink 命令，显示 Simulink 模块库；同时打开一个新的模型窗口。

步骤 2　打开 Continuous 库，取得积分(Integrator)模块，并分别标以 Velocity 和 Displacement。其中 Velocity 的输出为 $\dot{x}$，其积分模块 Initial condition 设置为 0；Displacement 的输出为 x，其积分模块的 Initial condition 设置为 1。

步骤 3　打开 Math Operations 库，取得增益(Gain)模块。

步骤 4　打开 Sinks 库，取得显示(Scope)模块。

步骤 5　设置 Simulink 的参数项中的 Stop time 为 50，选择 Simulink 菜单下的 Start。

步骤 6　运行图 8-4 所示的二阶系统模型。

要求如下。

(1) 利用 Simulink 分别建立一、二阶线性系统模型，分别输入阶跃信号和正弦

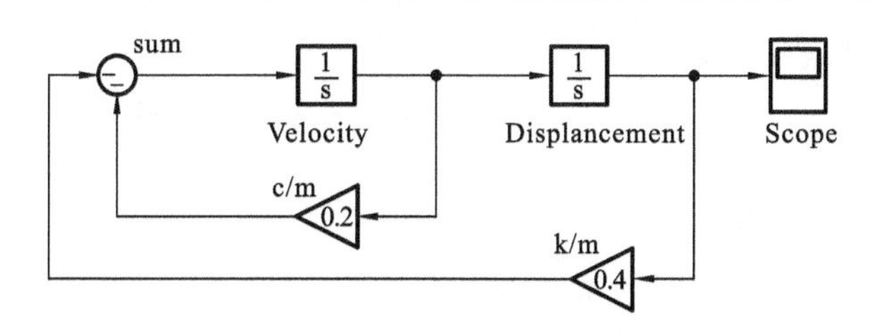

图 8-4　二阶系统的模型

信号，观察模型仿真结果。改变系统特性参数后再观察对测量结果的影响。

(2) 根据建模程序，分析仿真结果，总结出有意义的结论。

8.4　信号时域分析

8.4.1　时域统计指标分析

通过信号时域波形分析可以得到一些统计特性参数，这些参数可以用于判断机械运行状态。时域统计指标包含有量纲型的幅值参数和无量纲型参数。有量纲型的幅值参数包括方根幅值 x_r、均方幅值 x_{rms} 和峰值 x_p 等；无量纲型参数主要包括波形指标、峰值指标、脉冲指标、裕度指标等。

一些有量纲指标的具体公式如下。

峰值 x_p：$x_p = E[\max|x(t)|]$

均值 $\bar{x}$：$\bar{x} = \frac{1}{T}\int_0^T |x(t)| \mathrm{d}t$

峰-峰值 $x_{p\text{-}p}$：是在一个周期中最大瞬时值与最小瞬时值之差，即

$$x_{p\text{-}p} = |x_{max} - x_{min}|$$

均方值 x_{rms}：$x_{rms} = \left[\frac{1}{T}\int_0^T x^2(t)\mathrm{d}t\right]^{1/2}$

方值幅值 x_r：$x_r = \left[\frac{1}{T}\int_0^T \sqrt{|x(t)|}\mathrm{d}t\right]^2$

例 8-10　对正弦信号的时域统计指标分析。

```
% 时域波形
t=0:pi/500:4*pi;
t=t(1:2000);                         %采样点 2 000 个
y=sin(t);
y=y(1:2000);
figure(1)
plot(t,y);                           %作时域波形
axis([0,4*pi,-1,1]);
```

```
title('正弦时域波形图')
xlabel('t');                                %定义坐标轴标题
ylabel('y');
grid;
%求最值,均值,均方值,方差和均方差
fprintf('该正弦的最大值为:%g ;\n',max(y));
fprintf('最小值为:%g ;\n',min(y));
fprintf('均值为:%g ;\n',mean(y));
fprintf('均方值为:%g ;\n',mean(y. * y));
a=y-mean(y);
b=mean(a. * a);
fprintf('方差为:%g;\n',b);
fprintf('均方差为:%g;\n',sqrt(b));
```

要求如下。

(1) 运行程序,得到程序的结果。

(2) 基于例 8-10 信号,编写一个无量纲型参数的程序,并运行。

8.4.2 相关函数及应用

实际机械信号常常含有噪声,而自相关函数可以用于检测信号中是否包含有周期成分,因此可以利用自相关函数来提取机械信号中的周期成分。下面是观察自相关函数提取周期信号成分的效果的程序。运行程序可得含有噪声的信号和它的自相关函数。自相关函数消除了大量的噪声,周期成分变得非常明显。由它们的频谱可见,信号自相关函数的频谱中噪声很小。

例 8-11 自相关函数提取信号周期成分。

```
n=4096;fs=800;N=512;
t=(0:n-1)/fs;
f=(0:N/2-1) * fs/N;
f0=10;
x=sin(2 * pi * f0 * t);
n=randn(size(x));
z=x+n;
Yz=abs(fft(z(1:N)));
%自相关函数
[R,tao]=xcorr(z,600,'coeff');
YR=abs(fft(R(1:N)));
```

```
figure(1);                                   % 作图
subplot(211);
plot(t(1:1000),z(1:1000));
subplot(212);
plot(tao,R);
figure(2);                                   % 作图
subplot(211);
plot(f,Yz(1:N/2));
subplot(212);
plot(f,YR(1:N/2));
```

8.5　信号的频谱分析

Matlab 提供了 fft、ifft、fft2、ifft2、fftn、ifftn 等函数，能实现快速傅里叶变换。其中，fft2、ifft2、fftn、ifftn 是用于对离散数据分别进行二维和多(n)维快速傅里叶变换和傅里叶逆变换；fft、ifft 则用于对离散数据分别进行一维快速傅里叶变换和傅里叶逆变换。

函数 fft 调用的格式有以下三种。

(1) Y=fft (X)　如果 X 是向量，则对 X 进行快速傅里叶变换；如果是矩阵，则计算矩阵每一列的傅里叶变换；如果是多维数组，则对第一个非单元素的维进行计算。

(2) Y=fft(X,n)　用参数 n 限制 X 的长度，如果 X 的长度小于 n，则用"0"补足；若 X 的长度大于 n，则去掉多出部分的长度。需要指出：当数据长度是 2 的幂次时，采用基 2 算法，计算速度会显著加快。所以应当尽量使数据长度为 2 的幂次，或者通过数据尾部填"0"的方法，使数据长度为 2 的幂次。

(3) Y=fft(X,n,dim)　在参数 dim 指定的维上进行傅里叶变换。

函数 ifft 的用法和 fft 的相同。

例 8-12　频谱分析应用举例。

有一组数据 x，它是由两个频率为 50 Hz、120 Hz 的正弦信号和随机噪声叠加而成。x 的图形如图 8-5(a)所示，从图中已经很难看出正弦波的成分。为了能够识别出 x 中的正弦信号成分，对 x 作傅里叶变换，把信号从时域变换到频域中进行分析，其结果如图 8-5(b)所示，可以清楚地看出 50 Hz 和 120 Hz 这两个频率分量。所编制的 Matlab 程序如下。

```
%程序
t=0:0.001:0.6;                               %采样周期为 0.001 s,即采样频
                                             %率为 1 000 Hz
x=sin(2*pi*50*t)+sin(2*pi*120*t);%产生正弦波
```

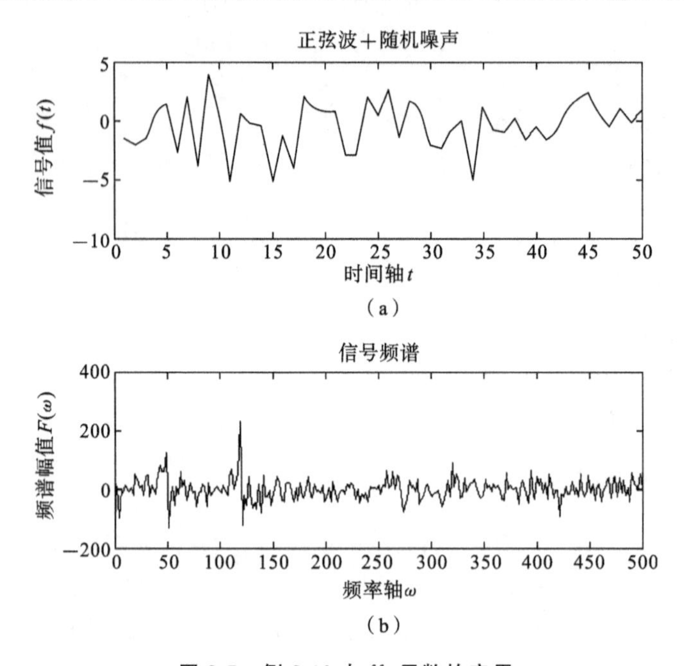

图 8-5　例 8-12 中 fft 函数的应用

(a) x 的图形　(b) 傅里叶变换后图形

```
y=x+2*randn(size(t))                          %正弦波叠加随机噪声
subplot(2,1,1)                                %画出 y 的曲线
plot(y(1:50))
xlabel('时间轴 t')                            %标注坐标轴
ylabel('信号值 f(t)')
title('正弦波+随机噪声','FontSize',10)        %添加标题
Y=fft(y,512);
f=1000*(0:256)/512;                           %对 y 进行傅里叶变换,取 512
                                              %个点
subplot(2,1,2)
plot(f,Y(1:257))
set(gca, 'XTick',[0,50,100,150,200,250,300,350,400,450,500])
                                              %设置坐标刻度线
set(gca, 'XTickLabel','0|50|100|150|200|250|300|350|400|450|500|')
                                              %设置刻度线
xlabel('频率轴\omega')                        %标注坐标轴
ylabel('频谱幅值 F(\omega)')
title('信号频谱','FontSize',10)               %添加标题
```

8.6 信号的调理

8.6.1 信号的提取

时域中抽样的目的是研究时域中连续时间信号 $x_a(t)$ 与其周期抽样产生的离散时间信号 $x[n]$ 之间的关系。

例 8-13 一个正弦信号的抽样。

在本例中，将研究连续时间正弦信号 $x_a(t)$ 在不同抽样频率下的抽样。由于 Matlab 不能严格地产生一个连续时间信号，我们将采用一个很高的抽样频率 T_H 来对 $x_a(t)$ 抽样，以使得样本互相非常接近，从而生成序列 $\{x_a(nT_H)\}$。用 plot 命令画出的 $\{x_a(nT_H)\}$ 看上去将像一个连续时间信号。

```
%在时间域中抽样过程的说明
clf;
t=0:0.0005:1;
f=13;
xa=cos(2*pi*f*t);
subplot(211)
plot(t,xa);grid
xlabel('时间,msec');ylabel('振幅')
title('连续时间信号 x_|a|(t)');
axis([0 1 -1.2 1.2])                    %确定横纵坐标的取值范围
subplot(212);
T=0.1;
n=0:T:1;
xs=cos(2*pi*f*n);
k=0:length(n)-1;
stem(k,xs);
grid;                                   %绘制脉冲杆图
xlabel('时间序号 n');
ylabel('振幅') ;
title('离散时间信号 x[n]');
```

要求如下。

(1) 运行上述程序，产生连续时间信号及其抽样形式，并显示它们。

(2) 正弦信号的频率是多少赫兹？抽样周期是多少秒？

(3) 通过将正弦信号的频率分别变为 3 Hz 和 7 Hz，修改程序并运行。相应的等效离散时间信号与原程序中产生的离散时间信号之间有差别吗？并解释。

8.6.2　滤波器设计

在任何滤波器的设计中，第一步是确定滤波器阶数 N 及适当的截止频率 ω_c。对于巴特沃兹滤波器，可使用 Matlab 中的 buttord 命令来确定这些参数；对于契比雪夫Ⅰ型滤波器，可使用 cheb1ord 命令来确定这些参数；对于契比雪夫Ⅱ型滤波器，可使用 cheb2ord 命令来确定这些参数；对于椭圆滤波器，可使用 ellipord 命令来确定这些参数。ω_c 对于巴特沃兹滤波器是 -3 dB 截止频率，对于契比雪夫Ⅰ型滤波器是通带边界，对契比雪夫Ⅱ型滤波器是阻带边界，而对于椭圆滤波器是通带边界。对于巴特沃兹滤波器，设计滤波器的 Matlab 命令是 butter；对于契比雪夫Ⅰ型滤波器，设计滤波器的 Matlab 命令是 cheby1；对于契比雪夫Ⅱ型滤波器，设计滤波器的命令是 cheby2；对于椭圆滤波器，设计滤波器的命令是 ellip。下面通过一个例子说明。

例 8-14　模拟低通滤波器的设计。

```
%模拟低通滤波器的设计
clf;
Fp=3500;
Fs=4500;                                   %性能参数
Wp=2*pi*Fp;
Ws=2*pi*Fs;
[N,Wn]=buttord(Wp, Ws,0.5,30,'s');         %估计滤波器的最小阶数 N
[b,a]=butter(N,Wn,'s');                    %利用 butter 函数设计滤波器
Wa=0:(3*Ws)/511:3*Ws;
h=freqs(b,a,Wa);
plot(Wa/(2*pi),20*log10(abs(h)));
grid;
xlabel('频率,Hz');
ylabel('增益,dB');
title('响应');
axis([0 3*Fs -60 5]);
```

要求如下。

(1) 运行程序并显示响应。所设计的滤波器满足给定的指标吗？所设计的滤波器的阶数 N 和 -3 dB 截止频率(单位为 Hz)是多少？

(2) 用 cheh1ord 和 cheby1 修改程序，以设计与上述程序有着相同指标的一个切比雪夫Ⅰ型低通滤波器。运行修改的程序并显示响应。所设计的滤波器满足给定的指标吗？所设计的滤波器的阶数 N 和通带边界频率(单位为 Hz)是多少？

第9章　机械测试技术及应用实验

9.1　概述

科学发展的历史表明，许多伟大的发现和发明都来自于实验室。理论知识需要通过实践检验，而利用实验往往能发现并产生新的理论。“机械测试技术”是一门实践性很强的课程，需要通过大量的实验，培养学生合理地选用测试装置，熟练地掌握机械工程中动态物理量的测试与信号处理基本方法，为学生进一步学习、研究和处理机械工程技术问题打下基础。

本课程实验大致可以分为以下三个层次。

第一层次为基本实验，这是每个学生必做的，通常是为了验证理论知识。

第二层次为综合性实验，难度比基本实验略有提高，目的是为了提高学生的动手能力和解决问题的能力，可以选做。

第三层次为设计和创新性实验，目的是进一步提高学生思考和动手的综合能力，鼓励学生大胆创新，勇于探索，培养初步开展科学研究的能力。这部分实验可通过选修课的形式或课外科技活动的形式来实现。

9.2　实验报告要求

9.2.1　实验报告的基本要求

实验报告是工程技术文件中的一种，是实验研究的产物。实验报告内容及书写质量的好坏对实验价值影响很大。尽管实验是成功的，数据是可靠的，但是由于实验报告中结果、结论等表达的不准确或不完整，甚至由于书写质量不好而造成错误，则会有损实验的价值。因此，在书写教学实验报告时应该按工程实际的要求。教学实验报告的具体要求如下。

(1) 内容如实　实验报告内容是实验的总结，因此结论要如实，数据要可靠。

(2) 语言要明确、简洁　所谓“明确”是指书写报告时，要选用恰当的词语，组织通顺的句子，明白、准确、简洁地表达实验的内容。报告的表达方式与文学作品不同，应该采取直叙式。

(3) 书写工整　报告书写格式要正确，错别字应尽量少，图表要符合规范，且要采用统一规格的实验报告纸书写。

好的实验报告来源于认真地实验和精心的总结。只有认真做好实验中的每个步骤，获取正确的数据，再经过精心整理成文，才能达到要求。

9.2.2 实验报告的基本内容

教学实验报告至少应该包含以下基本内容。

(1) 实验名称。

(2) 实验目的。

(3) 实验仪器和设备。

(4) 实验方法和步骤。

(5) 实验数据。

(6) 结论及分析。

上述内容应根据实验的具体情况来书写，切忌不顾实际实验情况，抄几段实验指导书内容，补充几个数据敷衍了事。关于以上内容，在书写实验报告时，应注意下面一些问题。

(1) 实验名称　不可任意简化，因为有些实验的名称既有内容的含义，又有原理的含义。

(2) 实验目的　是实验和书写报告的基础，必须书写明白，每次实验的目的都是很清楚明了的，实验中应该紧紧围绕这个目的。

(3) 实验仪器和设备　要根据实验中所需列出清单，必要时要画出实验仪器和设备的相互连接图，以进一步说明各台仪器和设备的用途。

(4) 实验方法和步骤　这里不是罗列实验步骤，而是用简洁的语言表达实验结果是怎样得到的。

(5) 实验数据　实验所获的数据可以用图、表、数字、文字及表达式等多种方式表述。表述实验结果的数据、单位要准确，必要时应该对数据的整理方法、表达式的含义等作简要的说明。采用表格表达实验结果能直接反映实验数据及其精度，但其函数间的变化倾向不直观。采用图形表达则形式简明直观，便于比较，易于看出数据中的极值点、转折点、周期性和变化率。图形中的曲线应当光滑匀整，不应当有不连续点，不必强求通过所有的尤其是实验范围两端的那些点。

(6) 结构及分析　实验结论应该紧紧围绕实验的目的来书写。可以对实验中的现象、实验结果及问题进行必要的解释，还可以与有关理论或理论值作对照讨论。另外也可以对实验的测量精度、结果的可靠性等问题进行叙述，并且提出改进的实验意见。

9.2.3 实验报告格式

本课程实验报告格式在附录 B 中。

9.3　传感器实验

本节通过介绍几种常用传感器实验,使学生了解机械测试传感器的基本原理和测试方法。其中应变片粘贴实验、应变片灵敏系数测定实验为选做实验,电涡流传感器、光纤传感器测转速、霍尔传感器测位移为必做实验。

9.3.1　应变片粘贴实验

1. 实验目的

(1) 了解常用应变片的结构、规格和用途等。

(2) 学会设计布片方案。

(3) 掌握选片、打磨、粘贴、接线、固定、防护等操作工艺和技术。

2. 实验仪器及设备

(1) YJ-22 静态应变测量处理仪。

(2) YJ-22 型电桥转换箱。

(3) 等强度悬臂梁。

(4) 应变片、砂布、镊子、丙酮、药棉、502 胶水、玻璃纸等。

3. 实验原理

应变片结构如图 9-1 所示。应变片一般由敏感栅(即金属丝)、胶粘剂、基底、引线及覆盖层五部分组成。引线是从敏感栅到测量导线之间的过渡部分,用以将敏感栅接入测量电路。基底用来保持敏感栅及其与引线接头部的几何形状,在应变片安装以后,由它将构件的变形传递给敏感栅,并在金属构件与敏感栅之间起绝缘作用。若将应变片粘贴固定在被测构件表面上,则金属丝随构件一起变形,其电阻值也随之发生变化。在工程应用场合,电阻变化与构件应变应有确定的线性关系。

1) 常见的应变片

应变片有多种类型,若按敏感栅所用材料来分,有丝绕式应变片、箔式应变片和半导体应变片。前两种敏感栅是以金属丝或箔制成,可统称为金属式应变片,工作原理是基于金属丝的电阻应变效应。

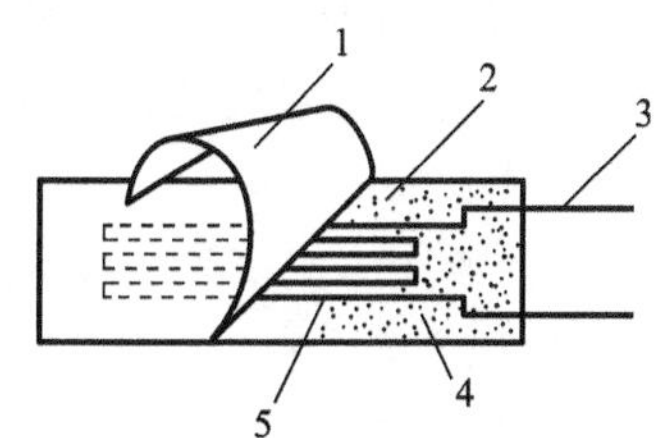

图 9-1　丝绕式应变电阻片

1—覆盖层;2—基底;3—引出线;4—胶粘剂;5—敏感栅

(1) 丝绕式　用电阻丝盘绕的电阻应变片称为丝绕式电阻应变片(见图 9-1 和图 9-2(a)),目前广泛使用的有半圆弯头平绕式,这种电阻应变片多用纸底和纸盖,价格低廉,适于实验室广泛使用。缺点是精度较差,横向效应系数较大。

(2) 短接式　这种电阻应变片的制作比较容易,

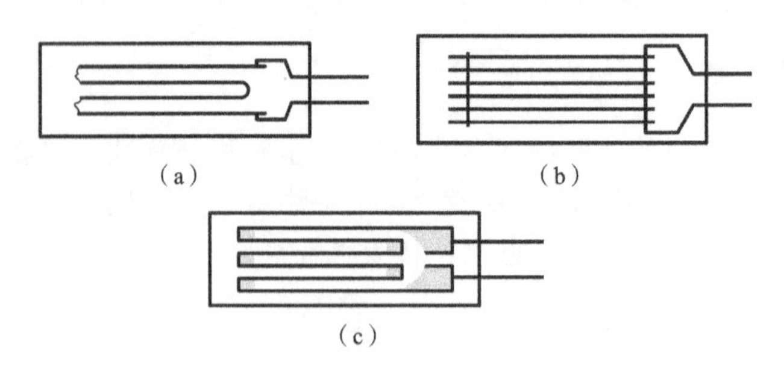

图 9-2　常见应变电阻片结构

(a) 丝绕式　(b) 短接式　(c)箔式

在一排拉直的电阻丝之间，在预定的标距上用较粗的导线相间地形成短路，这种电阻片有用纸底的，也有用胶底的(见图 9-2(b))。短接式电阻应变片的优点是几何形状比容易于保证，而且横向效应系数近于零。

(3) 箔式电阻应变片　它是在合金箔(康铜箔或镍铬箔)的一面涂胶形成胶底，然后在箔面上用照相腐蚀成形法制成的(见图 9-2(c))，所以几何形状和尺寸非常精密。而且由于电阻丝部分是平而薄的矩形截面，所以粘贴牢固，散热性能好，横向效应系数也较低。与丝绕式电阻应变片相比，箔式电阻应变片有下列优点。

① 箔式电阻应变片能保证尺寸准确、线条均匀，故灵敏系数分散性小。尤其突出的是能制成栅长很小(如 0.2 mm)或敏感栅图案特殊的应变片。

② 箔式电阻应变片栅丝截面为矩形，故栅丝周表面积大，因而散热性好。这样，在相同截面积下，允许通过的电流较丝绕式电阻应变片的大(ϕ0.025 mm 的康铜丝绕式应变电阻片允许通过电流大约为 35 mA，而箔式电阻应变片可比它大几倍)，使测量电路有输出较大信号的可能。另外，表面积大使附着力增加，有利于变形传递，因而增加了测量的准确性。

③ 箔式片敏感栅横向部分的线条宽度比纵向部分的大得多，因而单位长度的电阻值也小很多，使得箔式片横向效应很小。

④ 箔式电阻应变片均为胶基，故绝缘性好，蠕变和机械滞后小，耐湿性好。

⑤ 便于成批生产，生产效率高。

由于箔式电阻应变片有这些特点，故在常温的应变测量中将逐渐取代丝绕式电阻应变片。

(4) 半导体应变片　半导体应变片的突出特点是灵敏系数比一般电阻应变片要高 50 倍以上，可达 140。它是利用半导体材料的压阻效应而制成的。由于灵敏系数高，能使输出信号大大增强，而且机械滞后极小，所以在火箭、导弹及宇航等方面有很大的应用价值。

(5) 应变花　两种常用的应变花即直角应变花和等角应变花(见图 9-3)，它们是在一个公用的纸底上重叠粘贴三个彼此间相互绝缘的电阻片。当无这种成品时可以

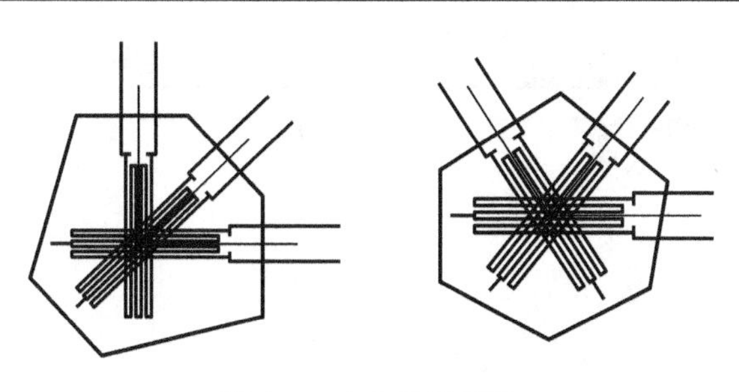

图 9-3　应变花示意图

用三个单独的电阻片代替，如果被测试对象的尺寸较大时，可以不必重叠，直接按需要的角度粘贴在一个很小的范围内即可。

2）应变片的粘贴步骤

步骤 1　设计布片方案。可根据测试对象及测试目的设计布片方案。

步骤 2　选片。首先检查应变片的外观，剔除敏感栅有形状缺陷，或片内有气泡、霉斑、锈点的应变片，再用万用表测量应变电阻片的电阻值，并与电桥进行阻值选配。

步骤 3　打磨。对布片位置的构件表面待测点打磨，打磨后表面应平整光滑，无锈点。

步骤 4　画线。在被测点处用钢针精确地画好十字交叉线，以便定位。

步骤 5　清洗。用浸有丙酮的药棉清洗欲测部位表面，清除油垢灰尘，保持清洁干净。

步骤 6　粘贴。将选好的应变片背面均匀地涂上一层胶粘剂，胶层厚度要适中，然后将应变片上的十字线对准构件待测部位的十字交叉线，轻轻校正方向，然后盖上一张玻璃纸，用手指朝一个方向滚压应变片，挤出气泡和过量的胶粘剂，保证胶层尽可能薄而均匀。

步骤 7　固化。贴片后最好自然干燥 24 h，必要时可以加热烘干。

步骤 8　检查。包括外观检查和应片变参数及绝缘电阻的测量。

步骤 9　固定导线。将应变片的两根导线引出线焊在接线端子上，再将导线由接线端子引出。

步骤 10　对贴片构件进行测试。

如图 9-4 所示为等强度悬臂梁布片位置。

4. 实验步骤和注意事项

步骤 1　将贴好应变片的试件安装在实验台上。

步骤 2　按预定的实验方案进行测试，整理数据等。

步骤 3　撰写实验报告。

注意事项如下。

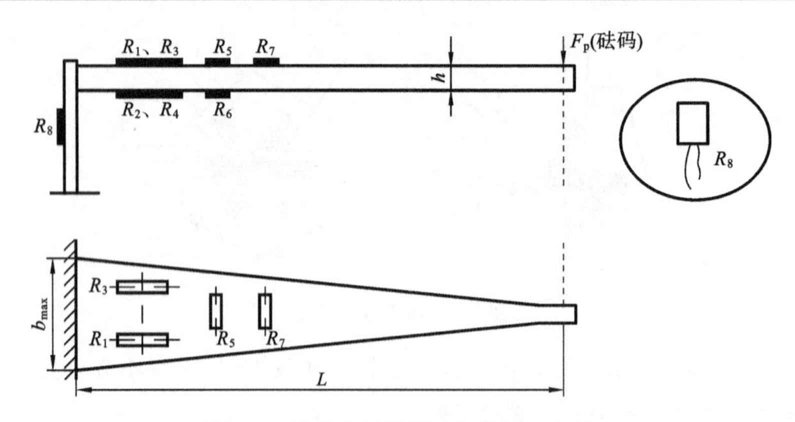

图 9-4　等强度悬臂梁布片位置示意图

(1) 在选电阻应变片和粘贴的过程中，不要用手接触片身，应用镊子夹取引线。

(2) 清洗后的被测点不要用手接触，避免粘上油渍和汗渍。

(3) 固化的电阻应变片及引线要用防潮剂(如石蜡、松香等)或胶布防护。

9.3.2　电阻应变片灵敏系数的测定

1. 实验目的

(1) 了解电阻应变片灵敏系数 S_0 值测定方法及其对测量精度的影响。

(2) 掌握静态应变仪的使用及平衡调节方法。

2. 实验原理

电阻应变片的电阻值相对变化 dR/R 与其轴向应变 ε 之间在很大范围内是线性关系，即 $dR/R = S_0\varepsilon$，故电阻应变片的灵敏系数 S_0 是常数，即

$$S_0 = \frac{dR}{R} \cdot \frac{1}{\varepsilon} \tag{9-1}$$

灵敏系数是衡量应变片工作特性的一个重要参数，其精度直接影响测量的准确度。因此对 S_0 值的测定必须严格按规定进行。实际生产的应变片灵敏系数是利用同批抽样测定的方法得到。为统一测定条件，规定：

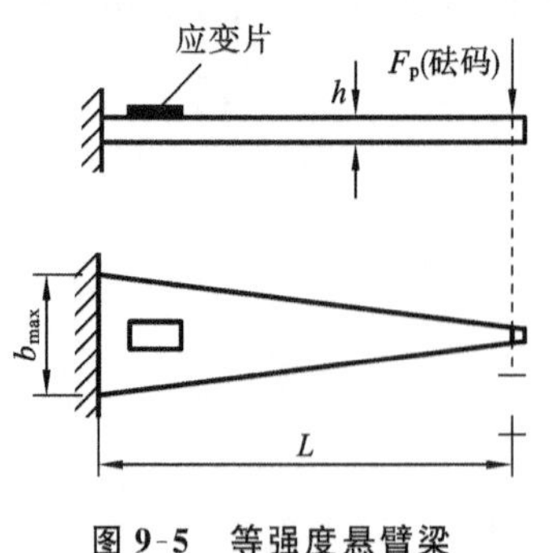

图 9-5　等强度悬臂梁

(1) 所用试件材料的泊松比 $\mu_0 = 0.285$；

(2) 试件处于一维应力状态；

(3) 沿主应力方向贴片。

只有满足上述三个条件，所测得 S_0 值才是准确的。

测定 S_0 值的装置多用纯弯曲梁和等强度悬臂梁。图 9-5 所示为用等强度悬臂梁结构测定 S_0 值的示意图。将应变片贴在梁上，并加已知载荷，加载后的应变 ε 可用电阻应变仪测出。

本实验采用等强度悬臂梁。根据梁的等强度特性，等应力区任一截面的表面张力为

$$\sigma=\frac{M}{W}=\frac{M_{\max}}{W_{\max}}=\frac{PL}{\frac{1}{6}bh^2}=E\varepsilon \tag{9-2}$$

式中，M 为弯矩；W 为抗弯截面模量；E 为试件材料的弹性模量。

设 ε_0 为测点处理论应变量，通常取 $\varepsilon_0=500\mu\varepsilon$。将等强度梁各参数 $L=0.3$ m、$h=0.006$ m、$b_{\max}=0.03$ m、$E=2\times10^{10}$ kg/m^2 代入，则理论应变值 ε_0 应加荷载计算，由式(9-2)得

$$F_{\rm p}=\frac{\varepsilon_0 EW_{\max}}{L}=500\times10^{-6}\times2\times10^{10}\times\frac{1}{6}\times0.03\times\frac{0.006^2}{0.3}\text{kg}=6\text{ kg}$$

将工作片和补偿片接入应变仪中(半桥接线)，设 $S_{仪}=2$，并将应变仪调零。然后在等强度悬臂梁上加载 $F_{\rm p}=6$ kg，由应变仪上可读得 $\varepsilon_{仪}$，此时对应的电阻变化率为

$$\frac{\mathrm{d}R}{R}=S_{仪}\ \varepsilon_{仪}$$

由式(9-1)得

$$S_0=\frac{\mathrm{d}R}{R}\cdot\frac{1}{\varepsilon_0}=S_{仪}\ \varepsilon_{仪}/\varepsilon_0=2\varepsilon_{仪}/\varepsilon_0 \tag{9-3}$$

对每个应变片加、卸载循环三次，三次循环所得三个 S_0 值平均，即为此应变片的单个灵敏系数。所有参加测定的应变片的单个灵敏系数的算术平均值即为此批应变片的平均 S_0 值的标准差。

3. 实验仪器及设备

(1) 应变片。

(2) 等强度悬臂梁。

(3) YJ-22 静态应变测量处理仪。

(4) YJ-22 电桥转换箱。

4. 实验装置的操作

(1) 用电桥转换箱进行半、全桥应变测量　电桥转换箱将应变转换成电压信号，输入应变仪进行信号处理。根据电桥的工作方式，接线方法如图 9-6 所示。使用半桥或全桥时将开关拨动到相应的位置。

(2) YJ-22 静态应变测量处理仪的工作范围设置　起点与终点分别拨到欲测通道挡上，注意设定终点通道号码必须大于起点通道号码。YJ-22 静态应变测量处理仪初始调零，按“调零”键，“调零”灯亮，持续 3 s 后，指示灯熄灭，方可放开，此时调零自动完成。

(3) 按“手动”键一次，可测量一次，转换箱相应通道指示灯亮。YJ-22 静态应变测量处理仪数码管显示的数据即为测量的应变值。

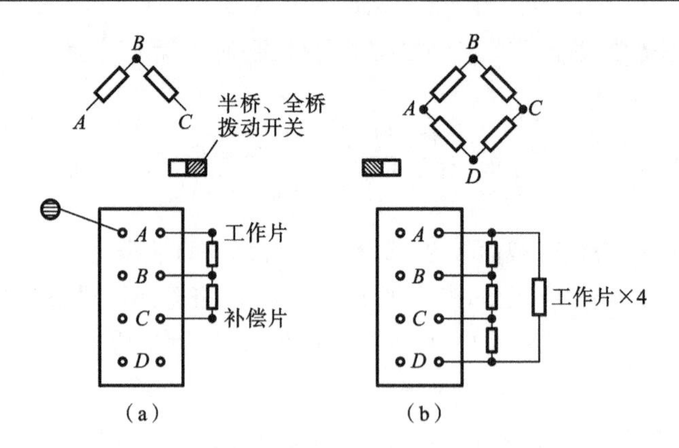

图 9-6　电桥转换箱接线方法

(a) 半桥接线方式　(b) 全桥接线方式

(4) 按“自动”键一次，“测量”灯变亮，仪器会自动从起点到终点进行测量，测量完毕，“测量”灯自动熄灭。

5. 实验步骤和注意事项

步骤 1　等强度悬臂梁贴片及应变片标号如图 9-4 所示，取应变片中 1～4 任一个与应变片 R_8(温度补偿片)接成半桥，同时转换箱打在半桥位置。

步骤 2　将应变仪起始通道打到和转换箱内电桥相符的位置。

步骤 3　打开应变仪电源，将电桥先预调平衡，加载 6 kg，读数并记入表 9-1 中，反复三次，对数据进行处理。

注意事项：转换箱打在半桥位置，测试前先要预调平衡。

6. 实验数据处理

在表 9-1 填上实验数据。

表 9-1　电阻应变片灵敏系数的测定数据　　$\varepsilon_0 = 500\mu\varepsilon$

$\varepsilon_{仪}(\mu\varepsilon)$			
ε_1	ε_2	ε_3	$\varepsilon_{仪} = \frac{1}{3}\sum_{i=1}^{3}\varepsilon_i$
$S_0 = 2\frac{\varepsilon_{仪}}{\varepsilon_0} =$			

7. 思考题

(1) 为什么说只有满足“三个特定条件”，所测得 S_0 值才是正确的？

(2) 说明在该实验中所用到的仪器设备分别对应于测试系统中的哪些环节。

（3）说明补偿片的作用。

9.3.3　电涡流传感器测量转速

1. 实验目的

（1）了解电涡流传感器的结构、原理、工作特性。

（2）掌握电涡流传感器测量转速的方法。

2. 实验原理

电涡流传感器由线圈和金属涡流片组成，当线圈中通以高频交变电流后，与其平行的金属片上产生电涡流，当平面线圈与金属被测物体的相对位置发生周期性变化时，涡流量及线圈阻抗的变化经涡流变换器转换为周期性的电压信号变化。

3. 实验仪器和设备

（1）传感器综合实验仪上的电涡流传感器。

（2）测速电动机及转盘。

（3）电压/频率表。

（4）示波器。

4. 实验步骤

步骤1　电涡流线圈支架转一角度，安装于电动机转盘上方，使线圈与转盘面平行，在不碰擦的情况下相距越近越好。

步骤2　电涡流线圈与涡流变换器相接，涡流变换器输出端接示波器，开启电动机开关，调节转速，调整平面线圈在转盘上方的位置，直到在示波器中观察到的变换器输出的脉动波形较为对称为止。

步骤3　仔细观察示波器中两相邻波形的峰值是否一样，如有差异，说明线圈与转盘面不平行，或是电动机有振动现象。

步骤4　将电压/频率表打在2 kHz挡，涡流变换器输出端接入频率表，读取频率表显示的数据的脉动波形数，并与示波器读取的频率作比较。转盘的转数＝脉动波形数÷2。

5. 实验数据

频率计读数：______ Hz　　转速：______ r/min

9.3.4　光纤传感器测量转速

1. 实验目的

（1）了解光纤传感器原理及结构。

（2）了解用光纤传感器测量转速的方法。

2. 实验原理

（1）将反射式光纤传感器两束多模一端合并组成光纤探头，另一端分成两束，分

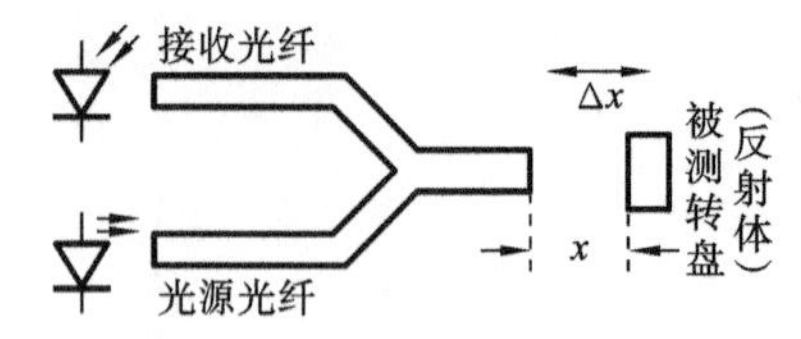

图 9-7 光纤传感器结构

别作为光源光纤和接收光纤。当光源光纤发射的光经接收光纤传递给光电转换元件时，光电转换元件将光信号转换为电信号，如图 9-7 所示。

(2) 当光纤探头与被测转盘的相对位置发生周期性变化时，光电变换器输出电压也发生相应的变化，经 V/F 电路变换，输出方波频率信号。

3. 实验仪器和设备

(1) 传感器综合实验仪上的光纤传感器。

(2) 光电变换器。

(3) 测速电动机及转盘。

(4) 电压/频率表。

(5) 示波器。

4. 实验步骤和注意事项

步骤 1 观察光纤结构。本仪器中光纤探头为平圆型结构，由数百根光导纤维组成，一半为光源光纤，一半为接收光纤。

步骤 2 将原装有电涡流线圈支架上的电涡流线圈取下，装上光纤探头，探头置于测速电动机上方，并调整探头高度，使其距转盘面 1 mm 左右，光纤探头以对准转盘边缘内 3 mm 处为宜。

步骤 3 光电变换器 F_0 端分别接电压/频率表 2 kHz 挡和示波器 DC 挡。

步骤 4 开启电动机开关，调节转盘转速，通过示波器观察输出波形，读出频率，电动机转速为 F_0 端方波频率除以 2。

注意事项如下。

(1) 光纤探头在支架上固定时应保持与转盘面平行，切不可相擦，以免光纤端面受损。

(2) 电动机开关平时应倒向左侧，以保证稳压电源正常工作。

(3) 实验时应避免强光直接照射转盘盘面，以免造成测试误差。

5. 实验数据

频率计读数：______ Hz　　转速：______ r/min

6. 思考题

实验中所介绍的传感器还有哪些实际用途？根据所学过的测试知识，选择所需的设备，并将其连接成测试系统。

9.3.5 霍尔传感器测量位移

1. 实验目的

(1) 了解霍尔传感器的结构、工作原理。

(2) 了解霍尔传感器的线性特性，并会用霍尔传感器测量位移。

2. 实验原理

霍尔传感器由两个环形磁钢(组成梯度磁场)和位于磁场梯度中的霍尔元件组成。霍尔元件是一种半导体磁电转换元件，当霍尔元件通以恒定电流时，霍尔元件就有电动势输出。霍尔元件在梯度磁场中上、下移动时，输出的霍尔电动势的值取决于其在磁场的位移量 x，而 x 值的大小取决于称重平台上所加砝码的多少，故也可用霍尔传感器称重。

3. 实验仪器和设备

(1) 霍尔传感器。

(2) 直流稳压电源。

(3) 差动放大器。

(4) 螺旋测微器。

(5) 电桥。

(6) 电压表。

4. 实验步骤和注意事项

步骤1　按图9-8所示中的接线，调节螺旋测微器，使霍尔元件在磁场中间，记录螺旋测微器的刻度，调节电位器 W_D 位置，使输出电压为零。

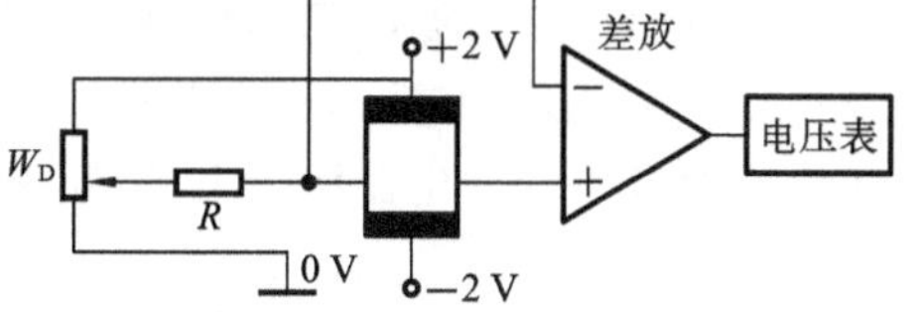

图9-8　霍尔传感器连线图

步骤2　向上调节螺旋测微器，每次增加0.5 mm，依次记下电压表读数，然后再调回中间位置，向下调节螺旋测微器，每次减小0.5 mm，依次记录电压表读数，填入实验数据记录在表9-2中，并作出 V-W 曲线。

步骤3　任意旋转螺旋测微器，根据电压表读数，从 V-W 曲线中求得其位移。

注意事项如下。

(1) 霍尔传感器只能工作在梯度磁场中，如果霍尔传感器超出梯度磁场，则测量结果就超出了线性范围。当电压表的输出不变时，就表示超出线性范围，可停止该方向上的测量。

(2) 注意回程误差。

5. 实验数据记录

将实验数据填入表9-2中。

表9-2　霍尔传感器测量位移的数据

位移/mm	−2.5	−2.0	−1.5	−1.0	−0.5	0	0.5	1.0	1.5	2.0	2.5
电压/V											

根据所测得的数据，绘出 W 与 V 的拟合直线，求出霍尔传感器称重的灵敏度。

霍尔传感器测位移灵敏度 S 为______ V/mm。

若测得未知位移引起电压为______ V，则所测位移为______ mm。

6. 思考题

(1) 根据所学的传感器知识，说明实验中的传感器可由哪些传感器代替，举出1～2个例子。

(2) 画出测试方法框图，并说明各部分作用。

9.4 信号分析实验

9.4.1 信号波形的观察及测试实验

1. 实验目的

(1) 学习示波器、函数信号发生器的使用方法。

(2) 掌握观察和测量直流(阶跃)信号、周期信号的方法。

2. 实验原理

1) 信号的产生

直流信号由直流稳压电源提供，周期信号由函数信号发生器产生。函数信号发生器可以产生正弦、方波和三角波三种周期信号，其频率范围为 1 Hz～1 MHz，分七个频段。通过信号发生器面板上的“频率倍乘”按键及“频率调节”拨盘，可连续改变输出信号的频率。信号的最大输出电压为 10 V，调节“POWER”旋钮可以对输出信号幅度进行增大或衰减调节。

2) 信号波形的观测

观测信号的波形常用电子示波器(简称示波器)。同时，利用示波器可以测量波形的一些参数。为了能清晰地观察信号，应注意正确使用示波器，实验中可采用以下调节方法。

(1) 调节“聚焦”、“亮度”旋钮，可以得到亮度适中且清晰的光点或扫描线。

(2) 调节“垂直位移”和“水平位移”旋钮，可使信号波形位于光屏正中或调到便于读数的位置。

(3) 调节“V/CM”和“微调”旋钮，可以调节垂直放大器的放大倍数，从而改变信号波形垂直方向的幅度。当进行定量测量时，“微调”旋钮应向右旋足，即标准位。“V/CM”的指示数表示 Y 轴每格的电压值。

(4) 调节“T/CM” 和“微调”旋钮，可以调节时基扫描速度，将信号波形在水平方向展宽。当进行定量测量时，“微调”旋钮应向右旋足，即标准位。“T/CM”的指示数表示横向(X 轴)每格的扫描的时间。

(5) 调节“电平”旋钮，可以调节触发电平值。在无输入信号或输入信号低于触发电平时，不能启动扫描，光屏上只有一个光点。当“电平”旋钮向右旋足后，扫描电路在没有触发信号输入的情况下也能自行扫描，在光屏上会出现一条扫描线。调节“电平”旋钮还能使屏幕上的波形稳定。

3）信号的测试

直流信号主要测信号幅度。用示波器观测时，可以将输入耦合方式开关置于“DC”位置，依水平线的位移来判别信号的极性及幅度。若直流信号上叠加有交流分量时，可以将输入耦合方式开关置于“AC”位置，这时仅显示信号中的交流分量波形。然后再将开关置于“DC”位置，这时显示直流与交流分量叠加的波形，从波形在 Y 轴上的位移就能读出直流分量的幅度。

对周期信号，通过示波器的 Y 轴刻度尺读得被测波形的幅度，X 轴刻度尺读得周期。

3. 实验仪器和设备

(1) 示波器。

(2) 信号发生器。

4. 实验步骤、方法和注意事项

步骤1 周期信号的观察及测定。

(1) 将信号发生器的输出端连接到示波器的 Y 轴输入端。

(2) 由函数信号发生器分别产生频率为100 Hz、1.5 kHz、5 kHz三种不同频率的正弦波信号，幅度自定。要求调节到在荧光屏上能观看到一个或多个完整的波形，务必使图形清晰和稳定。从 Y 轴刻度尺上读出被测信号幅度值。

(3) 信号发生器产生频率为400 Hz正弦、方波和三角波信号，调节示波器使波形稳定。从 Y 轴刻度尺上读出被测信号幅度值。

(4) 从低到高调节信号发生器频率，观察示波器光屏中波形变化情况，并由 X 轴刻度尺测出当信号发生器分别产生频率为100 Hz、1.5 kHz、20 kHz、100 kHz输出信号时的实际周期。

步骤2 直流信号的观测。

调整直流稳压电源，输出5 V电压信号，用示波器观察+5 V、−5 V扫描线位置。分别将示波器耦合方式开关置于“DC”和“AC”位置，观察扫描线变化。

实验中注意以下几个方面。

(1) 示波器辉度不应过亮。尤其是光点长期停留在光屏上不动时，应将辉度减弱，以延长示波管的使用寿命。

(2) 若采用的示波器探头内有10∶1分压器，则信号通过探头后会衰减10倍，故被测信号在 Y 轴刻度尺上的读数乘以10才是被测信号的真实幅度。

(3) 定量测试信号的幅度和周期时，应将“微调”旋钮顺时针方向旋足，即处于标准位置，否则测量结果不正确。

5. 实验数据处理

绘出观察到的 100 Hz、1.5 kHz、20 kHz 正弦波的波形，并标注幅度和周期。

6. 思考题

怎样才能使示波器屏幕上的波形显示稳定?

9.4.2 典型信号的波形叠加

1. 实验目的

(1) 观察由多个频率、幅值、相位呈一定关系的正弦波叠加的合成波形。

(2) 观察由频率、幅值相同，相位不同的正弦波叠加的合成波形。

2. 实验原理

(1) 用正弦波叠加合成方波　根据傅里叶级数，方波的三角函数展开式为

$$x(t)=\frac{4}{\pi}\left(\sin\omega t+\frac{1}{3}\sin 3\omega t+\frac{1}{5}\sin 5\omega t+\cdots\right) \tag{9-4}$$

由此可见，周期方波是由一系列频率成谐波关系、幅值成一定比例、相位角为零的正弦波叠加合成的。由于式(9-4)收敛很慢，当用有限项正弦波去逼近 $x(t)$ 时，得到的合成波形与理论方波相比会存在一定的误差。当谐波项数越多时，合成波形越接近于理论方波。在间断点附近，随着所含谐波项数的增多，合成波形的凸峰越接近间断点，但凸峰幅值并未明显减小。可以证明，即使合成波形所含谐波次数 $N\to\infty$，在间断点处仍有约 9% 的偏差，这种现象称为吉布斯(Gibbs)现象。另外还可以看到，频率较低的谐波，其幅值较大，它是组成方波的主体；而频率较高的谐波幅值较小，它们主要影响波形的细节。波形中所含的高次谐波越多，波形的边缘越陡峭。

(2) 不同相位角的正弦波叠加　两个幅值相差一倍、频率也相差一倍，不同相位角的正弦波形叠加，其表达式为

$$x(t)=x_1(t)+x_2(t)=A\sin(\omega t)+\frac{A}{2}\sin(\omega t+\varphi) \tag{9-5}$$

观察当 $\varphi=0°$、$30°$、$60°$、$90°$时的合成波形，可知相位在波形的合成中是一个不可忽视的参数。

3. 实验仪器和设备

(1) 信号发生器。

(2) 双踪示波器。

(3) 低通滤波器。

4. 实验步骤、方法和注意事项

步骤 1　仪器使用。

(1) 用信号发生器分别产生幅值为 2.5 V、频率为 300 Hz 的正弦、方波和三角

波信号。

（2）了解滤波器对信号的滤波作用，通过滤波得到基频为 300 Hz 的 3 次和 8 次谐波叠加的方波。

步骤 2　波形合成。

连接仪器；将信号发生器产生的 300 Hz 的方波引入滤波器的低通输入端，输出接示波器；滤波器从 200 Hz 挡开始，每拨一挡观察波形的变化；绘出 3 次谐波和 8 次谐波叠加合成的方波波形图。

步骤 3　不同相位角的正弦波叠加。

利用计算机程序观察。操作步骤如下。

（1）双击 Matlab 图标，进入系统。

（2）在 file 菜单中选 Run Script，键入 S0、S1、S2、S3 中的一个文件名，可观察 $\varphi=0°$、30°、60°、90°时的合成波形。

源程序如下。

```
clear;
x=0:pi/20:4*pi;                 %(x=ωt,0～2π)
z=sin(x)+sin(2*x+pi/4);         %(φ=π/4,按实际角度输入)
plot(x,z);                      %(以 X 为横轴,Z 为纵轴画出波形)
```

5. 实验数据处理

（1）分别绘出叠加到 3 次谐波和叠加到 8 次谐波叠加合成的方波。

（2）绘出相位分别为 30°和 60°的两个正弦信号叠加的合成波。

6. 思考题

（1）怎样才能得到一个精确的方波波形？

（2）说明相位对波形叠加合成的影响。

（3）练习编程，实现方波和不同相位角的正弦波叠加。

（4）观察信号分解用滤波器如何实现，试设计基于滤波器的信号分解实验。

9.4.3　基于频谱测量简谐振动的频率

1. 实验目的

（1）了解基于傅里叶变换的频谱分析的原理。

（2）学会用频谱法测量简谐振动的频率。

2. 实验原理

基于傅里叶变换的频谱分析，就是用快速傅里叶变换（FFT）的方法，将振动的时域信号变换为频域中的频谱，通过频谱的谱线测得振动频率的方法。

傅里叶变换可表示为

$$F(f)=\int_{-\infty}^{+\infty}f(t)\mathrm{e}^{-\mathrm{j}2\pi f\tau}\mathrm{d}t \tag{9-6}$$

式(9-6)中频率函数 $F(f)$ 便是振动时间函数 $f(t)$ 经傅里叶变换(在实际工程中便是FFT)后得到的频率函数,也称频谱。

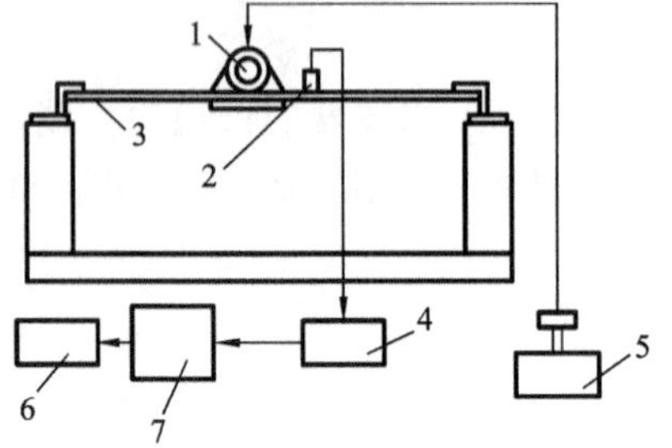

图 9-9 实验装置框图

1—激振器;2—传感器;3—简支梁;4—测振仪;5—信号发生器;6—打印机;7—虚拟式 FFT 分析仪

3. 实验仪器及设备

(1) 振动综合试验台(包括简支梁、激振器)。

(2) 信号发生器。

(3) 测振仪。

(4) 计算机及 FFT 分析软件。

(5) 压电传感器。

图 9-9 所示为用 FFT 频谱分析法测量简谐振动频率的实验装置。

4. 实验步骤

步骤 1 开启虚拟式 FFT 分析仪。

步骤 2 用信号发生器对简支梁系统施加一个频率未知的激扰力,信号频率可用信号发生器来改变(振动频率分别调为 50 Hz、100 Hz)。注意:在测量系统振动频率的过程中不要改变信号频率。

步骤 3 将传感器测得的振动信号 $f(t)$ 经测振仪接入虚拟式 FFT 分析仪,对 $f(t)$ 进行傅里叶变换,读出变换后谱线的横坐标值即为 $f(t)$ 的频率。

5. 实验数据处理

画出频谱图,找出简谐振动的频率,并在图中标出。

9.4.4 振动信号相关分析实验

1. 实验目的

(1) 掌握信号的自相关与自功率谱性质。

(2) 掌握并会应用信号的互相关与互功率谱的性质。

(3) 掌握双通道信号的分析方法。

2. 实验原理

1) 自相关函数与自谱函数

各态历经的随机信号 $x(t)$ 的自相关函数 $R_x(\tau)$ 可定义为

$$R_x(\tau)=\lim_{T\to\infty}\frac{1}{T}\int_0^T x(t)x(t+\tau)\mathrm{d}t$$

其傅里叶变换称为自功率谱密度函数,简称自谱,表达式为

$$S_x(f)=\int_{-\infty}^{+\infty}R_x(\tau)\mathrm{e}^{-\mathrm{j}2\pi f\tau}\mathrm{d}\tau$$

$S_x(f)$和$R_x(\tau)$之间是傅里叶变换对的关系，二者是唯一对应的，$S_x(f)$中包含着$R_x(\tau)$的全部信息。自相关函数与自谱函数具有同样的应用价值，但自谱函数提供的结果是频率的函数而不是时间的函数。

2）自相关函数与自谱的性质

(1) $R_x(\tau)=\rho_x(\tau)\sigma_x^2+\mu_x^2$，其中$\rho_x(\tau)$为相关系数，$\sigma_x^2$为标准差，$\mu_x^2$为均值。

(2) 自相关函数在$\tau=0$时为最大值，并等于该随机信号的均方值ψ_x^2。

(3) 当τ足够大或$\tau\to\infty$时，随机变量$x(t)$和$x(t+\tau)$之间不存在内在联系，彼此无关。

(4) 自相关函数为偶函数，即$R_x(-\tau)=R_x(\tau)$。

(5) 周期函数的自相关函数仍为同频率的周期函数，其幅值与原周期信号的幅值有关，丢失了原信号的相位信息。

3）互相关函数与互谱函数

对各态历经的两个随机信号$x(t)$和$y(t)$，它们的互相关函数$R_{xy}(\tau)$可定义为

$$R_{xy}(\tau)=\lim_{T\to\infty}\frac{1}{T}\int_0^T x(t)y(t+\tau)\mathrm{d}t$$

其傅里叶变换称为互功率谱密度函数，简称互谱，可表示为

$$S_{xy}(f)=\int_{-\infty}^{+\infty}R_{xy}(\tau)\mathrm{e}^{-\mathrm{j}2\pi f\mathrm{d}\tau}$$

互相关函数是两样本波形$x(t)$和$y(t)$之间相似程度的度量，对分析信号传播问题很有用。互相关函数与互谱函数具有同样的应用价值，但它提供的结果是频率的函数而不是时间的函数。

4）互相关函数与互谱函数的性质

(1) 若$x(t)$、$y(t)$是两个均值为零且是同频率的正弦(或余弦)信号，则其互相关函数中保留了这两个信号的频率、幅值及相位差信息。

(2) 若$x(t)$、$y(t)$是两个同频率无相位差的正弦(或余弦)信号，则它们具有最好的相关性，即$R_{xy}(\tau)=1$。

(3) 若$x(t)$、$y(t)$分别是两个同频率无相位差的正弦信与余弦号，则$R_{xy}(\tau)=0$。

(4) 若$x(t)$、$y(t)$是两个不同频率的正弦(或余弦)信号，则$R_{xy}(\tau)=0$。即两个非同频的周期信号是不相关的。

(5) 互相关函数是一个可正可负的实函数，但不是偶函数，在$\tau=0$处也不一定取得最大值。当$R_{xy}(\tau)$出现最大值时，τ反映$x(t)$和$y(t)$之间主传输通道的滞后时间。

(6) 互相关函数$R_{xy}(\tau)$并非偶函数，因此$S_{xy}(f)$具有虚、实两部分。同样$S_{xy}(f)$保留了$R_{xy}(\tau)$中的全部信息。

由于互相关函数具有以上一些性质，因此它在工程应用中具有重要的价值。利

用互相关函数同频相关、不同频不相关的特性进行相关滤波，是在噪声背景下提取有用信号的一个非常有效的手段。另外，利用互相关函数可测出传输通道传递信号的时间差，还可以用来测量运动物体的速度、距离等参数。

5）互相关信号采集

对于互相关函数与互谱分析，由于有 $x(t)$ 和 $y(t)$ 两路信号，并要求两路信号能同时采集，因此要 $x(t)$ 和 $y(t)$ 两路信号分别送入采集卡的两个通道。

不管是单通道还是双通道采集，采样频率一定要大于被采信号频率的 2 倍，一般取 5～10 倍左右。

3. 实验仪器及设备

(1) 振动综合实验台(包括简支梁、激振器)。

(2) 速度传感器 2 个。

(3) 双通道测振仪。

(4) 信号发生器。

(5) 计算机及相关分析软件。

4. 实验步骤

步骤 1 激振信号源驱动磁电式传感器，使振动台的简支梁振动，将速度传感器置于振动体上，速度传感器的输出信号接入测振仪。运行虚拟示波器与记录仪，选择好记录长度、采样频率后，给振动台的简支梁一连续干扰(或冲击)信号，并记录数据。由此记录信号，经 FFT 或自谱分析简支梁振动的周期。

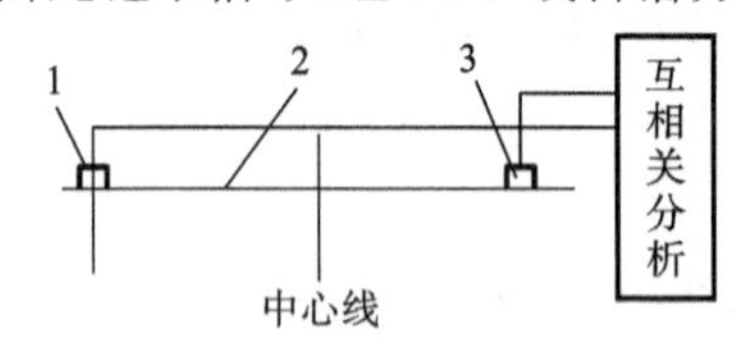

图 9-10 传感器布置图

1—传感器 1；2—激振源；3—传感器 2

步骤 2 激振信号源驱动磁电式传感器(作为激振源)，使振动台的简支梁振动，将两速度传感器置于磁电式传感器两边，如图 9-10 所示，速度传感器的输出信号接入测振仪。运行虚拟示波器与记录仪。选择好记录长度后并记录数据。由此记录信号分析互相关函数，当 $R_{xy}(\tau)$ 出现最大值时，τ 反映 $x(t)$ 和 $y(t)$ 之间主传输通道的滞后时间。

步骤 3 第一次测量出激振源距两传感器中心线的距离，并测出滞后时间后，可以计算出某一频率下振动信号传播的速度。第二次将两传感器放置在任意位置(最好距离振源差值较大)，信号源频率不变，测出滞后时间，把计算出的速度带入，计算出振源所在的位置。

5. 实验数据处理

(1) 测出简支梁振动的周期。

(2) 激振源距两传感器中心位置是多少？

(3) 数字信号采样系统由哪几部分组成？各部分的作用如何？

9.5　测试装置动态特性实验

9.5.1　二阶系统强迫振动的幅频特性测试

1. 实验目的

(1) 学会测量二阶系统单自由度系统强迫振动的幅频特性，画出曲线。

(2) 学会根据幅频特性曲线确定系统的固有频率和阻尼比。

2. 实验原理

单自由度系统的力学模型如图 9-11 所示。在正弦激振力的作用下，系统作简谐强迫振动，设激振力 F 的幅值 B、圆频率 ω(频率 $f=\omega/2\pi$)，系统的运动微分方程式为

$$m\frac{\mathrm{d}^2x}{\mathrm{d}t^2}+c\frac{\mathrm{d}x}{\mathrm{d}t}+Kx=F$$

或

$$\frac{\mathrm{d}^2x}{\mathrm{d}t^2}+2n\frac{\mathrm{d}x}{\mathrm{d}t}+\omega_n^2x=\frac{F}{M}$$

$$\frac{\mathrm{d}^2x}{\mathrm{d}t^2}+2\xi\omega_n\frac{\mathrm{d}x}{\mathrm{d}t}+\omega_n^2x=\frac{F}{M} \tag{9-7}$$

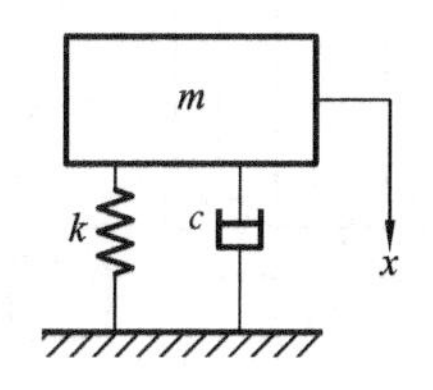

图 9-11　单自由度系统力学模型

式中，ω_n 为系统固有频率，$\omega_n^2=k/m$；n 为阻尼系数，$2n=c/m$；ξ 为阻尼比，$\xi=n/\omega_n$；F 为激振力，$F=B\sin\omega_0 t=B\sin(2\pi f_0 t)$。

方程(9-7)的特解，即强迫振动为

$$x=A\sin(\omega_0-\varphi)=A\sin(2\pi f_0-\varphi) \tag{9-8}$$

式中，φ 为初相位；A 为强迫振动振幅，可表示为

$$A=\frac{B/m}{(\omega^2-\omega_0^2)^2+4n^2\omega_0^2} \tag{9-9}$$

式(9-9)称为系统的幅频特性。将式(9-9)所表示的振动幅值与激振频率的关系用图形表示，称为幅频特性曲线，如图 9-12 所示。

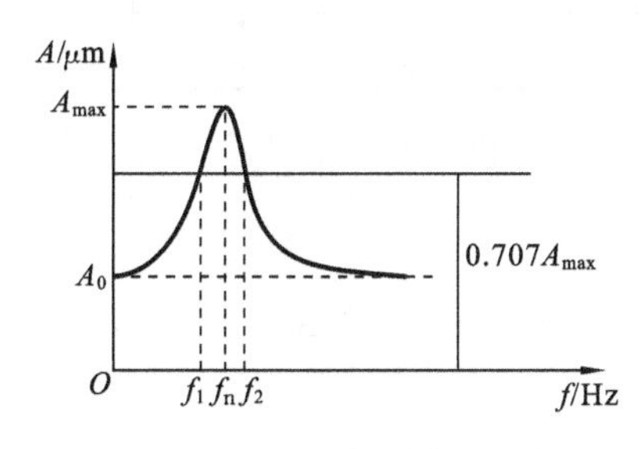

图 9-12　单自由度系统振动的幅频特性曲线

图 9-12 中，A_{max} 为系统共振时的振幅；f_n 为系统固有频率，f_1、f_2 为半功率点频率。

振幅为 A_{max} 的频率称为共振频率 f_g。在有阻尼情况下，共振频率为

$$f_g=f_n\sqrt{1-2\xi^2} \tag{9-10}$$

当阻尼较小时，$f_g\approx f_n$，故以固有频率 f_n 作为共振频率 f_g。在小阻尼情况下可得

$$\xi=\frac{f_2-f_1}{2f_n} \tag{9-11}$$

f_1、f_2 的确定如图 9-12 所示。

3. 实验仪器及设备

(1) 振动综合试验台。

(2) 信号发生器。

(3) 双通道测振仪。

(4) 计算机及相关分析软件。

4. 实验步骤

步骤 1　根据图 9-13 接线。将速度传感器置于简支梁上，其输出端接测振仪，用以测量简支梁的振动幅值。

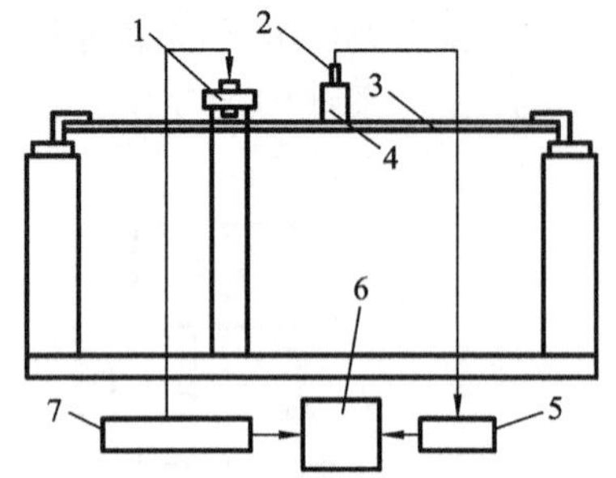

图 9-13　实验装置框图

1—激振器；2—传感器；3—简支梁；4—质量块；5—测振仪；6—计算机；7—激振信号源

步骤 2　将电动式激振器接入激振信号源输出端，开启激振信号源的电源开关，对简支梁系统施加交变正弦激振力，使系统产生强迫正弦振动。

步骤 3　调整激振信号源的激振频率，并从激振信号源上读出各频率，从测振仪上读出各频率对应的幅值，填入表 9-3 中。

步骤 4　利用测振仪找出 A_{max} 值，然后用虚拟式 FFT 分析仪作该幅值信号的频谱，求出共振频率 f_a，这里 $f_a \approx f_0$，从而求出系统固有频率 f_0。

步骤 5　求出幅值 $0.707A_{max}$，然后在 FFT 分析仪的频谱中找到关于 f_0 对称的两个频率 f_1 和 f_2，从而可用式(9-11)求出阻尼比。

5. 实验结果分析

(1)实验数据(见表 9-3)。

表 9-3　二阶系统强迫振动幅频特性测量数据

频率/Hz											
振幅/μm											

(2) 根据表 9-3 中的实验数据绘制系统强迫振动的幅频特性曲线。

(3) 确定系统固有频率和阻尼比。

9.5.2　二阶系统自由衰减振动的固有频率和阻尼比的测量

1. 实验目的

(1) 理解单自由度自由衰减振动的有关概念。

(2) 学会用虚拟记忆示波器记录单自由度系统自由衰减振动的波形。

(3) 掌握用自由衰减振动波形确定固有频率 f_0 和阻尼比 ξ。

2. 实验仪器和设备

(1) 振动综合试验台。

(2) 信号发生器。

(3) 速度传感器。

(4) 激振信号发生器。

(5) 计算机及虚拟示波器软件。

(6) 双通道测振仪。

3. 实验原理

若给系统以初始冲击或初始位移，则系统将在阻尼作用下作有衰减的自由振动，阻尼自由振动曲线如图 9-14 所示。用速度传感器测量简支梁的衰减振动，将测得的信号送入经测振仪输入虚拟记忆示波器显示和记录，由所得波形计算固有频率和阻尼比。

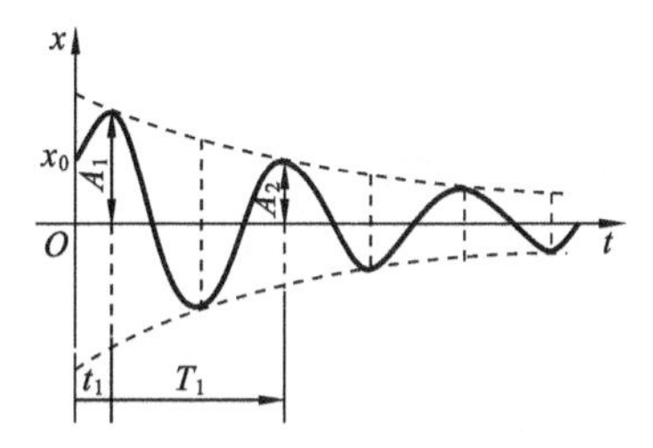

图 9-14　单自由度系统衰减振动曲线

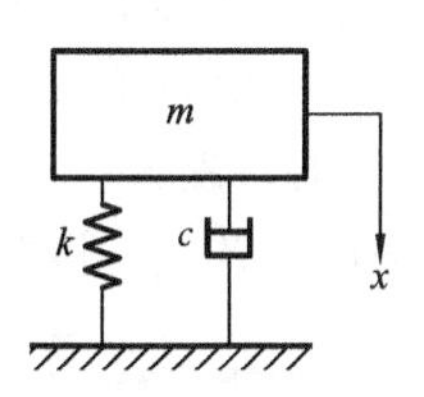

图 9-15　单自由度振动系统力学模型

本实验测试系统力学模型如图 9-15 所示。给系统(质量为 m)一初始扰动，系统作自由衰减振动，其运动微分方程为

$$\frac{\mathrm{d}^2 x}{\mathrm{d}x^2}+2\xi\omega\frac{\mathrm{d}x}{\mathrm{d}t}+\omega^2 x=0 \tag{9-12}$$

由式(9-12)可知，当 $\xi<1$ 时，系统为二阶欠阻尼系统，它是以圆频率 $\omega_{\mathrm{d}}=\omega_{\mathrm{n}}\sqrt{1-\xi^2}$ 作衰减振荡的。当 ξ 较小时，$\omega_{\mathrm{d}}\approx\omega_{\mathrm{n}}$($\omega_{\mathrm{n}}$ 为系统固有圆频率)。阻尼比为

$$\xi\approx\frac{\ln\dfrac{A_i}{A_{i+n}}}{2\pi n} \tag{9-13}$$

4. 实验步骤

步骤 1　用锤适当敲击简支梁，使其产生自由衰减振动。

步骤 2　记录单自由度自由衰减振动波形。将速度传感器所测信号经测振仪转换为位移信号后，送入虚拟式记忆示波器显示和记录。

步骤 3　绘出振动波形图波峰与波谷的两根包络线(参照图 9-14)，然后设定 n(n 为周期个数)，读出 n 个周期经历的时间 t，量出相距 n 个周期的两振幅 A_i 和 A_{i+n}

之值，填入表 9-4。

5. 实验结果与分析

(1) 绘出单自由度系统衰减振动曲线。

(2) 根据实验数据按公式计算出固有频率 f_0 和阻尼比 ξ，计算结果填入表 9-4。

表 9-4 二阶系统自由衰减振动测量数据及计算结果

时间 t_i/s	时间 t_{i+n}/s	周期数 n	周期 T/s	A_i/mm	A_{i+n}/mm	固有频率 f_0/Hz	阻尼比 ξ

9.6 信号的调理实验

9.6.1 应变电桥输出特性综合实验

1. 实验目的

(1) 掌握静态应变仪测量应变的方法。

(2) 学会连接各种电桥电路。

(3) 掌握利用电桥加减特性提高灵敏度和消除干扰的方法。

2. 实验仪器与设备

(1) 等强度悬臂梁(见图 9-16)。

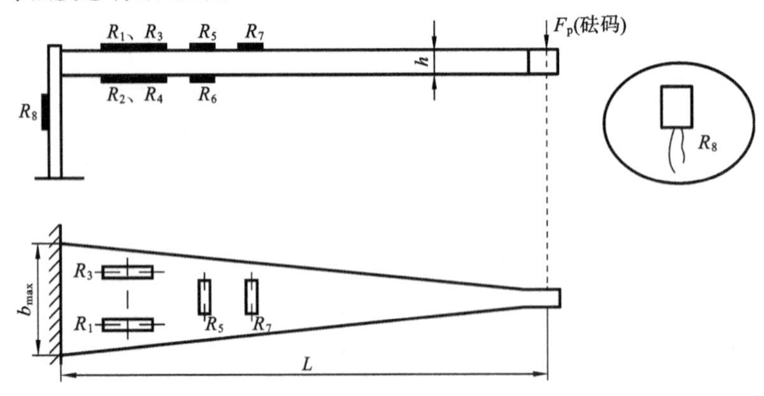

图 9-16 等强度悬臂梁结构简图及贴片形式

(2) YJ-22 型静态应变仪及其预调平衡箱。

(3) 万用表。

3. 实验方法、步骤及注意事项

YJ-22 型静态应变仪及其转换箱使用方法参看实验 9.3.1。

步骤 1 用万用表检查粘贴在等强度梁上的各电阻应变片是否有断路、短路的现象，测量应变片相对于等强度梁的绝缘性能，绝缘电阻值应大于 20 MΩ。

步骤 2 按表 9-5 中接桥方式，逐个连接电桥电路，并与应变仪连接。然后在等强度梁端加相同重量(1 kg)的砝码,分别将应变仪输出读数记在表 9-5 中。

表 9-5　接桥方式及测量数据

序号	接桥方式	应变读数	桥臂系数	备注
1	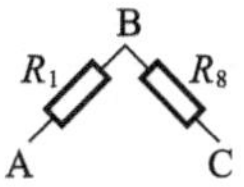 B R_1 R_8 A C			
2	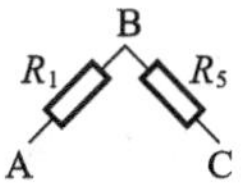 B R_1 R_5 A C			
3	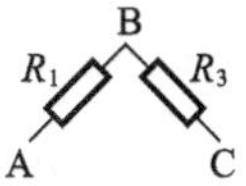 B R_1 R_3 A C			
4	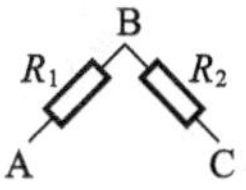 B R_1 R_2 A C			
5	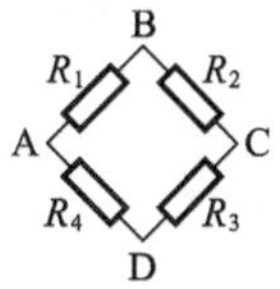 B R_1 R_2 A C R_4 R_3 D			

注意事项如下。

(1) 半桥、全桥选择拨动开关须根据接桥方式拨在相应位置。

(2) 每次重新接桥后,都要重新调平衡。

4. 实验数据处理

5. 思考题

(1) 说明如何用电桥特性来提高测量灵敏度和消除有害因素的影响。

(2) 计算该等强度梁材料的弹性模量。要计算泊松比应测什么数据?如何计算?注:该等强度梁的几何参数为 $L=30$ cm,$h=0.6$ cm,$b_{max}=3$ cm。

(3) 测量时,电桥不平衡会对测量产生什么影响?为什么每次测量前都要重新调平衡?

9.6.2　振动信号的采集与分析综合实验

1. 实验目的

(1) 掌握计算机辅助测试系统的各组成环节的性能与作用。

(2) 掌握滚动轴承振动信号提取的方法。

(3) 了解在软件系统中处理振动信号的各种方法。

2. 实验原理

在工作过程中，滚动轴承的振动通常分为两类：其一为与轴承弹性有关的振动；其二为与轴承滚动表面的情况有关的振动。前者与轴承的异常状态无关，而后者反映了轴承的损伤情况。

滚动轴承运转时，滚动体在内、外圈之间滚动。如果滚动表面损伤，滚动体在损伤表面转动时，便会产生一种交变的激振力。由于滚动表面的损伤形状是无规则的，所以激振力产生的振动将是由多种频率成分组成的随机振动。从轴承滚动表面状况产生振动的机理可以看出，轴承滚动表面损伤的状态和轴的旋转速度决定了激振力的频率，轴承和外壳决定了振动系统的传递特性。因此，振动系统的最终振动频率取决于上述两种因素。也就是说，轴承异常所引起的振动频率由轴的旋转频率、损伤部分的形态及轴承与外壳振动系统的传递特性所决定。

通常，轴的旋转速度越高，损伤越严重，其振动的频率就越高；轴承的尺寸越小，其固有振动频率越高。因此，轴承异常所产生的振动，对所有的轴承都没有一个共同的特定频率，即使对一个特定的轴承，当产生异常时，也不会只发生单一频率的振动。理论上，轴承零件损伤的特征频率可用下列方法计算。

(1) 内圈上具有一个剥落点　该剥落点与一个滚动体接触时，所产生的振动频率为

$$f_{\mathrm{i}}=\frac{f_{\mathrm{r}}}{2}\left(1+\frac{d}{D}\cos\alpha\right)z \tag{9-14}$$

(2) 外圈上具有一个剥落坑　该剥落点与一个滚动体接触时，所产生的振动频率为

$$f_{\mathrm{a}}=\frac{f_{\mathrm{r}}}{2}\left(1-\frac{d}{D}\cos\alpha\right)z \tag{9-15}$$

(3) 滚动体上具有一个剥落点　该剥落点与内圈接触又与外圈接触时，所产生的频率为

$$f_{\mathrm{h}}=\frac{f_{\mathrm{r}}D}{2d}\left(1-\left(\frac{d}{D}\right)^{2}\cos^{2}\alpha\right) \tag{9-16}$$

(4) 滚动体的自转频率　可表示为

$$f_{\mathrm{c}}=\frac{f_{\mathrm{r}}}{2}\left(1+\frac{d}{D}\right) \tag{9-17}$$

式中，f_{r} 为轴或内圈的旋转频率(Hz)；D 为滚动轴承的节圆直径(mm)；d 为滚动体直径(mm)；α 为滚动轴承的接触角(°)；z 为滚动体的数量。

上述各种特征频率都是从理论上推导得出的，而实际轴承的几何尺寸会有误差，加上轴承安装后的变形，会使实际的频率与计算所得的频率有某些出入，所以在频谱图上寻找各特征频率时，需在计算的频率值的上下找其近似的值来作判断。

3. 实验仪器和设备

(1) 滚动轴承实验台　实验所用滚动轴承模拟故障实验台适用于6308滚动轴

承模拟故障实验。可测试不同转速(0～3 000 r/min)和不同载荷下滚动轴承的振动、噪声、声发射信号。如图9-17所示为实验台结构。

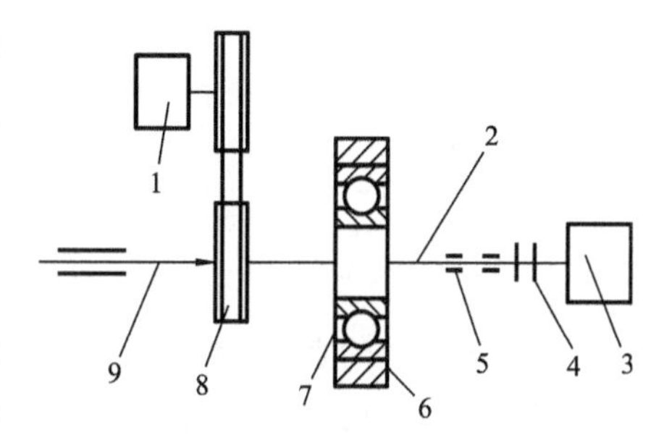

图9-17　滚动轴承实验台

1—直流电动机(加载)；2—芯轴(用锥面连接)；3—直流电动机(动力)；4—联轴器；5—传动轴；6—轴承座；7—实验轴承；8—带轮；9—顶尖

(2) 多通道电荷电压滤波积分放大器。

(3) 数字信号采集仪。

(4) 振动信号分析系统　可实现信号的采样、示波、信号的多种分析和处理，以及信号的数据输出功能。

(5) 压电式加速度传感器。

(6) SMZA-S-20/220直流调速加载实验系统　该系统由直流电动机及调速控制柜、直流发电机及励磁调节器和电阻箱等组成。通过调速柜可使机组在0～3 000 r/min之间调速，在任一转速下，通过发电机的励磁调节器可平滑加载；电阻箱为220 V、1 kW固定电阻组成，并可分挡投切。

(7) 非接触式手持数字转速表。

4. 实验步骤和方法

步骤1　安装带有缺陷的滚动轴承，将压电式加速度传感器安装在轴承座上，压电式加速度传感器与电荷放大器相连，电荷放大器通过INV360U智能信号采集处理分析仪将信号输入到DASP振动信号分析系统。

步骤2　采样参数的设置。根据振动信号的特点，设置采样频率为20 kHz，设置实验名称及输出路径等。

步骤3　采用信号分析和处理软件进行分析。

5. 思考题

(1) 本实验中所采用的轴承参数如表9-6所示，试计算出在转速为1 000 r/min下的内、外圈故障振动信号的特征频率。

表9-6　6308滚动轴承几何参数表

轴承型号	外径/mm	内径/mm	节径/mm	宽度/mm	滚珠/个数	滚动体直径/mm
6308	90	40	65	23	8	15

(2) 使用Matlab软件编程，作出所测得信号的频谱图。

Matlab编程步骤如下。

步骤1　安装Matlab6.5或Matlab7.0软件。

步骤2　从File菜单中选择Import Data，选择要分析的.txt或Excel文件数据，导入到Workspace中。

在File菜单中选择New→M→file文件，编写波形、频谱程序(参考第8章)。

附录A　信号处理中常用的数学变换

信号包含着信息，这种信息通常反映一个物理系统的状态和特征。一般实测的信号是一个时间历程波形，或者说是以时间为独立变量的时间函数。为了提取信息，有时要对时域信号进行变换，使之从一种形式变换成更易于分析和识别的形式。在某种意义上，这种新的信号形式比原始信号更符合提取信息的要求。

信号变换的理论根据是数学上的变换原理，下面详细介绍本书涉及的两种数学变换，即傅里叶变换和拉普拉斯变换及其性质，供读者查阅和学习参考。

A.1　傅里叶变换

A.1.1　傅里叶级数

1. 周期函数与三角函数

弹簧质量系统的简谐振动、内燃机活塞的往复运动等都是周而复始的运动，这种运动称为周期运动，它反映在数学上就是周期函数的概念。对于函数 $x(t)$，若存在着不为零的常数 T，对于时间 t 的任何值都有

$$x(t+T)=x(t) \tag{A-1}$$

则称 $x(t)$ 为周期函数，而满足式(A-1)的最小正数 T 称为 $x(t)$ 的周期。

正弦函数是一种常见的描述简谐振动的周期函数，表达式为

$$x(t)=A\sin(\omega t+\varphi)$$

它是一个以 $2\pi/\omega$ 为周期的函数，其中，x 表示动点的位置；t 表示时间；A 为最大振幅；φ 为相角；ω 为角频率，$\omega=2\pi f$。

除了正弦周期函数之外，还有非正弦周期函数，它反映复杂的周期运动。非正弦周期函数可以分解成若干个三角函数之和。也就是说，一个比较复杂的周期运动可以看成许多不同频率的简谐运动的叠加。

2. 周期函数的傅里叶级数展开

任何一个周期为 T 的周期函数 $x(t)$，如果在 $\left[-\frac{T}{2},\frac{T}{2}\right]$ 上满足狄利赫利条件，即函数在 $\left[-\frac{T}{2},\frac{T}{2}\right]$ 上满足：

(1) 连续或只有有限个第一类间断点；

(2) 只有有限个极值点。则该周期函数可以展开为如下的傅里叶级数，即

$$x(t)=\frac{a_0}{2}+\sum_{n=1}^{+\infty}(a_n\cos n\omega t+b_n\sin n\omega t) \qquad \text{(A-2)}$$

式中，

$$\omega=\frac{2\pi}{T}$$

$$a_0=\frac{2}{T}\int_{-T/2}^{T/2}x(t)\mathrm{d}t \qquad \text{(A-3a)}$$

$$a_n=\frac{2}{T}\int_{-T/2}^{T/2}x(t)\cos n\omega t\,\mathrm{d}t \qquad \text{(A-3b)}$$

$$b_n=\frac{2}{T}\int_{-T/2}^{T/2}x(t)\sin n\omega t\,\mathrm{d}t,\quad n=1,2,3,\cdots \qquad \text{(A-3c)}$$

在式(A-2)中，a_0、a_n、b_n 为傅里叶系数。常数 $a_0/2$ 表示信号的静态部分，称为直流分量，而 $a_1\cos\omega t+b_1\sin\omega t$、$a_2\cos 2\omega t+b_2\sin 2\omega t$、…、$a_n\cos n\omega t+b_n\sin n\omega t$ 依次称为一次谐波、二次谐波、…、n 次谐波。在信号处理中，这种展开就是频谱分析。

3. 傅里叶级数的复数形式

根据欧拉公式

$$\cos\theta=\frac{1}{2}(\mathrm{e}^{\mathrm{j}\theta}+\mathrm{e}^{-\mathrm{j}\theta})$$

$$\sin\theta=\frac{1}{2\mathrm{j}}(\mathrm{e}^{\mathrm{j}\theta}-\mathrm{e}^{-\mathrm{j}\theta})=-\frac{\mathrm{j}}{2}(\mathrm{e}^{\mathrm{j}\theta}-\mathrm{e}^{-\mathrm{j}\theta})$$

代入式(A-2)可得

$$x(t)=\frac{a_0}{2}+\sum_{n=1}^{+\infty}\left[\frac{1}{2}a_n(\mathrm{e}^{\mathrm{j}n\omega t}+\mathrm{e}^{-\mathrm{j}n\omega t})-\frac{\mathrm{j}}{2}b_n(\mathrm{e}^{\mathrm{j}n\omega t}-\mathrm{e}^{-\mathrm{j}n\omega t})\right]$$

$$=\frac{a_0}{2}+\sum_{n=1}^{+\infty}\left(\frac{a_n-\mathrm{j}b_n}{2}\mathrm{e}^{\mathrm{j}n\omega t}+\frac{a_n+\mathrm{j}b_n}{2}\mathrm{e}^{-\mathrm{j}n\omega t}\right)$$

若令

$$C_0=\frac{a_0}{2}=\frac{1}{T}\int_{-T/2}^{T/2}x(t)\mathrm{d}t$$

$$C_n=\frac{a_n-\mathrm{j}b_n}{2}=\frac{1}{T}\int_{-T/2}^{T/2}x(t)\mathrm{e}^{-\mathrm{j}n\omega t}\mathrm{d}t$$

$$C_{-n}=\frac{a_n+\mathrm{j}b_n}{2}=\frac{1}{T}\int_{-T/2}^{T/2}x(t)\mathrm{e}^{\mathrm{j}n\omega t}\mathrm{d}t$$

则有

$$x(t)=C_0+\sum_{n=1}^{+\infty}(C_n\mathrm{e}^{\mathrm{j}n\omega t}+C_{-n}\mathrm{e}^{-\mathrm{j}n\omega t}),\quad n=1,2,3,\cdots$$

把 C_0、C_n、C_{-n}用统一的 c_n 来表示，即

$$C_n=\frac{1}{T}\int_{-T/2}^{T/2}x(t)\mathrm{e}^{-\mathrm{j}n\omega t}\mathrm{d}t,\quad n=0,\pm1,\pm2,\cdots \qquad \text{(A-4)}$$

得到

$$x(t)=\sum_{n=-\infty}^{+\infty}C_n\mathrm{e}^{\mathrm{j}n\omega t} \tag{A-5}$$

这就是傅里叶级数的复指数形式。

傅里叶级数的以上两种形式在本质上是相同的，但复数形式在应用上比较方便。系数 C_n 有统一的计算公式，而且 C_n 和 C_{-n} 的模直接反映了 n 次谐波振幅的大小。因为对 n 次谐波，有

$$a_n\cos n\omega t+b_n\sin n\omega t=A_n\sin(n\omega t+\varphi_n)$$

振幅 $A_n=\sqrt{a_n^2+b_n^2}$，相角 $\varphi_n=\arctan\dfrac{b_n}{a_n}$；而在复数形式中，$n$ 次谐波是指 $C_n\mathrm{e}^{\mathrm{j}n\omega t}+C_{-n}\mathrm{e}^{-\mathrm{j}n\omega t}$，其中 $C_n=\dfrac{a_n-\mathrm{j}b_n}{2}$，$C_{-n}=\dfrac{a_n+\mathrm{j}b_n}{2}$，所以有

$$|C_n|=|C_{-n}|=\frac{1}{2}\sqrt{a_n^2+b_n^2}=\frac{A_n}{2} \tag{A-6}$$

4. 几种周期函数的傅里叶级数

图 A-1 给出了几种周期函数得傅里叶级数。

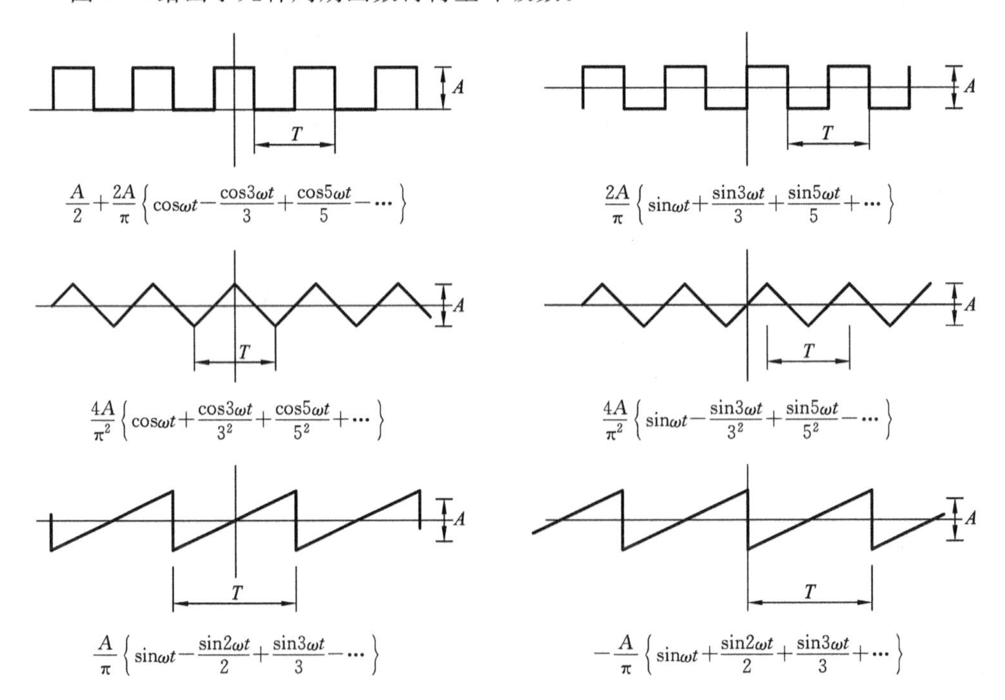

图 A-1 几种周期函数的傅里叶级数

A.1.2 傅里叶积分

傅里叶级数是对周期信号进行频谱分析的有效工具，它以角频率 $n\omega$（$n=1$，

2,…)为横坐标,分别以振幅 A_n 和相位角 φ_n 为纵坐标作图,形成幅频图和相频图,从而可以对各次谐波分量加以研究。由于振幅和相角值仅在 $n\omega$ 点上存在,所以由傅里叶级数展开式所形成的是离散频谱。位于 $n\omega$ 点的纵坐标值表示第 n 次谐波的振幅或相角,该谐波的频率是基波频率 $\frac{1}{T}\left(\frac{1}{T}=\frac{\omega}{2\pi}\right)$ 的 n 整数倍,相邻谐波之间的间隔为 ω。图 A-2 所示的为周期性矩形波,其宽度 τ 保持不变,而周期 T 增加时,ω 必然缩小,离散谱线加密。

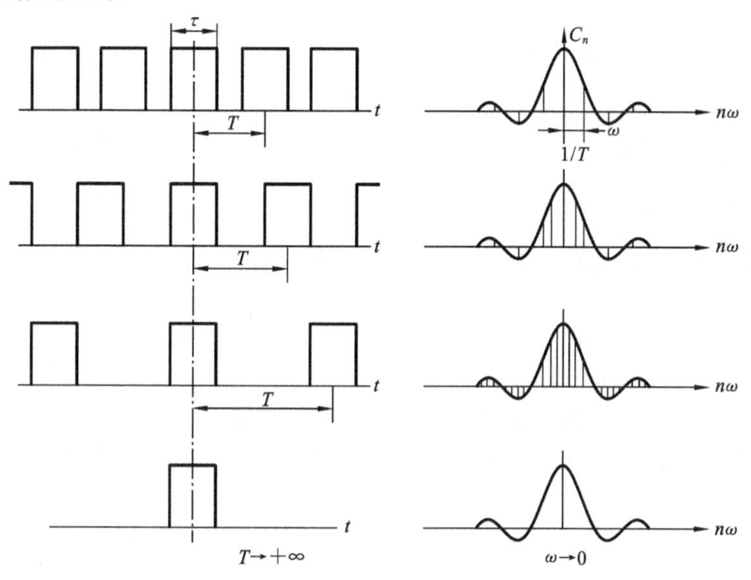

图 A-2　矩形波的频谱图

如果 $T\to+\infty$,$\omega\to0$,离散的频谱就变成了连续的频谱。

那么如何对单个脉冲信号进行频谱分析,如何将它作出类似傅里叶级数的展开呢? 根据上述分析可知,任何一个非周期函数 $x(t)$都可看成是由周期为 T 的函数当 $T\to\infty$时转化而来。由傅里叶级数的复数形式可知

$$x_T(t)=\sum_{n=-\infty}^{+\infty}C_n\mathrm{e}^{\mathrm{j}n\omega t}$$

其中

$$C_n=\frac{1}{T}\int_{-T/2}^{T/2}x(\tau)\mathrm{e}^{-\mathrm{j}n\omega\tau}\mathrm{d}\tau$$

得

$$x_T(t)=\frac{1}{T}\sum_{n=-\infty}^{+\infty}\left[\int_{-T/2}^{T/2}x(\tau)\mathrm{e}^{-\mathrm{j}n\omega\tau}\mathrm{d}\tau\right]\mathrm{e}^{\mathrm{j}n\omega t}$$

令 $T\to\infty$,就可以看做 $x(t)$的展开式,即

$$x(t)=\lim_{T\to\infty}\frac{1}{T}\sum_{n=-\infty}^{+\infty}\left[\int_{-T/2}^{T/2}x(\tau)\mathrm{e}^{-\mathrm{j}n\omega\tau}\mathrm{d}\tau\right]\mathrm{e}^{\mathrm{j}n\omega t}$$

令 $\omega_n = n\omega$，$\Delta\omega = \omega_n - \omega_{n-1} = \dfrac{2\pi}{T}$，在 $T\to+\infty$，$\Delta\omega\to 0$ 的条件下，从形式上考察上式：积分式 $\int_{-T/2}^{T/2} x(\tau)\mathrm{e}^{-\mathrm{j}n\omega\tau}\mathrm{d}\tau$ 和积分上、下限分别变成 $+\infty$、$-\infty$，$x_T(t)$ 变成 $x(t)$。离散的频率分布 $\{\omega_n\}$ 在整个 ω 轴上密布，变成连续的分布 $\{\omega\}$，和式又是无限的累加，因此可以把这一和式看成积分，即

$$x(t) = \frac{1}{2\pi}\int_{-\infty}^{+\infty}\left[\int_{-\infty}^{+\infty} x(\tau)\mathrm{e}^{-\mathrm{j}\omega_n\tau}\mathrm{d}\tau\right]\mathrm{e}^{\mathrm{j}\omega_n t}\mathrm{d}\omega \tag{A-7}$$

这就是 $x(t)$ 的展开式，称为傅里叶积分公式。傅里叶积分存在的条件是函数 $x(t)$ 分段连续，且在区间上绝对可积。

A.1.3 傅里叶变换

1. 傅里叶正变换

式(A-7)中，$x(t)$ 是定义在 $(-\infty,+\infty)$ 上绝对可积的函数，无穷积分

$$X(\omega) = \int_{-\infty}^{+\infty} x(t)\mathrm{e}^{-\mathrm{j}\omega t}\mathrm{d}t \tag{A-8}$$

称为 $x(t)$ 的傅里叶变换，常记作 $X(\omega)=F[x(t)]$，$X(\omega)$ 称为 $x(t)$ 的象函数，是实变量的复值函数。$x(t)$ 称为 $X(\omega)$ 的原函数，是实变函数。

工程上习惯使用频率 f（赫兹）为自变量，因为 $\omega=2\pi f$，上述傅里叶变换公式可以写成另一种形式，即

$$X(f) = \int_{-\infty}^{+\infty} x(t)\mathrm{e}^{-\mathrm{j}2\pi ft}\mathrm{d}t \tag{A-9}$$

2. 傅里叶逆变换

设 $X(\omega)$ 是 ω 的实变量的复值函数，则无穷积分

$$x(t) = \frac{1}{2\pi}\int_{-\infty}^{+\infty} X(\omega)\mathrm{e}^{\mathrm{j}\omega t}\mathrm{d}\omega \tag{A-10}$$

称为逆傅里叶变换。式(A-10)也可以写为

$$x(t) = \int_{-\infty}^{+\infty} X(f)\mathrm{e}^{\mathrm{j}2\pi ft}\mathrm{d}f \tag{A-11}$$

式(A-10)和式(A-11)常记为

$$x(t)=F^{-1}[X(\omega)]$$

或

$$x(t)=F^{-1}[X(f)]$$

在频谱分析中，称 $X(\omega)$ 为 $x(t)$ 的谱函数，又称为给定的非周期函数 $x(t)$ 的谱密度函数。由于 $X(\omega)$ 是复值函数，所以具有幅频特性和相频特性。

3. 傅里叶变换的基本性质

信号傅里叶变换的性质对简化信号分析非常有用，一些重要的性质如下。

1）线性性质

若 $X_1(\omega)=F[x_1(t)]$，$X_2(\omega)=F[x_2(t)]$，且 a、b 是常数，则

$$F[ax_1(t)+bx_2(t)]=aF[x_1(t)]+bF[x_2(t)]=aX_1(\omega)+bX_2(\omega) \quad (A-12a)$$

同理有

$$\begin{aligned}F^{-1}[aX_1(\omega)+bX_2(\omega)]&=aF^{-1}[X_1(\omega)]+bF^{-1}[X_2(\omega)]\\&=ax_1(t)+bx_2(t)\end{aligned} \quad (A-12b)$$

该性质表明：傅里叶变换适用于线性系统的分析，时域上的叠加对应于频域上的叠加。

2）比例性质（伸缩性质）

若 $X(\omega)=F[x(t)]$，有

时间尺度变化　$$F[x(at)]=\frac{1}{a}X\left(\frac{\omega}{a}\right) \quad (A-13a)$$

频率尺度变化　$$F^{-1}[X(a\omega)]=\frac{1}{a}x\left(\frac{t}{a}\right) \quad (A-13b)$$

a 为常数，$a>0$。

3）平移性质

若将时间函数 $x(t)$ 沿时间轴平移 $\pm t_0$，则变换 $X(\omega)$ 需乘以 $e^{\pm j\omega t_0}$，反之若对时间函数 $x(t)$ 乘以 $e^{\pm j\omega_0 t}$，则其变换 $X(\omega)$ 平移 $\mp\omega_0$，这称为复调制。即若 $X(\omega)=F[x(t)]$，则有

$$F[x(t\pm t_0)]=e^{\pm j\omega t_0}F[x(t)]=e^{\pm j\omega t_0}X(\omega) \quad (A-14a)$$

和

$$F[e^{\pm j\omega_0 t}x(t)]=X(\omega\mp\omega_0) \quad (A-14b)$$

信号处理中的细化技术多采用上述复调制性质。

4）对称性质

如果 $x(t)$ 是偶函数，则 $X(\omega)$ 也是偶函数；如果 $x(t)$ 是奇函数，则 $X(\omega)$ 也是奇函数。

5）函数曲线下的面积

函数 $x(t)$ 曲线下的面积等于变换 $X(\omega)$ 在原点处的数值，即有

$$\int_{-\infty}^{+\infty}x(t)\mathrm{d}t = X(0) \quad (A-15a)$$

反过来，函数在原点处的值 $x(0)$ 等于 $\frac{1}{2\pi}$ 乘上变换 $X(\omega)$ 曲线下的面积，即

$$x(0) = \frac{1}{2\pi}\int_{-\infty}^{+\infty}X(\omega)\mathrm{d}\omega \quad (A-15b)$$

虽然这两个面积是不相等的，但其模的平方下的面积满足

$$\int_{-\infty}^{+\infty}|x(t)|^2\mathrm{d}t = \frac{1}{2\pi}\int_{-\infty}^{+\infty}|X(\omega)|^2\mathrm{d}\omega \quad (A-16)$$

这一等式称为巴塞瓦尔等式。

A.1.4　卷积与相关函数

上面介绍了关于傅里叶变换的一些重要性质,下面还要介绍傅里叶变换另一类重要性质,它们是分析线性系统极为有用的工具。

1. 卷积定理

1）卷积的概念

若已知函数 $x_1(t)$、$x_2(t)$,则积分

$$\int_{-\infty}^{+\infty} x_1(\tau)x_2(t-\tau)\mathrm{d}\tau$$

称为函数 $x_1(t)$和 $x_2(t)$的卷积,记为 $x_1(t) * x_2(t)$,即

$$x_1(t) * x_2(t) = \int_{-\infty}^{+\infty} x_1(\tau)x_2(t-\tau)\mathrm{d}\tau \tag{A-17}$$

显然,

$$x_1(t) * x_2(t)=x_2(t) * x_1(t)$$

即卷积满足交换律。卷积在傅里叶分析的应用中有着重要的作用,这是由下面的卷积定理所决定的。

2）卷积定理

假定函数 $x_1(t)$、$x_2(t)$都满足傅里叶变换条件,且 $X_1(\omega)=F[x_1(t)]$,$X_2(\omega)=F[x_2(t)]$,则

$$F[x_1(t) * x_2(t)]=X_1(\omega)X_2(\omega) \tag{A-18a}$$

或

$$F^{-1}[X_1(\omega)X_2(\omega)]=x_1(t) * x_2(t)$$

这个性质表明,两个函数卷积的傅里叶变换等于这两个函数傅里叶变换的乘积。

同理可得

$$F[x_1(t)x_2(t)]=\frac{1}{2\pi}X_1(\omega) * X_2(\omega) \tag{A-18b}$$

即两个函数乘积的傅里叶变换等于这两个函数傅里叶变换的卷积除以 2π。

2. 相关函数

相关函数的概念和卷积的概念一样,也是频谱分析中的一个重要概念。引入相关函数的概念主要是建立相关函数和能量谱密度之间的关系。

1）相关函数的概念

对于两个不同的函数 $x_1(t)$和 $x_2(t)$,则积分 $\int_{-\infty}^{+\infty} x_1(t)x_2(t+\tau)\mathrm{d}t$ 称为两个函数 $x_1(t)$和 $x_2(t)$的互相关函数,用记号 $R_{12}(\tau)$表示,即

$$R_{12}(\tau) = \int_{-\infty}^{+\infty} x_1(t)x_2(t+\tau)\mathrm{d}t \tag{A-19}$$

当 $x_1(t)=x_2(t)=x(t)$ 时，积分 $\int_{-\infty}^{+\infty} x(t)x(t+\tau)\mathrm{d}t$ 称为函数 $x(t)$ 的自相关函数，用记号 $R(\tau)$ 表示，即

$$R(\tau)=\int_{-\infty}^{+\infty} x(t)x(t+\tau)\mathrm{d}t \tag{A-20}$$

2）相关函数与能量谱密度的关系

若 $G(\omega)=F[x(t)]$，则有

$$\int_{-\infty}^{+\infty} |x(t)|^2\mathrm{d}t=\frac{1}{2\pi}\int_{-\infty}^{+\infty} |G(\omega)|^2\mathrm{d}\omega$$

即巴塞瓦尔等式，其中

$$S(\omega)=|G(\omega)|^2$$

称为能量密度函数（或称能量谱密度），它决定了函数 $x(t)$ 的能量分布规律，将它对所有的频率积分就能得到 $x(t)$ 的总能量。

自相关函数 $R(\tau)$ 和能量谱密度 $S(\omega)$ 构成一个傅里叶变换对，即

$$R(\tau)=\frac{1}{2\pi}\int_{-\infty}^{+\infty} S(\omega)\mathrm{e}^{\mathrm{j}\omega\tau}\mathrm{d}\omega \tag{A-21a}$$

$$S(\omega)=\int_{-\infty}^{+\infty} R(\tau)\mathrm{e}^{-\mathrm{j}\omega\tau}\mathrm{d}\tau \tag{A-21b}$$

若 $G_1(\omega)=F[x_1(t)]$，$G_2(\omega)=F[x_2(t)]$，根据傅里叶变换的乘积定理，可得

$$R_{12}(\tau)=\int_{-\infty}^{+\infty} x_1(t)x_2(t+\tau)\mathrm{d}t=\frac{1}{2\pi}\int_{-\infty}^{+\infty} \overline{G_1(\omega)}G_2(\omega)\mathrm{d}\omega$$

称 $S_{12}(\omega)=\overline{G_1(\omega)}G_2(\omega)$ 为互能量谱密度。所以，它和互相关函数构成一个傅里叶变换对，即

$$R_{12}(\tau)=\frac{1}{2\pi}\int_{-\infty}^{+\infty} S_{12}(\omega)\mathrm{e}^{\mathrm{j}\omega\tau}\mathrm{d}\omega \tag{A-22a}$$

$$S_{12}(\omega)=\int_{-\infty}^{+\infty} R_{12}(\tau)\mathrm{e}^{-\mathrm{j}\omega\tau}\mathrm{d}\tau \tag{A-22b}$$

可以发现

$$S_{21}(\omega)=\overline{S_{12}(\omega)}$$

A.2　拉普拉斯变换

A.2.1　拉普拉斯变换的概念

1. 拉普拉斯变换的定义

除了满足狄利赫利条件外，还要在（$-\infty$，$+\infty$）区间上满足绝对可积条件的函数才可以进行傅里叶变换，但许多函数，即使是很简单的函数（如单位函数、正弦函数、线性函数等）都不满足绝对可积条件。其次，可以进行傅里叶变换的函数必须在整个

数轴上有意义，但在实际应用中，许多以时间 t 作自变量的函数往往在 $t<0$ 下无意义或者不需要考虑。像这样的函数都不能进行傅里叶变换，由此可见，傅里叶变换的应用范围受到了相当大的限制。工程上实测的信号往往不满足此要求。

对于任意一个函数，能否经过适当的改造使其进行傅里叶变换时能克服上述两个缺点呢？看下面这个例子。

单位阶跃函数 $I(t)$ 不满足在 $(-\infty,+\infty)$ 区间上绝对可积的条件，故它不能直接作傅里叶变换，而要先对 $I(t)\mathrm{e}^{-\beta t}$ 作傅里叶变换，再取极限 $(\beta\to 0)$，把极限值作为 $I(t)$ 的象函数。

用 $\mathrm{e}^{-\beta t}$ 乘某一函数 $\phi(t)$，随着 $t\to\infty$，其振幅加快衰减，若再乘以 $I(t)$，则意味着起始瞬间为 $t=0$。对于实际中所遇到的大多数函数来说，只要 β 选择适当，经过这样的处理总可以满足绝对可积条件，于是可作傅里叶变换，即

$$X_\beta(\omega)=\int_{-\infty}^{+\infty}\phi(t)I(t)\mathrm{e}^{-\beta t}\mathrm{e}^{-\mathrm{j}\omega t}\,\mathrm{d}t$$

令 $$x(t)=\phi(t)I(t),\quad s=\beta+\mathrm{j}\omega,\quad X(s)=X_\beta\left(\frac{s-\beta}{\mathrm{j}}\right)$$

有 $$X(s)=\int_0^{+\infty}x(t)\mathrm{e}^{-st}\,\mathrm{d}t$$

另外，由于 $$\phi(t)I(t)\mathrm{e}^{-\beta t}=\frac{1}{2\pi}\int_{-\infty}^{+\infty}X_\beta(\omega)\mathrm{e}^{\mathrm{j}\omega t}\,\mathrm{d}\omega$$

$$\phi(t)I(t)=\frac{1}{2\pi}\int_{-\infty}^{+\infty}X_\beta(\omega)\mathrm{e}^{(\beta+\mathrm{j}\omega t)}\,\mathrm{d}\omega$$

则有

$$x(t)=\frac{1}{2\pi\mathrm{j}}\int_{\beta-\mathrm{j}\infty}^{\beta+\mathrm{j}\infty}X(s)\mathrm{e}^{st}\,\mathrm{d}s$$

因此，设 $x(t)$ 是定义在 $(0,+\infty)$ 上的实值函数，则无穷积分

$$X(s)=\int_0^{+\infty}x(t)\mathrm{e}^{-st}\,\mathrm{d}t \tag{A-23a}$$

称为 $x(t)$ 的拉普拉斯变换，简称拉氏变换，记作 $X(s)=L[x(t)]$。$X(s)$ 称为 $x(t)$ 的拉普拉斯变换的象函数，$x(t)$ 称为 $X(s)$ 的原函数。

设 $X(s)$ 是 s 的复变函数，则无穷积分

$$x(t)=\frac{1}{2\pi\mathrm{j}}\int_{\beta-\mathrm{j}\infty}^{\beta+\mathrm{j}\infty}X(s)\mathrm{e}^{st}\,\mathrm{d}s \tag{A-23b}$$

称为 $X(s)$ 拉普拉斯逆变换，记作 $x(t)=L^{-1}[X(s)]$，其中 t 为大于零的实变数。

由式(A-23a)可知，$X(t)$ 的变换实际上是 $\phi(t)I(t)\mathrm{e}^{-\beta t}$ 的傅里叶变换。因此，拉普拉斯变换实质上是广义上的单边傅里叶变换。

2. 拉普拉斯变换的存在定理

若函数 $x(t)$ 满足下列条件：

(1) 在 $t \geqslant 0$ 的任意有限区间上分段连续；

(2) 当 $t<0, x(t) \equiv 0$；

(3) 随着 t 的增大，函数 $x(t)$ 的模的增大不比某个指数函数快，即

$$|x(t)| \leqslant M e^{ct}$$

其中，M、c 均是实常数，并且 c 是 $x(t)$ 的增长指数，则 $x(t)$ 的拉普拉斯变换

$$X(s)=\int_0^{+\infty} x(t) e^{-st} \mathrm{d} t$$

在半平面 $\operatorname{Re}(s)>c$ 一定存在，这时上式右端积分一致收敛，且在这半平面内 $X(s)$ 为解析函数。

在实际工作中，一些常用函数的拉普拉斯变换有现成表格可查。

A.2.2 拉普拉斯变换的性质

1）线性性质

若 $L[x_1(t)]=X_1(s)$、$L[x_2(t)]=X_2(s)$，并设 a、b 为常数，有

$$L[a x_1(t)+b x_2(t)]=a L[x_1(t)]+b L[x_2(t)]$$

$$L^{-1}[a X_1(s)+b X_2(s)]=a L^{-1}[X_1(s)]+b L^{-1}[X_2(s)] \tag{A-24}$$

2）微分性质

若 $L[x(t)]=X(s)$，有

$$L[x'(t)]=s X(s)-x(0) \tag{A-25}$$

推论：

$$L[x^{(n)}(t)]=s^n X(s)-s^{n-1} x(0)-s^{n-2} x'(0) \cdots-x^{(n-1)}(0)$$

当初始值 $x(0)=x'(0)=x''(0)=\cdots=x^{(n-1)}(0)=0$ 时，有

$$L[x'(t)]=s X(s), L[x''(t)]=s^2 X(s) \cdots, L[x^{(n)}(t)]=s^n X(s) \tag{A-26}$$

此性质使我们有可能将 $x(t)$ 的微分方程转化为 $X(s)$ 的代数方程，因此它对分析线性系统有着重要作用。

3）积分性质

若 $L[x(t)]=X(s)$，有

$$L\left[\int_0^t x(t) \mathrm{d} t\right]=\frac{1}{s} X(s) \tag{A-27}$$

反复应用式(A-27)，可得

$$L \underbrace{\left\{\int_0^t \mathrm{d} t \int_0^t \mathrm{d} t \cdots \int_0^t x(t) \mathrm{d} t\right\}}_{n\text{次}}=\frac{1}{s^n} X(s) \tag{A-28}$$

4）相似定理

若 $L[x(t)]=X(s)$，有

$$L[x(a t)]=\frac{1}{a} X\left(\frac{s}{a}\right) \tag{A-29}$$

拉普拉斯变换相似性质表明，当 t(或 s)放大或缩小若干倍后，其象函数(或原函数)形式不变，只是相对地缩小或放大同样的倍数。

5) 延迟定理

若 $L[x(t)]=X(s)$，且 $t<t_0$ 时，$x(t-t_0)=0$，有

$$L[x(t-t_0)]=e^{-st_0}X(s) \tag{A-30}$$

延迟定理表明，时间函数延迟 t_0，相当于它的象函数乘以指数因子 e^{-st_0}。

6) 位移定理

若 $L[x(t)]=X(s)$，有

$$L[e^{at}x(t)]=X(s-a) \tag{A-31}$$

位移定理表明，函数位移 a 相当于用 e^{at} 乘原函数。

A.2.3 拉普拉斯变换的应用

1. 线性系统的理论分析

用拉普拉斯变换可使求导和求积的运算化为简单的代数运算，于是就可以把微分方程的求解化为代数方程的求解，从而大大简化微分方程的求解问题。因此，拉普拉斯变换是解微分方程的一种有效工具，尤其是在未知函数及其导数在 $t=0$ 处的值已知时更为方便。

工程中用线性微分方程来描述线性系统，因而求这些方程即可确定系统的激励(输入)的响应(输出)。

n 阶线性常系数微分方程

$$y^{(n)}(t)+a_1y^{(n-1)}(t)+\cdots+a_ny(t)=x(t) \tag{A-32}$$

具有初值 $y^{(k)}(0)=b_k(k=0,1,2,\cdots,n-1)$，其中，$a_1,a_2,\cdots,a_n$ 和 b_k 都是已知常数，而 $x(t)$为一已知激励(输入)。

求解时首先对方程两边取拉普拉斯变换，并利用微分性质，便得

$$\begin{aligned}&s^ny(s)-s^{n-1}b_0+s^{n-2}b_1+\cdots+b_{n-1}\\&\quad+a_1[s^{n-1}y(s)-(s^{n-2}b_0+s^{n-3}b_1+\cdots+b_{n-2})]\\&\quad+\cdots+a_ny(s)=X(s)\end{aligned}$$

即

$$A(s)Y(s)=B(s)+X(s) \tag{A-33}$$

式(A-33)为对应于式(A-32)具有初始条件的运算方程，亦是一个包含有未知函数 $y(t)$(响应)的象函数 $Y(s)$的一次代数方程。其中 $A(s)$和 $B(s)$分别是 s 的 n 次和低于 n 次的已知多项式，

$$Y(s)=\frac{X(s)}{A(s)}+\frac{B(s)}{A(s)} \tag{A-34}$$

是式(A-32)的运算解。由于 $1/A(s)$和 $B(s)/A(s)$都是真分式，故可求得原函数。令

$$L^{-1}\left[\frac{1}{A(s)}\right]=g(t),\quad L^{-1}\left[\frac{B(s)}{A(s)}\right]=h(t)$$

解后得到

$$y(t)=L^{-1}[Y(s)]=g(t)*x(t)+h(t) \tag{A-35}$$

利用拉普拉斯变换求解线性系统对激励的响应，可以按以下步骤进行。

步骤 1　取微分方程的拉普拉斯变换，逐项求拉普拉斯变换的象函数。

步骤 2　应用拉普拉斯变换的运算性质和运算法则，获得未知函数的象函数的运算方程。

步骤 3　由运算方程解出象函数，得运算解。

步骤 4　利用反演公式或其他方法，求出原函数，即系统的响应。求解过程如图 A-3 所示。

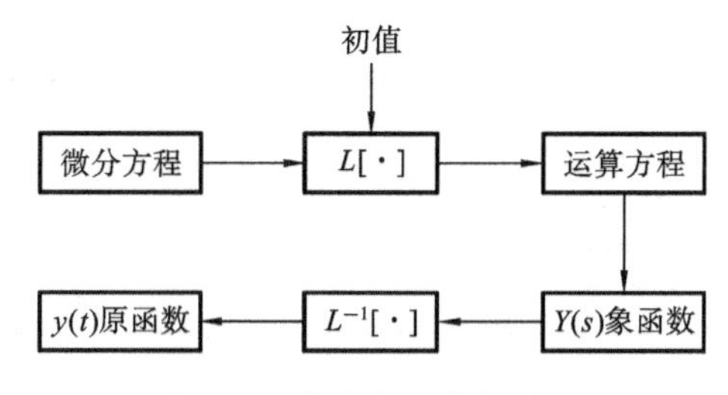

图 A-3　微分方程求解过程

2. 系统的传递函数

系统的初始状态为零时，其输出函数 $y(t)$ 的拉普拉斯变换与输入函数 $x(t)$ 的拉普拉斯变换之比定义为该系统的传递函数，即

$$H(s)=\frac{Y(s)}{X(s)} \tag{A-36}$$

系统的传递函数 $H(s)$ 表达了系统本身的固有特性，因此在系统分析中必须研究系统的传递函数。

3. 拉普拉斯变换与频谱分析

因为拉普拉斯变换是傅里叶变换的推广形式，傅里叶变换可用作频谱分析，拉普拉斯变换也可用作频谱分析，即

$$X(\omega)=[X(s)]_{s=\mathrm{j}\omega}\quad(\beta=0) \tag{A-37}$$

因此，对可以实现的物理系统，用频率响应函数代替传递函数不会丢失信息，即

$$H(\omega)=[H(s)]_{s=\mathrm{j}\omega}\quad(\beta=0) \tag{A-38}$$

附录B　实验报告格式

<table>
<tr><td>机械测试技术及应用课程实验报告</td></tr>
<tr><td>专业____________　班号____________组别____________
姓名____________　同组者______________________________
实验日期　　年　　月　　日__________
实验名称____</td></tr>
<tr><td>一、实验目的</td></tr>
<tr><td></td></tr>
<tr><td></td></tr>
<tr><td></td></tr>
<tr><td></td></tr>
<tr><td>二、实验仪器和设备</td></tr>
<tr><td></td></tr>
<tr><td></td></tr>
<tr><td></td></tr>
<tr><td></td></tr>
<tr><td>三、实验方法和步骤</td></tr>
<tr><td></td></tr>
<tr><td></td></tr>
<tr><td></td></tr>
<tr><td></td></tr>
<tr><td></td></tr>
<tr><td></td></tr>
</table>

四、实验数据记录

教师签字:____________日期____________

五、结论及分析(包括思考题)

附录C　部分章节习题参考答案

第1章　略

第2章　**2.6**　(1) $\pm 4.94\times 10^{-3}$ pF　　(2) ± 2.47 格

第3章

3.5　0　　$\dfrac{x_0}{\sqrt{2}}$

3.6　傅里叶级数展开：$x(t)=\dfrac{1}{2}+\dfrac{4}{\pi^2}\sum\limits_{n=1}^{+\infty}\dfrac{1}{n^2}\sin\left(n\omega_0 t+\dfrac{\pi}{2}\right)$，$n=1,3,5,\cdots$

频谱：

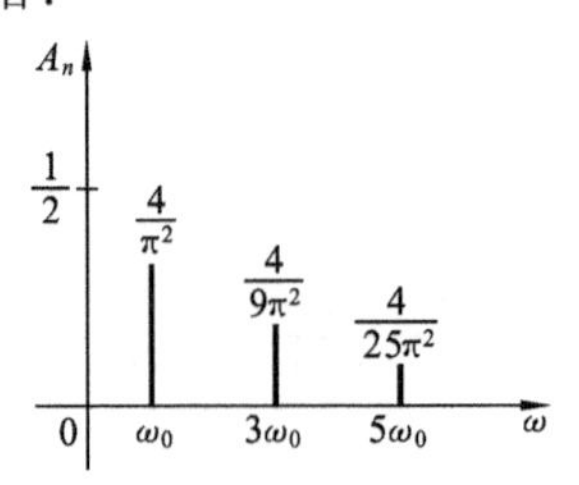

幅值频谱图

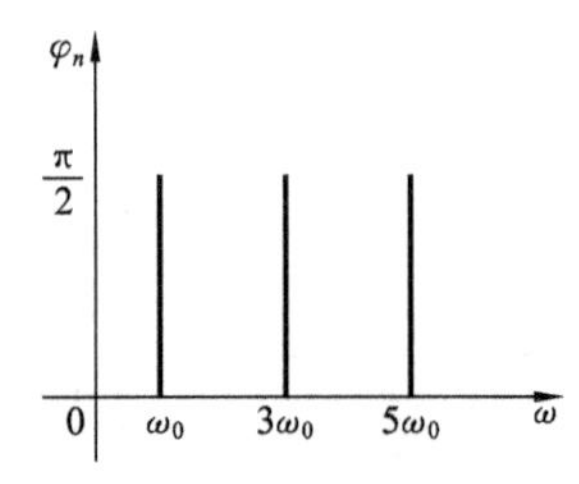

相位频谱图

复指数展开：$x(t)=\dfrac{1}{2}+\dfrac{2}{\pi^2}\sum\limits_{n=-\infty}^{1}\dfrac{1}{n^2}e^{jn\omega_0 t}$，$n=\pm 1,\pm 3,\pm 5,\cdots$

频谱：

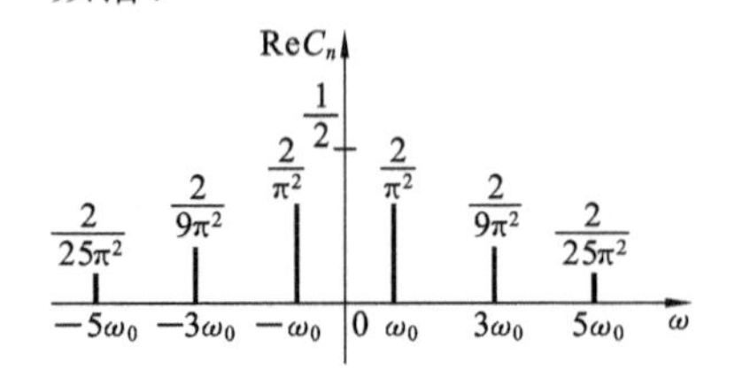

实频谱

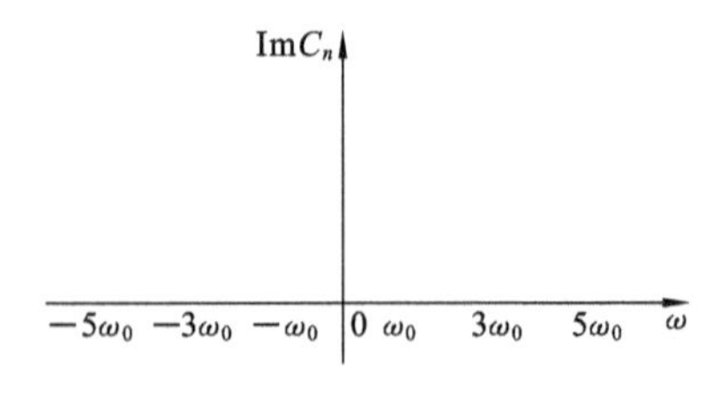

虚频谱

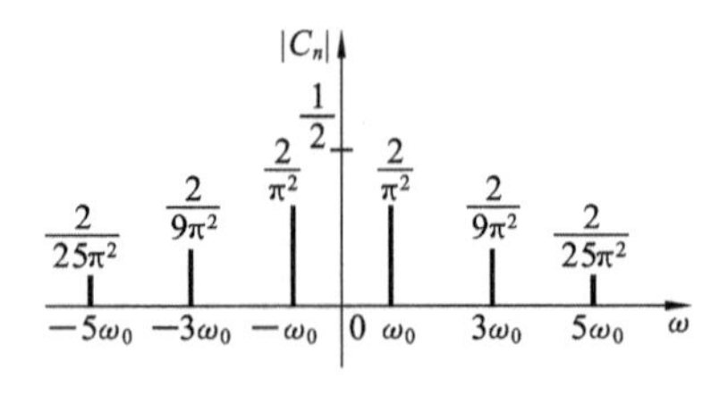

幅频谱

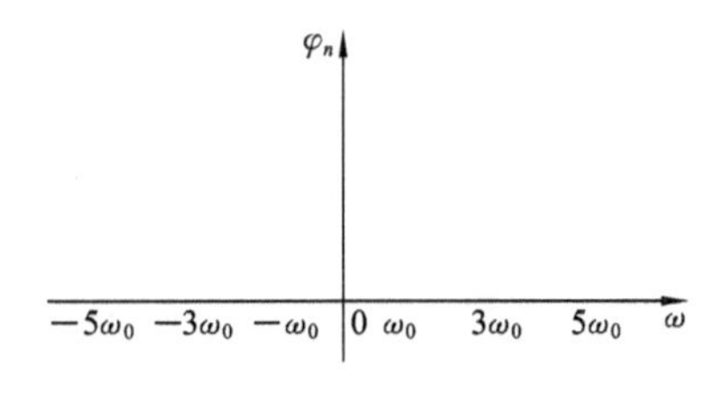

相频谱

3.7 $X(f)=\frac{1}{2}\left(\frac{1}{a+\mathrm{j}2\pi(f+f_0)}+\frac{1}{a+\mathrm{j}2\pi(f-f_0)}\right)$

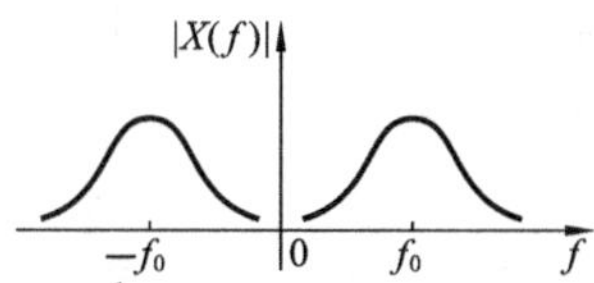

3.8 $X(\omega)=\frac{1}{2}F(\omega+\omega_0)+\frac{1}{2}F(\omega-\omega_0)$，当 $\omega_0<\omega_m$ 时，$F(\omega+\omega_0)$，$F(\omega-\omega_0)$ 出现频率混叠现象（见下图），不能通过滤波的方法提取出原信号 $f(t)$ 的频谱。

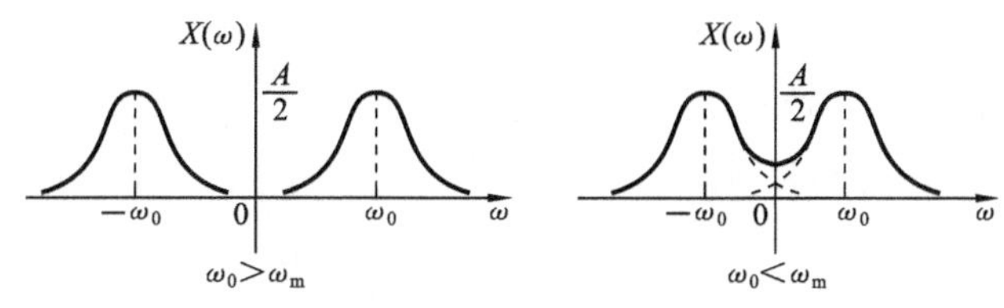

3.9 $X(f)=T\mathrm{sinc}[2\pi T(f-f_0)]+T\mathrm{sinc}[2\pi T(f+f_0)]$

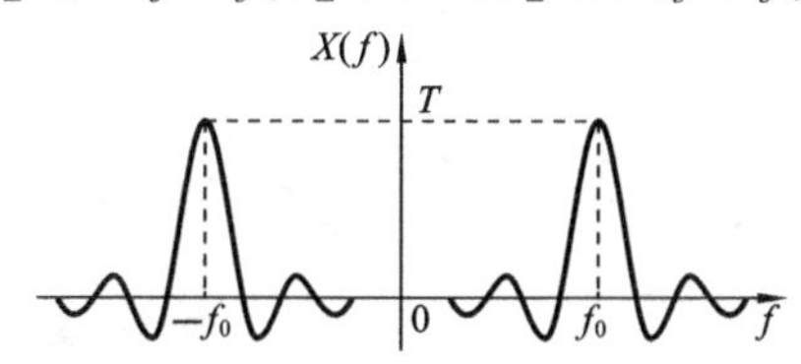

第4章

4.2 10 mm/MPa　3 MPa

4.3 9.13×10^{-3} mV/Pa　2.48×10^{8} mV/pC

4.5 58.6%　32.7%　8.5%

4.6 5.23×10^{-4} s　1.3%　$-9.33°$

4.7 $y(t)=0.499\cos(10t-2.86°)+0.179\cos(100t-71.57°)$

4.9 1.31　$-10.57°$　0.975　$-43.03°$

4.10 $H(s)=\frac{5.73}{s^2+1.91s+1.91}$　$H(\mathrm{j}\omega)=\mathrm{j}\,\frac{3}{1.38}$

第5章

5.1 单臂：3×10^{-6} V　3×10^{-3} V

双臂：6×10^{-6} V　6×10^{-3} V

双臂电桥比单臂电桥的电压输出灵敏度提高一倍

5.2 均不能提高灵敏度

5.3 $U_y(f)=\frac{1}{4}\mathrm{j}S_gAE\left[\delta\left(f+\frac{10\ 010}{2\pi}\right)-\delta\left(f-\frac{10\ 010}{2\pi}\right)+\delta\left(f+\frac{9\ 990}{2\pi}\right)\right.$

$\left.-\delta\left(f-\frac{9\ 990}{2\pi}\right)\right]+\frac{1}{4}\mathrm{j}S_gBE\left[\delta\left(f+\frac{10\ 100}{2\pi}\right)-\delta\left(f-\frac{10\ 100}{2\pi}\right)\right)$

$$+\delta\left(f+\frac{9\ 900}{2\pi}\right)-\delta\left(f-\frac{9\ 900}{2\pi}\right)\Big]$$

5.5　(1) 错误　(2) 正确　(3) 正确　(4) 正确

5.6　一般情况下取 $BT_e=5\sim10$

5.7　(1) 400 Hz

(2) 调幅波频率成分为 10 100～10 500 Hz 以及 −9 900～−9 500 Hz

5.9　(1) $f=\pm10\ 000$ Hz, $A_f=50$　　$f=\pm10\ 500$ Hz, $A_f=7.5$

$f=\pm9\ 500$ Hz, $A_f=7.5$　　$f=\pm11\ 500$ Hz, $A_f=5$

$f=\pm8\ 500$ Hz, $A_f=5$

(2) $X_a(f)=50[\delta(f+10\ 000)+\delta(f-10\ 000)]+7.5[\delta(f+10\ 500)+\delta(f-10\ 500)]+7.5[\delta(f+9\ 500)+\delta(f-9\ 500)]+5[\delta(f+11\ 500)+\delta(f-11\ 500)]+5[\delta(f+8\ 500)+\delta(f-8\ 500)]$

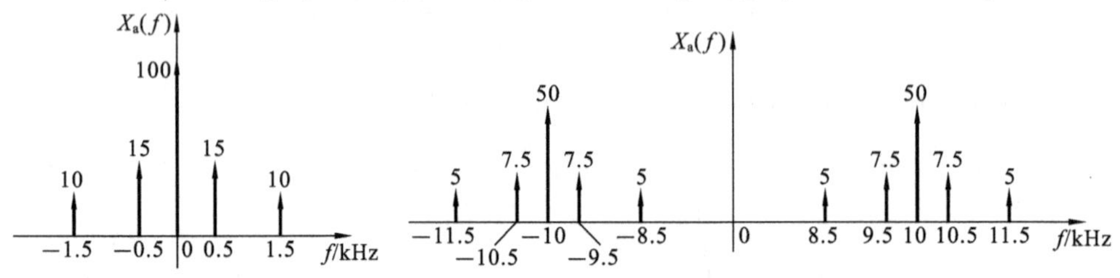

调制信号频谱图　　　　调幅波频谱图

第6章

6.1　$R_h(\tau)=\frac{1}{2a}e^{-a\tau}$

6.2　$R_{xy}(\tau)=\frac{2}{\pi}\sin(\omega\tau)$

6.3　互相关函数 $R_{xy}(\tau)$，二者是同频信号等

第7章

7.3　(2) 1 280 Hz

第8章　略

第9章　略

附录D　测试题及参考答案

D.1　测试题

一、填空题（每空1分，共20分）

1. 二阶测试系统的频率特性不仅与固有频率有关，还受到______影响。

2. 测试装置在稳态下，输出信号变化量和输入信号变化量之比称为装置的______。输出信号的拉普拉斯变换和输入信号的拉普拉斯变换之比称为装置的______。输出信号的傅里叶变换和输入信号的傅里叶变换之比称为装置的______。

3. 电容器的电容量$C=\varepsilon_0\varepsilon A/\delta$，极距变化型的电容传感器其灵敏度$S=$______。

4. 涡电流式传感器的工作原理是基于金属导体在交变磁场中的______效应。光敏电阻的工作原理是基于光照射后电阻值发生改变的______效应。

5. 调频波是载波______随调制信号______而变。

6. 数字信号是指明时间和幅值都具有______特性的信号。

7. 描述非周期信号的数学工具是______。描述周期信号的数学工具是______。

8. 时域扩展对应频域______，时域乘积对应频域______。

9. 自相关函数是______（奇或偶）函数，其最大值发生在$\tau=$______时刻，当时延趋于无穷大时，周期信号的自相关函数仍然是同______的______。

10. 能用确切数学式表达的信号称为______信号，不能用确切数学表达的信号称为______信号。

二、选择题（每小题2分，共20分）

1. 傅里叶级数中的各项系数是表示各谐波分量的（　　）。

A. 相位　　B. 周期　　C. 振幅　　D. 频率

2. 用一阶系统作测试装置，为了获得最佳的工作性能，其时间常数τ（　　）。

A. 越小越好　　B. 越大越好　　C. 在0.6～0.7之间最好　　D. 负值最好

3. 下列传感器中不存在非线性误差的是（　　）。

A. 变阻器式传感器　　B. 变极距型电感传感器

C. 极距变化型电容传感器　　D. 面积变化型电容传感器

4. 压电式传感器后面的放大器的主要功能为（　　）。

A. 阻抗变换　　B. 信号放大　　C. 阻抗变换和信号放大　　D. 不确定

5. 调制可以看成是调制信号与载波信号（　　）。

A. 相乘　　B. 相加　　C. 相减　　D. 相除

6. 若一选频滤波器的幅频特性是：在 $f_c \sim \infty$ 之间接近常数，在 $0 \sim f_c$ 之间急剧衰减，该滤波器为(　　)滤波器。

A. 低通　　B. 高通　　C. 带通　　D. 带阻

7. 数字信号处理中，采样频率 f_s 与限带信号最高频率 f_h 间的关系应为(　　)。

A. $f_s = f_h$　　B. $f_s > 2f_h$　　C. $f_s < f_h$　　D. $f_s = 0.7f_h$

8. 电桥电路中，灵敏度最高的是(　　)。

A. 半桥单臂　　B. 半桥双臂　　C. 全桥　　D. 一样高

9. 下列信号中，相关函数不为零的是(　　)。

A. 两个均值为零的随机信号　　B. 两个不同频率的周期信号

C. 两个同频率的正弦信号　　D. 周期信号和随机信号

10. 下列关于传递函数的叙述正确的是(　　)。

A. 输出与输入信号之比的拉普拉斯变换　B. 其表达式由输出和输入信号决定

C. 同一传递函数可表示不同的物理系统　D. 物理系统不同，则传递函数也不同

三、判断题（每小题 1 分，共 10 分）

1. 傅里叶变换只适用于非周期信号，不适用于周期信号。(　　)

2. 直流信号被截断后的频谱是连续的。(　　)

3. 信号的时域描述与频域描述包含了相同的信息量。(　　)

4. δ 函数是一种物理可实现信号，具有等强度、无限宽广的频谱。(　　)

5. 信号的频域分析是把信号的幅值、相位或能量变换为以频率表示的函数，进而分析其频率特性的一种方法。(　　)

6. 滤波器带宽 B 越宽则滤波器的频率分辨力越强。(　　)

7. 若线性系统的输入信号是一频率为 ω_0 的简谐波，则其输出信号必定是频率为 ω_0 的简谐信号。(　　)

8. 周期信号各谐波分量频率为基频的整数倍，离散分布，且幅值随频率的增加而增大。(　　)

9. 互谱反映了频域内两个平稳随机信号的相关性。(　　)

10. 信号传输过程中往往采用先调制后交流放大的方法来提高信噪比。(　　)

四、简答题（每小题 5 分，共 25 分）

1. 传感器的作用是什么？试举出三个身边使用传感器的例子。

2. 电阻丝应变片与半导体应变片在工作原理上有何区别？各有何优点？

3. 直流电桥平衡的条件是什么？交流电桥平衡条件是什么？

4. 测试系统实现不失真测量的条件是什么？

5. 分别写出周期函数的实数形式与复数形式的傅里叶级数展开式（包括各参数表达式）。

五、综合题（共 25 分）

1. 某信号的时域表达式如下 $x(t) = \dfrac{A}{2} - \dfrac{A}{\pi}\sin\omega_0 t - \dfrac{A}{2\pi}\sin 2\omega_0 t - \dfrac{A}{3\pi}\sin 3\omega_0 t - \cdots$，

问:该信号属于哪类信号(周期或非周期)?试画出幅值谱。(5 分)

2. 已知一阶测量系统,其传递函数 $H(s)=\frac{1}{\tau s+1}$,其中 $\tau=0.002$ s,当输入信号 $x(t)=\sin(100t)+\sin(300t+45°)$时,求其稳态输出,并判断有无波形失真。(10 分)

3. 已知信号 $x(t)=1+\sin100t+\cos500t$ 被载波信号 $z(t)=2\cos10\ 000t$ 调幅,绘出调幅波的幅值谱密度图。(10 分)

D.2 参考答案

一、填空题

1. 阻尼比　2. 灵敏度　传递函数　频率响应函数　3. $-\varepsilon_0\varepsilon A/\delta^2$

4. 涡流　光电导　5. 频率　幅值　6. 离散　7. 傅里叶变换　傅里叶级数

8. 压缩　卷积　9. 偶　0　频率　周期信号　10. 确定性　非确定性(随机)

二、选择题

1. C　2. A　3. D　4. C　5. A　6. B　7. B　8. C　9. C　10. C

三、判断题

1. ×　2. √　3. √　4. ×　5. √　6. ×　7. √　8. ×　9. √　10. √

四、简答题

1. 传感器是指直接感受被测信号,并按一定的规律转换为与另外一种(或同种)之有确定对应关系的、便于传输和应用的物理量(或信号)的输出器件或装置。从狭义上讲,传感器是把外界输入的非电信号转换成电信号的装置,如温度计测温、声控灯、麦克风、摄像头等。

2. 两种应变片的主要区别:电阻丝应变片主要利用导体形变引起电阻的变化,而半导体应变片利用半导体电阻率变化引起电阻的变化。电阻丝应变片灵敏度随温度变化小,而半导体应变片的灵敏度随温度变化大。

3. 直流电桥平衡的条件是两相对桥臂电阻值的乘积相等。交流电桥平衡必须满足相对两桥臂阻抗模的乘积相等、阻抗角之和相等两个条件。

4. 实数形式表达式

$$x(t)=a_0+\sum_{n=1}^{+\infty}(a_n\cos n\omega_0t+b_n\sin n\omega_0t)$$

常值分量 a_0、余弦分量幅值 a_n、正弦分量幅值 b_n 分别为

$$a_0=\frac{1}{T_0}\int_{-\frac{T_0}{2}}^{\frac{T_0}{2}}x(t)\mathrm{d}t$$

$$a_n=\frac{2}{T_0}\int_{-\frac{T_0}{2}}^{\frac{T_0}{2}}x(t)\cos n\omega_0t\mathrm{d}t$$

$$b_n=\frac{2}{T_0}\int_{-\frac{T_0}{2}}^{\frac{T_0}{2}}x(t)\sin n\omega_0t\mathrm{d}t$$

复数表达形式

$$x(t)=\sum_{n=-\infty}^{+\infty}C_n e^{jn\omega_0 t}\quad(n=0,\pm1,\pm2,\cdots)$$

$$C_n=\frac{1}{T_0}\int_{-\frac{T_0}{2}}^{\frac{T_0}{2}}x(t)e^{-jn\omega_0 t}dt$$

5. 若测试装置实现不失真测量,则该装置的幅频特性 $A(\omega)$ 为常数,该装置的相频特性是 $\varphi(\omega)=-t_0\omega$。

五、综合题

1. 该信号时周期信号。

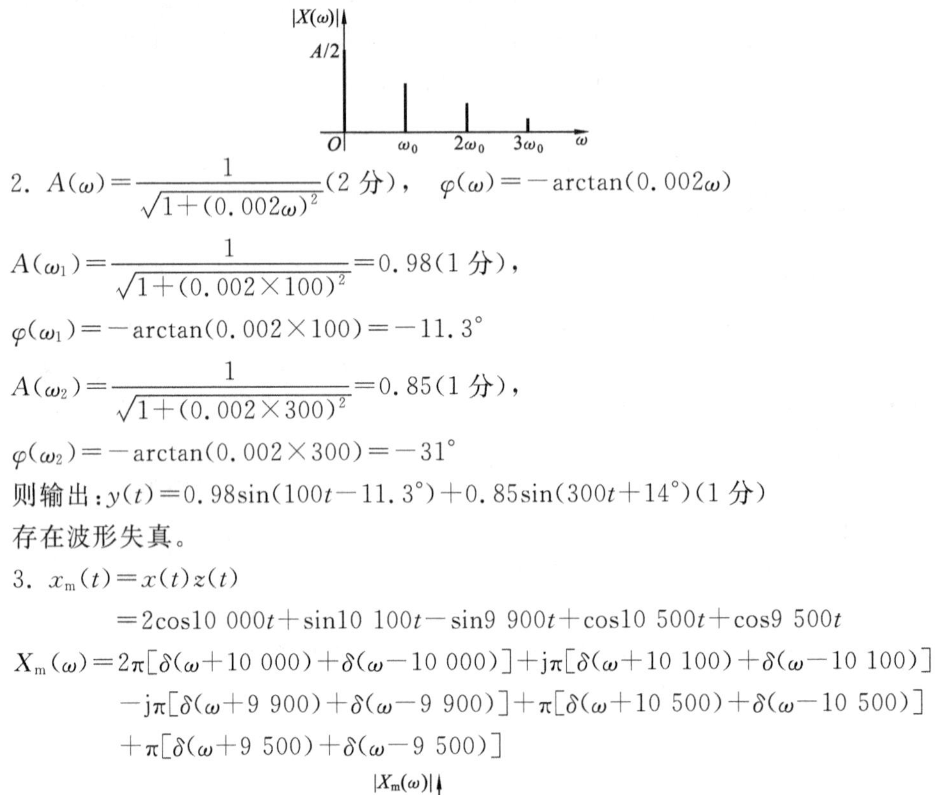

2. $A(\omega)=\frac{1}{\sqrt{1+(0.002\omega)^2}}$(2 分), $\varphi(\omega)=-\arctan(0.002\omega)$

$A(\omega_1)=\frac{1}{\sqrt{1+(0.002\times100)^2}}=0.98$(1 分),

$\varphi(\omega_1)=-\arctan(0.002\times100)=-11.3^\circ$

$A(\omega_2)=\frac{1}{\sqrt{1+(0.002\times300)^2}}=0.85$(1 分),

$\varphi(\omega_2)=-\arctan(0.002\times300)=-31^\circ$

则输出:$y(t)=0.98\sin(100t-11.3^\circ)+0.85\sin(300t+14^\circ)$(1 分)

存在波形失真。

3. $x_m(t)=x(t)z(t)$

$$=2\cos10\,000t+\sin10\,100t-\sin9\,900t+\cos10\,500t+\cos9\,500t$$

$$X_m(\omega)=2\pi[\delta(\omega+10\,000)+\delta(\omega-10\,000)]+j\pi[\delta(\omega+10\,100)+\delta(\omega-10\,100)]$$
$$-j\pi[\delta(\omega+9\,900)+\delta(\omega-9\,900)]+\pi[\delta(\omega+10\,500)+\delta(\omega-10\,500)]$$
$$+\pi[\delta(\omega+9\,500)+\delta(\omega-9\,500)]$$

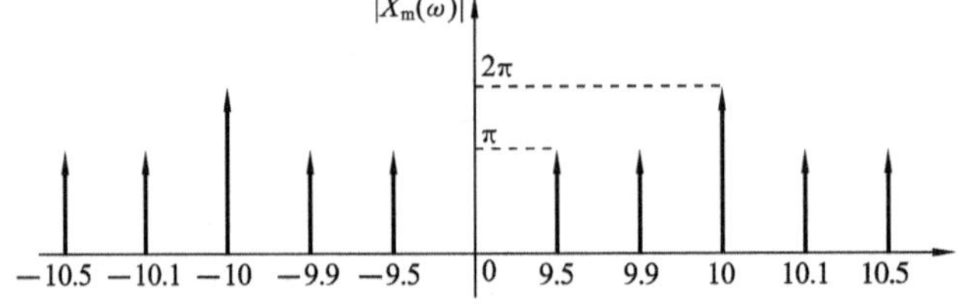

参考文献

[1]　李力.机械信号处理及其应用[M].武汉:华中科技大学出版社,2007.

[2]　沈凤麟,叶中付,钱玉美.信号统计分析与处理[M].合肥:中国科学技术大学出版社,2001.

[3]　孔德仁,朱蕴璞,狄长安.工程测试与信息处理[M].北京:国防工业出版社,2003.

[4]　卢文祥,杜润生.机械工程测试、信息、信号分析[M].武汉:华中理工大学出版社,1990.

[5]　贾民平,张洪亭.测试技术[M].北京:高等教育出版社,2009.

[6]　张淼.机械工程测试技术[M].北京:高等教育出版社,2008.

[7]　黄长艺,严晋强.机械工程测试技术基础[M].北京:机械工业出版社,1995.

[8]　杨将新,杨世锡.机械工程测试技术[M].北京:高等教育出版社,2008.

[9]　孔德仁,朱蕴璞,狄长安.工程测试技术[M].北京:科学出版社,2004.

[10]　潘宏侠.机械工程测试技术[M].北京:国防工业出版社,2009.

[11]　张优云,陈花玲,张小栋,等.现代机械测试技术[M].北京:科学出版社,2005.

[12]　熊诗波,黄长艺.机械工程测试技术基础[M].北京:机械工业出本社,2006.

[13]　黄长艺.机械工程测量与试验技术[M].北京:机械工业出版社,2000.

[14]　刘培基,王安敏.机械工程测试技术[M].北京:机械工业出版社,2003.

[15]　秦树人.机械工程测试原理与技术[M].重庆:重庆大学出版社,2002.

[16]　盛骤,谢世千,潘承毅.概率论与数理统计[M].北京:高等教育出版社,1989.

[17]　赵淑清,郑薇.随机信号分析[M].哈尔滨:哈尔滨工业大学出版社,1999.

[18]　汪学刚,张明友.现代信号理论[M].北京:电子工业出版社,2005.

[19]　胡广书.现代信号处理教程[M].北京:清华大学出版社,2004.

[20]　佟德纯.工程信号处理及应用[M].上海:上海交通大学出版社,1989.

[21]　周浩敏.信号处理技术基础[M].北京:北京航空航天大学出版社,2001.

[22]　王济,胡晓.Matlab在振动信号处理中的应用[M].北京:中国水利水电出版社,2006.

[23]　何道清.传感器与传感器技术[M].北京:科学出版社,2004.

[24]　刘君华.智能传感器系统[M].西安:西安电子科技大学出版社,1999.

[25]　张洪润,张亚凡.传感器技术与应用教程[M].北京:清华大学出版社,2005.

[26]　王雪文,张志勇.传感器原理及应用[M].北京:北京航空航天大学出版社,2004.

[27]　郭爱芳.传感器原理及应用[M].西安:西安电子科技大学出版社,2007.

[28]　高国富,罗均,谢少荣,等.智能传感器及其应用[M].北京:化学工业出版社,2005.

[29]　李晓莹.传感器与测试技术[M].北京:高等教育出版社,2004.

[30]　秦树人.虚拟仪器[M].北京:中国计量出版社,2003.

[31]　陈桂明,张明照,戚红雨,等.应用Matlab建模与仿真[M].北京:科学出版社,2001.

[32]　柏林,王见,秦树人.虚拟仪器及其在机械测试中的应用[M].北京:科学出版社,2007.

[33]　张贤达.时间序列分析——高阶统计量方法[M].北京:清华大学出版社,1996.

[34]　施阳,李俊.MATLAB语言工具箱——TOOLBOX实用指南[M].西安:西北工业大学出版

社，1998.

[35] 樊尚春，乔少杰. 检测技术与系统[M]. 北京：北京航空航天大学出版社，2005.

[36] 张碧波，丛文龙. 设备状态监测与故障诊断[M]. 北京：化学工业出版社，2005.

[37] 林英志，殷晨波，袁强. 设备状态监测与故障诊断技术[M]. 北京：北京大学出版社；中国林业出版社，2007.

[38] 郑秀媛，谢大吉. 应力应变电测技术[M]. 北京：国防工业出版社，1985.

[39] 孙树栋. 工业机器人技术基础[M]. 西安：西北工业大学出版社，2006.

[40] 孟庆鑫，王晓东. 机器人技术基础[M]. 哈尔滨：哈尔滨工业大学出版社，2006.

[41] 郭洪红. 工业机器人技术技术[M]. 西安：西安电子科技大学出版社，2006.

[42] 谢进，李大美. Matlab 与计算方法实验[M]. 武汉：武汉大学出版社，2009.

[43] MITRA S K. 数字信号处理实验指导书[M]. 孙洪，余翔宇，译. 北京：电子工业出版社，2005.

[44] 杨述斌，李永全. 数字信号处理实践教程[M]. 武汉：华中科技大学出版社，2007.

[45] 朱横君，肖燕彩，邱成. Matlab 语言及实践教程[M]. 北京：清华大学出版社；北京交通大学出版社，2004.

[46] 郑源，张强. 水电站动力设备[M]. 北京：中国水利水电出版社，2003.

[47] 刘在伦，李琪飞. 水力机械测试技术[M]. 北京：中国水利水电出版社，2009.

[48] 杨凤珍. 动力机械测试技术[M]. 大连：大连理工大学出版社，2005.

[49] 厉彦忠，吴筱敏. 热能与动力机械测试技术[M]. 西安：西安交通大学出版社，2007.

[50] 克里夫钦科 Г И. 水力机械[M]. 蔡淑薇，谭月灿，李建威，译. 北京：电力工业出版社，1982.